KB212936

양식
조리기능사
필기시험문제

대한민국 국가대표 브랜드

국가자격 시험문제 전문출판

에듀크라운
국가자격시험문제 전문출판

최고의 적중률!! 최고의 합격률!!

크라운출판사
국가자격시험문제 전문출판
http://www.crownbook.co.kr

노 수 정

약력
- 세종대학교 대학원(조리학 전공) 박사
- 성균관대학교 대학원(식품영양 위생전공) 석사
- 現) 대경대학교 호텔조리학부 교수
- 우송대학교 외식조리학과 초빙교수
- 국가기술자격 조리기능사 실기시험 감독위원
- 국가기술자격 조리산업기사 실기시험 감독위원
- 국가기술자격 조리기능장 실기시험 감독위원
- 국가공인 조리기능장

저서
- NCS 합격 조리기능사_크라운출판사
- NCS 최신 조리기능사 총정리문제_크라운출판사
- NCS 한식 조리사 실기시험문제_크라운출판사
- NCS 양식 조리사 실기시험문제_크라운출판사
- NCS 한식 조리기능사 필기시험문제_크라운출판사
- NCS 양식 조리기능사 필기시험문제_크라운출판사
- NCS 중식 조리기능사 필기시험문제_크라운출판사
- NCS 일식 · 복어 조리기능사 필기시험문제_크라운출판사
- 조리기능사 필기 최근 3년간 출제문제_크라운출판사
- 몸을 가볍게 하는 다이어트 샐러드_크라운출판사

내용문의
- 010-5494-0990
- rsj7@tk.ac.kr

들어가는 말

국가 경제성장에 의한 국민건강의 중요성에 대한 인식이 소비자의 다양한 욕구로 분출되고 있습니다. 이에 따라 각 분야마다 전문기술인을 필요로 하고 있으며, 이 중에서도 최근 외식산업의 발달과 더불어 조리사는 유망직종으로 손꼽히고 있습니다.

조리업무는 국민건강과도 직결되므로 무엇보다도 조리사의 자질이 매우 중요하며 이에 따른 훌륭한 조리기능인이 되기 위해서는 과학적 · 이론적 배경을 기초로 하여 새로운 조리기술 개발이 이루어져야 합니다.

이 교재는 한국산업인력공단의 출제기준에 따라 양식 조리기능사 필기시험을 대비하는 수험생들에게 양식 위생관리, 양식 안전관리, 양식 재료관리, 양식 구매관리, 양식 기초 조리실무, 양식 조리 순으로 내용과 문제를 정리하였고 최근 시행한 출제문제를 각 문항마다 정확한 해설을 수록하여 수험생 여러분들의 이해를 돕는 데 만전을 기하였습니다.

이 조리기능사 수험서가 수험생 여러분들에게 꼭 합격의 영광이 있기를 기원합니다. 이 교재가 출판되기까지 자료정리에 도움을 주신 전 출제위원, 관계자님들과 크라운 출판사 이상원 회장님 편집부 임직원분들의 노고에 깊은 감사의 마음을 전합니다.

이 교재에 대한 내용의 설명이나 문의사항은 전화 010-5494-0990, E-mail(rsj7@tk.ac.kr)로 해주시면 상세하게 답변해 드리겠습니다.

저자 드림

양식조리기능사 안내

개요

한식, 중식, 일식, 양식, 복어조리부문에 배속되어 제공될 음식에 대한 계획을 세우고 조리할 재료를 선정, 구입, 검수하고 선정된 재료를 적정한 조리기구를 사용하여 조리 업무를 수행하며 음식을 제공하는 장소에서 조리시설 및 기구를 위생적으로 관리, 유지하고, 필요한 각종 재료를 구입, 위생학적, 영양학적으로 저장 관리하면서 제공될 음식을 조리 · 제공하기 위한 전문인력을 양성하기 위하여 자격제도 제정

수행직무

양식조리부문에 배속되어 제공될 음식에 대한 계획을 세우고 조리할 재료를 선정, 구입, 검수하고 선정된 재료를 적정한 조리기구를 사용하여 조리업무를 수행함 또한 음식을 제공하는 장소에서 조리시설 및 기구를 위생적으로 관리, 유지하고, 필요한 각종 재료를 구입, 위생학적, 영양학적으로 저장 관리하면서 제공될 음식을 조리하여 제공하는 직종임.

진로 및 전망

식품접객업 및 집단 급식소 등에서 조리사로 근무하거나 운영이 가능함. 업체 간, 지역 간의 이동이 많은 편이고 고용과 임금에 있어서 안정적이지는 못한 편이지만, 조리에 대한 전문가로 인정받게 되면 높은 수익과 직업적 안정성을 보장받게 됨.

※ 식품위생법상 대통령령이 정하는 식품접객영업자(복어조리, 판매영업 등)와 집단급식소의 운영자는 조리사 자격을 취득하고, 시장 · 군수 · 구청장의 면허를 받은 조리사를 두어야 한다(관련법 : 식품위생법 제34조, 제36조, 같은 법 시행령 제18조, 같은 법 시행규칙 제46조).

취득방법

① **시행처** : 한국산업인력공단
② **시험과목**
- 필기 : 양식 재료관리, 음식조리 및 위생관리
- 실기 : 양식조리 실무
③ **검정방법**
- 필기 : 객관식 4지 택일형, 60문항(60분)
- 실기 : 작업형(70분 정도)
④ **합격기준** : 100점 만점에 60점 이상

출제기준(필기)

직무 분야	음식서비스	중직무 분야	조리	자격 종목	양식조리기능사	적용 기간	2023.1.1.~2025.12.31.

• 직무내용 : 양식메뉴 계획에 따라 식재료를 선정, 구매, 검수, 보관 및 저장하며 맛과 영양을 고려하여 안전하고 위생적으로 음식을 조리하고 조리기구와 시설관리를 수행하는 직무이다.

필기검정방법	객관식	문제수	60	시험시간	1시간

필 기 과목명	출 제 문제수	주요항목	세부항목	세세항목
양식 재료 관리, 음식 조리 및 위 생관리	60	1. 음식 위생관리	1. 개인 위생관리	1. 위생관리기준 2. 식품위생에 관련된 질병
			2. 식품 위생관리	1. 미생물의 종류와 특성 2. 식품과 기생충병 3. 살균 및 소독의 종류와 방법 4. 식품의 위생적 취급기준 5. 식품첨가물과 유해물질
			3. 작업장 위생관리	1. 작업장 위생 위해요소 2. 식품안전관리인증기준 (HACCP) 3. 작업장 교차오염발생요소
			4. 식중독 관리	1. 세균성 및 바이러스성 식중독 2. 자연독 식중독 3. 화학적 식중독 4. 곰팡이 독소
			5. 식품위생 관계 법규	1. 식품위생법령 및 관계법규 2. 농수산물 원산지 표시에 관한 법령 3. 식품 등의 표시·광고에 관한 법령
			6. 공중 보건	1. 공중보건의 개념 2. 환경위생 및 환경오염 관리 3. 역학 및 질병 관리 4. 산업보건관리
		2. 음식 안전관리	1. 개인안전 관리	1. 개인 안전사고 예방 및 사후 조치 2. 작업 안전관리
			2. 장비·도구 안전작업	1. 조리장비·도구 안전관리 지침

필 기 과목명	출 제 문제수	주요항목	세부항목	세세항목
			3. 작업환경 안전관리	1. 작업장 환경관리 2. 작업장 안전관리 3. 화재예방 및 조치방법 4. 산업안전보건법 및 관련지침
		3. 음식 재료관리	1. 식품재료의 성분	1. 수분 2. 탄수화물 3. 지질 4. 단백질 5. 무기질 6. 비타민 7. 식품의 색 8. 식품의 갈변 9. 식품의 맛과 냄새 10. 식품의 물성 11. 식품의 유독성분
			2. 효소	1. 식품과 효소
			3. 식품과 영양	1. 영양소의 기능 및 영양소 섭취기준
		4. 음식 구매관리	1. 시장조사 및 구매관리	1. 시장 조사 2. 식품구매관리 3. 식품재고관리
			2. 검수 관리	1. 식재료의 품질 확인 및 선별 2. 조리기구 및 설비 특성과 품질 확인 3. 검수를 위한 설비 및 장비 활용 방법
			3. 원가	1. 원가의 의의 및 종류 2. 원가분석 및 계산
		5. 양식 기초 조리실무	1. 조리 준비	1. 조리의 정의 및 기본 조리조작 2. 기본조리법 및 대량 조리기술 3. 기본 칼 기술 습득 4. 조리기구의 종류와 용도 5. 식재료 계량방법 6. 조리장의 시설 및 설비 관리
			2. 식품의 조리원리	1. 농산물의 조리 및 가공 · 저장 2. 축산물의 조리 및 가공 · 저장 3. 수산물의 조리 및 가공 · 저장 4. 유지 및 유지 가공품 5. 냉동식품의 조리 6. 조미료와 향신료

필 기 과목명	출 제 문제수	주요항목	세부항목	세세항목
			3. 식생활 문화	1. 서양 음식의 문화와 배경 2. 서양 음식의 분류 3. 서양 음식의 특징 및 용어
		6. 양식 스톡조리	1. 스톡조리	1. 스톡재료 준비 2. 스톡 조리 3. 스톡 완성
		7. 양식 전채 · 샐러드 조리	1. 전채 · 샐러드조리	1. 전채 · 샐러드 재료 준비 2. 전채 · 샐러드 조리 3. 전채 · 샐러드 요리 완성
		8. 양식 샌드위치 조리	1. 샌드위치조리	1. 샌드위치 재료 준비 2. 샌드위치 조리 3. 샌드위치 완성
		9. 양식 조식조리	1. 조식조리	1. 달걀 요리 조리 2. 조찬용 빵류 조리 3. 시리얼류 조리
		10. 양식 수프조리	1. 수프조리	1. 수프재료 준비 2. 수프조리 3. 수프요리 완성
		11. 양식 육류조리	1. 육류조리	1. 육류재료 준비 2. 육류조리 3. 육류요리 완성
		12. 양식 파스타 조리	1. 파스타 조리	1. 파스타재료 준비 2. 파스타조리 3. 파스타요리 완성
		13. 양식 소스조리	1. 소스조리	1. 소스재료 준비 2. 소스조리 3. 소스완성

차례

Chapter 01 개인 위생관리

01 ▶ 위생관리기준

1. 위생관리의 의의와 필요성

위생관리란 식품과 조리 및 식품첨가물과 이에 관련된 기구와 용기 및 포장, 공중위생, 쓰레기와 분뇨, 하수처리와 폐기물 등에 관한 위생관련업무를 말하는데 철저한 위생관리는 식중독 위생사고를 예방하고 상품의 가치를 상승(안전한 먹거리)시키며, 점포의 이미지 개선과 그로 인하여 고객의 만족도가 올라가 매출증진으로 이어지기 때문에 중요하다고 하겠다.

2. 개인위생 관리하기

식품와 음식을 취급하는 사람은 본인의 건강상태와 개인위생에 주위를 기울이며, 음식물로 인하여 전염될 수 있는 병원균을 보유하고 있거나 설사, 구토, 황달, 기침, 콧물, 가래, 오한과 발열 등의 증상이 있을 때는 일을 해서는 안 되며 위장염증상과 부상으로 인한 화농성 질환, 피부병, 베인 부위가 있을 때는 즉시 점주, 점장, 실장 등 상급자에게 보고하고 작업하지 않도록 한다.

(1) 개인 위생관리수칙

① 장신구나 매니큐어, 지나친 화장은 하지 않고 손톱은 항상 짧고 청결하게 하며 반지나 시계 착용을 금한다.
② 상처가 손에 났을 경우 치료 후 위생장갑을 끼고 조리한다.
③ 조리과정 중 신체부위(머리나 코 등)를 만지지 않으며 음식물이나 도구를 향해 기침이나 재채기를 하지 않는다.
④ 조리종사 시 설사증세가 있으면 조리에 참여하지 않는다.
⑤ 주방 개인용품(조리복, 조리모, 앞치마, 조리안전화)은 청결하게 유지, 착용한다.

(2) 복장(두발 및 용모, 위생복 등) 위생관리

① 두발 및 용모 : 모든 주방종사자는 조리실 내에서 위생모를 착용하며 모발이 위생모 밖으로 나오지 않도록 착용하고 남자의 경우 수염이 보이지 않도록 깨끗이 면도를 한다.
② 위생복
  ㉠ 조리 시에는 여벌의 조리복을 준비하여 항상 청결한 위생복을 착용하며 위생마스크를 사용한다.

ⓛ 앞치마는 색상을 달리하여 구분(조리용, 서빙용, 세척용)하여 사용하며, 의복과 신체를 보호한다.

　　ⓒ 조리종사원의 신체를 보호하고, 조리 시 위생적으로 작업하는 것을 목적으로 한다.

③ 악세서리 및 화장

　　㉠ 주방에서는 장신구(시계, 반지, 목걸이, 귀걸이, 팔찌 등)를 착용하지 않으며, 손톱은 짧고 청결히 유지한다.

　　ⓛ 매니큐어나 광택제를 손톱에 칠하지 말고, 인조손톱을 부착해서는 안된다.

　　ⓒ 화장은 진하게 하지 않고, 인조속눈썹을 착용하지 않으며 강한 향의 향수는 사용을 금한다.

④ 위생화(작업화) : 조리실(주방) 내에서는 작업화를 신고, 외부 출입 시에는 반드시 소독발판에 작업화를 소독하고 들어온다. 미끄러운 주방바닥에서의 낙상, 찰과상 등과 주방기구로 인한 부상 등의 위험으로부터 보호하는데 목적이 있다.

⑤ 위생모 : 머리와 머리카락의 분비물로 인한 음식 오염 방지의 목적이 있다.

⑥ 머플러 : 주방에서 발생할 수 있는 상해의 응급조치 등에 사용 가능하다.

⑦ 장갑(1회용 장갑) : 위생장갑을 착용해서 음식이나 식재료에 손이 직접 접촉되지 않도록 하며 위생장갑을 색상별 구분하여 용도(전처리용, 조리용, 설거지용, 청소용 등)에 맞게 사용한다.

(3) 손 위생관리

식품의 안전한 관리를 위해서 손을 항상 청결하게 관리해야 하며 올바르고 철저한 손씻기만으로도 질병의 60% 정도를 예방할 수 있다.

식품 종사자의 경우는 비누로 세척 후에 역성비누(양성비누)를 사용하는데 일반비누로 먼저 씻고 나서 역성비누(양이온의 계면활성제로 살균력은 강하나 세척력이 떨어짐)를 사용해야 살균력이 강하다.

> **참고 　 올바른 손 씻기**
> 1. 손바닥 : 손바닥과 손바닥을 마주 대고 문질러 씻는다.
> 2. 손등 : 손등과 손바닥을 마주 대고 문질러 씻는다.
> 3. 손가락 사이 : 손바닥을 마주 대면서 손깍지를 서로 끼어서 문질러 씻는다.
> 4. 두 손 모아 : 두 손가락을 마주 잡고 문질러 씻는다.
> 5. 엄지손가락 : 엄지손가락을 반대편 손바닥으로 돌려 주면서 문질러 씻는다.
> 6. 손톱 밑 : 손가락을 반대편 손바닥에 놓고 문질러 손톱 밑을 씻는다.

02 ▶ 식품위생에 관련된 질병

식품으로 인한 위해요소 중 사람의 건강을 해할 우려가 있는 인자로 일반적으로 생성 요소에 따라 내인성, 외인성, 유인성으로 분류한다.

1. 내인성 위해요소

식품의 원재료 자체에 유독. 유해 독성물질을 가지고 있는 것으로 동물성 자연독과 식물성 자연독 등이 있다.

예
- 자연독에 의한 식중독 : 복어의 테트로도톡신, 모시조개의 베네루핀, 독버섯의 무스카린, 감자의 솔라닌, 황변미의 시트리닌, 이스란디톡신 등
- 알러지성 식중독 : 꽁치, 고등어의 히스타민

2. 외인성 위해요소

식품의 원재료 자체에는 함유되어 있지 않으나 재배, 생산, 제조 및 유통과정 중에 혼입되거나 오염된 것으로 식중독균, 곰팡이 독 등의 생물적 요소와 포장재의 유독성분, 잔류농약 등의 인위적 요소가 있다.

예
- 감염형 식중독 : 살모넬라균, 비브리오균, 병원성대장균, 노로바이러스 등 음식물에서 증식한 세균
- 독소형 식중독 : 포도상구균 등 음식물에서 세균이 증식할 때 발생하는 독소에 의한 식중독
- 곰팡이에 의한 식중독 : 식품을 부패 · 변질시키거나 독소를 만들어 인체에 해를 줌
- 첨가 혼입독에 의한 식중독 : 식품첨가물, 농약, 오염식품의 중금속, 포장재의 유해물질 등

3. 유인성 위해요소

식품을 조리하고 가공하는 과정에서 생기는 위해물질로서 물리적 생성물(변질된 유지의 조리과정 생성물로 유지과산화물 등), 화학적 생성물(식품성분과 식품첨가물과의 상호반응 생성물로 아미노산의 가열분해물), 생물적 생성물(아질산염과 아민류와의 생체 내 반응생성물로 니트로소아민)에 의한 것이 있다.

영업에 종사하지 못하는 질병의 종류
- 콜레라, 장티푸스, 파라티푸스, 세균성이질, 장출혈성 대장균 감염증, A형간염
- 결핵(비전염성인 경우 제외)
- 피부병 기타 화농성 질환
- B형 간염(전염의 우려가 없는 비활동성 간염은 제외)
- 후천성면역결핍증(감염병의 예방 및 관리에 관한 법률에 의하여 성병에 관한 건강 진단을 받아야 하는 영업에 종사하는 자에 한함)

건강진단
- 식품위생법 제40조에 따라 식품영업자 및 종업원은 건강진단을 받아야 한다.
- 총리령으로 건강검진 주기는 1년이다.

개인 위생관리 연습문제

01 위생관리의 필요성으로 바르지 못한 것은?

① 대외적 브랜드 이미지 관리

② 점포의 이미지 개선(청결한 이미지)

③ 식중독 위생사고 예방

④ 질병의 치료 및 예방

해설 위생관리의 필요성은 다음과 같다.
- 식중독 위생사고 예방
- 식품위생법 및 행정처분 강화
- 상품의 가치가 상승함(안전한 먹거리)
- 점포의 이미지 개선(청결한 이미지)
- 고객 만족(매출증진)
- 대외적 브랜드 이미지 관리

02 식품을 취급하는 종사자의 손 씻기로 바르지 않은 것은?

① 보통비누로 먼저 손을 씻어 낸 후 역성비누를 사용한다.

② 살균효과를 높이기 위해 보통비누와 역성 비누액을 섞어 사용한다.

③ 팔에서 손으로 씻어 내려온다.

④ 핸드타월이나 자동손 건조기를 사용하는 것이 바람직하다.

해설 보통비누는 더러운 먼지 등을 제거하는 작용이 있고, 역성비누는 세척력은 약하나 살균력이 강하여 보통비누로 먼저 먼지를 제거한 후 역성비누를 사용하는 것이 바람직하다.

03 개인 위생관리 중 바르지 않은 것은?

① 화장은 진하게 하지 않지만 향이 강한 향수는 사용하여도 좋다.

② 인조 속눈썹을 착용해서는 안 된다.

③ 손톱에 메니큐어나 광택제를 칠해서는 안된다.

④ 조리실(주방) 종사자는 시계, 반지, 목걸이, 귀걸이, 팔찌 등 장신구를 착용해서는 안 된다.

해설 화장은 진하게 하지 않으며, 향이 강한 향수는 사용하지 않는다.

04 위생복 착용 시 다음의 목적으로 반드시 착용해야 하는 것은?

> 머리카락과 머리의 분비물들로 인한 음식오염을 방지하고 위생적인 작업을 진행 할 수 있도록 하기 위해 착용한다.

① 머플러

② 위생모

③ 위생화(작업화)

④ 위생복

해설 위생복은 다음의 목적으로 착용한다.
- 머플러 : 주방에서 발생할 수 있는 상해의 응급조치 등
- 위생모 : 머리카락과 머리의 분비물로 인한 음식오염 방지
- 위생화 : 미끄러운 주방바닥에서의 미끄러짐 방지 등
- 위생복 : 열, 가스 전기, 설비 등으로부터 보호 등

정답 01 ④ 02 ② 03 ① 04 ②

05 식품위생법상 식품영업에 종사하지 못하는 질병의 종류가 아닌 것은?

① B형 간염(전염의 우려가 없는 비활동성 간염은 제외)
② 피부병 기타 화농성 질환
③ 결핵(비전염성인 경우 제외)
④ 디프테리아

해설 ④의 디프테리아는 호흡기계 감염병이다.
영업에 종사하지 못하는 질병의 종류
- 콜레라, 장티푸스, 파라티푸스, 세균성이질, 장출혈성 대장균 감염증, A형 간염 등 – 철저한 환경위생으로 개선이 가능하다.
- 결핵(비전염성인 경우 제외)
- 피부병 기타 화농성 질환
- B형 간염(전염의 우려가 없는 비활동성 간염은 제외)
- 후천성면역결핍증(감염병의 예방 및 관리에 관한 법률에 의하여 성병에 관한 건강진단을 받아야 하는 영업에 종사하는 자에 한함)

06 환경위생을 철저히 함으로써 발생이 감소되는 감염병과 거리가 먼 것은?

① 장티푸스
② 콜레라
③ 세균성이질
④ 홍역

해설 철저한 환경위생으로 발생이 감소되는 감염병은 소화기계 감염병으로 콜레라, 장티푸스, 세균성이질, 장출혈성 대장균 감염증, A형간염이 있다.

07 식품위생법 제40조에 따라 식품영업자 및 종업원의 건강진단 검진 주기는 얼마인가?

① 2개월
② 6개월
③ 1년
④ 2년

해설 총리령으로 정하는 영업자 및 그 종업원은 건강진단을 받아야 하며 건강진단 검진 주기는 1년이다.

식품 위생관리

01 ▶ 미생물의 종류와 특성

미생물은 사람에게 병을 일으키는 병원성 미생물과 병을 일으키지 않는 비병원성 미생물로 구분하는데, 비병원성 미생물에는 식품의 부패나 변패의 원인이 되는 유해한 것과 발효, 양조 등 유익하게 이용되는 미생물이 포함된다.

1. 미생물의 종류

미생물을 분류하면 진균류(곰팡이, 효모), 세균, 리케차, 바이러스, 스피로헤타, 원충류의 6개 분류로 구분되며 그 생태는 다음과 같이 분류한다.

① 곰팡이(몰드, Mold) : 진균류 중에서 균사체를 발육기관으로 하는 것을 곰팡이라 한다.

② 효모(이스트, Yeast) : 곰팡이와 세균의 중간크기로 형태는 구형, 타원형, 달걀형 등이 있으며 출아법으로 증식한다.

③ 스피로헤타(Spirochaeta) : 일반적으로 세균류에 넣지만 엄밀히 보면 단세포식물과 다세포식물의 중간이라고 할 수 있다.

④ 세균(박테리아, Bacteria) : 형태는 구균, 간균, 나선균의 3가지가 있고, 2분법으로 증식한다.

⑤ 리케차(Rickettsia) : 세균과 바이러스의 중간에 속하는 것으로 원형, 타원형 등의 모양을 한다. 2분법으로 증식하며 운동성이 없고 살아있는 세포 속에서만 증식한다.

⑥ 바이러스(Virus) : 세균여과기를 통과하는 여과성 미생물로 미생물 가운데 크기가 가장 작다.

2. 미생물 생육에 필요한 조건

미생물은 적당한 영양소, 수분, 온도, pH, 산소가 있어야 생육할 수 있다. 이 중에서 영양소, 수분, 온도를 미생물 증식의 3대 조건이라 한다.

(1) 영양소

미생물의 발육·증식에는 탄소원(당질), 질소원(아미노산, 무기질소), 무기염류, 생육소(발육소) 등의 영양소가 필요하며 필요한 양이 충분히 공급되어야 한다.

(2) 수분

미생물의 몸체구성과 생리기능을 조절하는 성분으로 미생물의 발육증식에는 보통 40% 이상의 수분이 필요하다. 건조상태에서는 휴면상태가 되어 장기간 생명을 유지하는 경우는 있으나 발육·증식을 할 수 없다.

건조식품은 수분함량이 대략적으로 15% 정도이며, 이 정도의 수분함량으로는 일반미생물의 생육·증식이 불가능하나 곰팡이만 유일하게 건조식품에서 발육할 수 있다.

> 참고 생육에 필요한 수분량 순서 : 세균 〉효모 〉곰팡이
> ※ 곰팡이 생육 억제 수분량 : 13% 이하

(3) 온도

균의 종류에 따라 각각 일정한 발육 가능 온도가 있으며 0℃ 이하와 80℃ 이상에서는 발육하지 못하고 고온에서보다 저온에서 저항력이 크다.
① 저온균 : 증식최적온도 15~20℃(식품에 부패를 일으키는 부패균)
② 중온균 : 증식최적온도 25~37℃(질병을 일으키는 병원균)
③ 고온균 : 증식최적온도 55~60℃(온천물에 서식하는 온천균)

(4) 수소이온농도(pH)

일반적으로 곰팡이와 효모는 최적 pH가 4.0~6.0으로 주로 산성에서 잘 자라고, 세균은 최적 pH가 6.5~7.5로 보통 중성 내지 약알칼리에서 잘 자라는 경향이 있다.

(5) 산소

미생물은 에너지를 얻기 위해서 산소를 필요로 하는 것도 있고, 전혀 필요하지 않고 산소가 있으면 생육에 저해를 받는 것도 있다.
① 호기성세균 : 산소를 필요로 하는 균
② 혐기성세균 : 산소를 필요로 하지 않는 균
  ㉠ 통성혐기성세균 : 산소가 있거나 없거나 상관없이 발육하는 균
  ㉡ 편성혐기성세균 : 산소를 절대적으로 기피하는 균

02 ▶ 식품과 기생충병

1. 기생충 질환의 원인과 종류

기생충 질환은 근래 들어 많은 감소를 보였지만 환경불량, 비과학적 식생활 습관, 분변의 비료화, 비위생적인 일상생활, 비위생적 영농 방법 등이 주원인이 되고 있다. 기생충의 종류는 매우 많으나 우리나라에서 흔히 유행되는 종류는 다음과 같다.

(1) 선충류

회충, 편충, 구충, 요충, 동양 모양 선충, 말레이 사상충

(2) 흡충류

간흡충, 폐흡충, 요코가와흡충

(3) 조충류

무구조충, 유구조충, 광절열두조충, 만소니열두조충

(4) 원충류

이질아메바 원충, 말라리아 원충

2. 선충류에 의한 감염과 예방법

(1) 선충류

① 회충증

　㉠ 전파양상

　　• 분변으로 탈출된 회충수정란(자연조건에서 감염형)이 오염된 채소, 불결한 손, 파리의 매개로 음식물 오염, 경구 침입, 위에서 부화, 간, 심장, 폐, 기관지, 식도, 소장에서 감염 70~80일 후에 성충이 되어 산란한다.

　　• 회충의 담도계 침입이나 유충기에 다른 기관에서 유입되는 경우도 있다.

　㉡ 인체에 미치는 피해

　　• 전신증상 : 권태, 미열, 식욕 이상, 소화장애, 이미증(異味症), 구토, 변비, 복통, 신경 증세, 빈뇨, 두드러기 등

　　• 군집에 의한 증상 : 장폐쇄, 충양돌기염, 초기의 유충성 폐렴

　㉢ 예방법

　　• 분변의 위생적 처리

　　• 정기적 구충제 복용

　　• 보건교육 : 부엌용품(식기, 도마, 행주)의 소독과 아동들의 손가락 빠는 행동에 관한 계몽

　　• 청정채소 섭취

　　• 위생해충의 구제와 환경관리

② 구충증

　㉠ 병원체

　　• 십이지장충(두비니구충)

　　• 아메리카구충

ⓛ 전파양상
- 경피감염 : 유충이 부착된 채소 취급과 맨발 또는 흙 묻은 손에 의해 피부로 침입, 폐를 거쳐 소장에서 성장하여 산란한다.
- 경구감염 : 채소에 묻어 있던 감염형 유충의 구강점막 침입
ⓒ 인체에 미치는 피해
- 침입 초기증상 : 기침, 구역질, 구토
- 성충 : 빈혈증, 소화장애(토식증, 다식증, 이미증)
- 유충의 세포 침입 시 알레르기 반응이나 유충성 폐렴이 있을 수 있다.
- 침입 부위의 국소증상 : 소양감, 작열감(Ground Itch)
ⓔ 예방법
- 오염된 야채를 취급할 때에는 오염된 환경 내에서 피부의 노출을 금하도록 주의하고 채소는 깨끗이 씻어 가열 조리하도록 한다.
- 생분뇨를 비료화하지 않도록 한다.
③ **요충증**
ⓐ 병원체 및 분포
- Enterobius vermicularis
- 집단으로 생활하는 장소
ⓛ 전파양상 : 성숙충란 → 불결한 손, 음식물 → 경구 침입 → 소장상부에서 부화 → 맹장 부위로 이동 → 직장으로 이동하여 45일 전후에 항문 주위로 나와 산란한다.
ⓒ 인체에 미치는 피해
- 국소증상 : 항문 주위의 소양증, 습진으로 세균에 의한 2차 감염증도 올 수 있다.
- 전신증상 : 경련, 수면장애, 야뇨증, 주의력 산만, 체중 감소
ⓔ 예방법
- 집단구충 : 가족 내 감염률이 높다.
- 침구와 내의의 청결, 잠옷 사용 권장
- 손톱을 짧게 깎도록 하고, 식전에 손 씻기, 항문 주위의 청결유지 필요

3. 중간 숙주에 의한 기생충의 분류

기생충이 음식물을 거쳐 인체에 감염되는 경로는 동물성 식품을 경유하는 경우와 채소 등 일반식품을 경유하는 경우가 있는데, 전자의 경우에 기생충이 경유하는 여러 동물을 중간숙주라 하고 사람은 종말숙주라 한다. 그러나 중간 숙주인 동물을 직접 먹어서 유충이 인체에 그대로 머물러 있음으로써 사람이 중간 숙주적인 구실을 하는 경우도 있다. 기생충을 중간 숙주에 의해서 분류하면 다음과 같다.

(1) 중간 숙주가 없는 것
회충, 구충, 편충, 요충

(2) 중간 숙주가 한 개인 것
① 무구조충(민촌충) : 소
② 유구조충(갈고리촌충) : 돼지
③ 선모충 : 돼지
④ 만소니열두조충 : 닭

(3) 중간 숙주가 두 개인 것
① 간흡충(간디스토마) : 제1중간 숙주(왜우렁이) → 제2중간 숙주(담수어 : 붕어, 잉어)
② 폐흡충(폐디스토마) : 제1중간 숙주(다슬기) → 제2중간 숙주(가재, 게)
③ 요코가와흡충(횡천흡충) : 제1중간 숙주(다슬기) → 제2중간 숙주(담수어, 특히 은어)
④ 광열열두조충(긴촌충) : 제1중간 숙주(물벼룩) → 제2중간 숙주(담수어 : 연어, 송어)

(4) 사람이 중간 숙주적 구실을 하는 것
말라리아

(5) 기생충의 예방법
① 중간 숙주를 생식하지 않도록 주의한다.
② 충분히 가열 조리한 후 섭취한다.
③ 도축 검사를 엄중히 한다.
④ 오염된 지역에서 생선회를 먹지 않도록 세심한 주의를 요한다.
⑤ 오염된 조리기구를 통한 다른 식품의 오염에 주의한다.

> **참고**
> • 회충 : 우리나라에서 감염률이 가장 높은 기생충으로 충란은 직사일광 및 열에 약하다.
> • 경피감염 기생충 : 십이지장충(구충), 말라리아 원충
> • 요충 : 항문 주위에 산란하므로 항문 소양감이 생겨 어린이에게는 수면장애, 야뇨증, 체중감소, 주의력 산만을 일으킨다.
> • 동양모양 선충 : 내염성이 강하다(절인 채소에도 부착되어 감염된다).
> • 아니사키스충 : 고래, 돌고래에 기생하는 회충의 일종으로 본충에 감염된 연안 어류의 섭취로 감염된다.
> • 유구조충 : 주로 낭충(알) 감염이 잘 된다(유구낭충증).
> • 간디스토마 : 강 유역 주민들에게 많이 감염되며 민물고기를 생식하는 사람에게 많이 감염된다.

03 ▶ 살균 및 소독의 종류와 방법

1. 소독, 멸균 및 방부의 정의

(1) 소독
병원 미생물을 죽이거나 병원성을 약화시켜 감염 및 증식력을 없애는 조작이다.

(2) 멸균
강한 살균력을 작용시켜 병원균, 비병원균, 아포 등 모든 미생물을 완전 사멸시키는 것이다.

(3) 방부
미생물의 발육을 저지 또는 정지시켜 부패나 발효를 방지하는 방법이다.

2. 소독방법

(1) 물리적 방법
① 무가열에 의한 방법

자외선 조사 : 일광 소독(실외 소독), 자외선 소독(실내 소독)

→ 자외선의 살균력은 파장 범위가 2,500~2,800Å(옴스트롱) 정도일 때 가장 강하다.

② 방사선 조사 : 식품에 방사선을 방출하는 코발트 60(^{60}Co) 등의 물질을 조사시켜 균을 죽이는 방법이다.

③ (세균)여과법 : 음료수나 액체식품 등을 세균 여과기로 걸러서 균을 제거시키는 방법인데 바이러스는 너무 작아서 걸러지지 않는 단점이 있다.

④ 가열에 의한 방법

㉠ 화염 멸균법 : 알코올램프, 분젠, 천연가스 등을 이용하여 금속류, 유리병, 백금, 도자기류 등의 소독을 위하여 불꽃 속에 20초 이상 접촉시키는 방법으로 표면의 미생물을 살균시킬 수 있다. 그 외 재생가치가 없는 물질을 태워 버리는 것도 화염 멸균법이다.

㉡ 건열 멸균법 : 유리기구, 주사바늘 등을 건열 멸균기(Dry oven)에 넣고 150~160℃에서 30분 이상 가열한다.

㉢ 유통증기소독법 : 100℃의 유통하는 증기 중에서 30~60분간 가열하는 방법

㉣ (유통증기) 간헐 멸균법 : 100℃의 유통증기 중에서 24시간마다 15~20분간씩 3회 계속하는 방법으로서 아포를 형성하는 균(내열성)을 죽일 수 있다.

㉤ 고압증기 멸균법 : 고압증기 멸균솥(오토클레이브)을 이용하여 121℃(압력 15파운드)에서 15~20분간 살균하는 방법으로서, 멸균효과가 좋아서 미생물뿐 아니라 아포까지도 죽일 수 있으며 통조림 등의 살균에 이용된다.

ⓑ 자비소독(열탕소독) : 끓는 물(100℃)에서 30분간 가열을 하는 방법으로서 식기·행주 등의 소독에 이용된다. 손쉬운 방법이기는 하지만 아포를 죽일 수 없기 때문에 완전 멸균을 기대할 수 없다.

ⓢ 저온 살균법(LTLT법) : 우유와 같은 액체 식품에 대해 61~65℃에서 30분간 가열하는 방법으로 영양 손실이 적다.

ⓞ 고온 단시간 살균법(HTST법) : 우유의 경우 70~75℃에서 15~20초간 가열하는 방법이다.

ⓩ 초고온 순간 살균법(UHT법) : 우유의 경우 130~140℃에서 2초간 살균 처리하는 방법이며 근래 많이 사용된다.

(2) 화학적 방법

① 소독약의 구비조건 : 살균력이 강할 것, 저렴하고 사용법이 간단할 것, 금속부식성이 없을 것, 표백성이 없을 것, 용해성이 높을 것, 침투력이 강하며 안정성이 있을 것

② 종류 및 용도

ⓖ 염소·차아 염소산 나트륨 : 채소, 식기, 과일, 음료수 등의 소독에 사용
  • 수돗물 소독 시 잔류염도 : 0.2ppm
  • 채소·식기·과일·소독 시 농도 : 50~100ppm

ⓛ 표백분(클로르칼키·클로르석회) : 우물·수영장 소독 및 채소·식기 소독에 사용된다.

ⓒ 역성비누(양성비누) : 과일, 채소, 식기, 손소독에 사용한다.
  • 사용농도 : 원액(10%)을 200~400배 희석하여 0.01~0.1%로 만들어 사용한다. 과일, 채소, 식기 소독은 0.01~0.1%, 손소독은 10%로 사용한다.
  • 보통 비누와 동시에 사용하거나, 유기물이 존재하면 살균효과가 떨어지므로 세제로 씻은 후 사용한다.

ⓡ 석탄산(3%) : 변소(분뇨)·하수도·진개 등의 오물 소독에 사용하며 온도 상승에 따라 살균력도 비례하여 증가한다. 각종 소독약의 소독력을 나타내는 기준이 된다.
  • 장점 : 살균력이 안전하고 유기물 존재 시에도 소독력이 약화되지 않는다.
  • 단점
    – 냄새가 독하다.
    – 독성이 강하다.
    – 피부점막에 강한 자극성을 준다.
    – 금속부식성이 있다.

> 석탄산계수 = (다른) 소독약의 희석배수/ 석탄산의 희석배수

ⓜ 크레졸 비누액(3%) : 변소(분뇨) · 하수도 · 진개 등의 오물 소독 · 손 소독에 사용하며 피부자극은 비교적 약하지만 소독력은 석탄산보다 강하며(2배) 냄새도 강하다.

ⓗ 과산화수소(3%) : 자극성이 적어서 피부 · 상처 소독에 적합하며, 특히 입안의 상처 소독에도 사용할 수 있다.

ⓢ 포름 알데히드(기체) : 병원 · 도서관 · 거실 등의 소독에 사용되고 있다.

ⓞ 포르말린 : 포름알데히드를 물에 녹여서 35~37.5%의 수용액을 만든 것이다. 변소(분뇨) · 하수도 · 진개 등의 오물 소독에 이용될 수 있다.

ⓩ 승홍수(0.1%) : 비금속 기구 소독에 이용한다. 온도 상승에 따라 살균력도 비례하여 증가한다.

ⓒ 생석회 : 하수도 · 진개 등의 오물 소독에 가장 우선적으로 사용할 수 있다.

ⓚ 에틸알코올(70%) : 금속기구, 초자기구, 손 소독 등에 사용한다.

ⓣ 에틸렌 옥사이드(기체) : 식품 및 의약품 소독에 사용한다.

04 ▶ 식품의 위생적 취급기준

1. 식품 조리기구의 관리

식품조리기구는 재질이 비독성이며, 녹슬지 않고, 청소세제와 소독약품에 잘 견뎌야 한다. 조리기구는 사용 후 염소계 소독제 200ppm을 사용하여 살균 후 물기를 제거한다.

[주방의 항목별 세척 방법]

항목	내용
남은 채소	채소를 담는 용기는 매일 세척을 하여야 하며 남은 채소는 남기지 않고 매일 폐기한다.
조리대와 작업대 청소	세제를 사용하여 매일 세척하고 반드시 건조한다.
바닥청소	1일 2회 물을 뿌려 청소를 하며 기름때가 있을 경우에는 가성소다를 묻혀 1시간 두었다가 청소용 솔로 닦아 물청소를 해주며 바닥은 건조상태를 유지한다.
칼	칼은 조리 도중에는 갈지 않고(쇠 냄새가 나기 때문) 조리가 종료된 후 매일 갈고 클린저나 전용행주로 물기를 닦아 건조하여 보관한다.
도마	조리 시마다 물로 씻어 사용하며 조리 종료 후에는 중성세제로 씻고 살균, 소독하여 보관하고 특히 환절기에는 열탕소독도 철저히 하여 지정된 장소에 보관한다.
식기	용기는 중성세제를 사용하여 각진 구석은 주의 깊게 닦아야 하며 오염을 막기 위해 지정된 장소에 보관한다.

식품	들어온 식품들은 품질과 양, 신선도를 체크하며 잡균에 오염되지 않도록 바닥에 직접 놓지 않는다.
음식보관	외부공기가 들어가지 않도록 랩을 씌우거나 뚜껑을 덮어서 유통기한을 적은 스티커를 붙여 냉장보관한다.

2. 식재료 입출고 및 보관관리

식재료의 입고와 출고관리는 모든 원부재료와 포장재, 제품 등 물품에 대한 기록이 유지되어야 하며, 보관 시 유통기한이 초과된 제품 또는 원료는 보관하고 있지 말아야 하며 식품의 적재 시에는 벽과 바닥으로부터 일정한 간격 이상을 유지하여 적재하고 원료, 자재, 완제품 및 시험시료는 한꺼번에 보관하지 말고 따로 구분을 하여 장소나 온도, 식별표시 등 제시된 조건으로 관리를 한다.

3. 식재료의 취급

식재료 구입 시 재고수량을 파악한 후 적정량을 구입하는데 유통기한을 확인하여 경과된 것은 구입하지 않으며, 보존상태가 좋지 못한 것은 가격이 저렴하다고 해도 구입하지 않는다. 또한 냉동식품은 해동흔적이 있거나, 통조림의 찌그러짐, 냉장식품의 비냉장상태를 확인하여 구입하지 않는다. 식품의 사용 시 선입선출(FIFO, First In, First Out) 방식으로 사용하고 유효기간이 남아있다 하더라도 선도가 떨어진 것은 세균증식이 진행될 우려가 있으므로 폐기하며 유효기간이 지난 상품은 반드시 폐기처분한다.

---

05 ▶ 식품첨가물과 유해물질

1. 식품첨가물

식품첨가물(食品添加物)이란, 식품의 제조, 가공이나 보존을 할 때에 필요에 의해서 식품에 첨가 또는 혼합하거나 침윤하거나, 그 밖의 방법으로 식품에 사용되는 물질이며 천연 첨가물, 화학적 합성품으로 크게 나눌 수 있다.

이들 첨가물 중 대부분을 차지하는 것은 화학적 합성품인데, 천연물과는 달리 생리적 작용이 강해서 인체에 유해한 작용을 끼칠 염려가 있는 것이 많으므로 식품의약품안전처장이 지정한 것 외에는 사용할 수 없다.

(1) 식품의 기호성을 높이고 관능을 만족시키는 것

① 착색료

    ㉠ 식품의 가공공정에서 상실되는 색을 복원하거나 외관을 보기 좋게 하기 위하여 착색하는 데 사용되는 첨가물이다.

    ㉡ 조건 : 인체에 독성이 없고, 체내에 축적되지 않으며, 미량으로 효과가 있어야 하며, 물리·화학적 변화에 안정하며, 값이 싸고 사용하기에 간편해야 한다.

    ㉢ 동클로로필린 나트륨, 철클로로필린 나트륨, 3·산화철, β-카로틴

        ※ 타르색소를 사용할 수 없는 식품의 종류 : 면류, 김치류, 다류, 묵류, 젓갈류, 단무지, 천연식품(두부류, 건강보조식품, 특수영양식품, 유산균 음료, 토마토케첩 등)

② 발색제

    ㉠ 발색제 그 자체에는 색이 없으나 식품 중의 색소와 작용해서 색을 안정시키거나 발색을 촉진시킨다.

    ㉡ 육류 발색제 : 질산칼륨, 질산나트륨, 아질산나트륨

    ㉢ 식물성 발색제 : 황산 제1철(결정), 황산 제1철(건조)

③ 표백료

    ㉠ 유색물질을 화학적 분해에 의하여 탈색시키는 것이다.

    ㉡ 산화제 : 과산화수소

    ㉢ 환원제 : 아황산나트륨(결정), 아황산나트륨(무수), 산성 아황산나트륨, 메타중아황산칼륨, 차아황산나트륨

④ 착향료

    ㉠ 식품의 냄새를 강화 또는 변화시키거나 좋지 않은 냄새를 없애기 위해 사용한다.

    ㉡ 에스텔류 : 카프론산알릴, 초산벤질, 프로피온산벤질, 초산부틸, 낙산부틸

    ㉢ 에스텔 이외의 착향료 : 데실알코올, 시트로네롤, 시트로네랄, 계피알코올, 유카리프톨

    ㉣ 성분 규격이 없는 착향료 : 이소티오시아네이트류, 인돌 및 그 유도체, 에스텔류, 에텔류, 지방족 고급 알코올류, 지방족 고급 알데히드류

⑤ 감미료

    ㉠ 당질을 제외한 감미를 가지고 있는 화학적 제품을 총칭하여 합성감미료라고 한다. 영양가가 거의 없으며, 많은 양을 섭취하면 인체에 유해하므로 특별한 경우를 제외하고는 사용하지 않는 것이 좋다.

    ㉡ 사카린나트륨, 글리시리친산 2나트륨, 글리시리친산 3나트륨, d-솔비톨, 스테비오사이드

⑥ 조미료

    ㉠ 식품이 본래 가지고 있는 맛보다 좋은 맛을 내거나 개인의 미각에 맞도록 첨가되는 것이다.

    ㉡ 정미료(감칠맛) : 글리신, 5-구아닐산 나트륨, 구연산 나트륨, 1-글루탐산 나트륨, d-

주석산 나트륨

ⓒ 산미료 : 구연산, 초산, 빙초산, 후말산, 젖산, d-주석산

(2) 품질 유지 또는 개량에 사용하는 것

① 소맥분 개량제

ㄱ 밀가루는 저장 중에 공기 중의 산소에 의하여 산화되어 서서히 어느 정도 표백과 성숙이 진행되지만 장기간 저장하여야 하기 때문에 소맥분 개량제를 첨가한다.

ㄴ 과산화벤조일(희석), 과황산 암모늄, 브롬산칼륨, 이산화염소

② 품질개량제(결착제)

ㄱ 포유동물의 고기나 어육을 가공, 특히 연제품을 만들 때 팽창성이나 보수성을 높여 고기의 결착성을 좋게 하기 위하여 사용한다.

ㄴ 인산염

③ 유화제(계면활성제)

ㄱ 서로 혼합이 잘 되지 않는 2종류의 액체 또는 고체를 액체에 분산시키는 기능을 가지고 있는 물질을 유화제 또는 계면활성제라고 한다.

ㄴ 소르비탄지방산에스텔, 글리세린지방산에스텔, 자당지방산에스텔, 프로필렌글리콜지방산에스텔, 대두인지질

④ 증점제(호료) : 점성 증가, 한천

⑤ 피막제

ㄱ 생과일·야채류의 호흡작용을 제한, 수분 증발 방지, 외상 예방, 부패균의 침입을 어느 정도 방지하여 장기간 보존하기 위하여 표면에 피막을 만드는 것이다.

ㄴ 모르폴린지방산염, 초산비닐수지

(3) 식품의 제조 가공과정에서 사용하는 것

① 양조용 첨가제

ㄱ 청주, 합성 청주, 맥주, 과실주 등의 알코올 음료를 만들 때 사용한다.

ㄴ 황산마그네슘, 황산암모늄, 제1인산칼륨

② 소포제

ㄱ 식품공업에 있어 농축 또는 발효시킬 때 거품이 생겨 작업상 여러 가지 지장을 가져오는데 이를 저지하기 위하여 사용한다.

ㄴ 규소수지

③ 팽창제

ㄱ 빵, 과자, 비스킷 등을 만드는 과정에서 가스를 발생시켜 부풀게 함으로써 연하고 맛이 좋고 소화되기 쉬운 것으로 만들기 위하여 사용된다.

ⓛ 단미 팽창제 : 탄산수소나트륨, 탄산수소암모늄, 탄산암모늄

ⓔ 합성 팽창제 : 암모늄 명반, 명반, 소명반

④ 용제

ⓐ 착색료, 착향료, 보존료 등을 식품에 첨가할 경우 잘 녹지 않으므로 용해시켜 식품에 균일하게 흡착시키기 위해 사용하는 것이다.

ⓑ 프로필렌 글리콜, 글리세린, 핵산(4) 식품의 변질, 변패를 방지하기 위해 사용하는 것

① 보존료(방부제)

ⓐ 구비조건 : 독성이 없고 기호에 맞으며, 미량으로 효과가 있으며, 사용법이 쉽고 가격이 저렴해야 한다.

ⓑ 종류

- 데히드로초산, 데히드로초산나트륨 : 치즈, 버터, 마가린 0.5g/kg 이하
- 소르빈산, 소르빈산칼륨 : 식육 2kg/kg 이하, 된장 1g/kg 이하
- 안식향산, 안식향산나트륨 : 과실, 채소류, 탄산음료수, 간장 0.6g/kg 이하
- 파라옥시안식향산부틸 : 간장 0.25g/kg 이하, 청량음료 0.1g/kg 이하, 과일주 · 약주 · 탁주 0.05g/kg 이하
- 프로피온산 나트륨, 프로피온산 칼슘 : 빵 및 생과자류

② 살균제(소독제)

ⓐ 구비조건 : 부패원인균 또는 병원균에 대한 살균력이 강해야 하며 그 이외의 조건은 보존료와 같다.

ⓑ 음식물용 용기, 기구 및 물 등의 소독에 사용한 것과 음식물의 보존 목적으로 첨가하는 것이 있다.

ⓒ 표백분, 고도표백분, 차아염소산나트륨, 이소시아뉼산이염화나트륨, 에틸렌옥사이드

③ 산화방지제

ⓐ 유지 또는 이를 함유하는 식품은 보존 중에 산화하여 산패한다. 이는 유지 중의 불포화지방산에 있어서 탄소가 이중 결합된 부분에 산소가 들어가 과산화물로 되어 다시 분해되는 것이다. 이때 산화방지제를 첨가하면 산화과정을 지연시킬 수 있다.

ⓑ 구연산을 협력제로 사용한다.

ⓒ 부틸히드록시아니졸(BHA), 디부틸히드록시톨루엔(BHT), 몰식자산프로필, 아스코르빈산, 에리소르빈산, 에리소르빈산나트륨, DL-α-토코페롤(비타민 E)

④ 방충제 : 곡류의 저장 중에 생기는 미세곤충의 피해 방지를 위해 사용한다(피페로닐부톡사이드).

(5) 기타

① 이형제 : 빵 만들 때 빵틀로부터 빵의 형태를 손상시키지 않고 분리하거나 비스킷 등의 제

조 때 컨베이어에서 쉽게 분리해 내기 위하여 사용한다(유동파라핀).

② 껌 기초제 : 합성수지 사용, 에스텔껌, 초산 비닐수지 폴리부텐, 폴리이소부틸렌

(6) 천연산 식품첨가물

① 산탄껌(Xanthan gum) : 호료 및 안정제로 사용

② 젤라틴(Gelatine) : 호료, 유화제로 사용

③ 효모(Yeast) : 양조용 첨가제, 팽창제로 사용

2. 유해물질

(1) 중금속

① 납(Ph 납(Pb))

  ㉠ 주된 경로 : 납땜(통조림), 음료수를 통과시키는 수도관, 도료, 유약에 납 성분 함유, 농약, 안료(화장품)

  ㉡ 증상 : 혈색소 파괴, 빈혈, 얼굴이 납색이 되며 연산통(간헐적 복통), 연연(잇몸의 색이 납빛이 되고 줄 생성), 근육통, 심장박동 이상, 호흡장애, 구토, 설사 등

② 카드뮴(Cd)

  ㉠ 주된 경로 : 식기, 용기, 공장폐수, 광산폐수, 매연, 수질오염, 농작물이 오염된 것을 식품으로 섭취하였을 때 등

  ㉡ 이타이이타이병 : 광산에서 카드뮴을 폐수로 흘려보내 전신동통 등 보행이 곤란할 정도의 뼈 약화, 골연화증, 골다공증이 나타난다. 또 체내에 흡수되면 신장의 재흡수 장애를 일으켜 칼슘 배설을 증가시킨다.

③ 비소(As)

  ㉠ 주된 경로 : 농약

  ㉡ 증상

  • 급성중독 : 구토, 구갈, 식도 위축, 설사, 심장마비, 흑피증

  • 만성중독 : 혈액이 녹고, 조직에 침착되어 신경계통 마비, 전신경련

④ 아연(Zn)

  ㉠ 주된 경로 : 합금, 산성식품, 가열에 의한 용출

  ㉡ 증상 : 오심, 구토, 설사, 경련, 두통, 권태감

⑤ 주석(Sn)

  ㉠ 주된 경로 : 통조림(산성식품, 산소와 접촉하여 변하고 황화수소와 결합해 검게 변한다)

  ㉡ 증상 : 오심, 구토, 복통, 설사, 권태감

  ㉢ 예방법 : 통조림을 따서 사용한 후 남은 것은 다른 용기에 담는다.

⑥ 안티몬(Sb)

    ㉠ 주된 경로 : 염료(법랑, 도자기, 고무관 염료)가 유기산과 결합해 용출이 용이하다.

    ㉡ 증상 : 구토, 복통, 구갈, 전신쇠약, 경련, 허탈, 심장마비에 의한 사망

⑦ 구리(Cu)

    ㉠ 주된 경로 : 식기에 녹청이 생겨 중독되고 놋쇠, 청동, 양은 등 구리합금에 의하여 산성에서 쉽게 용출되며 착색제(채소), 농약에 함유되어 있다.

    ㉡ 증상 : 오심, 구토, 타액 다량분비, 복통, 현기증, 호흡곤란, 잔열감, 간세포 괴사

⑧ 수은(Hg)

    ㉠ 주된 경로 : 체온계, 질이 나쁜 화장품

    ㉡ 미나마타병(만성중독) : 손의 지각이상, 언어장애, 시청각 기능장애, 구내염, 보행 곤란, 반사신경 마비

    ㉢ 급성중독 : 농약, 보존료, 방부제, 오염된 식품 섭취 시에 유발하며 경련, 갈증, 구토, 복통, 장의 작열감, 설사, 허탈로 사망한다.

01 식품을 변질시키는 미생물의 생육이 가능한 최저수분활성치(Aw)의 순서로 옳은 것은?

① 박테리아 〉효모 〉곰팡이
② 효모 〉곰팡이 〉박테리아
③ 박테리아 〉곰팡이 〉효모
④ 효모 〉박테리아 〉곰팡이

해설 미생물 생육에 필요한 수분량 순서
세균(박테리아) 〉효모 〉곰팡이

02 수분함량이 많고 pH가 중성 정도인 단백질 식품을 주로 부패시키는 미생물은?

① 세균　　　　　② 효모
③ 곰팡이　　　　④ 바이러스

해설 곰팡이와 효모는 발육최적 pH가 4.0∼6.0으로 산성에서 쉽게 발육하고, 세균은 pH 6.5∼7.5의 중성에서 발육할 수 있으며, 생육에 필요한 수분량이 많다.

03 다음 중 병원성 미생물에 포함되지 않는 것은?

① 장염비브리오균
② 살모넬라균
③ 대장균
④ 맥주효모

해설 맥주효모는 인체에 무해한 균으로 보리에서 발효를 일으켜 유기산과 알코올을 생성하는 균이다.

04 미생물의 발육조건과 거리가 먼 것은?

① 식품의 온도
② 식품의 수분
③ 식품의 영양소
④ 식품의 빛깔

해설 미생물은 적당한 영양소, 수분, 온도, 수소이온농도(pH), 산소가 있어야 잘 자란다. 식품의 빛깔은 식품의 변질, 미생물 발육과는 무관하다.

05 다음 중 세균의 번식이 잘되는 제품으로 맞지 않는 것은?

① 식염의 양이 많은 식품
② 영양분이 많은 식품
③ 습기가 많은 식품
④ 온도가 적당한 식품

해설 미생물의 생육에 필요한 환경요인은 영양분, 온도, 수분, pH, 산소 등으로 식염이나 설탕은 미생물의 생육을 억제한다.

06 식품의 부패란 주로 무엇이 변질된 것인가?

① 무기질　　　　② 포도당
③ 단백질　　　　④ 비타민

해설 부패란 단백질 식품에 미생물이 작용하여 변질된 것이다.

07 부패의 물리화학적 판정에 이용되기 어려운 것은?

① 점도(粘度)
② 탄성(彈性)
③ pH
④ 결정 크기

해설 식품이 부패하면 점도가 높아지고, 탄력성은 떨어지며 휘발성 염기 질소량이 증가하고, pH(수소이온농도)도 변화한다.

정답　01 ①　02 ①　03 ④　04 ④　05 ①　06 ③　07 ④

08 병원 미생물을 큰 것부터 나열한 순서가 옳은 것은?

① 세균 - 바이러스 - 스피로헤타 - 리케차
② 바이러스 - 리케차 - 세균 - 스피로헤타
③ 리케차 - 스피로헤타 - 바이러스 - 세균
④ 스피로헤타 - 세균 - 리케차 - 바이러스

해설 균의 크기 순서
진균류(곰팡이) - 스피로헤타 - 세균 - 리케차 - 바이러스

09 중온균(Mesophiles)의 생육 최적온도는?

① 10~20℃   ② 25~37℃
③ 55~60℃   ④ 40~75℃

해설 미생물의 생육에 필요한 최적온도는 저온균 10~20℃, 중온균 25~37℃, 고온균 55~60℃이다.

10 다음 중 건조식품, 곡류 등에 가장 잘 번식하는 미생물은?

① 효모(Yeast)
② 세균(Bacteria)
③ 곰팡이(Mold)
④ 바이러스(Virus)

해설 곰팡이는 건조식품이나 주로 곡물에 잘 증식한다.

11 크기가 가장 작고 세균 여과기를 통과하며 생체 내에서만 증식이 가능한 미생물은?

① 곰팡이
② 효모
③ 원충류
④ 바이러스

해설 바이러스(Virus) : 형태와 크기가 일정하지 않고 순수배양이 불가능하며 살아있는 세포에만 증식한다. 미생물 중에서 가장 작은 것으로 세균 여과기를 통과하며 경구감염병의 원인이 되기도 한다.

12 식품에 오염되어 발암성 물질을 생성하는 대표적인 미생물은?

① 곰팡이   ② 세균
③ 리케차   ④ 효모

해설 곰팡이류가 생산하는 독소는 발암물질로 널리 알려져 있다.

13 식품의 변질 중 부패과정에서 생성되지 않는 물질은?

① 암모니아   ② 포르말린
③ 황화수소   ④ 인돌

해설 부패 : 단백질 식품이 혐기성 세균에 의해서 분해(암모니아, 아민, 트릴메탈아민, 인돌 등)되어 악취가 나고, 인체에 유해한 물질이 생성되는 현상

14 미생물이 없어도 일어나는 변질 현상은?

① 부패   ② 산패
③ 변패   ④ 발효

해설 산패 : 유지식품이 공기 중의 산소, 일광, 금속, 열에 의해 산화되는 현상

15 다음 중 세균의 번식을 방지하기 위한 수분량으로 맞는 것은?

① 25% 이하
② 20% 이하
③ 15% 이하
④ 10% 이하

해설 세균은 수분량 15% 이하에서는 잘 자랄 수 없다.

08 ④   09 ②   10 ③   11 ④   12 ①   13 ②   14 ②   15 ③

16 어떤 식품에 미생물이 많이 증식되어 있다는 것은 무엇을 의미하는가?

① 감염병을 일으킨다.

② 신선하지 않다.

③ 기생충 알이 많다.

④ 유독 물질이 많다.

해설 식품 중에 균수가 많아졌다는 것은 식품의 신선도가 저하되었다는 것을 의미한다.

17 미생물의 그람(Gram)염색과 가장 관계 깊은 것은?

① 점막   ② 세포막

③ 핵막   ④ 원형질막

해설 미생물의 그람(Gram)염색은 미생물의 세포막을 염색하는 것이다.

18 미생물학적으로 식품의 초기부패를 판정할 때, 식품 중 생균수가 몇 개 이상일 때를 기준으로 하는가?

① 10^2 ② 10^5

③ 10^8 ④ 10^{10}

해설 식품의 신선도 판정
생균수 검사로 확인 : 식품 1g당 생균수가 10^7~10^8 마리일 때 초기부패로 판정한다.

19 회충, 편충과 같은 기생충 예방을 위해 가장 우선적으로 해야 할 일은?

① 청정채소를 재배해야 한다.

② 음식물은 반드시 끓여 먹는다.

③ 채소는 흐르는 깨끗한 물에서 5회 이상 씻은 후 식용한다.

④ 구충제는 연 2회 복용한다.

해설 분변을 비료로 사용하지 않고, 화학비료로 채소를 재배하는 청정재배는 충란이 식품에 오염될 우려가 없으므로 충란으로 감염되는 회충이나 편충과 같은 기생충을 예방할 수 있다.

20 다음 기생충 중 주로 야채를 통해 감염되는 것은?

① 회충, 민촌충

② 회충, 십이지장충(구충)

③ 촌충, 광절열두조충

④ 십이지장충, 간디스토마

해설 야채류를 매개로 감염되는 기생충
회충, 요충, 구충, 동양모양 선충, 편충 등

21 회충에 관한 설명으로 틀린 것은?

① 장관 내에 군거생활을 한다.

② 회충란은 일광하에서도 사멸하지 않는다.

③ 유충은 심장과 폐를 가진다.

④ 충란은 여름철에 자연조건에서 2주일 정도 후면 인체에 감염력이 있다.

해설 회충은 우리나라에서 가장 높은 감염률을 나타내는 기생충으로 직사광선과 열에 약하다.

22 바다에서 잡히는 어류를 먹고 기생충증에 걸렸다면 다음 중 가장 관계가 깊은 것은?

① 선모충   ② 동양모양선충

③ 아니사키스충   ④ 유구조충

해설 아니사키스충은 고래, 돌고래에 기생하는 기생충으로 본충에 감염된 연안 어류를 섭취할 때 감염된다.

23 간흡충(간디스토마)의 제2중간숙주는?

① 다슬기   ② 가재

③ 고등어   ④ 붕어

해설 • 간흡충의 숙주 : 제1중간숙주(왜우렁이), 제2중간숙주(붕어, 잉어)
• 폐흡충의 숙주 : 제1중간숙주(다슬기), 제2중간숙주(가재, 게)
• 횡천흡충의 숙주 : 제1중간숙주(다슬기), 제2중간숙주(은어, 잉어)
• 광절열두조충의 숙주 : 제1중간숙주(물벼룩), 제2중간숙주(연어, 송어)

정답   16 ②   17 ②   18 ③   19 ①   20 ②   21 ②   22 ③   23 ④

24 민물고기를 생식한 일이 없는데도 간디스토마에 감염될 수 있는 경우는?

① 민물고기를 요리한 도마를 통해서
② 오염된 야채를 생식했을 때
③ 가재, 게의 생식을 통해서
④ 해삼, 멍게를 생식했을 때

해설 민물고기를 조리한 조리기구를 위생적으로 취급하지 않았을 때 2차 오염에 의해 감염된다.

25 다음 기생충 중 가재가 중간숙주인 것은?

① 회충 ② 편충
③ 폐디스토마 ④ 민촌충

해설 폐흡충(폐디스토마)의 숙수
제1중간숙주(다슬기), 제2중간숙주(가재, 게)

26 광절열두조충의 중간숙주와 감염부위는?

① 다슬기 – 은어 – 소장
② 왜우렁이 – 붕어 – 간
③ 물벼룩 – 연어 – 소장
④ 다슬기 – 가재 – 폐

해설 광절열두조충(긴존충)
제1중간숙주 : 물벼룩
제2중간숙주 : 송어, 연어
감염부위 : 소장

27 기생충란을 제거하기 위하여 채소를 세척하는 방법은?

① 흐르는 수돗물에 5회 이상 씻는다.
② 물을 그릇에 받아 2회 세척한다.
③ 수돗물에 씻으면 된다.
④ 소금물에 1회 씻는다.

해설 기생충란을 제거하기 위해 고여 있는 물이 아닌 흐르는 물에 5회 이상 씻어 준다.

28 집단 감염이 잘 되며 항문 부위의 소양증이 있는 기생충은?

① 간디스토마 ② 구충
③ 요충 ④ 회충

해설 요충은 맹장 부위에서 성충이 될 때까지 발육하여 항문 주위에 나와 산란한다. 증상은 항문 주위의 소양증과 세균의 2차 감염에 의한 염증을 일으킨다.

29 다음 기생충의 중간숙주와 연결이 틀린 것은?

① 말라리아 – 모기
② 긴촌충 – 담수어
③ 민촌충 – 소
④ 갈고리촌충 – 돼지

해설 말라리아는 사람이 중간숙주 구실을 한다.

30 다음 기생충 중 경피감염하는 것은?

① 편충 ② 요충
③ 십이지장충 ④ 긴촌충

해설 십이지장충(구충)의 감염은 피낭유충으로 오염된 식품 및 물을 섭취하거나 피낭유충이 피부를 뚫고 들어감으로써 경피감염된다.

31 다음 식품과 기생충의 연결이 관계 없는 것은?

① 바다생선 – 아니사키스충
② 돈육 – 유구조충
③ 민물고기 – 간흡충
④ 가재, 게 – 긴촌충

해설 • 광절열두조충(긴촌충) : 제1중간숙주(물벼룩) – 제2중간숙주(연어, 송어) – 종숙주(인간)
• 폐흡충(폐디스토마) : 제1중간숙주(다슬기) – 제2중간숙주(가재, 게), 종숙주(인간의 폐)

24 ① 25 ③ 26 ③ 27 ① 28 ③ 29 ① 30 ③ 31 ④

32 식염수 중에서 저항력이 강하여 절임채소에도 부착되어 감염을 일으키는 기생충은?

① 유구조충의 낭충
② 구충의 자충
③ 선모충의 유충
④ 동양모양선충의 자충

해설 동양모양선충은 내염성이 강하다(절임채소에도 부착되어 감염된다).

33 우리나라 낙동강, 영산강, 금강, 한강 등의 강유역 주민들에게 많이 감염되고 있으며 민물고기를 생식할 경우에 발생할 우려가 있는 질병은?

① 간디스토마
② 아나사키스충증
③ 폐디스토마
④ 광절열두조충증

해설 간디스토마는 감염경로가 제1중간숙주(다슬기, 왜우렁이) – 제2중간숙주(민물고기인 붕어와 잉어)로 강 유역에 사는 주민에게 많이 감염되며, 민물고기를 생식하는 생활습관을 가지고 있는 지역주민에게 특히 많이 감염된다.

34 돼지고기를 가열하지 않고 섭취하면 감염될 수 있는 기생충은?

① 간흡충　　　　② 유구조충
③ 무구조충　　　④ 광절열두조충

해설 • 유구조충(갈고리촌충) : 돼지고기
• 무구조충(민촌충) : 소고기

35 채소를 통해서는 감염될 수 없는 기생충은?

① 동양모양선충　② 요충
③ 회충　　　　　④ 무구조충증

해설 무구조충증(민촌충)의 중간숙주는 소로 소고기의 생식을 금해야 예방할 수 있다.

36 중간숙주와 관계없이 감염이 가능한 기생충은?

① 아니사키스충　② 회충
③ 폐흡충　　　　④ 간흡충

해설 중간숙주가 없는 것 : 회충, 구충, 편충, 요충

37 다음은 미생물에 작용하는 강도의 순으로 나열한 것이다. 옳은 것은?

① 멸균 〉 소독 〉 방부
② 소독 〉 방부 〉 멸균
③ 방부 〉 멸균 〉 소독
④ 소독 〉 멸균 〉 방부

해설 • 멸균 : 병원균을 포함한 모든 균을 사멸
• 소독 : 병원균을 죽임
• 방부 : 균의 성장 억제
• 멸균 〉 소독 〉 방부

38 물리적 소독법 중 1일 100℃, 30분씩 연 3일간 계속하는 멸균법은 다음 중 어느 것인가?

① 화염멸균법　　② 유통증기소독법
③ 고압증기멸균법　④ 간헐멸균법

해설 간헐멸균법(유통증기)
100℃의 유통증기 중에서 24시간마다 30분간씩 3회 계속하는 방법으로서 아포를 형성하는 균을 죽일 수 있다.

39 다음 설명 중 부적당한 것은?

① 소독 – 병원세균을 죽이거나 감염력을 없애는 것
② 살균 – 모든 세균을 죽이는 것
③ 방부 – 병원세균을 완전히 죽여 부패를 막는 것
④ 자외선 – 투과율에 의해 살균효과에 관계하며 실내공기의 살균에 유효하게 사용

해설 방부란 병원세균을 완전히 죽이는 것이 아니라 미생물의 성장을 억제하여 식품의 부패와 발효를 억제하는 것이다.

정답 32 ④　33 ①　34 ②　35 ④　36 ②　37 ①　38 ④　39 ③

40 식품위생에서 소독을 가장 잘 설명한 것은?

① 오염된 물질을 없애는 것

② 물리 또는 화학적 방법으로 병원미생물을 사멸 또는 병원력을 약화시키는 것

③ 모든 미생물을 사멸 또는 발육을 저지시키는 것

④ 모든 미생물을 전부 사멸시키는 것

해설 소독이란 병원미생물의 생활을 물리 또는 화학적 방법으로 사멸시켜 병원균의 감염력과 증식력을 억제하는 것이다.

41 다음 소독제 중 소독의 지표가 되는 것은?

① 석탄산   ② 크레졸
③ 과산화수소   ④ 포르말린

해설 석탄산은 각종 소독약의 소독력을 나타내는 기준이 된다.

42 통조림을 오토클레이브에 넣어 120℃에서 15파운드의 압력으로 15~20분간 처리하는 멸균법은?

① 고압증기멸균법

② 건열멸균법

③ 초고온순간살균법

④ 유통증기간헐멸균법

해설 고압증기별균법
고압증기멸균솥(오토클레이브)을 이용하여 121℃(압력 15파운드)에서 15~20분간 살균하는 방법. 통조림 등의 살균에 이용되며, 아포를 포함한 모든 균을 사멸시킨다.

43 자외선 살균의 특징과 거리가 먼 것은?

① 피조사물에 조사하고 있는 동안만 살균효과가 있다.

② 비열살균이다.

③ 단백질이 공존하는 경우에도 살균효과에는 차이가 없다.

④ 가장 유효한 살균 대상은 물과 공기이다.

해설 자외선 살균 시 단백질을 많이 함유하고 있는 식품은 살균효과가 떨어진다.

44 우유에 쓰이는 소독 방법이 아닌 것은?

① 고온단시간살균법

② 저온살균법

③ 고온장시간살균법

④ 초고온순간살균법

해설 • 저온살균법 : 우유와 같은 액체식품에 대해 61~65℃에서 30분간 가열하는 방법으로 영양손실이 적다.
• 고온단시간살균법 : 우유의 경우 70~75℃에서 15~20초간 가열하는 방법이다.
• 초고온순간살균법 : 우유의 경우 130~140℃에서 2초간 살균처리하는 방법이며 요즘 많이 사용된다.
• 고온장시간살균법 : 95~120℃에서 30~60분간 가열하는 방법으로 통조림 살균에 쓰인다.

45 조리관계자의 손을 소독하는 데 가장 적합한 소독제는?

① 역성비누   ② 크레졸비누
③ 승홍수   ④ 경성세제

해설 역성비누 : 원액(10%)을 200~400배 희석하여 0.01~0.1%로 만들어 사용하며 식품 및 식기, 조리사의 손소독에 이용된다.

46 소독약의 구비조건이 아닌 것은?

① 표백성이 있을 것

② 침투력이 강할 것

③ 금속부식성이 없을 것

④ 살균력이 강할 것

해설 소독약의 구비조건
• 살균력이 강할 것
• 사용이 간편하고 가격이 저렴할 것
• 금속부식성과 표백성이 없을 것
• 용해성이 높으며 안전성이 있을 것
• 침투력이 강할 것
• 인축에 대한 독성이 적을 것

---

40 ②   41 ①   42 ①   43 ③   44 ③   45 ①   46 ①

47 조리장 소독 시 가장 우선적으로 유의해야 할 사항은?

① 소독약품의 경제성을 고려해야 한다.
② 소독약품이 사용하기에 간편해야 한다.
③ 모든 식품 및 식품용기의 뚜껑을 꼭꼭 닫는다.
④ 소독력이 커야 한다.

해설 조리장 소독 시 가장 우선적으로 고려해야 할 사항은 모든 식품 및 식품용기의 뚜껑을 꼭 닫아 소독약품이 들어가지 않게 하는 것이다.

48 식기 소독에 가장 적당한 것은?

① 비눗물   ② 하이타이
③ 염소용액   ④ 알코올

해설 염소 : 상수도, 수영장, 식기소독에 사용된다.

49 화학적인 소독법끼리만 짝지어진 것은?

① 가열 소독, 자외선 소독
② 염소 소독, 자외선 소독
③ 가열 소독, 석탄산 소독
④ 염소 소독, 석탄산 소독

해설 소독
• 화학적 방법 : 표백분, 염소, 석탄산, 크레졸 등
• 물리적 방법 : 열처리법(건열멸균법, 습열멸균법), 무가열멸균법(자외선, 세균여과법, 방사선살균법, 초음파멸균법)

50 석탄산의 90배 희석액과 어느 소독약의 180배 희석액이 동일 조건에서 같은 소독 효과가 있었다면, 이 소독약의 석탄산 계수는 얼마인가?

① 5.0   ② 2.0
③ 0.5   ④ 0.2

해설 석탄산 계수
$$\frac{\text{다른 소독약의 희석배수}}{\text{석탄산의 희석배수}} = \frac{180배}{90배} = 2배$$

51 음료수의 염소 소독 때 파괴되지 않는 것은?

① 유행성 간염 바이러스
② 콜레라균
③ 파라티푸스균
④ 장티푸스균

해설 콜레라균, 파라티푸스균, 장티푸스균은 염소 소독으로 파괴가 되지만 유행성 간염 바이러스는 파괴되지 않는다.

52 다음 역성비누에 대한 설명 중 틀린 것은?

① 단백질이 있으면 효력이 저하되기 때문에 세제로 씻고 사용한다.
② 보통비누에 비하여 세척력은 약하나 살균력이 강하다.
③ 보통비누와 함께 사용하면 효력이 상승한다.
④ 냄새가 없고 부식성이 없으므로 손·식기·도마에 사용한다.

해설 역성비누는 보통비누와 함께 사용하거나, 유기물이 존재하면 살균효과가 떨어지므로 세제로 씻은 후 사용하는 것이 좋다.

53 다음 중 과일이나 야채의 소독에 사용할 수 있는 약제는?

① 클로르칼키
② 석탄산
③ 크레졸비누
④ 포르말린

해설 클로르칼키 : 야채, 과일, 식기 소독에 이용된다.

정답 47 ③   48 ③   49 ④   50 ②   51 ①   52 ③   53 ①

54 승홍수를 사용할 때 적당치 않은 용기는?

① 사기
② 나무
③ 금속
④ 유리

해설 승홍은 소독력이 강하고 금속부식성이 있어 금속 제품의 소독에는 부적당하다.

55 음료수의 소독에 사용되지 않는 방법은?

① 염소 소독
② 오존 소독
③ 역성비누 소독
④ 자외선 소독

해설 역성비누는 식품 및 식기, 조리사의 손 소독에 사용되며 음료수 소독에는 염소, 표백분, 차아염소산나트륨, 자외선 소독, 자비 소독이 쓰인다.

56 변소와 쓰레기통, 하수구를 소독할 때 가장 효과적인 방법은?

① 산과 알칼리 포르말린으로 소독한다.
② 승홍수, 알코올로 소독한다.
③ 생석회, 석탄산수, 크레졸로 소독한다.
④ 과산화수소, 역성비누, BHC로 소독한다.

해설 변소와 쓰레기통, 하수구는 석탄산, 크레졸, 생석회로 소독한다.

57 손의 소독에 가장 적합한 것은?

① 1~2% 크레졸수용액
② 70% 에틸알코올
③ 0.1% 승홍수용액
④ 3~5% 석탄산수용액

해설 70% 에틸알코올 : 손, 피부, 기구 소독에 사용

58 음료수나 채소 · 과일 등의 소독에 이용되는 소독제는?

① 석탄산, 크레졸
② 역성비누, 포르말린
③ 과산화수소, 알코올
④ 표백분, 차아염소산나트륨

해설
• 채소 및 과일 소독 : 역성비누, 차아염소산나트륨, 표백분
• 음료수 소독 : 표백분, 염소, 차아염소산나트륨
• 조리기구 소독 : 역성비누, 차아염소산나트륨
• 식기 소독 : 역성비누, 염소
• 변소 및 하수구 소독 : 석탄산, 크레졸, 생석회

59 다음 중 수건이나 식기를 소독할 때 사용하는 방법이 아닌 것은?

① 일광 소독
② 포르말린 소독
③ 자비 소독
④ 염소 소독

해설 포르말린은 실내 소독에 사용하며 수건이나 식기 소독 시에는 역성비누, 염소, 자비 소독, 증기 소독, 일광 소독을 쓴다.

60 식품위생법상 식품을 제조, 가공 또는 보존 시 식품에 첨가, 혼합, 침윤의 방법으로 사용되는 물질이라 함은 무엇의 정의인가?

① 기구
② 식품첨가물
③ 화학적 합성품
④ 가공식품

해설 식품첨가물이란 식품을 제조, 가공 또는 보존 시 식품에 첨가, 혼합, 침윤의 방법으로 사용되는 물질을 말한다.

54 ③　55 ③　56 ③　57 ②　58 ④　59 ②　60 ②

61 식품첨가물을 사용하는 목적으로 적당하지 않은 것은?

① 가격을 높이기 위하여
② 보존성, 기호성 향상
③ 식품의 품질 개량
④ 품질적 가치 증진

해설 식품첨가물로서의 품질 개량제나 소맥분 개량제 등은 식품의 품질을 향상시키고 보존료나 산화방지제는 보존성을, 조미료나 착향료는 기호성을 향상시킨다.
따라서 대부분의 식품첨가물은 식품의 품질 가치를 증진시킨다.

62 다음 중 보존제를 가장 잘 설명한 것은?

① 식품에 발생하는 해충을 사멸시키는 약제
② 식품의 변질 및 부패를 방지하고 영양가와 신선도를 보존하는 약제
③ 식품 중의 부패세균이나 감염병의 원인균을 사멸시키는 약제
④ 곰팡이의 발육을 억제시키는 약제

해설 보존제란 미생물의 증식을 억제하여 변질 및 부패를 방지하고 영양가와 신선도를 보존하는 식품첨가물이다.

63 식품위생법에서 다루고 있지 않는 내용은?

① 식품첨가물을 넣은 용기
② 식품저장 중 식품에 직접 접촉되는 기계
③ 농업에서 식품의 채취에 사용되는 기구
④ 화학적 수단에 의하여 분해반응 이외의 화학반응을 일으켜 얻어진 식품첨가물

해설 농업 및 수산업에 있어서 식품의 채취에 사용되는 기계 · 기구 기타의 물건은 식품위생법에서 말하는 "기구"에서 제외한다.

64 식품위생법상 화학적 합성품의 정의는?

① 모든 화학반응을 일으켜 얻은 물질을 말한다.
② 모든 분해반응을 일으켜 얻은 물질을 말한다.
③ 화학적 수단에 의하여 원소 또는 화합물에 분해반응 외의 화학반응을 일으켜 얻은 물질을 말한다.
④ 원소 또는 화합물에 화학반응을 일으켜 얻은 물질을 말한다.

해설 식품위생법 용어의 정의상 "화학적 합성품"이라 함은 화학적 수단에 의하여 원소 또는 화합물에 분해반응 외의 화학반응을 일으켜 얻은 물질을 말한다.

65 다음 첨가물 중 그 사용 목적이 다른 것으로 짝지어진 것은?

① 안식향산, 소르빈산
② BHA, BHT
③ 초산, 구연산
④ 과황산암모늄, 규소수지

해설 ① 안식향산, 소르빈산 : 보존료
② BHA, BHT : 산화방지제
③ 초산, 구연산 : 산미료
④ 과황산암모늄 : 소맥분 개량제
규소수지 : 소포제

66 식품의 오염 방지에 관한 설명 중 잘못된 것은?

① 합성세제는 경성의 것을 사용한다.
② 농약은 수확 전의 일정 기간 동안 살포를 금지한다.
③ 공장폐수는 정화한 후 방류한다.
④ 가정에서는 정화조를 설치하여 사용한다.

해설 식품의 오염대책
• 폐수처리 시설 확충
• 수확 전 일정 기간 동안 농약의 사용금지
• 방사성 물질 격리
• 연성세제 사용

정답 61 ① 62 ② 63 ③ 64 ③ 65 ④ 66 ①

67 식품에 보존료(방부제)를 사용할 때 가장 적당한 말은?

① 제품검사에 합격한 것을 사용기준에 맞게 사용한다.
② 제품검사에 합격한 것은 어느 식품이나 적당량을 사용한다.
③ 허용된 것이 아니더라도 인체에 해가 없으면 사용한다.
④ 모든 식품에 방부제를 써야 한다.

> **해설** 보존료(방부제)는 제품검사의 대상물질로서 반드시 제품검사에 합격한 것을 사용기준에 맞게 사용해야 한다.

68 안식향산의 사용 목적은?

① 식품의 부패를 방지하기 위하여
② 유지의 산화를 방지하기 위하여
③ 영양 강화를 위하여
④ 식품에 산미를 내기 위하여

> **해설** 안식향산, 소르빈산, 데히드로초산
> • 미생물의 발육을 억제하는 작용을 한다.
> • 간장, 청량음료수
> • 소르빈산 : 식육제품
> • 데히드로초산 : 버터, 마가린

69 다음 보존료와 식품과의 연결이 식품위생법상 허용되어 있지 않은 것은?

① 데히드로초산 – 청량음료수
② 소르빈산 – 육류가공품
③ 안식향산 – 간장
④ 프로피온산나트륨 – 식빵

> **해설** 68번 해설 참조

70 다음 중 허가된 착색제는?

① 파라니트로아닐린
② 인디고카민
③ 오라민
④ 로다민 B

> **해설** 파라니트로아닐린, 오라민, 로다민 B는 인체에 독성이 강하여 사용이 허용되지 않은 착색제이며, 인디고카민은 식용 색소 청색 2호로 사용이 허용되어 있는 착색제이다.

71 다음 중 식품의 산화를 방지하는 데 많이 사용되는 항산화제는?

① BHA와 프로피온산나트륨
② BHA와 토코페롤
③ TBA와 BHC
④ BHA와 BHC

> **해설** 산화방지제
> 식품의 산화에 의한 변질현상을 방지하기 위한 첨가물로서 BHA, BHT, 몰식자산프로필, 에리소르빈산염, 비타민 E(토코페롤) 등이 있다.

72 다음 첨가물 중 수용성 산화방지제는 어느 것인가?

① 부틸히드록시아니졸(BHA)
② 몰식자산프로필(Propyl gallate)
③ 부틸히드록시톨루엔(BHT)
④ 에리소르브산(Erythorbic acid)

> **해설** 산화방지제에는 에리소르브산, 아스코르비산 등의 수용성과 몰식자산프로필, 부틸히드록시아니졸(BHA), 디부틸히드록시톨루엔(BHT) 등의 지용성이 있다.

---

67 ① 68 ① 69 ① 70 ② 71 ② 72 ④

73 식품첨가물 중 식용색소의 이상적인 조건이 아닌 것은?

① 식품첨가물 공전에 수록된 것
② 독성이 없을 것
③ 극미량으로 착색효과가 클 것
④ 물리, 화학적 변화에 색소가 분해될 것

해설 식용색소의 이상적 조건
- 인체에 독성이 없을 것
- 물리, 화학적 변화에 안정할 것
- 체내에 축적되지 않을 것
- 값이 싸고 사용하기에 간편할 것
- 미량으로 효과가 있을 것

74 유지나 버터가 공기 중의 산소와 작용하면 산패가 일어나는데, 이를 방지하기 위한 산화방지제는?

① 아질산나트륨
② 데히드로초산
③ 부틸히드록시아니졸
④ 안식향산

해설 ① 아질산나트륨 : 육류발색제
② 데히드로초산 : 치즈, 버터, 마가린에 허용된 방부제
④ 안식향산 : 청량음료 및 간장 등에 허용된 방부제
③ 부틸히드록시아니졸(BHA)은 지용성 항산화제로 유지의 산화방지에 사용된다.

75 다음 중 인공 감미료에 속하지 않는 것은?

① 사카린나트륨
② 구연산
③ 글리실리친산나트륨
④ D-솔비톨

해설 인공 감미료의 종류
- 사카린나트륨 : 식빵, 이유식, 백설탕, 포도당, 물엿, 알사탕류에 사용금지
- 사카린나트륨 제재
- D-솔비톨
- 글리실리친산나트륨

76 살인당 또는 원폭당이라는 별명이 있는 유해감미료는?

① 에틸렌글리콜(Ethylene glycol)
② 포름알데히드(Formaldehyde)
③ 파라니트로아닐린(Paranitroaniline)
④ 파라니트로올소톨루이딘(P-nitro-o-toluidine)

해설 유해감미료
- 에틸렌글리콜(Ethylene glycol)
- 니트로아닐린(Nitroaniline)
- 둘신(Dulcin)
- 페릴라틴(Peryllartine)
- 사이클라메이트(Cyclamate)
- 파라니트로올소톨루이딘(P-nitro-o-toluidine)

77 다음 중 치즈, 버터, 마가린 등 유지 식품에 사용이 허가된 보존료는?

① 안식향산   ② 소르빈산
③ 프로피온산칼슘   ④ 데히드로초산

해설 보존료
- 데히드로초산 : 치즈, 버터, 마가린
- 소르빈산 : 육제품, 된장
- 안식향산 : 청량음료수, 간장
- 프로피온산나트륨, 프로피온산칼슘 : 빵 및 케이크류

78 다음 중 현재 사용이 허가된 감미료는?

① 글루타민산나트륨(MSG)
② 에틸렌글리콜(Ethylene glycol)
③ 사이클라민산나트륨(Sodium cyclamate)
④ 사카린나트륨(Saccharin sodium)

해설 감미료
- 당질을 제외한 감미를 가지고 있는 화학적 제품을 총칭하여 합성감미료라고 한다.
- 허용 감미료의 종류 : 사카린나트륨, 글리시리친산 2 나트륨, 글리시리친산 3 나트륨, d-솔비톨 등

정답 73 ④   74 ③   75 ②   76 ④   77 ④   78 ④

79 소시지 등 육제품의 색을 아름답게 하기 위해 사용하는 것은?

① 영양강화제 ② 효모

③ 발색제 ④ 착색제

> **해설** • 발색제는 무색이어서 스스로 색을 나타내지 못하지만, 식품 중의 색소성분과 반응하여 그 색을 고정시키거나 발색케 하는 첨가물이다.
> • 육류발색제 : (아)질산염, (아)질산칼륨

80 우리나라에서 식품첨가물로 허용된 표백제가 아닌 것은?

① 무수아황산

② 차아황산나트륨

③ 롱가릿

④ 과산화수소

> **해설** 사용이 금지된 첨가물
> • 표백제 : 롱가릿, 형광표백제
> • 보존료 : 붕산, 포름알데히드, 불소화합물, 승홍
> • 착색제 : 아우라민, 로다민
> • 감미료 : 둘신, 사이클라메이트, 니트로아닐린, 페릴라틴, 에틸렌글리콜

81 함유된 첨가물의 명칭과 그 함량을 표시하지 않아도 좋은 첨가물은?

① 표백제 ② 보존료

③ 착향료 ④ 소포제

> **해설** 착향료
> 식품의 냄새를 없애거나 변화시키거나 강화하기 위해 사용되는 첨가물로, 함유된 첨가물의 명칭과 함량을 표시하지 않아도 된다.

82 다음 중 조미료를 가장 잘 설명한 것은?

① 음식의 변질 및 부패를 방지하고 영양가와 신선도를 유지한다.

② 음식의 맛, 향, 색을 좋게 하여 식욕을 일으키고 소화를 돕는다.

③ 식품 중의 유지를 변질, 변색시키는 것을 방지하는 물질이다.

④ 식품 중의 부패 세균이나 감염병의 원인균을 사멸한다.

> **해설** 조미료는 식품의 가공 및 조리 시에 식품 본래의 맛을 한층 돋우거나 기호에 맞게 조절하여 맛과 풍미를 좋게 하는 첨가물이다.

83 밀가루의 표백과 숙성을 위하여 사용되는 첨가물은?

① 개량제 ② 팽창제

③ 접착제 ④ 유화제

> **해설** 소맥분 개량제
> • 밀가루의 표백 및 숙성 기간을 단숙시키기 위해 첨가하는 물질이다.
> • 과황산암모늄, 과산화벤조일, 브롬산칼륨

84 타르색소의 사용이 허용된 식품은?

① 카레 ② 어묵

③ 식육 ④ 과자류

> **해설** 타르색소를 사용할 수 없는 식품
> 면류, 김치류, 생과일주스, 묵류, 젓갈류, 꿀, 장류, 식초, 케첩, 고추장, 카레 등

85 다음 중 과일, 채소류의 선도 유지를 위해 표면 처리하는 식품첨가물은 무엇인가?

① 품질개량제 ② 보존료

③ 피막제 ④ 강화제

> **해설** 피막제
> • 과일 등의 선도 유지를 위해 표면에 피막을 형성, 호흡작용을 조절하고, 수분증발을 방지할 목적으로 사용한다.
> • 초산비닐수지, 몰호린지방산염

---

79 ③ 80 ③ 81 ③ 82 ② 83 ① 84 ④ 85 ③

86 다음 식품첨가물 중 사용 목적이 다른 것은?

① 과황산암모늄

② 과산화벤조일

③ 브롬산칼륨

④ 아질산나트륨

> 해설 • 과황산암모늄, 과산화벤조일, 브롬산칼륨, 과붕
> 산나트륨, 이산화염소 : 소맥분개량제
> • 아질산나트륨 : 육류발색제

87 착색료가 아닌 것은?

① 타르색소　　② 캐러멜

③ 안식향산　　④ 베타카로틴

> 해설 착색료의 종류
> • 타르색소(인공색소), 캐러멜색소, 베타카로틴(마
> 가린의 색소)
> • 안식향산 : 보존료(방부제)

88 식품의 점도를 증가시키고 교질상의 미각을 향상시키는 데 효과가 있는 것은?

① 화학팽창제　　② 산화방지제

③ 유화제　　④ 호료

> 해설 호료 : 식품에 첨가하면 점착성을 증가시키고, 유화
> 안정성을 좋게 하며, 식품가공 시 가열이나 보존 중
> 의 변화에 관여하여 선도를 유지하고, 형체를 보존
> 하는 역할을 한다.

89 다음 식품첨가물과 식품과의 연결 중 잘못된 것은?

① 안식향산 – 된장

② 소르빈산 – 어육연제품

③ 과산화벤조일 – 밀가루

④ 아질산나트륨 – 식육제품

> 해설 안식향산은 청량음료 및 간장에 허용되어 있는 방
> 부제이며, 된장에 사용할 수 있는 방부제는 소르빈
> 산이다.

90 빵을 구울 때 기계에 달라붙지 않고 분할이 쉽도록 하기 위하여 사용하는 첨가물은?

① 조미료　　② 유화제

③ 피막　　④ 이형제

> 해설 이형제 : 빵을 만들 때 빵틀로부터 빵의 형태를 손
> 상시키지 않고 분리하거나 비스킷 등의 제조 때 컨
> 베이어에서 쉽게 분리해내기 위하여 사용되는 첨
> 가물이다.

91 물과 기름을 서로 혼합시키거나 각종 고체 용액을 다른 액체에 분산하는 기능을 가진 것을 무엇이라고 하는가?

① 유화제　　② 표백제

③ 호료　　④ 팽창제

> 해설 유화제
> • 서로 혼합되지 않는 2종류의 액체를 유화시키기
> 위하여 사용하는 첨가물이다.
> • 종류 : 대두인지질, 지방산에스테르의 4종

92 대두인지질의 식품첨가물로서의 용도는?

① 피막제　　② 추출제

③ 유화제　　④ 표백제

> 해설 • 피막제 : 초산비닐수지, 몰호린지방산염
> • 유화제 : 대두인지질
> • 표백제 : 과산화수소

93 유지의 항산화제에 대한 설명 중 잘못된 것은?

① 구연산, 주석산, 비타민 C 등은 산화물질의 항산화작용을 도우므로 상승제라 한다.

② 항산화제의 효과는 유지의 산화를 무한히 방지한다.

③ 자연항산화제에는 종자유에 있는 토코페롤이 있다.

④ 산화를 억제하여 주는 물질로 자연항산화제와 인공항산화제가 있다.

정답　86 ④　87 ③　88 ④　89 ①　90 ④　91 ①　92 ③　93 ②

유지의 항산화제는 산화의 속도를 억제시킬 뿐, 산화를 무한히 방지하는 것은 아니다.

94 유해성 식품보존료가 아닌 것은?

① 포름알데히드
② 플로오르화합물
③ 데히드로초산
④ 붕산

해설 데히드로초산은 치즈, 버터, 마가린 등에 사용 가능한 보존료이다.

95 다음 중 식품제조 과정 중에 필요한 식품첨가물은?

① 이형제   ② 감미료
③ 소포제   ④ 살균제

해설 식품첨가물의 사용목적별 분류
  • 관능을 만족시키는 첨가물 : 조미료, 감미료, 착색료, 착향료, 발색제
  • 식품의 변질, 변패를 방지하는 첨가물 : 보존료, 살균제, 산화방지제
  • 식품제조에 필요한 첨가물 : 소포제

96 조리 시 다량의 거품이 발생할 때, 이를 제거하기 위하여 사용하는 식품첨가물은?

① 피막제   ② 용제
③ 추출제   ④ 소포제

해설 소포제
  • 식품을 제조, 가공하는 과정 중 거품이 많이 발생하여 제조에 지장을 주는 경우 거품을 제거하기 위하여 사용하는 첨가물이다.
  • 종류 : 규소수지

97 빵 제조 시 사용되는 천연팽창제는 어느 것인가?

① 탄산수소나트륨   ② 탄산암모늄
③ 명반   ④ 이스트

해설 팽창제 : 빵이나 비스킷 등의 과자류를 부풀게 하여 적당한 크기의 형태와 조직을 갖게 하기 위해 사용하는 첨가물이다.

  • 인공팽창제 : 탄산수소나트륨, 탄산암모늄, 중탄산나트륨, 명반
  • 천연팽창제 : 이스트(Yeast, 효모)

98 식용유 제조 시 사용되는 식품첨가물 중 n-hexane(핵산)의 용도는?

① 추출제   ② 유화제
③ 향신료   ④ 보존료

해설 추출제는 천연물 중의 특정성분을 용해 · 추출하거나 식용유지 제조 시 유지추출을 용이하게 하기 위한 목적으로 사용되는 것을 말하는데, 현재 허용된 추출제란 n-핵산뿐이며, 완성된 최종제품 중에서는 제거하도록 사용기준이 정해져 있다.

99 커피에 들어 있는 발암물질은?

① 벤즈알파피렌(benz-d-pyrene)
② 1, 2-벤조피렌(1, 2-benxopyrene)
③ 3, 4-벤조피렌(3, 4-benzopyrene)
④ 피시비(PCB)

해설 3, 4-benzopyrene은 암을 일으키는 물질로서 불에 구운 고기, 훈제품, 커피 등에서 발견된다.

100 다음 중 식품첨가물과 그 용도와의 관계가 적당하지 않게 연결된 것은?

① 보존료 – 에리소르빈산
② 소포제 – 규소수지
③ 산화방지제 – 몰식자산프로필
④ 발색제 – 아질산염

해설 • 보존료 : 데히드로초산, 안식향산나트륨, 소르빈산염
  • 소포제 : 규소수지
  • 산화방지제 : 몰식자산프로필, 토코페롤, 에리소르빈산
  • 발색제 : 아질산염

94 ③   95 ③   96 ④   97 ④   98 ①   99 ③   100 ①

주방 위생관리

01 ▶ 주방위생 위해요소

주방위생 위해요소로는 식품위생(저장과 조리, 보관, 해충구제, 화학적, 유독성물질 등)과 시설위생(청소와 쓰레기 및 배수처리, 주방설비 및 기구 등), 개인위생(조리습관, 조리복 등) 등으로 분류할 수 있는데 조리사는 주방위생 위해요소를 철저하게 관리하여 고객에게 안전하고 쾌적한 식공간을 제공하도록 해야 한다.

1. 방충, 방서 및 소독

매장 내 해충(파리, 모기, 하루살이, 바퀴벌레 등)은 고객에게 혐오감과 불쾌감을 주어 매장의 매출하락에 영향을 줄 수 있으므로 외부로부터의 유입을 사전에 차단하고 해충의 발생을 막아야 한다. 이미 번식하고 있거나 유입된 해충은 발생원을 제거하고 방역방법과 방역주기를 결정해서 항상 깨끗하게 유지해야 한다. 조리장의 위생해충은 1회의 약제 사용으로 영구 박멸이 안 되므로 계속적으로 방충, 방서 및 소독을 위해 노력한다.

(1) 물리적 방역

시설개선과 환경을 개선하여 해충이 발생하지 못하도록 서식지를 제거하여 물리적으로 환경을 조성한다.

(2) 화학적 방역

해충을 구제하기 위해서 약제를 살포하는 방법으로 짧은 시간에 경제적이고 효과적이다. 반면에 독성이 강하기 때문에 관리 시 주의를 한다.

(3) 생물학적 방역

천적생물을 이용하는 방법으로 해충의 서식지를 제거한다.

2. 주방시설, 도구 위생관리

(1) 기계 및 설비

설비 본체와 부품을 분해하여 본체는 물로 1차 세척하고 세제를 묻혀서 스펀지로 더러움을 제거하고 흐르는 물에 씻는다. 부품은 200ppm의 차아염소산나트륨 용액 또는 뜨거운 물에 5분간 담갔다가 세척하여 완전히 건조시켜서 재조립을 한다. 분해가 힘든 설비는 지저분한 곳을 제거하고 물기를 제거한 후 소독용 알코올을 분무한다.

(2) 도마, 식칼

뜨거운 물로 씻은 후에 세제를 묻혀 표면을 닦고 흐르는 물로 세제를 씻어낸 후 80℃의 뜨거운 물에 5분간 담가 두었다가 세척하거나, 200ppm의 차아염소산나트륨 용액에 5분간 담근 후에 세척한 뒤 완전히 건조시켜 사용한다.

(3) 행주

뜨거운 물에 담가서 1차로 세척을 한 후 식품용 세제로 씻어 물에 헹구고, 100℃에서 5분 이상 끓여서 자비 소독한다(형광염료가 포함되어 있는 의류용 세제는 식품에 사용금지).

(4) 주방시설 방역을 위한 약품

약품은 세계보건기구(WHO)가 공인한 약품만을 사용하며 내성을 고려하여 분기별로 약품을 교체한다. 약품의 보관장소는 격리된 장소를 마련하여 잠금장치를 하여 보관을 하며 담당자를 정하여 사용현황을 파악하고 기록해야 한다.

02 ▶ 식품 안전관리 인증기준(HACCP)

1. HACCP(식품안전관리인증기준)

(1) HACCP의 정의와 의의

HACCP는 일명 "해썹"또는 "해십"이라 부르며 HA와 CCP의 결합어로 Hazard Analysis(위해요소분석)과 Critical Control Point (중요관리점)의 합성어이다. 식품의 원료, 제조, 가공 및 유통의 전 과정에서 유해물질이 해당식품에 혼입되거나 오염되는 것을 사전에 방지하기 위해 각 과정을 중점적으로 관리하는 기준을 말한다. 준비단계 5절차와 본단계인 HACCP 7원칙을 포함한 총 12단계의 절차로 구성된다.

(2) HACCP 관리의 준비단계 5절차

① HACCP 팀 구성
② 제품설명서 작성
③ 사용목적의 확인
④ 공정 흐름도 작성
⑤ 공정 흐름도의 현장 확인

(3) HACCP 수행의 7원칙

HACCP관리의 기본단계인 7개의 원칙에 따라 관리체계를 구축한다.

① 원칙1 : 위해요소분석(Hazard Analysis)

② 원칙2 : 중요관리점(Critical Control Point, CCP) 결정

③ 원칙3 : 중요관리점에 대한 한계기준(Critical Limits, CL) 설정

④ 원칙4 : 중요관리점에 대한 감시(Monitoring)절차 확립

⑤ 원칙5 : 한계기준 이탈 시 개선조치(Corrective Action)절차 확립

⑥ 원칙6 : HACCP 시스템의 검증(Verification)절차 확립

⑦ 원칙7 : HACCP 체계를 문서화하는 기록(Record)유지방법 설정

(4) HACCP 대상식품

수산가공식품류의 어육가공품류 중 어묵·어육소시지, 기타 수산물 가공품 중 냉동어류·연체류. 조미가공품, 냉동식품 중 피자류·만두류·면류, 과자류, 빵류 또는 떡류 중 과자·캔디류·빵류·떡류, 빙과류 중 빙과, 음료류(다류 및 커피류 제외), 레토르트식품, 절임류 또는 조림류의 김치류 중 김치, 특수용도식품, 코코아가공품 또는 초콜릿 중 초콜릿, 유탕면 또는 곡분, 전분, 전분질 원료 등을 주원료로 반죽하여 손이나 기계 따위로 면을 뽑아내거나 자른 국수로서 생면·숙면·건면, 즉석섭취식품 중 순대, 식품제조·가공업의 영업소 중 전년도 총 매출이 100억 원 이상인 영업에서 제조·가공하는 식품

03 ▶ 작업장 교차오염 발생요소

1. 주방 내 교차오염의 원인요소

주방 내의 교차오염이 주로 일어나는 곳은 나무재질의 도마와 주방바닥, 트렌치, 생선과 채소, 과일 취급코너로, 교차오염의 방지를 위해서 집중적인 위생관리가 필요하다. 맨손으로 식품을 취급하거나 손을 깨끗이 씻지 않을 경우, 입을 가리지 않고 식품 쪽으로 기침을 할 경우, 칼·도마 등을 분리하여 사용하지 않고 혼용하여 사용할 경우 등이다.

2. 시설물의 용도에 따른 위생관리

(1) 냉장·냉동 시설

냉장과 냉동시설은 음식물과 식재료의 사용이 많은 관계로 교차오염과 세균침투가 일어날 수 있으므로 최대한 자주 세척과 살균을 하여야 한다. 또한 식자재와 음식물이 직접 닿는 랙

(rack-선반)과 내부표면, 용기는 매일 세척과 살균을 한다.

(2) 상온창고

상온창고의 적재용 깔판이나 선반, 환풍기, 창문 방충망 등을 수시로 관리하고 진공청소기를 이용하여 바닥의 먼지를 제거하고 대걸레로 바닥을 청소한 후에는 자연건조하여 항상 건조상태를 유지한다.

(3) 기물

주방설비의 각각의 기물마다 작동메뉴얼과 세척하는 설명서를 확보하여 항상 청결한 상태를 유지하도록 정기적인 세척이 필요하다.

(4) 청소도구

청소도구(빗자루, 걸레 등)는 사용 후 세척하고 건조하여 지정된 장소에 안 보이도록 보관한다.

(5) 배수로

배수로를 주기적으로 청소하지 않으면 악취와 해충이 발생하므로 하부에 부착된 찌꺼기까지 청소를 철저하게 한다.

(6) 배기후드

배기후드를 청소하면 밑으로 이물질들이 떨어지므로 비닐로 하부 조리장비를 덮어두고 청소를 시작하도록 하며 배기후드 내의 거름망을 분리한 후 불려서 세척하고 배기후드의 내부와 외부는 부드러운 수세미를 이용하여 닦고 마른 수건으로 건조시킨다.

(7) 조리도구 및 작업구역

주방의 기구나 용기는 용도별 전용으로 구분하여 사용한다. 칼은 완제품, 가공식품용, 육류용, 어류용, 채소용으로 나누어 구분하여 사용하며, 교차오염예방을 위해 일반구역(검수구역, 전처리구역, 식재료저장구역, 세척구역)과 청결구역(조리구역, 배선구역, 식기보관구역)을 설정하여 전처리과정과 조리과정, 기구세척 등을 정해진 구역에서 실시한다. 손은 반드시 세척, 소독 과정을 거치고 조리용 고무장갑도 세척, 소독하여 사용한다.

3. 위생문제 발생 시 조치방법

식중독 발생 시 상급자에게 즉각 보고하고 식품의약품안전청 식품안전국 식중독예방관리팀에 신속히 보고한다. 매장을 이용한 고객의 수와 증상, 경과시간을 파악하고 원인식품을 추정하여 육하원칙에 따라서 조리방법과 관리상태를 철저하게 파악한다. 또한 3일 전까지의 식자재 및 섭취음식을 파악하고 종업원들의 질병유무를 확인하고 전체 검변을 실시하도록 한다.

01 도마와 식칼에 대한 위생관리로 잘못된 것은?

① 뜨거운 물로 씻고 세제를 묻힌 스펀지로 더러움을 제거한다.

② 흐르는 물로 세제를 씻는다.

③ 80℃의 뜨거운 물에 5분간 담근 후 세척하거나 차아염소산 나트륨 용액에 담갔다가 세척한다.

④ 세척, 소독 후에는 건조할 필요 없다.

[해설] 도마와 식칼은 세척과정을 끝내면 완전히 건조시킨 후 사용한다.

02 조리장의 위생관리로 틀린 것은?

① 주방시설 및 도구의 위생관리를 철저히 한다.

② 주방의 출입구에 신발을 소독할 수 있는 시설을 갖추도록 한다.

③ 조리장의 위생해충은 약제 사용 1회만으로 완벽히 박멸된다.

④ 주방시설 방역을 위한 약품은 내성을 고려해서 분기별로 교체한다.

[해설] 조리장의 위생해충은 방충, 방서, 살충제 등을 사용하여 1회만이 아니라 계속적으로 관리해야 한다.

03 식품안전관리 인증기준(HACCP)에 대한 설명으로 틀린 것은?

① 식품의 원료, 관리, 제조, 조리, 유통의 모든 과정을 포함한다.

② 위해한 물질이 식품에 섞이거나 식품이 오염되는 것을 방지하기 위하여 실시한다.

③ HACCP 수행의 7원칙 중 원칙1은 중요관리점에 대한 감시절차 확립이다.

④ 각 과정을 중점적으로 관리하는 기준이다.

[해설] HACCP 수행의 7원칙 중 원칙1은 위해요소를 분석하는 것이다.

HACCP 수행의 7원칙

HACCP관리의 기본단계인 7개의 원칙에 따라 관리체계를 구축한다.

1. 원칙1 : 위해요소분석(Hazard Analysis)
2. 원칙2 : 중요관리점(Critical Control Point ,CCP) 결정
3. 원칙3 : 중요관리점에 대한 한계기준(Critical Limits, CL) 설정
4. 원칙4 : 중요관리점에 대한 감시(Monitoring)절차 확립
5. 원칙5 : 한계기준 이탈 시 개선조치 (Corrective Action)절차 확립
6. 원칙6 : HACCP 시스템의 검증(Verification)절차 확립
7. 원칙7 : HACCP 체계를 문서화하는 기록(Record)유지방법 설정

04 HACCP의 의무적용 대상 식품에 해당하지 않는 것은?

① 어묵, 어육소시지

② 레토르트 식품

③ 특수용도 식품

④ 껌류

[해설] 껌류는 HACCP의 의무적용 대상 식품에 해당되지 않는다.

05 식품안전관리 인증기준(HACCP) 7원칙 중 원칙 5에 해당하는 것은?

① 위해요소 분석

② 감시절차 학립

③ 개선 조치절차 확립

④ 기록 유지방법 설정

[해설] HACCP 7원칙 중 원칙 5는 한계기준 이탈 시 개선조치(Corrective Action)절차 확립이다.

정답 01 ④ 02 ③ 03 ③ 04 ④ 05 ③

06 HACCP에 대한 설명으로 틀린 것은?

① HACCP 12절차의 첫 번째 단계는 위해요소분석이다.

② 미국, 일본, 유럽연합, 국제기구 등에서 모든 식품에 HACCP을 적용할 것을 권장하고 있다.

③ 가능성 있는 모든 위해요소를 예측하고 대응할 수 있다.

④ 위해방지를 위한 사전 예방적인 식품안전관리체계를 말한다.

해설 HACCP는 관리의 준비 단계 5단계와 본 단계인 7원칙을 포함한 총 12단계의 절차로 구성되며 첫 번째 단계는 HACCP팀 구성이며, 위해요소분석은 HACCP 수행의 7원칙의 첫 번째 단계이다.
HACCP 12절차
1. 준비단계 5절차
 ① HACCP팀 구성
 ② 제품설명서 작성
 ③ 사용목적의 확인
 ④ 공정흐름도 작성
 ⑤ 공정흐름도의 현장확인
2. HACCP 수행의 7원칙
 ① 위해요소분석
 ② 중요관리점결정
 ③ 중요관리점에 대한 한계기준설정
 ④ 중요관리점에 대한 감시절차 확립
 ⑤ 한계기준 이탈 시 개선조치절차 확립
 ⑥ HACCP 시스템의 검증절차 확립
 ⑦ HACCP 체계를 문서화하는 기록(Record)유지방법 설정

07 교차오염을 예방하는 방법으로 바르지 못한 것은?

① 도마와 칼은 용도별로 색을 구분하여 사용한다.

② 날음식과 익은 음식은 함께 보관하여도 무방하다.

③ 식품을 조리하다가 식품에 기침을 하지 않는다.

④ 육류 해동은 냉장고의 아래 칸에서 한다.

해설 교차오염을 막기 위해 용도별 도마와 칼을 사용하고 날음식과 익은 음식은 분리하여 보관하며 육류는 해동 시 핏물이 떨어질 수 있기 때문에 냉장고 하단에 보관한다.

08 주방 내 교차오염의 원인파악으로 적당하지 않은 것은?

① 배식코너

② 많은 양의 식품을 원재료 상태로 들여와 준비하는 과정

③ 행주, 바닥, 생선취급 코너

④ 나무재질의 도마, 주방바닥, 트렌치, 생선과 채소, 과일 준비코너

해설 주방 내 교차오염의 원인 파악 시 집중적인 위생관리가 요구되는 것은 나무재질의 도마, 주방바닥, 트렌치, 생선과 채소, 과일 준비코너, 행주, 생선취급 코너이다.

09 교차오염예방을 위한 주방의 작업구역 중 청결작업구역이 아닌 것은?

① 세정구역

② 조리구역

③ 배선구역

④ 식기보관구역

해설 교차오염 예방을 위해 주방의 작업구역을 일반작업구역(검수구역, 전처리구역, 식재료 저장구역, 세정구역)과 청결작업구역(조리구역, 배선구역, 식기보관구역)으로 설정하여 전처리와 조리, 기구세척 등을 나누어 이행한다.

06 ① 07 ② 08 ① 09 ①

식중독 관리

식중독이란 일반적으로 음식물을 통하여 체내에 들어간 병원미생물, 유독, 유해물질에 의해 일어나는 것으로 급성 위장염 증상을 주로 보이는 건강장애이다. 식중독은 해마다 3~4월에 걸쳐 완만한 증가를 보이다가 5월을 기점으로 9월까지 급격한 증가를 보여 90% 이상이 6~9월 사이에 발생한다.

01 ▶ 세균성 식중독

세균성 식중독은 식품에 오염된 원인균 또는 균이 생성한 독소에 의해 발생되는데 대부분 급성위장증상을 나타낸다. 우리나라에서는 화학적 식중독보다 발생률이 높고 여름철에 가장 많이 발생한다. 이는 기온과 습도가 높아 세균 증식이 용이한 계절이기 때문이다.

1. 감염성 식중독

식품 내에 병원체가 증식하여 인체 내에 식품과 함께 들어와 생리적 이상을 일으키는 식중독이다.

(1) 살모넬라 식중독

살모넬라는 쥐, 파리, 바퀴벌레 등에 의해 식품을 오염시키는 균으로 보균자나 보균 동물에 의해 일어나는 인축 공통적 특성을 갖고 있다.

① 원인균 : 살모넬라균

② 증상 : 위장증상 및 급격한 발열(38~40℃)

③ 원인식 : 육류 및 가공품, 어패류 및 가공품, 우유 및 유제품, 채소샐러드, 조육 및 알 등

④ 잠복기 : 12~24시간(평균 18시간)

⑤ 예방법 : 쥐나 곤충 및 조류에 의한 오염을 막아야 하며, 살모넬라균은 60℃에서 30분이면 사멸되므로 가열 섭취하면 예방할 수 있다.

(2) 장염비브리오 식중독

3~4%의 식염농도에서도 잘 자라는 호염성 세균으로 그람 음성 무아포의 간균이다.

① 원인균 : 비브리오균

② 증상 : 구토, 복통, 설사(혈변)을 주증상으로 하는 전형적인 급성위장염, 약간의 발열

③ 원인식 : 어패류가 가장 많다.

④ 예방법 : 여름철 어패류의 생식을 금하며, 이 균은 저온에서 번식하지 못하므로 냉장 보관
하거나 가열하여 섭취한다.

(3) 병원성 대장균 식중독

대장균은 사람이나 동물의 장관 내에 서식하는 균으로 흙 속에도 존재한다. 식품위생상 대장
균이 문제되는 것은 식품이나 물이 분변에 오염이 되었는지를 알 수 있는 지표로 사용되기 때
문이다.

① 원인균 : 병원성 대장균

② 증상 : 급성 대장염

③ 원인식 : 우유가 주원인 햄, 치즈, 소시지, 가정에서 만든 마요네즈

④ 잠복기 : 평균 13시간

⑤ 예방법 : 동물의 배설물이 오염원으로 중요하므로 분변 오염이 되지 않도록 주의한다.

(4) 웰치균 식중독

웰치균은 편성 혐기성균이고, 아포를 형성하며 열에 강한 균 중에 하나이다.

① 원인균 : 웰치균(A, B, C, D, E, F의 6형이 있으며, 식중독의 원인균은 A형이다)

② 증상 : 복통, 심한 설사

③ 원인식 : 육류 및 가공품, 어패류와 가공품, 튀김두부 등이다.

④ 잠복기 : 8~22시간(평균 12시간)

⑤ 예방법 : 분변의 오염을 막고, 조리된 식품은 저온 · 냉동 보관한다.

2. 독소형 식중독

(1) 포도상구균 식중독

화농성질환의 대표적인 원인균으로 포도상구균에 의한 식중독은 포도상구균이 식품 중에 번
식할 때 형성하는 엔테로톡신이라는 독소에 의해 일어난다.

① 원인균 : 포도상구균

② 원인독소 : 엔테로톡신(Enterotoxin, 장독소)

→ 열에 강하여 끓여도 파괴되지 않으므로 일반 조리법으로는 예방할 수 없다.

③ 증상 : 구토, 복통, 설사

④ 원인식 : 유가공품(우유, 크림, 버터, 치즈), 조리식품(떡, 콩가루, 김밥, 도시락)

⑤ 잠복기 : 식후 3시간(잠복기가 가장 짧다)

⑥ 예방법 : 손이나 몸에 화농이 있는 사람은 식품 취급을 금해야 하며, 조리실의 청결은 물론
조리된 식품을 신속하게 섭취한다.

(2) 클로스트리디움 보툴리늄 식중독

편성혐기성의 포자형성균으로 내열성이 강한 아포를 형성하며 뉴로톡신이라는 독소에 의하여 발생되는 식중독이다.

① 원인균 : 보툴리늄균(A, B, C, D, E, F, G형 중에서 A, B, E형이 원인균)

② 원인독소 : 뉴로톡신(Neurotoxin, 신경독소)

   → 열에 의해 파괴된다.

③ 증상 : 신경마비증상, 세균성 식중독 중 치명률이 가장 높음(40%).

④ 원인식 : 살균이 불충분한 통조림 가공품(밀봉식품), 햄, 소시지

⑤ 잠복기 : 식후 12~26시간(잠복기가 가장 길다)

⑥ 예방법 : 음식물의 가열처리, 통조림 및 소시지 등의 위생적 보관과 가공을 철저히 해야 한다.

참고 **세균성 식중독과 소화기계 감염병(경구 감염병)의 차이**

세균성 식중독	소화기계 감염병(경구 감염병)
• 식중독균에 오염된 식품을 섭취하여 발생한다. • 대량의 균 또는 독소에 의해 발병한다. • 살모넬라 외에는 2차감염이 없다. • 잠복기는 비교적 짧다. • 면역이 되지 않는다.	• 감염병균에 오염된 식품과 물의 섭취로 경구 감염을 일으킨다. • 소량의 균으로도 발병한다. • 2차감염이 된다. • 잠복기가 비교적 길다. • 면역이 된다.

참고 **식중독의 조사보고**

식중독환자나 식중독이 의심되는 자를 진단하였거나 그 시체를 검안한 의사 또는 한의사는 대통령령으로 정하는 바에 따라 식중독환자나 식중독이 의심되는 자의 혈액 또는 배설물을 보관하는 데에 필요한 조치를 하여야 한다.

※ 식중독 발생 시 보고순서 : (한)의사 → 관할시청, 군수, 구청장 → 식품의약품안전처장 및 시·도 지사

02 ▶ 자연독 식중독

식품의 원재료 자체에 유독. 유해 독성물질을 가지고 있는 것으로 동물성 자연독과 식물성 자연독 등이 있다.

1. 동물성 자연독

(1) 복어 중독

① 원인독소 : 테트로도톡신(Tetrodotoxin)

② 독성이 있는 부위 : 복어의 난소에 가장 많고, 간, 내장, 피부 등의 순으로 함유되어 있다. 독성이 강하고 물에 녹지 않으며 열에 안정하여 끓여도 파괴되지 않는다.

③ 치사량 : 2mg

④ 중독 증상 : 식후 30분~5시간만에 발병하여 중독 증상이 단계적으로 진행(혀의 지각마비, 구토, 감각 둔화, 보행곤란, 호흡곤란, 의식불명)되어 사망에 이른다. 진행속도가 빠르고 해독제가 없어 치사율이 높다.

⑤ 예방책 : 전문 조리사만이 요리하도록 한다. 독이 가장 많은 산란 직전(5~6월)에는 특히 주의한다. 유독 부위는 제거하고 유독 부위의 폐기 또한 철저히 한다.

(2) 조개류 중독

① 섭조개(홍합), 대합 : 독성물질은 삭시톡신(Saxitoxin)이며 유독 플랑크톤을 섭취한 조개류에서 검출된다.

② 모시조개, 굴, 바지락, 고동 등 : 독성물질은 베네루핀(Venerupin)이며 유독 플랑크톤을 섭취한 조개류에서 검출된다. 식후 24~48시간 후에 발병하며 구토, 출혈반점, 간기능 저하 증상이 나타나고 사망률은 44~50%이다.

(3) 기타 유독물질

관절 매물고동, 조각 매물고동 : 테트라민(Tetramine)

2. 식물성 자연독

(1) 독버섯 식중독

① 무스카린(Muscarine) : 부교감 신경 자극, 유연(침을 많이 흘림), 호흡 곤란, 심장 박동이 느려지며 위장 · 자궁 수축, 오심, 구토, 설사, 허탈, 혼수상태, 사망, 뇌 손상, 콜레라 증세, 위장장애

② 뉴린(Neurine), 콜린(Choline) : 독성은 약하지만 증상은 무스카린과 같다.

③ 무스카리딘(Muscaridine) : 뇌 증상(교감신경 자극, 구갈, 동공산동, 불안정)

④ 팔린(Phaline), 아마니타톡신(Amanitatoxin) : 콜레라 증세, 용혈작용(혈변, 청색증)

⑤ 파실로신(Psilocin), 파실리오시빈(Psilocybin) : 뇌 증상(환각작용)

⑥ 아가리시시산(Agaricic acid) : 위장형 중독

(2) 독버섯 중독의 종류

① 위장형 중독 : 무당버섯, 화경버섯 등(구토, 설사, 복통 등의 위장 증상)

② 콜레라형 중독 : 알광대버섯, 마귀곰보버섯(경련, 헛소리, 혼수상태 등)

③ 신경계 장애형 중독 : 파리버섯, 광대버섯, 미치광이버섯(중추신경장애, 광증, 근육경련 등)

④ 혈액형 중독 : 콜레라형 위장장애가 계속되다가 용혈작용을 일으킨다.

⑤ 독버섯 감별법

  ㉠ 버섯의 색이 진하고 화려하다.

  ㉡ 고약한 냄새가 난다.

  ㉢ 은수저를 검은색으로 변색시킨다.

  ㉣ 세로로 쪼개지지 않는다.

  ㉤ 줄기 부분이 거칠다.

  ㉥ 매운맛이나 쓴맛이 난다.

(3) 감자 중독

① 독성물질 : 솔라닌(Solanine) 등은 유독하다고 알려져 있으므로 섭취하지 않도록 한다(감자의 발아한 부분 또는 녹색 부분). 부패한 감자에는 셉신(Sepsine)이라는 독성물질이 생성되어 중독을 일으키는 경우가 있다.

② 이러한 부분을 먹으면 2~12시간 후 구토, 복통, 설사 등의 증상이 나타나고 혀가 굳어져 언어장애를 일으키기도 한다. 예방으로는 싹트는 부분과 녹색 부분을 제거해야 하며 특히 저장할 때에는 서늘한 곳에 보관해야 한다.

(4) 기타 유독 물질

① 독미나리 : 시큐톡신(Cicutoxin)

② 청매, 살구씨, 복숭아씨 : 아미그달린(Amygdalin)

③ 피마자 : 리신(Ricin)

④ 목화씨 : 고시풀(Gossypol)

⑤ 독보리(독맥) : 테무린(Temuline)

⑥ 미치광이풀 : 아트로핀(Atropine)

참고 | **알레르기성 식중독**

꽁치나 고등어와 같은 붉은살 어류의 가공품을 섭취했을 때 약 1시간 뒤에 몸에 두드러기가 나고, 열이 나는 증상이 나타나는데 이와 같은 식중독을 알레르기성 식중독이라 한다.

- 원인물질 : 히스타민
- 원인균 : 프로테우스 모르가니(Proteus Morganii)
- 항히스타민제를 투여하면 빨리 낫는다.
- 예방법 : 알레르기성 식중독은 부패가 되지 않은 식품의 섭취 때에도 일어나므로 각자가 조심해야 한다.

참고 | 청매(미숙한 매실), 살구씨, 복숭아씨, 은행의 종자, 오색두(미얀마콩) 등에는 아미그달린(Amygdalin)이라는 시안(cyan)배당체가 함유되어 있어 인체 장내에서 청산을 생성하는데, 청산은 치명률이 높은 중독의 원인이 된다.

03 ▶ 화학적 식중독

유독한 화학물질에 오염된 식품을 사람이 섭취함으로써 중독증상을 일으키는 것을 화학적 식중독이라 한다.

1. 유해 첨가물에 의한 식중독

독성이 강하여 사용 금지된 첨가물은 다음과 같다.

① 착색제 : 아우라민(Auramine), 로다민(Rodamine) 등
② 감미료 : 에틸렌글리콜(Ethylene glycol), 니트로아닐린(Nitroaniline), 둘신(Dulcin), 페릴라틴(Peryllartine), 사이클라메이트(Cyclamate)
③ 표백제 : 롱가릿(Rongalite), 형광표백제 등
④ 보존료 : 붕산, 포름알데히드(Formaldehyde), 불소화합물, 승홍 등

2. 농약에 의한 식중독

① 유기인제 : 파라티온, 말라티온, 다이아지논 등의 농약이 있는데, 이들은 신경독을 일으킨다. 중독 증상은 신경증상, 혈압상승, 근력감퇴 등이고, 예방은 농약 살포 시 흡입주의, 과채류의 산성액 세척, 수확 전 15일 이내 농약 살포금지 등이다.
② 유기염소제 : DDT, BHC 등의 농약이 있는데, 이들도 유기인제와 같이 신경독을 일으킨다. 중독의 증상은 복통, 설사, 구토, 두통, 시력감퇴, 전신권태 등이 나타난다. 자연계에서 분

해되지 않고 잔류하는 특성이 있으므로 사용 시 주의해야 한다. 예방은 유기인제와 같다.

③ **비소화합물** : 비산칼슘 등의 농약이 있으며 중독 증상은 목구멍과 식도의 수축, 위통, 구토, 설사, 혈변, 소변량 감소 등이 있다. 예방은 유기인제와 같다.

> **참고** 메틸알코올(메탄올) : 과실주나 정제가 불충분한 에탄올이나 증류수에 미량 함유되어 두통·현기증·구토가 생기고 심할 경우 시신경에 염증을 일으켜 실명하거나 사망에 이르게 된다.

04 ▶ 곰팡이 독소

세균을 제외한 미생물 가운데, 특히 곰팡이 중에는 유독 물질을 생성하는 경우도 있다.

1. 황변미 중독

페니실리움(Penicillum)속 푸른 곰팡이가 저장 중인 쌀에 번식하여 누렇게 변질시키며 시트리닌, 시크리오비리딘, 아이슬랜디톡신 등의 독소를 생성하여 인체에 신장독, 신경독, 간장독을 일으킨다.

→ 원인곰팡이 : 페니실리움(푸른 곰팡이)

2. 맥각 중독

보리, 호밀 등에 맥각균이 번식하여 에르고톡신, 에르고타민 등의 독소를 생성하여 인체에 간장독을 일으킨다.

→ 원인독소 : 에르고톡신(Ergotoxin)

3. 아플라톡신 중독(Aflatoxin)

아스퍼질러스 플라버스(Aspergilus flavus) 곰팡이가 쌀·보리 등의 탄수화물이 풍부한 곡류와 땅콩 등의 콩류에 침입하여 아플라톡신 독소를 생성하여 인체에 간장독을 일으킨다.

Chapter 04 식중독 관리 연습문제

01 경구감염병과 세균성 식중독의 주요 차이점에 대한 설명으로 옳은 것은?

① 경구감염병은 다량의 균으로, 세균성 식중독은 소량의 균으로 발병한다.

② 세균성 식중독은 2차감염이 많고, 경구 감염병은 거의 없다.

③ 경구감염병은 면역성이 없고, 세균성 식중독은 없는 경우가 많다.

④ 세균성 식중독은 잠복기가 짧고, 경구감염병은 일반적으로 길다.

해설 세균성 식중독과 소화기계감염병(경구감염병)의 차이

세균성 식중독	소화기계 감염병 (경구감염병)
• 식중독균에 오염된 식품을 섭취하여 발생한다.	• 감염병균에 오염된 식품과 물의 섭취로 경구감염을 일으킨다.
• 대량의 균 또는 독소에 의해 발병된다.	• 소량의 균으로도 발병한다.
• 살모넬라 외에는 2차감염이 없다.	• 2차감염이 된다.
• 잠복기는 비교적 짧다.	• 잠복기가 비교적 길다.
• 면역이 되지 않는다.	• 면역이 된다.

02 다음 중 세균성 식중독이 발생할 수 있는 경우가 아닌 것은?

① 감염병균에 오염된 식품

② 부패세균에 오염된 식품

③ 살모넬라균에 오염된 식품

④ 식품에 세균 또는 독소가 있는 경우

해설 감염병균에 오염된 식품을 섭취했을 경우 감염병에 걸리게 된다.

03 식중독 중 가장 많이 발생하는 것은?

① 화학성 식중독

② 세균성 식중독

③ 자연독 식중독

④ 알레르기성 식중독

해설 식중독 발생의 역학적 특성
• 세균성 식중독의 발생빈도가 높음
• 급격히 집단적으로 발생
• 여름철에 가장 많이 발생

04 다음 중 집단 식중독이 발생하였을 때의 처치사항과 관계없는 것은?

① 보건소나 시, 읍, 면에 즉시 신고한다.

② 즉시 항생물질을 복용시킨다.

③ 환자의 가검물을 원인조사 시까지 보관한다.

④ 원인식을 조사한다.

해설 집단 식중독 발생 시 해당기관에 즉시 신고한 후 원인식을 찾아내어 올바른 처치법을 실행하는 것이 바람직한 방법이다.

05 끓이면 파괴되는 독소는?

① 테트로도톡신

② 솔라닌

③ 엔테로톡신

④ 뉴로톡신

해설 ① 테트로도톡신 : 복어독소(파괴되지 않음)
② 솔라닌 : 감자독소(파괴되지 않음)
③ 엔테로톡신 : 포도상구균독소(파괴되지 않음)
④ 뉴로톡신 : 클로스트리디움 보툴리늄 독소(80℃에서 30분이면 파괴)

 정답 01 ④   02 ①   03 ②   04 ②   05 ④

06 병원성 대장균 식중독의 주증상은?

① 신경독   ② 신경마비

③ 간장염   ④ 급성 장염

> **해설** 병원성 대장균 식중독
> - 증상 : 급성 장염
> - 원인식품 : 우유 및 달걀
> - 어린이에게 가장 많이 발생한다.

07 섭취된 미생물의 체내 증식과 식품 내에 증식한 소량의 미생물이 장관 점막에 작용해서 발생되는 식중독과 거리가 먼 것은?

① 살모넬라 식중독

② 병원성 대장균 식중독

③ 장염비브리오 식중독

④ 포도상구균 식중독

> **해설** 식중독의 분류(세균성 식중독)
> - 감염형 : 식품과 함께 섭취된 미생물이 인체 내에서 증식하여 생리 이상을 일으키는 형태(살모넬라 식중독, 장염비브리오 식중독, 대장균 식중독, 웰치균 식중독)
> - 독소형 : 식품 내에서 병원체가 증식하여 생성한 독소를 섭취하여 나타나는 식중독(포도상구균 식중독, 클로스트리디움 보툴리늄 식중독)

08 클로스트리디움 보툴리늄균이 생산하는 독소와 관계있는 것은?

① 엔테로톡신(Enterotoxin)

② 뉴로톡신(Neurotoxin)

③ 삭시톡신(Saxitoxin)

④ 에르고톡신(Ergotoxin)

> **해설** 1. 독소형 식중독의 독소
> - 포도상구균 식중독 : 엔테로톡신
> - 클로스트리디움 보툴리늄 식중독 : 뉴로톡신
> 2. 자연독 식중독의 독소
> - 복어 : 테트로도톡신
> - 섭조개 : 삭시톡신
> - 바지락 : 베네루핀
> - 곰팡이 : 에르고톡신

09 엔테로톡신이 원인이 되는 식중독은?

① 살모넬라 식중독

② 장염비브리오 식중독

③ 병원성 대장균 식중독

④ 포도상구균 식중독

> **해설** 08번 해설 참조

10 다음 중 감염형 세균성 식중독에 대한 설명이 잘못된 것은?

① 균이 오염되어 있어도 일정량 이상 되어야 발생한다.

② 균이 생성하는 독소에 의해 발생한다.

③ 식품의 위생적 관리로 예방할 수 있다.

④ 살모넬라균, 장염비브리오 식중독 등이 이에 속한다.

> **해설** 07번 해설 참조

11 식중독에 관한 다음 사항 중 틀린 것은?

① 세균성 식중독에는 감염형과 독소형이 있다.

② 자연독에 의한 식중독에는 동물성과 식물성이 있다.

③ 부패 중독이라 함은 세균성 식중독을 말한다.

④ 화학물질에 의한 식중독은 식품첨가물이나 농약 등에 의한 식중독을 말한다.

> **해설** 부패 중독은 비병원성 세균인 프로테우스모르가니균이 생성하는 히스타민이라는 물질이 원인이다.

12 다음 중 감염형 식중독에 속하지 않는 것은?

① 살모넬라 식중독

② 병원성 호염균 식중독

③ 병원성 대장균 식중독

④ 클로스트리디움 보툴리늄균 식중독

해설 07번 해설 참조

13 세균성 식중독 중 마비성 증상(신경 증상)을 나타내는 것은?

① 황색 포도상구균 식중독

② 클로스트리디움 보툴리늄 식중독

③ 장염비브리오 식중독

④ 웰치균 식중독

해설 클로스트리디움 보툴리늄 식중독
- 증상 : 신경마비 증상
- 원인식품 : 통조림가공품
- 원인독소 : 뉴로톡신
- 잠복기 : 12~36시간(가장 길다)

14 장염비브리오 식중독균의 성상으로 틀린 것은?

① 그람음성간균이다.

② 3~4% 소금농도에서 잘 발육한다.

③ 특정조건에서 사람의 혈구를 용혈시킨다.

④ 아포와 협막이 없고, 호기성균이다.

해설 장염비브리오 식중독
- 원인균 : 비브리오균(3~4%의 식염농도에서 잘 자라는 호염성 세균, 그람음성간균, 통성혐기성균)
- 원인식 : 어패류
- 증상 : 복통, 설사

15 다음 미생물 중 알레르기성 식중독의 원인이 되는 히스타민과 관계가 깊은 것은?

① 포도상구균

② 바실러스균

③ 클로스트리디움 보툴리늄균

④ 모르가니균

해설 알레르기성 식중독
- 원인식품 : 꽁치나 고등어(등푸른생선)
- 증상 : 두드러기, 발열
- 원인 : 프로테우스 모르가니균이 생성하는 히스타민이라는 물질

16 클로스트리디움 보툴리늄균이 검출될 가능성이 큰 식품은?

① 식빵   ② 생선

③ 통조림   ④ 채소류

해설 식중독의 원인식품
- 살모넬라 : 식육 및 육류가공품
- 비브리오 : 어패류
- 포도상구균 : 곡류(떡, 빵, 도시락)
- 클로스트리디움 보툴리늄균 : 통조림 가공품, 햄, 소시지

17 다음 중 일반 독소가 식품 중에 생성되면, 섭취 전 재가열하여도 예방이 어려운 식중독은?

① 살모넬라 식중독

② 클로스트리디움 보툴리늄 식중독

③ 포도상구균 식중독

④ 웰치균 식중독

해설
- 포도상구균이 형성하는 엔테로톡신은 일반 조리법으로 예방할 수 없다.
- 엔테로톡신은 내열성이 강해 120℃에서 30분간 처리해도 파괴되지 않는다.

12 ④   13 ②   14 ④   15 ④   16 ③   17 ③

18 살모넬라 식중독은 어디에 속하는가?

① 감염형 식중독

② 독소형 식중독

③ 자연독 식중독

④ 화학성 식중독

해설 살모넬라 식중독은 세균성 식중독 중 감염형 식중독에 속한다.

19 가장 심한 발열을 일으키는 식중독은?

① 포도상구균 식중독

② 살모넬라 식중독

③ 클로스트리디움 보툴리늄 식중독

④ 복어 식중독

해설 살모넬라 식중독
• 원인균 : 살모넬라균
• 증상 : 급성위염, 급격한 발열
• 원인식품 : 식품가공품

20 장염비브리오균의 성질은?

① 염분이 있는 곳에서 잘 자란다.

② 열에 강하다.

③ 독소를 생성한다.

④ 아포를 형성한다.

해설 비브리오균(호염균)은 해수세균으로 3∼4%의 소금 농도에서도 잘 발육한다.

21 60℃에서 30분이면 사멸되고 소, 돼지 등은 물론 달걀 등의 동물성 식품으로 인한 감염원으로 식중독을 일으키는 것은?

① 살모넬라균

② 장염비브리오균

③ 웰치균

④ 세리우스균

해설 살모넬라균은 60℃에서 30분이면 사멸되며 원인식은 육류 및 가공품, 어패류 및 가공품, 우유, 알 등이다.

22 살모넬라 식중독의 발병은?

① 인체에서만 발병한다.

② 동물에만 발명한다.

③ 인축 모두에게 발병한다.

④ 어린이에게만 발병한다.

해설 살모넬라 식중독의 특성
• 증상 : 급격한 발열
• 인축 모두 발병하는 감염성이 있는 식중독이다.

23 다음 중 포도상구균 식중독과 관계가 적은 것은?

① 치명률이 낮다.

② 조리인의 화농균이 원인이 된다.

③ 잠복기는 보통 3시간이다.

④ 균이나 독소는 80℃에서 30분 정도면 사멸 파괴된다.

해설 엔테로톡신(Enterotoxin)
포도상구균이 형성하는 장독소는 아무리 높은 열로 가열하여도 파괴되지 않으므로 일반 조리법으로는 예방하기 어렵다.

24 화농성 질환을 가진 조리사가 식품취급 시 발생되기 쉬운 식중독은?

① 포도상구균 식중독

② 살모넬라 식중독

③ 웰치균 식중독

④ 클로스트리디움 보툴리늄 식중독

해설 화농성 질환을 가진 사람이 조리를 했을 때 음식물을 통해 포도상구균 식중독이 발생된다.

정답 18 ① 19 ② 20 ① 21 ① 22 ③ 23 ④ 24 ①

25 대장균에 대하여 바르게 설명한 것은?

① 분변세균의 오염지표가 된다.

② 감염병을 일으킨다.

③ 독소형 식중독을 일으킨다.

④ 발효식품 제조에 유용한 세균이다.

> 해설 대장균은 동물의 장관 내에서 서식하는 균으로 식품의 분변오염지표로 이용된다.

26 다음 중 세균성 식중독에 대한 특성을 설명한 것으로 틀린 것은?

① 미량의 균과 독소로는 발병되지 않는다.

② 원인식품의 섭취로 인한다.

③ 경구 감염병보다 잠복기가 길다.

④ 면역성이 없다.

> 해설 세균성 식중독
> • 식중독균에 오염된 식품의 섭취로 발병한다.
> • 식품 중에 많은 양의 균과 독소가 있다.
> • 살모넬라 외에는 2차 감염이 없다.
> • 잠복기는 짧다.
> • 면역성이 없다.

27 다음 중 산소가 없어야 잘 자라는 균은?

① 대장균

② 살모넬라균

③ 포도상구균

④ 클로스트리디움 보툴리늄균

> 해설 밀봉처리한 통조림 가공품이 원인식품으로 작용하는 클로스트리디움 보툴리늄균은 공기가 없는 통조림 내부에서 번식이 가능한 혐기성 균이다.

28 사망률이 가장 높은 식중독은?

① 살모넬라 식중독

② 장염비브리오 식중독

③ 클로스트리디움 보툴리늄 식중독

④ 포도상구균 식중독

> 해설 식중독의 사망률
> ① 살모넬라 식중독 : 0.3~1%
> ② 장염비브리오 식중독 : 20%
> ③ 클로스트리디움 보툴리늄 식중독 : 40%
> ④ 포도상구균 식중독 : 경증에 가까워 1~3일 후 회복가능

29 원인식품이 크림빵, 도시락이며 주로 소풍철인 봄, 가을에 많이 발생하는 식중독은?

① 장염비브리오 식중독

② 클로스트리디움 보툴리늄 식중독

③ 포도상구균 식중독

④ 살모넬라 식중독

> 해설 식중독의 원인식품
> ① 장염비브리오 식중독 : 어패류
> ② 클로스트리디움 보툴리늄 식중독 : 통조림 가공품
> ③ 포도상구균 식중독 : 곡류(빵, 도시락, 떡)
> ④ 살모넬라 식중독 : 식육 및 육가공품

30 황색 포도상구균에 의한 독소형 식중독과 관계되는 독소는?

① 장독소   ② 간독소

③ 혈독소   ④ 암독소

> 해설 포도상구균 식중독은 화농성 질환의 대표적인 원인균으로 원인독소는 엔테로톡신(장독소)이다.

31 조개류나 야채의 소금절임이 원인식품인 식중독은?

① 살모넬라 식중독

② 장염비브리오 식중독

③ 병원성 대장균 식중독

④ 포도상구균 식중독

> 해설 염분이 있는 곳에서도 번식이 가능한 병원성 미생물은 장염비브리오균이다.

---

25 ①   26 ③   27 ④   28 ③   29 ③   30 ①   31 ②

32 포도상구균에 의한 식중독 예방대책의 설명으로 옳은 것은?

① 토양의 오염을 방지하고, 특히 통조림 등의 살균을 철저히 해야 한다.

② 쥐나 곤충 및 조류의 접근을 막아야 한다.

③ 어패류를 저온에서 보존하여 반드시 가열 섭취한다.

④ 화농성 질환자의 식품취급을 금지한다.

해설 포도상구균 식중독의 예방대책

식품 및 조리기구의 멸균, 식품의 저온보관과 오염방지, 조리실의 청결, 화농성 질환자의 식품취급금지, 조리 후 신속한 섭취가 필요하다.

33 병원성 대장균 식중독 현상의 원인식품은?

① 어패류

② 육류 및 가공품

③ 우유 및 달걀

④ 통조림

해설 식중독의 원인식품

① 어패류 : 장염비브리오 식중독

② 육류가공품 : 살모넬라 식중독

③ 우유 및 달걀 : 대장균 식중독

④ 통조림 : 클로스트리디움 보툴리눔 식중독

34 우리나라에서 가장 많이 발생하는 식중독은?

① 포도상구균 식중독

② 클로스트리디움 보툴리눔 식중독

③ 버섯 중독

④ 맥각 중독

해설 우리나라에서 가장 많이 발생하는 세균성 식중독은 포도상구균 식중독, 살모넬라 식중독, 장염비브리오 식중독 등이다.

35 알레르기성 식중독이 일어나는 식품은?

① 꽁치

② 닭고기

③ 소고기

④ 돼지고기

해설 알레르기성 식중독의 원인식품은 꽁치, 고등어와 같은 등푸른 생선이다.

36 복어 중독의 치료 및 예방법으로 옳지 않은 것은?

① 내장이 부착되어 있는 것은 식용을 하지 않는다.

② 위생적으로 저온에 저장된 것을 사용한다.

③ 자격있는 전문조리사가 조리한 것을 먹도록 한다.

④ 치료는 먼저 구토 · 위 세척 등으로 체내의 독소를 제거한다.

해설 복어독소에 의한 식중독 예방법

전문조리사만이 요리를 하도록 하며 내장, 난소, 간 부위 등을 먹지 않도록 유독부위 폐기처리를 철저히 한다.

37 버섯의 중독 증상 중 콜레라형 증상을 일으키는 버섯류는?

① 화경버섯, 외대버섯

② 알광대버섯, 독우산버섯

③ 광대버섯, 파리버섯

④ 마귀곰보버섯, 미치광이버섯

해설 • 위장형 중독 : 무당버섯, 화경버섯

• 콜레라형 중독 : 알광대버섯, 독우산버섯, 마귀곰보버섯

• 신경계장애형 중독 : 파리버섯, 광대버섯, 미치광이버섯

38 다음 중 섭조개, 대합의 독성분은?

① 무스카린

② 삭시톡신

③ 솔라닌

④ 베네루핀

해설 조개류 중독
- 섭조개, 대합 등은 삭시톡신이 원인물질이며, 이는 유독플랑크톤을 섭취한 조개류에서 검출된다. 식후 30분~3시간에 발병하며 신체마비를 일으킨다.
- 모시조개, 바지락 등의 베네루핀에 의한 중독은 구토, 복통을 일으킨다.

39 조개류 속에 들어 있으며 마비를 일으키는 독성분은?

① 엔테로톡신

② 베네루핀

③ 무스카린

④ 콜린

해설 ① 엔테로톡신 : 포도상구균 식중독
③ 무스카린, ④ 콜린 : 독버섯

40 감자는 싹이 트는 눈 주변이나 녹색으로 변한 부위에 독성분이 증가하여 식중독을 일으키는데, 이 성분은 무엇인가?

① 솔라닌(Solanine)

② 아미그달린(Amygdaline)

③ 뉴린(Neurine)

④ 아코니틴(Aconitine)

해설
- 솔라닌은 감자의 유독성분으로 싹이 트는 부분과 녹색부분에 많이 들어 있다.
- 아미그달린은 청매, 뉴린은 독버섯, 아코니틴은 오디의 유독성분이다.

41 주로 부패한 감자에 생성되어 중독을 일으키는 물질은?

① 셉신(Sepsin)

② 아미그달린(Amygdaline)

③ 시큐톡신(Cicutoxin)

④ 마이코톡신(Mycotoxin)

해설 썩은 감자에는 셉신(Sepsin)이 생성되어 중독을 일으키므로 주의해야 하고 감자의 발아 부위와 녹색 부위의 자연적 물질은 솔라닌(Solanine)을 들 수 있다.
② 아미그달린 : 청매
③ 시큐톡신 : 독미나리
④ 마이코톡신 : 곰팡이독

42 목화씨로 조제한 면실유를 식용한 후 식중독이 발생했다. 원인물질은?

① 솔라닌(Solanine)

② 리신(Ricin)

③ 아미그달린(Amygdaline)

④ 고시폴(Gossypol)

해설 식품 중의 유독성품
감자-솔라닌 / 대두-사포닌 / 목화씨(면실유)-고시폴 / 독보리-테물린 / 청매, 살구씨-아미그달린 / 피마자-리신 / 독미나리-시큐톡신

43 다음은 식품과 독성분과의 관계를 나타낸 것이다. 이 중에서 관계가 옳지 않은 것은?

① 복어 – 테트로도톡신(Tetrodotoxin)

② 섭조개 – 시큐톡신(Cicutoxin)

③ 모시조개 – 베네루핀(Venerupin)

④ 말고동 – 스루가톡신(Surugatoxin)

해설 각 식품의 독소
복어-테트로도톡신 / 독보리-테물린 / 모시조개-베네루핀 / 피마자-리신 / 섭조개-삭시톡신 / 면실유-고시풀 / 감자-솔라닌 / 청매-아미그달린 / 독미나리-시큐톡신

38 ② 39 ② 40 ① 41 ① 42 ④ 43 ②

44 식품에서 자연적으로 발생하는 유독물질을 통해 식중독을 일으킬 수 있는 식품과 거리가 먼 것은?

① 표고버섯　　　② 어린 매실

③ 피마자　　　　④ 모시조개

해설 어린 매실은 아미그달린, 피마자는 리신, 모시조개는 베네루핀이라는 유독물질이 존재하며 표고버섯은 식용버섯이다.

45 버섯 식용 후 식중독이 발생했을 때 관련 없는 물질은?

① 무스카린(Muscarine)

② 뉴린(Neurine)

③ 콜린(Choline)

④ 테물린(Temuline)

해설 • 버섯의 독소 : 무스카린, 무스카리딘, 팔린, 아마니타톡신, 콜린, 뉴린 등
　• 독보리의 독소 : 테물린

46 통조림 식품의 통조림관에서 유래될 수 있는 식중독의 원인물질은?

① 카드뮴　　　　② 주석

③ 페놀　　　　　④ 수은

해설 통조림의 주원료인 주석은 금속을 보호하기 위한 코팅에 사용되는데 철판에 주석코팅을 너무 얇게 하거나 본질적으로 통조림 내용물이 부식을 잘 일으키는 경우에는 통조림 캔으로부터 주석이 용출될 수 있다.

47 다음 중 미나마타병의 원인이 된 금속은?

① 비소　　　　　② 카드뮴

③ 수은　　　　　④ 구리

해설 농약 등 유해물질의 장애
　• 미나마타병
　　– 원인물질 : 수은(Hg)
　　– 증상 : 지각마비
　• 이타이이타이병

　– 원인물질 : 카드뮴(Cd)
　– 증상 : 골연화증

48 다음 중 화학성 식중독의 가장 현저한 증상으로 틀린 것은?

① 복통　　　　　② 설사

③ 구토　　　　　④ 고열

해설 화학성 식중독의 일반적인 증상은 복통, 설사, 구토, 두통 등이다. 고열은 살모넬라 식중독의 대표적 증상이다.

49 음료수 및 식품에 오염되어 신장(콩팥)장해·칼슘대사에 이상을 유발하는 유독물질은 어느 것인가?

① 구리(Cu)

② 크롬(Cr)

③ 납(Pb)

④ 시안화합물(CN)

해설 유해·유독물질
　• 구리 : 1회 500mg 섭취 시 중독된다. 간세포의 괴사, 호흡곤란을 일으킨다.
　• 크롬 : 비충격천공증을 일으킨다.
　• 납 : 최대허용량 0.5ppm, 칼슘대사 이상을 일으킨다.

50 토양 잔류성이 가장 큰 농약으로서 체내 지방층에 가장 오래 잔류하는 것은?

① 비에이치시(BHC)

② 파라치온(Parathion)

③ 디디티(DDT)

④ 알드린(Adrin)

해설 • 농약성분 중에는 유기인제, 유기염소제, 비소화합물 등이 있는데 이 중 체내지방에 오래 잔류하는 농약은 유기염소제이다.
　• 유기염소제 : BHC, DDT 등
　　→ DDT(디디티)는 농약 중 잔류성이 가장 큰 농약이다.

정답　44 ①　45 ④　46 ②　47 ③　48 ④　49 ③　50 ③

51 다음 중 체내 축적으로 위험성이 큰 농약은?

① 유기인제   ② 비소제

③ 구리   ④ 유기염소제

> **해설** 유기염소제 농약은 자연계에서 쉽게 분해되지 않으므로 사용 시 주의해야 한다.

52 비소화합물에 의한 식중독 유발사건과 관계가 먼 것은?

① 비소화합물이 밀가루 등으로 오인되어서

② 아미노산간장에 비소화합물이 함유되어서

③ 비소계 살충제의 농작물 잔류에 의해서

④ 주스 통조림관의 녹이 주스에 이행되어서

> **해설** 통조림 식품의 유해성 금속물질은 납과 주석으로 주스 통조림관의 녹이 주스에 이행되면 납중독이나 주석중독에 걸리기 쉬우며 메스꺼움, 구토, 설사, 복통을 유발한다.

53 다음 중 포름알데히드가 용출될 염려가 있는 수지는?

① 폴리에틸렌

② PVC

③ 요소수지

④ 폴리프로필렌

> **해설** 불량용기에서 용출되는 유해물질
> • 불량 플라스틱용기(요소수지) : 포름알데히드
> • 캔(깡통) : 주석, 납
> • 옹기류, 도자기류 : 카드뮴, 납

54 다음 중 화학성 식중독과 관계가 깊은 것은?

① 솔라닌   ② 무스카린

③ 테트로도톡신   ④ 메탄올

> **해설** 메탄올
> • 주류의 메탄올 함유 허용량은 0.5mg/ml 이하이며 중독량은 5~10ml이다.
> • 증상은 구토, 두통, 실명이 나타나고, 심하면 호흡곤란도 일으킨다.

55 이타이이타이병의 유해물질은?

① 수은   ② 납

③ 칼슘   ④ 카드뮴

> **해설** 이타이이타이병
> • 카드뮴에 오염된 물질을 섭취함으로써 발생
> • 증상 : 보행곤란, 골연화증

56 화학물질에 의한 식중독으로 일반 중독증상과 시신경의 염증으로 실명의 원인이 되는 물질은?

① 납   ② 주석

③ 메탄올   ④ 칼슘

> **해설** 메탄올
> • 경증 : 두통, 현기증, 구토, 실명
> • 중증 : 정신이상 혹은 사망

57 합성 플라스틱 용기에서 검출되는 유해물질은?

① 포르말린   ② 수은

③ 메탄올   ④ 카드뮴

> **해설** ① 포르말린 : 합성 플라스틱
> ② 주석 : 캔
> ③ 메탄올 : 과실주 및 정제가 불충분한 증류주
> ④ 카드뮴 : 이타이이타이병의 원인물질

58 맥각 중독을 일으키는 원인물질은?

① 루브라톡신

② 오크라톡신

③ 에르고톡신

④ 파툴린

> **해설** 맥각 중독 : 밀, 보리, 호밀 등에 맥각균이 기생하여 구토, 설사, 복통, 경련 등을 일으키는 식중독으로 그 원인은 에르고톡신이다.

51 ④   52 ④   53 ③   54 ④   55 ④   56 ③   57 ①   58 ③

59 다음 중 마이코톡신(Mycotoxin)의 특징과 거리가 먼 것은?

① 사람과 동물에 질병이나 생리 작용의 이상을 유발한다.
② 탄수화물이 풍부한 농산물에서 발생한다.
③ 독소형이 아니고 감염형이다.
④ 원인식에서 곰팡이가 분리되는 경우가 많다.

해설 마이코톡신(곰팡이 중독)의 특징
- 곡류, 목조 등 탄수화물이 많은 경우 잘 발생한다.
- 원인 식품이나 사료에서 곰팡이가 발견된다.
- 사람과 동물에 이상을 일으킨다.
- 마이코톡신은 곰팡이독의 총칭으로 독소형이다.

60 황변미 중독이란 쌀에 무엇이 기생하여 문제를 일으키는가?

① 세균   ② 곰팡이
③ 리케차   ④ 바이러스

해설 황변미 중독 : 쌀에 푸른 곰팡이(페니실리움)가 번식하여 시트리닌, 시크리오비리딘과 같은 독소를 생성한다.

61 곰팡이의 대사 산물에 의해 사람이나 동물에 질병이나 이상 생리작용을 유발하는 물질군과 관련이 있는 것은?

① 고시폴   ② 아플라톡신
③ 종자살균제   ④ 무스카린

해설 아플라톡신 : 된장, 간장, 고추장 등에 아스퍼질러스플라버스가 번식하여 아플라톡신의 독소를 생성하여 신체에 이상을 일으킨다.

62 다음 중 곰팡이의 대사산물에 의해 질병이나 생리작용에 이상을 일으킬 수 있는 것과 거리가 먼 것은?

① 청매중독
② 아플라톡신
③ 황변미독
④ 식중독성 무백혈구증

해설 청매중독은 아미그달린이라는 자연독 배당체에 의해 발생하며 아플라톡신은 아스퍼질러스 속의 곰팡이에 의해 발생하는 간장독을 일으킨다. 황변미독은 페니실리움속 곰팡이에 의해 발생하고, 식중독성 무백혈구증은 기온이 낮고 강설량이 많은 추운 지방에서 잘 번식하는 곰팡이에 의해 발생한다.

정답 59 ③   60 ②   61 ②   62 ①

식품위생 관계법규

01 ▶ 식품위생법 및 관계법규

1. 총칙

(1) 목적

이 법은 식품으로 인하여 생기는 위생상의 위해를 방지하고 식품영양의 질적 향상을 도모하며 식품에 관한 올바른 정보를 제공하여 국민보건의 증진에 이바지함을 목적으로 한다.

(2) 정의

이 법에서 사용하는 용어의 뜻은 다음과 같다.

① **식품** : 모든 음식물(의약으로 섭취하는 것은 제외한다)을 말한다.

② **식품첨가물** : 식품을 제조ㆍ가공ㆍ조리 또는 보존하는 과정에서 감미, 착색, 표백 또는 산화방지 등을 목적으로 식품에 사용되는 물질. 이 경우 기구ㆍ용기ㆍ포장을 살균ㆍ소독하는 데에 사용되어 간접적으로 식품으로 옮아갈 수 있는 물질을 포함한다.

③ **화학적 합성품** : 화학적 수단으로 원소 또는 화합물에 분해 반응 외의 화학 반응을 일으켜서 얻은 물질을 말한다.

④ **기구** : 다음 어느 하나에 해당하는 것으로서 식품 또는 식품첨가물에 직접 닿는 기계ㆍ기구나 그 밖의 물건(농업과 수산업에서 식품을 채취하는 데에 쓰는 기계ㆍ기구나 그 밖의 물건 및 위생용품은 제외한다)을 말한다.

  ㉠ 음식을 먹을 때 사용하거나 담는 것

  ㉡ 식품 또는 식품첨가물을 채취ㆍ제조ㆍ가공ㆍ조리ㆍ저장ㆍ소분ㆍ운반ㆍ진열할 때 사용하는 것

⑤ **용기ㆍ포장** : 식품 또는 식품첨가물을 넣거나 싸는 것으로서 식품 또는 식품첨가물을 주고받을 때 함께 건네는 물품을 말한다.

⑥ **위해** : 식품, 식품첨가물, 기구 또는 용기ㆍ포장에 존재하는 위험요소로서 인체의 건강을 해치거나 해칠 우려가 있는 것을 말한다.

⑦ **영업** : 식품 또는 식품첨가물을 채취ㆍ제조ㆍ가공ㆍ조리ㆍ저장ㆍ소분ㆍ운반 또는 판매하거나 기구 또는 용기ㆍ포장을 제조ㆍ운반ㆍ판매하는 업(농업과 수산업에 속하는 식품 채취업은 제외한다)을 말한다.

⑧ **영업자** : 영업허가를 받은 자나 영업신고를 한 자 또는 영업등록을 한 자를 말한다.

⑨ **식품위생** : 식품, 식품첨가물, 기구 또는 용기ㆍ포장을 대상으로 하는 음식에 관한 위생을 말한다.

⑩ **집단급식소** : 영리를 목적으로 하지 아니하면서 특정 다수인에게 계속하여 음식물을 공급하는 다음 어느 하나에 해당하는 곳의 급식시설로서 대통령령으로 정하는 시설을 말하며 집단급식소의 범위는 1회 50인 이상에게 식사를 제공하는 급식소를 말한다.

　　㉠ 기숙사

　　㉡ 학교

　　㉢ 병원

　　㉣ 사회복지시설

　　㉤ 산업체

　　㉥ 국가, 지방자치단체 및 공공기관

　　㉦ 그밖의 후생기관 등

⑪ **식품이력추적관리** : 식품을 제조·가공단계부터 판매단계까지 각 단계별로 정보를 기록·관리하여 그 식품의 안전성 등에 문제가 발생할 경우 그 식품을 추적하여 원인을 규명하고 필요한 조치를 할 수 있도록 관리하는 것

⑫ **식중독** : 식품 섭취로 인하여 인체에 유해한 미생물 또는 유독물질에 의하여 발생하였거나 발생한 것으로 판단되는 감염성 질환 또는 독소형 질환

(3) 식품 등의 취급

① 누구든지 판매(판매 외의 불특정 다수인에 대한 제공을 포함한다. 이하 같다)를 목적으로 식품 또는 식품첨가물을 채취·제조·가공·사용·조리·저장·소분·운반 또는 진열을 할 때에는 깨끗하고 위생적으로 하여야 한다.

② 영업에 사용하는 기구 및 용기·포장은 깨끗하고 위생적으로 다루어야 한다.

③ 식품, 식품첨가물, 기구 또는 용기·포장(이하 "식품 등"이라 한다)의 위생적인 취급에 관한 기준은 총리령으로 정한다.

2. 식품과 식품첨가물

(1) 위해식품 등의 판매 등 금지

누구든지 다음 어느 하나에 해당하는 식품 등을 판매하거나 판매할 목적으로 채취·제조·수입·가공·사용·조리·저장·소분·운반 또는 진열하여서는 아니 된다.

① 썩거나 상하거나 설익어서 인체의 건강을 해칠 우려가 있는 것

② 유독·유해물질이 들어 있거나 묻어 있는 것 또는 그러할 염려가 있는 것. 다만, 식품의약품안전처장이 인체의 건강을 해칠 우려가 없다고 인정하는 것은 제외한다.

③ 병을 일으키는 미생물에 오염되었거나 그러할 염려가 있어 인체의 건강을 해칠 우려가 있는 것

④ 불결하거나 다른 물질이 섞이거나 첨가된 것 또는 그 밖의 사유로 인체의 건강을 해칠 우려

가 있는 것
⑤ 안전성 심사 대상인 농·축·수산물 등 가운데 안전성 심사를 받지 아니하였거나 안전성 심사에서 식용으로 부적합하다고 인정된 것
⑥ 수입이 금지된 것 또는 수입신고를 하지 아니하고 수입한 것
⑦ 영업자가 아닌 자가 제조·가공·소분한 것

(2) 병든 동물 고기 등의 판매 등 금지
누구든지 총리령으로 정하는 질병에 걸렸거나 걸렸을 염려가 있는 동물이나 그 질병에 걸려 죽은 동물의 고기·뼈·젖·장기 또는 혈액을 식품으로 판매하거나 판매할 목적으로 채취·수입·가공·사용·조리·저장·소분 또는 운반하거나 진열하여서는 아니 된다.

(3) 기준·규격이 정하여지지 아니한 화학적 합성품 등의 판매 등 금지
누구든지 다음 어느 하나에 해당하는 행위를 하여서는 아니 된다. 다만, 식품의약품안전처장이 식품위생심의위원회(이하 "심의위원회"라 한다)의 심의를 거쳐 인체의 건강을 해칠 우려가 없다고 인정하는 경우에는 그러하지 아니하다.
① 기준·규격이 정하여지지 아니한 화학적 합성품인 첨가물과 이를 함유한 물질을 식품첨가물로 사용하는 행위
② 식품첨가물이 함유된 식품을 판매하거나 판매할 목적으로 제조·수입·가공·사용·조리·저장·소분·운반 또는 진열하는 행위

(4) 식품 또는 식품첨가물에 관한 기준 및 규격
① 식품의약품안전처장은 국민보건을 위하여 필요하면 판매를 목적으로 하는 식품 또는 식품첨가물에 관한 다음 각 호의 사항을 정하여 고시한다.
　㉠ 제조·가공·사용·조리·보존 방법에 관한 기준
　㉡ 성분에 관한 규격
② 식품의약품안전처장은 기준과 규격이 고시되지 아니한 식품 또는 식품첨가물의 기준과 규격을 인정받으려는 자에게 ①의 사항을 제출하게 하여 식품의약품안전처장이 지정한 식품전문 시험·검사기관 또는 총리령으로 정하는 시험·검사기관의 검토를 거쳐 기준과 규격이 고시될 때까지 그 식품 또는 식품첨가물의 기준과 규격으로 인정할 수 있다.
③ 수출할 식품 또는 식품첨가물의 기준과 규격은 ① 및 ②에도 불구하고 수입자가 요구하는 기준과 규격을 따를 수 있다.
④ ① 및 ②에 따라 기준과 규격이 정하여진 식품 또는 식품첨가물은 그 기준에 따라 제조·수입·가공·사용·조리·보존하여야 하며, 그 기준과 규격에 맞지 아니하는 식품 또는 식품첨가물은 판매하거나 판매할 목적으로 제조·수입·가공·사용·조리·저장·소분·운반·보존 또는 진열하여서는 아니 된다.

3. 기구와 용기·포장

(1) 유독기구 등의 판매·사용 금지

유독·유해물질이 들어 있거나 묻어 있어 인체의 건강을 해칠 우려가 있는 기구 및 용기·포장과 식품 또는 식품첨가물에 직접 닿으면 해로운 영향을 끼쳐 인체의 건강을 해칠 우려가 있는 기구 및 용기·포장을 판매하거나 판매할 목적으로 제조·수입·저장·운반·진열하거나 영업에 사용하여서는 아니 된다.

(2) 기구 및 용기·포장에 관한 기준 및 규격

① 식품의약품안전처장은 국민보건을 위하여 필요한 경우에는 판매하거나 영업에 사용하는 기구 및 용기·포장에 관하여 다음의 사항을 정하여 고시한다.

    ㉠ 제조 방법에 관한 기준

    ㉡ 기구 및 용기·포장과 그 원재료에 관한 규격

② 식품의약품안전처장은 ①에 따라 기준과 규격이 고시되지 아니한 기구 및 용기·포장의 기준과 규격을 인정받으려는 자에게 ①의 사항을 제출하게 하여 식품의약품안전처장이 지정한 식품전문 시험·검사기관 또는 총리령으로 정하는 시험·검사기관의 검토를 거쳐 기준과 규격이 고시될 때까지 해당 기구 및 용기·포장의 기준과 규격으로 인정할 수 있다.

③ 수출할 기구 및 용기·포장과 그 원재료에 관한 기준과 규격은 ① 및 ②에도 불구하고 수입자가 요구하는 기준과 규격을 따를 수 있다.

④ ① 및 ②에 따라 기준과 규격이 정하여진 기구 및 용기·포장은 그 기준에 따라 제조하여야 하며, 그 기준과 규격에 맞지 아니한 기구 및 용기·포장은 판매하거나 판매할 목적으로 제조·수입·저장·운반·진열하거나 영업에 사용하여서는 아니 된다.

4. 표시

(1) 유전자변형식품 등의 표시

① 다음의 어느 하나에 해당하는 생명공학기술을 활용하여 재배·육성된 농산물·축산물·수산물 등을 원재료로 하여 제조·가공한 식품 또는 식품첨가물(이하 "유전자변형식품 등"이라 한다)은 유전자변형식품임을 표시하여야 한다. 다만, 제조·가공 후에 유전자변형 디엔에이(DNA, Deoxyribonucleic acid) 또는 유전자변형 단백질이 남아 있는 유전자변형식품 등에 한정한다.

    ㉠ 인위적으로 유전자를 재조합하거나 유전자를 구성하는 핵산을 세포 또는 세포 내 소기관으로 직접 주입하는 기술

    ㉡ 분류학에 따른 과(科)의 범위를 넘는 세포융합기술

② ①에 따라 표시하여야 하는 유전자변형식품 등은 표시가 없으면 판매하거나 판매할 목적으

로 수입·진열·운반하거나 영업에 사용하여서는 아니 된다.
③ ①에 따른 표시의무자, 표시대상 및 표시방법 등에 필요한 사항은 식품의약품안전처장이 정한다.

5. 식품 등의 공전(公典)

식품의약품안전처장은 다음의 기준 등을 실은 식품 등의 공전을 작성·보급하여야 한다.
① 식품 또는 식품첨가물의 기준과 규격
② 기구 및 용기·포장의 기준과 규격

6. 검사 등

(1) 위해평가

① 식품의약품안전처장은 국내외에서 유해물질이 함유된 것으로 알려지는 등 위해의 우려가 제기되는 식품 등이 위해식품 등에 해당한다고 의심되는 경우에는 그 식품 등의 위해요소를 신속히 평가하여 그것이 위해식품 등인지를 결정하여야 한다.
② 식품의약품안전처장은 위해평가가 끝나기 전까지 국민건강을 위하여 예방조치가 필요한 식품 등에 대하여는 판매하거나 판매할 목적으로 채취·제조·수입·가공·사용·조리·저장·소분·운반 또는 진열하는 것을 일시적으로 금지할 수 있다. 다만, 국민건강에 급박한 위해가 발생하였거나 발생할 우려가 있다고 식품의약품안전처장이 인정하는 경우에는 그 금지조치를 하여야 한다.
③ 식품의약품안전처장은 일시적 금지조치를 하려면 미리 심의위원회의 심의·의결을 거쳐야 한다. 다만, 국민건강을 급박하게 위해할 우려가 있어서 신속히 금지조치를 하여야 할 필요가 있는 경우에는 먼저 일시적 금지조치를 한 뒤 지체 없이 심의위원회의 심의·의결을 거칠 수 있다.
④ 심의위원회는 심의하는 경우 대통령령으로 정하는 이해관계인의 의견을 들어야 한다.
⑤ 식품의약품안전처장은 위해평가나 사후 심의위원회의 심의·의결에서 위해가 없다고 인정된 식품 등에 대하여는 지체 없이 일시적 금지조치를 해제하여야 한다.
⑥ 위해평가의 대상, 방법 및 절차, 그 밖에 필요한 사항은 대통령령으로 정한다.

(2) 유전자변형식품 등의 안전성 심사 등

① 유전자변형식품 등을 식용으로 수입·개발·생산하는 자는 최초로 유전자변형식품 등을 수입하는 경우 등 대통령령으로 정하는 경우에는 식품의약품안전처장에게 해당 식품 등에 대한 안전성 심사를 받아야 한다.
② 식품의약품안전처장은 유전자변형식품 등의 안전성 심사를 위하여 식품의약품안전처에 유전자변형식품 등 안전성심사위원회(이하 "안전성심사위원회"라 한다)를 둔다.

③ 안전성심사위원회는 위원장 1명을 포함한 20명 이내의 위원으로 구성한다. 이 경우 공무원이 아닌 위원이 전체 위원의 과반수가 되도록 하여야 한다.

④ 안전성심사위원회의 위원은 유전자변형식품 등에 관한 학식과 경험이 풍부한 사람으로서 다음 어느 하나에 해당하는 사람 중에서 식품의약품안전처장이 위촉하거나 임명한다.

　　㉠ 유전자변형식품 관련 학회 또는 대학 또는 산업대학의 추천을 받은 사람

　　㉡ 비영리민간단체의 추천을 받은 사람

　　㉢ 식품위생 관계 공무원

⑤ 안전성심사위원회의 위원장은 위원 중에서 호선한다.

⑥ 위원의 임기는 2년으로 한다. 다만, 공무원인 위원의 임기는 해당 직에 재직하는 기간으로 한다.

⑦ 그 밖에 안전성심사위원회의 구성 · 기능 · 운영에 필요한 사항은 대통령령으로 정한다.

⑧ 안전성 심사의 대상, 안전성 심사를 위한 자료제출의 범위 및 심사절차 등에 관하여는 식품의약품안전처장이 정하여 고시한다.

(3) 특정 식품 등의 수입 · 판매 등 금지

① 식품의약품안전처장은 특정 국가 또는 지역에서 채취 · 제조 · 가공 · 사용 · 조리 또는 저장된 식품등이 그 특정 국가 또는 지역에서 위해한 것으로 밝혀졌거나 위해의 우려가 있다고 인정되는 경우에는 그 식품 등을 수입 · 판매하거나 판매할 목적으로 제조 · 가공 · 사용 · 조리 · 저장 · 소분 · 운반 또는 진열하는 것을 금지할 수 있다.

② 식품의약품안전처장은 위해평가 또는 「수입식품안전관리 특별법」에 따른 검사 후 식품 등에서 유독 · 유해물질이 검출된 경우에는 해당 식품 등의 수입을 금지하여야 한다. 다만, 인체의 건강을 해칠 우려가 없다고 식품의약품안전처장이 인정하는 경우는 그러하지 아니하다.

③ 식품의약품안전처장은 ① 및 ②에 따른 금지를 하려면 미리 관계 중앙행정기관의 장의 의견을 듣고 심의위원회의 심의 · 의결을 거쳐야 한다. 다만, 국민건강을 급박하게 위해할 우려가 있어서 신속히 금지 조치를 하여야 할 필요가 있는 경우 먼저 금지조치를 한 뒤 지체 없이 심의위원회의 심의 · 의결을 거칠 수 있다.

④ 심의위원회가 심의하는 경우 대통령령으로 정하는 이해관계인은 심의위원회에 출석하여 의견을 진술하거나 문서로 의견을 제출할 수 있다.

⑤ 식품의약품안전처장은 직권으로 또는 수입 · 판매 등이 금지된 식품 등에 대하여 이해관계가 있는 국가 또는 수입한 영업자의 신청을 받아 그 식품 등에 위해가 없는 것으로 인정되면 심의위원회의 심의 · 의결을 거쳐 금지의 전부 또는 일부를 해제할 수 있다.

⑥ 식품의약품안전처장은 ① 및 ②에 따른 금지나 ⑤에 따른 해제를 하는 경우에는 고시하여야 한다.

⑦ 식품의약품안전처장은 수입·판매 등이 금지된 해당 식품 등의 제조업소, 이해관계가 있는 국가 또는 수입한 영업자가 원인 규명 및 개선사항을 제시할 경우에는 금지의 전부 또는 일부를 해제할 수 있다. 이 경우 개선사항에 대한 확인이 필요한 때에는 현지 조사를 할 수 있다.

(4) 출입 · 검사 · 수거 등

① 식품의약품안전처장(대통령령으로 정하는 그 소속 기관의 장을 포함한다. 이하 이 조에서 같다), 시·도지사 또는 시장·군수·구청장은 식품 등의 위해방지·위생관리와 영업질서의 유지를 위하여 필요하면 다음의 구분에 따른 조치를 할 수 있다.
  ㉠ 영업자나 그 밖의 관계인에게 필요한 서류나 그 밖의 자료의 제출 요구
  ㉡ 관계 공무원으로 하여금 다음에 해당하는 출입·검사·수거 등의 조치
   • 영업소(사무소, 창고, 제조소, 저장소, 판매소, 그 밖에 이와 유사한 장소를 포함한다)에 출입하여 판매를 목적으로 하거나 영업에 사용하는 식품 등 또는 영업시설 등에 대하여 하는 검사
   • 검사에 필요한 최소량의 식품 등의 무상 수거
   • 영업에 관계되는 장부 또는 서류의 열람
② 식품의약품안전처장은 시·도지사 또는 시장·군수·구청장이 출입·검사·수거 등의 업무를 수행하면서 식품 등으로 인하여 발생하는 위생 관련 위해방지 업무를 효율적으로 하기 위하여 필요한 경우에는 관계 행정기관의 장, 다른 시·도지사 또는 시장·군수·구청장에게 행정응원을 하도록 요청할 수 있다. 이 경우 행정응원을 요청받은 관계 행정기관의 장, 시·도지사 또는 시장·군수·구청장은 특별한 사유가 없으면 이에 따라야 한다.
③ 출입·검사·수거 또는 열람하려는 공무원은 그 권한을 표시하는 증표 및 조사기간, 조사범위, 조사담당자, 관계 법령 등 대통령령으로 정하는 사항이 기재된 서류를 지니고 이를 관계인에게 내보여야 한다.
④ 행정응원의 절차, 비용 부담 방법, 그 밖에 필요한 사항은 대통령령으로 정한다.

(5) 식품위생감시원

① 관계 공무원의 직무와 그 밖에 식품위생에 관한 지도 등을 하기 위하여 식품의약품안전처(대통령령으로 정하는 그 소속 기관을 포함한다), 특별시·광역시·특별자치시·도·특별자치도(이하 "시·도"라 한다) 또는 시·군·구(자치구를 말한다. 이하 같다)에 식품위생감시원을 둔다.
② 식품위생감시원의 자격·임명·직무범위, 그 밖에 필요한 사항은 대통령령으로 정한다.
③ 식품위생 감시원의 직무
  ㉠ 식품 등의 위생적인 취급에 관한 기준의 이행 지도

ⓛ 수입 · 판매 또는 사용 등이 금지된 식품 등의 취급 여부에 관한 단속

ⓒ 「식품 등의 표시 · 광고에 관한 법률」 제4조부터 제8조까지의 규정에 따른 표시 또는 광고기준의 위반 여부에 관한 단속

ⓔ 출입 · 검사 및 검사에 필요한 식품 등의 수거

ⓜ 시설기준의 적합 여부의 확인 · 검사

ⓗ 영업자 및 종업원의 건강진단 및 위생교육의 이행 여부의 확인 · 지도

ⓢ 조리사 및 영양사의 법령 준수사항 이행 여부의 확인 · 지도

ⓞ 행정처분의 이행 여부 확인

ⓩ 식품 등의 압류 · 폐기 등

ⓒ 영업소의 폐쇄를 위한 간판 제거 등의 조치

ⓚ 그밖에 영업자의 법령 이행 여부에 관한 확인 · 지도

(6) 소비자식품위생감시원

① 식품의약품안전처장(대통령령으로 정하는 그 소속 기관의 장을 포함한다. 이하 이 조에서 같다), 시 · 도지사 또는 시장 · 군수 · 구청장은 식품위생관리를 위하여 「소비자기본법」에 따라 등록한 소비자단체의 임직원 중 해당 단체의 장이 추천한 자나 식품위생에 관한 지식이 있는 자를 소비자식품위생감시원으로 위촉할 수 있다.

② 위촉된 소비자식품위생감시원(이하 "소비자식품위생감시원"이라 한다)의 직무는 다음과 같다.

ⓖ 식품접객업을 하는 자(이하 "식품접객영업자"라 한다)에 대한 위생관리 상태 점검

ⓛ 유통 중인 식품 등이 표시 · 광고의 기준에 맞지 아니하거나 부당한 표시 또는 광고행위의 금지 규정을 위반한 경우 관할 행정관청에 신고하거나 그에 관한 자료 제공

ⓒ 식품위생감시원이 하는 식품 등에 대한 수거 및 검사 지원

ⓔ 그 밖에 식품위생에 관한 사항으로서 대통령령으로 정하는 사항

③ 소비자식품위생감시원은 직무를 수행하는 경우 그 권한을 남용하여서는 아니 된다.

④ 소비자식품위생감시원을 위촉한 식품의약품안전처장, 시 · 도지사 또는 시장 · 군수 · 구청장은 소비자식품위생감시원에게 직무 수행에 필요한 교육을 하여야 한다.

⑤ 식품의약품안전처장, 시 · 도지사 또는 시장 · 군수 · 구청장은 소비자식품위생감시원이 다음의 어느 하나에 해당하면 그 소비자식품위생감시원을 해촉하여야 한다.

ⓖ 추천한 소비자단체에서 퇴직하거나 해임된 경우

ⓛ 직무와 관련하여 부정한 행위를 하거나 권한을 남용한 경우

ⓒ 질병이나 부상 등의 사유로 직무 수행이 어렵게 된 경우

⑥ 소비자식품위생감시원이 직무를 수행하기 위하여 식품접객영업자의 영업소에 단독으로 출입하려면 미리 식품의약품안전처장, 시 · 도지사 또는 시장 · 군수 · 구청장의 승인을 받아

야 한다.

⑦ 소비자식품위생감시원이 승인을 받아 식품접객영업자의 영업소에 단독으로 출입하는 경우에는 승인서와 신분을 표시하는 증표 및 조사기간, 조사범위, 조사담당자, 관계 법령 등 대통령령으로 정하는 사항이 기재된 서류를 지니고 이를 관계인에게 내보여야 한다.

⑧ 소비자식품위생감시원의 자격, 직무 범위 및 교육, 그 밖에 필요한 사항은 대통령령으로 정한다.

7. 영업

(1) 시설기준

① 다음의 영업을 하려는 자는 총리령으로 정하는 시설기준에 맞는 시설을 갖추어야 한다.

    ㉠ 식품 또는 식품첨가물의 제조업, 가공업, 운반업, 판매업 및 보존업

    ㉡ 기구 또는 용기 · 포장의 제조업

    ㉢ 식품접객업

        • 휴게음식점영업 : 주로 다류(茶類), 아이스크림류 등을 조리 · 판매하거나 패스트푸드점, 분식점 형태의 영업 등 음식류를 조리 · 판매하는 영업으로서 음주행위가 허용되지 아니하는 영업. 다만, 편의점, 슈퍼마켓, 휴게소, 그밖에 음식물을 판매하는 장소(만화가게 및 「게임산업진흥에 관한 법률」 제2조 제7호에 따른 인터넷컴퓨터게임시설제공업을 하는 영업소 등 음식류를 부수적으로 판매하는 장소를 포함한다)에서 컵라면, 일회용 다류 또는 그 밖의 음식류에 물을 부어주는 경우는 제외한다.

        • 일반음식점영업 : 음식류를 조리 · 판매하는 영업으로서 식사와 함께 부수적으로 음주행위가 허용되는 영업

        • 단란주점영업 : 주로 주류를 조리 · 판매하는 영업으로서 손님이 노래를 부르는 행위가 허용되는 영업

        • 유흥주점영업 : 주로 주류를 조리 · 판매하는 영업으로서 유흥종사자를 두거나 유흥시설을 설치할 수 있고 손님이 노래를 부르거나 춤을 추는 행위가 허용되는 영업

        • 위탁급식영업 : 집단급식소를 설치 · 운영하는 자와의 계약에 따라 그 집단급식소에서 음식류를 조리하여 제공하는 영업

        • 제과점영업 : 주로 빵, 떡, 과자 등을 제조 · 판매하는 영업으로서 음주행위가 허용되지 아니하는 영업

② 영업의 세부 종류와 그 범위는 대통령령으로 정한다.

(2) 영업허가 등

① 대통령령으로 정하는 영업을 하려는 자는 대통령령으로 정하는 바에 따라 영업 종류별 또는 영업소별로 식품의약품안전처장 또는 특별자치시장 · 특별자치도지사 · 시장 · 군수 · 구

청장의 허가를 받아야 한다. 허가받은 사항 중 대통령령으로 정하는 중요한 사항을 변경할 때에도 또한 같다.

② 식품의약품안전처장 또는 특별자치시장 · 특별자치도지사 · 시장 · 군수 · 구청장은 영업허가를 하는 때에는 필요한 조건을 붙일 수 있다.

③ 영업허가를 받은 자가 폐업하거나 허가받은 사항 중 같은 항 후단의 중요한 사항을 제외한 경미한 사항을 변경할 때에는 식품의약품안전처장 또는 특별자치시장 · 특별자치도지사 · 시장 · 군수 · 구청장에게 신고하여야 한다.

④ 대통령령으로 정하는 영업을 하려는 자는 대통령령으로 정하는 바에 따라 영업 종류별 또는 영업소별로 식품의약품안전처장 또는 특별자치시장 · 특별자치도지사 · 시장 · 군수 · 구청장에게 신고하여야 한다. 신고한 사항 중 대통령령으로 정하는 중요한 사항을 변경하거나 폐업할 때에도 또한 같다.

⑤ 대통령령으로 정하는 영업을 하려는 자는 대통령령으로 정하는 바에 따라 영업 종류별 또는 영업소별로 식품의약품안전처장 또는 특별자치시장 · 특별자치도지사 · 시장 · 군수 · 구청장에게 등록하여야 하며, 등록한 사항 중 대통령령으로 정하는 중요한 사항을 변경할 때에도 또한 같다. 다만, 폐업하거나 대통령령으로 정하는 중요한 사항을 제외한 경미한 사항을 변경할 때에는 식품의약품안전처장 또는 특별자치시장 · 특별자치도지사 · 시장 · 군수 · 구청장에게 신고하여야 한다.

⑥ 식품 또는 식품첨가물의 제조업 · 가공업의 허가를 받거나 신고 또는 등록을 한 자가 식품 또는 식품첨가물을 제조 · 가공하는 경우에는 총리령으로 정하는 바에 따라 식품의약품안전처장 또는 특별자치시장 · 특별자치도지사 · 시장 · 군수 · 구청장에게 그 사실을 보고하여야 한다. 보고한 사항 중 총리령으로 정하는 중요한 사항을 변경하는 경우에도 또한 같다.

⑦ 식품의약품안전처장 또는 특별자치시장 · 특별자치도지사 · 시장 · 군수 · 구청장은 영업자(영업등록을 한 자만 해당한다)가 관할세무서장에게 폐업신고를 하거나 관할세무서장이 사업자등록을 말소한 경우에는 신고 또는 등록 사항을 직권으로 말소할 수 있다.

⑧ 폐업하고자 하는 자는 영업정지 등 행정 제재처분기간과 그 처분을 위한 절차가 진행 중인 기간(처분의 사전 통지 시점부터 처분이 확정되기 전까지의 기간을 말한다) 중에는 폐업신고를 할 수 없다.

⑨ 식품의약품안전처장 또는 특별자치시장 · 특별자치도지사 · 시장 · 군수 · 구청장은 직권말소를 위하여 필요한 경우 관할 세무서장에게 영업자의 폐업여부에 대한 정보 제공을 요청할 수 있다. 이 경우 요청을 받은 관할 세무서장은 영업자의 폐업여부에 대한 정보를 제공한다.

⑩ 식품의약품안전처장 또는 특별자치시장 · 특별자치도지사 · 시장 · 군수 · 구청장은 허가 또

는 변경허가의 신청을 받은 날부터 총리령으로 정하는 기간 내에 허가 여부를 신청인에게 통지하여야 한다.

⑪ 식품의약품안전처장 또는 특별자치시장·특별자치도지사·시장·군수·구청장이 정한 기간 내에 허가 여부 또는 민원 처리 관련 법령에 따른 처리기간의 연장을 신청인에게 통지하지 아니하면 그 기간(민원 처리 관련 법령에 따라 처리기간이 연장 또는 재연장된 경우에는 해당 처리기간을 말한다)이 끝난 날의 다음 날에 허가를 한 것으로 본다.

⑫ 식품의약품안전처장 또는 특별자치시장·특별자치도지사·시장·군수·구청장은 다음의 어느 하나에 해당하는 신고 또는 등록의 신청을 받은 날부터 3일 이내에 신고수리 여부 또는 등록 여부를 신고인 또는 신청인에게 통지하여야 한다.
  ㉠ 제3항에 따른 변경신고
  ㉡ 제4항에 따른 영업신고 또는 변경신고
  ㉢ 제5항에 따른 영업의 등록·변경등록 또는 변경신고

⑬ 식품의약품안전처장 또는 특별자치시장·특별자치도지사·시장·군수·구청장이 정한 기간 내에 신고수리 여부, 등록 여부 또는 민원 처리 관련 법령에 따른 처리기간의 연장을 신고인이나 신청인에게 통지하지 아니하면 그 기간(민원 처리 관련 법령에 따라 처리기간이 연장 또는 재연장된 경우에는 해당 처리기간을 말한다)이 끝난 날의 다음 날에 신고를 수리하거나 등록을 한 것으로 본다.

(3) 영업신고를 하여야 하는 업종

특별자치시장·특별자치도지사 또는 시장·군수·구청장에게 신고를 하여야 하는 영업은 다음과 같다.
① 즉석 판매 제조·가공업
② 식품운반업
③ 식품소분·판매업
④ 식품냉동·냉장업
⑤ 용기·포장류 제조업
⑥ 휴게음식점영업, 일반음식점영업, 위탁급식영업, 제과점영업

(4) 영업허가 등의 제한

① 다음의 어느 하나에 해당하면 영업허가를 하여서는 아니 된다.
  ㉠ 해당 영업 시설이 시설기준에 맞지 아니한 경우
  ㉡ 영업허가가 취소되거나 영업허가가 취소되고 6개월이 지나기 전에 같은 장소에서 같은 종류의 영업을 하려는 경우. 다만, 영업시설 전부를 철거하여 영업허가가 취소된 경우에는 그러하지 아니하다.

ⓒ 영업허가가 취소되거나 영업허가가 취소되고 2년이 지나기 전에 같은 장소에서 식품접객업을 하려는 경우

ⓔ 영업허가가 취소되거나 영업허가가 취소되고 2년이 지나기 전에 같은 자(법인인 경우에는 그 대표자를 포함한다)가 취소된 영업과 같은 종류의 영업을 하려는 경우

ⓜ 영업허가가 취소되거나 영업허가가 취소된 후 3년이 지나기 전에 같은 자(법인인 경우에는 그 대표자를 포함한다)가 식품접객업을 하려는 경우

ⓗ 영업허가가 취소되고 5년이 지나기 전에 같은 자(법인인 경우에는 그 대표자를 포함한다)가 취소된 영업과 같은 종류의 영업을 하려는 경우

ⓢ 식품접객업 중 국민의 보건위생을 위하여 허가를 제한할 필요가 뚜렷하다고 인정되어 시·도지사가 지정하여 고시하는 영업에 해당하는 경우

ⓞ 영업허가를 받으려는 자가 피성년후견인이거나 파산선고를 받고 복권되지 아니한 자인 경우

② 다음의 어느 하나에 해당하는 경우에는 영업신고 또는 영업등록을 할 수 없다.

ⓗ 등록취소 또는 영업소 폐쇄명령이나 등록취소 또는 영업소 폐쇄명령을 받고 6개월이 지나기 전에 같은 장소에서 같은 종류의 영업을 하려는 경우. 다만, 영업시설 전부를 철거하여 등록취소 또는 영업소 폐쇄명령을 받은 경우에는 그러하지 아니하다.

ⓛ 영업소 폐쇄명령을 받거나 영업소 폐쇄명령을 받은 후 1년이 지나기 전에 같은 장소에서 식품접객업을 하려는 경우

ⓒ 등록취소 또는 영업소 폐쇄명령이나 등록취소 또는 영업소 폐쇄명령을 받고 2년이 지나기 전에 같은 자(법인인 경우에는 그 대표자를 포함한다)가 등록취소 또는 폐쇄명령을 받은 영업과 같은 종류의 영업을 하려는 경우

ⓔ 영업소 폐쇄명령을 받거나 영업소 폐쇄명령을 받고 2년이 지나기 전에 같은 자(법인인 경우에는 그 대표자를 포함한다)가 식품접객업을 하려는 경우

ⓜ 등록취소 또는 영업소 폐쇄명령을 받고 5년이 지나지 아니한 자(법인인 경우에는 그 대표자를 포함한다)가 등록취소 또는 폐쇄명령을 받은 영업과 같은 종류의 영업을 하려는 경우

(5) 건강진단

① 총리령으로 정하는 영업자 및 그 종업원은 건강진단을 받아야 한다. 다만, 다른 법령에 따라 같은 내용의 건강진단을 받는 경우에는 이 법에 따른 건강진단을 받은 것으로 본다.

② 건강진단을 받은 결과 타인에게 위해를 끼칠 우려가 있는 질병이 있다고 인정된 자는 그 영업에 종사하지 못한다.

③ 영업자는 건강진단을 받지 아니한 자나 건강진단 결과 타인에게 위해를 끼칠 우려가 있는 질병이 있는 자를 그 영업에 종사시키지 못한다.

④ 제건강진단의 실시방법 등과 타인에게 위해를 끼칠 우려가 있는 질병의 종류는 총리령으로 정한다.

(6) 영업에 종사하지 못하는 질병의 종류

① 콜레라, A형간염, 장티푸스, 파라티푸스, 세균성이질, 장출혈성대장균감염증
② 결핵(비감염성인 경우는 제외)
③ 피부병 또는 그밖의 화농성 질환
④ 후천성 면역결핍증(성병에 관한 건강진단을 받아야 하는 영업에 종사하는 사람만 해당한다)

(7) 식품위생교육

① 대통령령으로 정하는 영업자 및 유흥종사자를 둘 수 있는 식품접객업 영업자의 종업원은 매년 식품위생에 관한 교육(이하 "식품위생교육"이라 한다)을 받아야 한다.
② 영업을 하려는 자는 미리 식품위생교육을 받아야 한다. 다만, 부득이한 사유로 미리 식품위생교육을 받을 수 없는 경우에는 영업을 시작한 뒤에 식품의약품안전처장이 정하는 바에 따라 식품위생교육을 받을 수 있다.
③ 교육을 받아야 하는 자가 영업에 직접 종사하지 아니하거나 두 곳 이상의 장소에서 영업을 하는 경우에는 종업원 중에서 식품위생에 관한 책임자를 지정하여 영업자 대신 교육을 받게 할 수 있다. 다만, 집단급식소에 종사하는 조리사 및 영양사가 식품위생에 관한 책임자로 지정되어 교육을 받은 경우에는 해당 연도의 식품위생교육을 받은 것으로 본다.
④ 다음의 어느 하나에 해당하는 면허를 받은 자가 식품접객업을 하려는 경우에는 식품위생교육을 받지 아니하여도 된다.
    ㉠ 조리사 면허
    ㉡ 영양사 면허
    ㉢ 위생사 면허
⑤ 영업자는 특별한 사유가 없는 한 식품위생교육을 받지 아니한 자를 그 영업에 종사하게 하여서는 아니 된다.
⑥ 식품위생교육은 집합교육 또는 정보통신매체를 이용한 원격교육으로 실시한다. 다만, 영업을 하려는 자가 미리 받아야 하는 식품위생교육은 집합교육으로 실시한다.
⑦ 식품위생교육을 받기 어려운 도서·벽지 등의 영업자 및 종업원에 대해서는 총리령으로 정하는 바에 따라 식품위생교육을 실시할 수 있다.
⑧ 교육의 내용, 교육비 및 교육 실시 기관 등에 관하여 필요한 사항은 총리령으로 정한다.

(8) 영업 제한

① 특별자치시장·특별자치도지사·시장·군수·구청장은 영업 질서와 선량한 풍속을 유지

하는 데에 필요한 경우에는 영업자 중 식품접객영업자와 그 종업원에 대하여 영업시간 및 영업행위를 제한할 수 있다.

② 제한 사항은 대통령령으로 정하는 범위에서 해당 특별자치시·특별자치도·시·군·구의 조례로 정한다.

(9) 영업자 등의 준수사항

① 영업을 하는 자 중 대통령령으로 정하는 영업자와 그 종업원은 영업의 위생관리와 질서유지, 국민의 보건위생 증진을 위하여 영업의 종류에 따라 다음에 해당하는 사항을 지켜야 한다.

　㉠「축산물 위생관리법」에 따른 검사를 받지 아니한 축산물 또는 실험 등의 용도로 사용한 동물은 운반·보관·진열·판매하거나 식품의 제조·가공에 사용하지 말 것

　㉡「야생생물 보호 및 관리에 관한 법률」을 위반하여 포획·채취한 야생생물은 이를 식품의 제조·가공에 사용하거나 판매하지 말 것

　㉢ 유통기한이 경과된 제품·식품 또는 그 원재료를 제조·가공·조리·판매의 목적으로 소분·운반·진열·보관하거나 이를 판매 또는 식품의 제조·가공·조리에 사용하지 말 것

　㉣ 수돗물이 아닌 지하수 등을 먹는 물 또는 식품의 조리·세척 등에 사용하는 경우에는 먹는물 수질검사기관에서 총리령으로 정하는 바에 따라 검사를 받아 마시기에 적합하다고 인정된 물을 사용할 것. 다만, 둘 이상의 업소가 같은 건물에서 같은 수원을 사용하는 경우에는 하나의 업소에 대한 시험결과로 나머지 업소에 대한 검사를 갈음할 수 있다.

　㉤ 위해평가가 완료되기 전까지 일시적으로 금지된 식품등을 제조·가공·판매·수입·사용 및 운반하지 말 것

　㉥ 식중독 발생 시 보관 또는 사용 중인 식품은 역학조사가 완료될 때까지 폐기하거나 소독 등으로 현장을 훼손하여서는 아니 되고 원상태로 보존하여야 하며, 식중독 원인규명을 위한 행위를 방해하지 말 것

　㉦ 손님을 꾀어서 끌어들이는 행위를 하지 말 것

　㉧ 그 밖에 영업의 원료관리, 제조공정 및 위생관리와 질서유지, 국민의 보건위생 증진 등을 위하여 총리령으로 정하는 사항

② 식품접객영업자는 따른 청소년에게 다음의 어느 하나에 해당하는 행위를 하여서는 아니 된다.

　㉠ 청소년을 유흥접객원으로 고용하여 유흥행위를 하게 하는 행위

　㉡ 청소년출입·고용 금지업소에 청소년을 출입시키거나 고용하는 행위

　㉢ 청소년고용금지업소에 청소년을 고용하는 행위

　㉣ 청소년에게 주류를 제공하는 행위

③ 누구든지 영리를 목적으로 식품접객업을 하는 장소(유흥종사자를 둘 수 있도록 대통령령으

로 정하는 영업을 하는 장소는 제외한다)에서 손님과 함께 술을 마시거나 노래 또는 춤으로 손님의 유흥을 돋우는 접객행위(공연을 목적으로 하는 가수, 악사, 댄서, 무용수 등이 하는 행위는 제외한다)를 하거나 다른 사람에게 그 행위를 알선하여서는 아니 된다.

④ 식품접객영업자는 유흥종사자를 고용·알선하거나 호객행위를 하여서는 아니 된다.

(10) 위해식품 등의 회수

① 판매의 목적으로 식품 등을 제조·가공·소분·수입 또는 판매한 영업자(수입식품 등 수입·판매업자를 포함한다)는 해당 식품 등이 제4조부터 제6조까지, 제7조 제4항, 제8조, 제9조 제4항 또는 제12조의2 제2항을 위반한 사실(식품 등의 위해와 관련이 없는 위반사항을 제외한다)을 알게 된 경우에는 지체 없이 유통 중인 해당 식품 등을 회수하거나 회수하는 데에 필요한 조치를 하여야 한다. 이 경우 영업자는 회수계획을 식품의약품안전처장, 시·도지사 또는 시장·군수·구청장에게 미리 보고하여야 하며, 회수결과를 보고받은 시·도지사 또는 시장·군수·구청장은 이를 지체 없이 식품의약품안전처장에게 보고하여야 한다. 다만, 해당 식품 등이 「수입식품안전관리 특별법」에 따라 수입한 식품 등이고, 보고의무자가 해당 식품 등을 수입한 자인 경우에는 식품의약품안전처장에게 보고하여야 한다.

② 식품의약품안전처장, 시·도지사 또는 시장·군수·구청장은 회수에 필요한 조치를 성실히 이행한 영업자에 대하여 해당 식품 등으로 인하여 받게 되는 행정처분을 대통령령으로 정하는 바에 따라 감면할 수 있다.

③ 회수대상 식품 등·회수계획·회수절차 및 회수결과 보고 등에 관하여 필요한 사항은 총리령으로 정한다.

(11) 식품 등의 이물 발견보고 등

① 판매의 목적으로 식품 등을 제조·가공·소분·수입 또는 판매하는 영업자는 소비자로부터 판매제품에서 식품의 제조·가공·조리·유통 과정에서 정상적으로 사용된 원료 또는 재료가 아닌 것으로서 섭취할 때 위생상 위해가 발생할 우려가 있거나 섭취하기에 부적합한 물질(이하 "이물"이라 한다)을 발견한 사실을 신고받은 경우 지체 없이 이를 식품의약품안전처장, 시·도지사 또는 시장·군수·구청장에게 보고하여야 한다.

② 한국소비자원 및 소비자단체와 통신판매중개업자로서 식품접객업소에서 조리한 식품의 통신판매를 전문적으로 알선하는 자는 소비자로부터 이물 발견의 신고를 접수하는 경우 지체 없이 이를 식품의약품안전처장에게 통보하여야 한다.

③ 시·도지사 또는 시장·군수·구청장은 소비자로부터 이물 발견의 신고를 접수하는 경우 이를 식품의약품안전처장에게 통보하여야 한다.

④ 식품의약품안전처장은 이물 발견의 신고를 통보받은 경우 이물혼입 원인 조사를 위하여 필요한 조치를 취하여야 한다.

⑤ 이물 보고의 기준·대상 및 절차 등에 필요한 사항은 총리령으로 정한다.

(12) 위생등급

① 식품의약품안전처장 또는 특별자치시장·특별자치도지사·시장·군수·구청장은 총리령으로 정하는 위생등급 기준에 따라 위생관리 상태 등이 우수한 식품 등의 제조·가공업소, 식품접객업소 또는 집단급식소를 우수업소 또는 모범업소로 지정할 수 있다.

② 식품의약품안전처장(대통령령으로 정하는 그 소속 기관의 장을 포함한다), 시·도지사 또는 시장·군수·구청장은 지정한 우수업소 또는 모범업소에 대하여 관계 공무원으로 하여금 총리령으로 정하는 일정 기간 동안 출입·검사·수거 등을 하지 아니하게 할 수 있으며, 시·도지사 또는 시장·군수·구청장은 영업자의 위생관리시설 및 위생설비시설 개선을 위한 융자 사업과 식문화 개선과 좋은 식단 실천을 위한 사업에 대하여 우선 지원 등을 할 수 있다.

③ 식품의약품안전처장 또는 특별자치시장·특별자치도지사·시장·군수·구청장은 우수업소 또는 모범업소로 지정된 업소가 그 지정기준에 미치지 못하거나 영업정지 이상의 행정처분을 받게 되면 지체 없이 그 지정을 취소하여야 한다.

④ 우수업소 또는 모범업소의 지정 및 그 취소에 관한 사항은 총리령으로 정한다.

(13) 식품접객업소의 위생등급 지정 등

① 식품의약품안전처장, 시·도지사 또는 시장·군수·구청장은 식품접객업소의 위생 수준을 높이기 위하여 식품접객영업자의 신청을 받아 식품접객업소의 위생상태를 평가하여 위생등급을 지정할 수 있다.

② 식품의약품안전처장은 식품접객업소의 위생상태 평가 및 위생등급 지정에 필요한 기준 및 방법 등을 정하여 고시하여야 한다.

③ 식품의약품안전처장, 시·도지사 또는 시장·군수·구청장은 위생등급 지정 결과를 공표할 수 있다.

④ 위생등급을 지정받은 식품접객영업자는 그 위생등급을 표시하여야 하며, 광고할 수 있다.

⑤ 위생등급의 유효기간은 위생등급을 지정한 날부터 2년으로 한다. 다만, 총리령으로 정하는 바에 따라 그 기간을 연장할 수 있다.

⑥ 식품의약품안전처장, 시·도지사 또는 시장·군수·구청장은 위생등급을 지정받은 식품접객영업자가 다음의 어느 하나에 해당하는 경우 그 지정을 취소하거나 시정을 명할 수 있다.
　㉠ 위생등급을 지정받은 후 그 기준에 미달하게 된 경우
　㉡ 위생등급을 표시하지 아니하거나 허위로 표시·광고하는 경우
　㉢ 영업정지 이상의 행정처분을 받은 경우
　㉣ 그 밖에 위에 준하는 사항으로서 총리령으로 정하는 사항을 지키지 아니한 경우

⑦ 식품의약품안전처장, 시ㆍ도지사 또는 시장ㆍ군수ㆍ구청장은 위생등급 지정을 받았거나 받으려는 식품접객영업자에게 필요한 기술적 지원을 할 수 있다.

⑧ 식품의약품안전처장, 시ㆍ도지사 또는 시장ㆍ군수ㆍ구청장은 위생등급을 지정한 식품접객업소에 대하여 출입ㆍ검사ㆍ수거 등을 총리령으로 정하는 기간 동안 하지 아니하게 할 수 있다.

⑨ 시ㆍ도지사 또는 시장ㆍ군수ㆍ구청장은 식품진흥기금을 영업자의 위생관리시설 및 위생설비시설 개선을 위한 융자 사업과 식품접객업소의 위생등급 지정 사업에 우선 지원할 수 있다.

⑩ 식품의약품안전처장, 시ㆍ도지사 또는 시장ㆍ군수ㆍ구청장은 위생등급 지정에 관한 업무를 대통령령으로 정하는 관계 전문기관이나 단체에 위탁할 수 있다. 이 경우 필요한 예산을 지원할 수 있다.

⑪ 위생등급과 그 지정 절차, 위생등급 지정 결과 공표 및 기술적 지원 등에 필요한 사항은 총리령으로 정한다.

(14) 우수업소ㆍ모범업소의 지정 등

① 우수업소의 지정 : 식품의약품 안전처장 또는 특별자치시장ㆍ특별자치도지사ㆍ시장ㆍ군수ㆍ구청장

② 모범업소의 지정 : 특별자치시장ㆍ특별자치도지사ㆍ시장ㆍ군수ㆍ구청장

(15) 식품안전관리인증기준

① 식품의약품안전처장은 식품의 원료관리 및 제조ㆍ가공ㆍ조리ㆍ소분ㆍ유통의 모든 과정에서 위해한 물질이 식품에 섞이거나 식품이 오염되는 것을 방지하기 위하여 각 과정의 위해요소를 확인ㆍ평가하여 중점적으로 관리하는 기준(이하 "식품안전관리인증기준"이라 한다)을 식품별로 정하여 고시할 수 있다.

② 총리령으로 정하는 식품을 제조ㆍ가공ㆍ조리ㆍ소분ㆍ유통하는 영업자는 식품의약품안전처장이 식품별로 고시한 식품안전관리인증기준을 지켜야 한다.

(16) 식품이력추적관리 등록기준 등

① 식품을 제조ㆍ가공 또는 판매하는 자 중 식품이력추적관리를 하려는 자는 총리령으로 정하는 등록기준을 갖추어 해당 식품을 식품의약품안전처장에게 등록할 수 있다. 다만, 영유아식 제조ㆍ가공업자, 일정 매출액ㆍ매장면적 이상의 식품판매업자 등 총리령으로 정하는 자는 식품의약품안전처장에게 등록하여야 한다.

② 등록한 식품을 제조ㆍ가공 또는 판매하는 자는 식품이력추적관리에 필요한 기록의 작성ㆍ보관 및 관리 등에 관하여 식품의약품안전처장이 정하여 고시하는 기준(이하 "식품이력추적관리기준"이라 한다)을 지켜야 한다.

③ 등록을 한 자는 등록사항이 변경된 경우 변경사유가 발생한 날부터 1개월 이내에 식품의약

품안전처장에게 신고하여야 한다.

④ 등록한 식품에는 식품의약품안전처장이 정하여 고시하는 바에 따라 식품이력추적관리의 표시를 할 수 있다.

⑤ 식품의약품안전처장은 등록한 식품을 제조·가공 또는 판매하는 자에 대하여 식품이력추적관리기준의 준수 여부 등을 3년마다 조사·평가하여야 한다. 다만, 제1항 단서에 따라 등록한 식품을 제조·가공 또는 판매하는 자에 대하여는 2년마다 조사·평가하여야 한다.

⑥ 식품의약품안전처장은 등록을 한 자에게 예산의 범위에서 식품이력추적관리에 필요한 자금을 지원할 수 있다.

⑦ 식품의약품안전처장은 등록을 한 자가 식품이력추적관리기준을 지키지 아니하면 그 등록을 취소하거나 시정을 명할 수 있다.

⑧ 식품의약품안전처장은 등록의 신청을 받은 날부터 40일 이내에 변경신고를 받은 날부터 15일 이내에 등록 여부 또는 신고수리 여부를 신청인 또는 신고인에게 통지하여야 한다.

⑨ 식품의약품안전처장이 정한 기간 내에 등록 여부, 신고수리 여부 또는 민원 처리 관련 법령에 따른 처리기간의 연장을 신청인 또는 신고인에게 통지하지 아니하면 그 기간(민원 처리 관련 법령에 따라 처리기간이 연장 또는 재연장된 경우에는 해당 처리기간을 말한다)이 끝난 날의 다음 날에 등록을 하거나 신고를 수리한 것으로 본다.

⑩ 식품이력추적관리의 등록절차, 등록사항, 등록취소 등의 기준 및 조사·평가, 그 밖에 등록에 필요한 사항은 총리령으로 정한다.

8. 조리사 등

(1) 조리사

① 집단급식소 운영자와 대통령령으로 정하는 식품접객업자는 조리사를 두어야 한다. 다만, 다음의 어느 하나에 해당하는 경우에는 조리사를 두지 아니하여도 된다.

  ㉠ 집단급식소 운영자 또는 식품접객영업자 자신이 조리사로서 직접 음식물을 조리하는 경우

  ㉡ 1회 급식인원 100명 미만의 산업체인 경우

  ㉢ 영양사가 조리사의 면허를 받은 경우

② 집단급식소에 근무하는 조리사는 다음의 직무를 수행한다.

  ㉠ 집단급식소에서의 식단에 따른 조리업무(식재료의 전처리에서부터 조리, 배식 등의 전 과정을 말한다)

  ㉡ 구매식품의 검수 지원

  ㉢ 급식설비 및 기구의 위생·안전 실무

  ㉣ 그 밖에 조리실무에 관한 사항

③ 조리사를 두어야 할 영업
　　㉠ 식품접객업 중 복어를 조리 · 판매하는 영업과 다음의 자가 설립 · 운영하는 집단급식소의 경우에는 조리사를 두어야 한다.
　　　• 국가 · 지방자치단체
　　　• 학교 · 병원 · 사회복지시설
　　　• 공공기관의 운영에 관한 법률에 따른 공기업 중 식품의약품안전처장이 지정 · 고시하는 기관
　　　• 지방공기업법에 따른 지방공사와 지방공단
　　　• 특별법에 따라 설립된 법인
　　㉡ 복어를 조리 · 판매하는 영업자 또는 영양사를 두어야 하는 집단급식소 설치 · 운영하는 자가 영양사가 조리사의 면허를 받은 자인 경우에는 조리사를 따로 두지 아니할 수 있다.

(2) 영양사

① 집단급식소 운영자는 영양사를 두어야 한다. 다만, 다음의 어느 하나에 해당하는 경우에는 영양사를 두지 아니하여도 된다.
　　㉠ 집단급식소 운영자 자신이 영양사로서 직접 영양 지도를 하는 경우
　　㉡ 1회 급식인원 100명 미만의 산업체인 경우
　　㉢ 조리사가 영양사의 면허를 받은 경우
② 집단급식소에 근무하는 영양사는 다음 각 호의 직무를 수행한다.
　　㉠ 집단급식소에서의 식단 작성, 검식 및 배식관리
　　㉡ 구매식품의 검수 및 관리
　　㉢ 급식시설의 위생적 관리
　　㉣ 집단급식소의 운영일지 작성
　　㉤ 종업원에 대한 영양 지도 및 식품위생교육

(3) 조리사의 면허

① 조리사가 되려는 자는 해당 기능분야의 자격을 얻은 후 특별자치시장 · 특별자치도지사 · 시장 · 군수 · 구청장의 면허를 받아야 한다.
② 조리사의 면허 등에 관하여 필요한 사항은 총리령으로 정한다.

(4) 결격사유

다음의 어느 하나에 해당하는 자는 조리사 면허를 받을 수 없다.
①「정신건강증진 및 정신질환자 복지서비스 지원에 관한 법률」에 따른 정신질환자. 다만, 전문의가 조리사로서 적합하다고 인정하는 자는 그러하지 아니하다.
②「감염병의 예방 및 관리에 관한 법률」에 따른 감염병환자. 다만, 같은 법에 따른 B형간염환

자는 제외한다.

③ 「마약류관리에 관한 법률」에 따른 마약이나 그 밖의 약물 중독자

④ 조리사 면허의 취소처분을 받고 그 취소된 날부터 1년이 지나지 아니한 자

(5) 명칭 사용 금지

조리사가 아니면 조리사라는 명칭을 사용하지 못한다.

(6) 교육

① 식품의약품안전처장은 식품위생 수준 및 자질의 향상을 위하여 필요한 경우 조리사와 영양사에게 교육(조리사의 경우 보수교육을 포함한다. 이하 이 조에서 같다)을 받을 것을 명할 수 있다. 다만, 집단급식소에 종사하는 조리사와 영양사는 2년마다 교육을 받아야 한다.

② 교육의 대상자 · 실시기관 · 내용 및 방법 등에 관하여 필요한 사항은 총리령으로 정한다.

③ 식품의약품안전처장은 교육 등 업무의 일부를 대통령령으로 정하는 바에 따라 관계 전문기관이나 단체에 위탁할 수 있다.

9. 식품위생심의위원회

(1) 식품위생심의위원회의 설치 등

식품의약품안전처장의 자문에 응하여 다음의 사항을 조사 · 심의하기 위하여 식품의약품안전처에 식품위생심의위원회를 둔다.

① 식중독 방지에 관한 사항

② 농약 · 중금속 등 유독 · 유해물질 잔류 허용 기준에 관한 사항

③ 식품 등의 기준과 규격에 관한 사항

④ 그 밖에 식품위생에 관한 중요 사항

(2) 심의위원회의 조직과 운영

① 심의위원회는 위원장 1명과 부위원장 2명을 포함한 100명 이내의 위원으로 구성한다.

② 심의위원회의 위원은 다음의 어느 하나에 해당하는 사람 중에서 식품의약품안전처장이 임명하거나 위촉한다. 다만, ⓒ의 사람을 전체 위원의 3분의 1 이상 위촉하고, ⓒ과 ⓔ의 사람을 합하여 전체 위원의 3분의 1 이상 위촉하여야 한다.

  ㉠ 식품위생 관계 공무원

  ㉡ 식품 등에 관한 영업에 종사하는 사람

  ㉢ 시민단체의 추천을 받은 사람

  ㉣ 동업자조합 또는 한국식품산업협회(이하 "식품위생단체"라 한다)의 추천을 받은 사람

  ㉤ 식품위생에 관한 학식과 경험이 풍부한 사람

③ 심의위원회 위원의 임기는 2년으로 하되, 공무원인 위원은 그 직위에 재직하는 기간 동안

재임한다. 다만, 위원이 궐위된 경우 그 보궐위원의 임기는 전임위원 임기의 남은 기간으로 한다.

④ 심의위원회에 식품 등의 국제 기준 및 규격을 조사·연구할 연구위원을 둘 수 있다.

⑤ 연구위원의 업무는 다음과 같다. 다만, 다른 법령에 따라 수행하는 관련 업무는 제외한다.

　ㄱ 국제식품규격위원회에서 제시한 기준·규격 조사·연구

　ㄴ 국제식품규격의 조사·연구에 필요한 외국정부, 관련 소비자단체 및 국제기구와 상호협력

　ㄷ 외국의 식품의 기준·규격에 관한 정보 및 자료 등의 조사·연구

　ㄹ 그 밖에 제1호부터 제3호까지에 준하는 사항으로서 대통령령으로 정하는 사항

⑥ 이 법에서 정한 것 외에 심의위원회의 조직 및 운영에 필요한 사항은 대통령령으로 정한다.

10. 시정명령과 허가취소 등 행정 제재

(1) 시정명령

① 식품의약품안전처장, 시·도지사 또는 시장·군수·구청장은 식품 등의 위생적 취급에 관한 기준에 맞지 아니하게 영업하는 자와 이 법을 지키지 아니하는 자에게는 필요한 시정을 명하여야 한다.

② 식품의약품안전처장, 시·도지사 또는 시장·군수·구청장은 시정명령을 한 경우에는 그 영업을 관할하는 관서의 장에게 그 내용을 통보하여 시정명령이 이행되도록 협조를 요청할 수 있다.

③ 요청을 받은 관계 기관의 장은 정당한 사유가 없으면 이에 응하여야 하며, 그 조치결과를 지체 없이 요청한 기관의 장에게 통보하여야 한다.

(2) 폐기처분 등

① 식품의약품안전처장, 시·도지사 또는 시장·군수·구청장은 영업자(수입식품 등 수입·판매업자를 포함한다)가 제4조부터 제6조까지, 제7조 제4항, 제8조, 제9조 제4항, 제12조의2 제2항 또는 제44조 제1항 제3호를 위반한 경우에는 관계 공무원에게 그 식품 등을 압류 또는 폐기하게 하거나 용도·처리방법 등을 정하여 영업자에게 위해를 없애는 조치를 하도록 명하여야 한다.

② 식품의약품안전처장, 시·도지사 또는 시장·군수·구청장은 허가받지 아니하거나 신고 또는 등록하지 아니하고 제조·가공·조리한 식품 또는 식품첨가물이나 여기에 사용한 기구 또는 용기·포장 등을 관계 공무원에게 압류하거나 폐기하게 할 수 있다.

③ 식품의약품안전처장, 시·도지사 또는 시장·군수·구청장은 식품위생상의 위해가 발생하였거나 발생할 우려가 있는 경우에는 영업자에게 유통 중인 해당 식품 등을 회수·폐기하게 하거나 해당 식품 등의 원료, 제조 방법, 성분 또는 그 배합 비율을 변경할 것을 명할 수

있다.

④ 압류나 폐기를 하는 공무원은 그 권한을 표시하는 증표 및 조사기간, 조사범위, 조사담당자, 관계 법령 등 대통령령으로 정하는 사항이 기재된 서류를 지니고 이를 관계인에게 내보여야 한다.

⑤ 압류 또는 폐기에 필요한 사항과 회수·폐기 대상 식품 등의 기준 등은 총리령으로 정한다.

⑥ 식품의약품안전처장, 시·도지사 및 시장·군수·구청장은 폐기처분명령을 받은 자가 그 명령을 이행하지 아니하는 경우에는 「행정대집행법」에 따라 대집행을 하고 그 비용을 명령위반자로부터 징수할 수 있다.

(3) 위해식품 등의 공표

① 식품의약품안전처장, 시·도지사 또는 시장·군수·구청장은 다음의 어느 하나에 해당되는 경우에는 해당 영업자에 대하여 그 사실의 공표를 명할 수 있다. 다만, 식품위생에 관한 위해가 발생한 경우에는 공표를 명하여야 한다.

㉠ 제4조부터 제6조까지, 제7조 제4항, 제8조 또는 제9조 제4항 등을 위반하여 식품위생에 관한 위해가 발생하였다고 인정되는 때

㉡ 제45조 제1항 또는 「식품 등의 표시·광고에 관한 법률」에 따른 회수계획을 보고받은 때

② 공표방법 등 공표에 관하여 필요한 사항은 대통령령으로 정한다.

(4) 허가취소 등

① 식품의약품안전처장 또는 특별자치시장·특별자치도지사·시장·군수·구청장은 영업자가의 어느 하나에 해당하는 경우에는 대통령령으로 정하는 바에 따라 영업허가 또는 등록을 취소하거나 6개월 이내의 기간을 정하여 그 영업의 전부 또는 일부를 정지하거나 영업소 폐쇄(신고한 영업만 해당한다)를 명할 수 있다. 다만, 식품접객영업자가 제13호(제44조 제2항에 관한 부분만 해당한다)를 위반한 경우로서 청소년의 신분증 위조·변조 또는 도용으로 식품접객영업자가 청소년인 사실을 알지 못하였거나 폭행 또는 협박으로 청소년임을 확인하지 못한 사정이 인정되는 경우에는 대통령령으로 정하는 바에 따라 해당 행정처분을 면제할 수 있다.

㉠ 제4조부터 제6조까지, 제7조 제4항, 제8조, 제9조 제4항 또는 제12조의2 제2항을 위반한 경우

㉡ 제17조 제4항을 위반한 경우

㉢ 제22조 제1항에 따른 출입·검사·수거를 거부·방해·기피한 경우

㉣ 제31조 제1항 및 제3항을 위반한 경우

㉤ 제36조를 위반한 경우

㉥ 제37조 제1항 후단, 제3항, 제4항 후단을 위반하거나 같은 조 제2항에 따른 조건을 위반

한 경우

    ⓑ의 2. 제37조 제5항에 따른 변경 등록을 하지 아니하거나 같은 항 단서를 위반한 경우

  ⓐ 제38조 제1항 제8호에 해당하는 경우

  ⓞ 제40조 제3항을 위반한 경우

  ⓩ 제41조 제5항을 위반한 경우

  ⓒ 제43조에 따른 영업 제한을 위반한 경우

  ⓚ 제44조 제1항 · 제2항 및 제4항을 위반한 경우

  ⓣ 제45조 제1항 전단에 따른 회수 조치를 하지 아니한 경우

    ⓣ의 2. 제45조 제1항 후단에 따른 회수계획을 보고하지 아니하거나 거짓으로 보고한 경우

  ⓟ 제48조 제2항에 따른 식품안전관리인증기준을 지키지 아니한 경우

    ⓟ의 2. 제49조 제1항 단서에 따른 식품이력추적관리를 등록하지 아니한 경우

  ⓗ 제51조 제1항을 위반한 경우

  ㉮ 제71조 제1항, 제72조 제1항 · 제3항, 제73조 제1항 또는 제74조 제1항(제88조에 따라 준용되는 제71조 제1항, 제72조 제1항 · 제3항 또는 제74조 제1항을 포함한다)에 따른 명령을 위반한 경우

  ㉯ 제72조 제1항 · 제2항에 따른 압류 · 폐기를 거부 · 방해 · 기피한 경우

  ㉰ 「성매매알선 등 행위의 처벌에 관한 법률」에 따른 금지행위를 한 경우

② 식품의약품안전처장 또는 특별자치시장 · 특별자치도지사 · 시장 · 군수 · 구청장은 영업자가 영업정지 명령을 위반하여 영업을 계속하면 영업허가 또는 등록을 취소하거나 영업소 폐쇄를 명할 수 있다.

③ 식품의약품안전처장 또는 특별자치시장 · 특별자치도지사 · 시장 · 군수 · 구청장은 다음의 어느 하나에 해당하는 경우에는 영업허가 또는 등록을 취소하거나 영업소 폐쇄를 명할 수 있다.

  ㉠ 영업자가 정당한 사유 없이 6개월 이상 계속 휴업하는 경우

  ㉡ 영업자(영업허가를 받은 자만 해당한다)가 사실상 폐업하여 「부가가치세법」에 따라 관할 세무서장에게 폐업신고를 하거나 관할세무서장이 사업자등록을 말소한 경우

④ 식품의약품안전처장 또는 특별자치시장 · 특별자치도지사 · 시장 · 군수 · 구청장은 영업허가를 취소하기 위하여 필요한 경우 관할 세무서장에게 영업자의 폐업여부에 대한 정보 제공을 요청할 수 있다. 이 경우 요청을 받은 관할 세무서장은 「전자정부법」에 따라 영업자의 폐업여부에 대한 정보를 제공한다.

⑤ 행정처분의 세부기준은 그 위반 행위의 유형과 위반 정도 등을 고려하여 총리령으로 정한다.

(5) 영업허가 등의 취소 요청

① 식품의약품안전처장은 「축산물위생관리법」, 「수산업법」, 「양식산업발전법」 또는 「주세법」에

따라 허가 또는 면허를 받은 자가 제4조부터 제6조까지 또는 제7조 제4항을 위반한 경우에는 해당 허가 또는 면허 업무를 관할하는 중앙행정기관의 장에게 다음의 조치를 하도록 요청할 수 있다. 다만, 주류는「보건범죄단속에 관한 특별조치법」에 따른 유해 등의 기준에 해당하는 경우로 한정한다.

ㄱ 허가 또는 면허의 전부 또는 일부 취소

ㄴ 일정 기간의 영업정지

ㄷ 그 밖에 위생상 필요한 조치

② 영업허가 등의 취소 요청을 받은 관계 중앙행정기관의 장은 정당한 사유가 없으면 이에 따라야 하며, 그 조치결과를 지체 없이 식품의약품안전처장에게 통보하여야 한다.

(6) 폐쇄조치 등

① 식품의약품안전처장, 시·도지사 또는 시장·군수·구청장은 허가받지 아니하거나 신고 또는 등록하지 아니하고 영업을 하는 경우 또는 허가 또는 등록이 취소되거나 영업소 폐쇄명령을 받은 후에도 계속하여 영업을 하는 경우에는 해당 영업소를 폐쇄하기 위하여 관계 공무원에게 다음의 조치를 하게 할 수 있다.

ㄱ 해당 영업소의 간판 등 영업 표지물의 제거나 삭제

ㄴ 해당 영업소가 적법한 영업소가 아님을 알리는 게시문 등의 부착

ㄷ 해당 영업소의 시설물과 영업에 사용하는 기구 등을 사용할 수 없게 하는 봉인

② 식품의약품안전처장, 시·도지사 또는 시장·군수·구청장은 봉인한 후 봉인을 계속할 필요가 없거나 해당 영업을 하는 자 또는 그 대리인이 해당 영업소 폐쇄를 약속하거나 그 밖의 정당한 사유를 들어 봉인의 해제를 요청하는 경우에는 봉인을 해제할 수 있다. 게시문 등의 경우에도 또한 같다.

③ 식품의약품안전처장, 시·도지사 또는 시장·군수·구청장은 ①에 따른 조치를 하려면 해당 영업을 하는 자 또는 그 대리인에게 문서로 미리 알려야 한다. 다만, 급박한 사유가 있으면 그러하지 아니하다.

④ ①에 따른 조치는 그 영업을 할 수 없게 하는 데에 필요한 최소한의 범위에 그쳐야 한다.

⑤ 관계 공무원은 그 권한을 표시하는 증표 및 조사기간, 조사범위, 조사담당자, 관계 법령 등 대통령령으로 정하는 사항이 기재된 서류를 지니고 이를 관계인에게 내보여야 한다.

(7) 면허취소 등

① 식품의약품안전처장 또는 특별자치시장·특별자치도지사·시장·군수·구청장은 조리사가 다음 각 호의 어느 하나에 해당하면 그 면허를 취소하거나 6개월 이내의 기간을 정하여 업무정지를 명할 수 있다. 다만, 조리사가 제1호 또는 제5호에 해당할 경우 면허를 취소하여야 한다.

ⓐ 제54조 각 호의 어느 하나에 해당하게 된 경우

ⓑ 제56조에 따른 교육을 받지 아니한 경우

ⓒ 식중독이나 그 밖에 위생과 관련한 중대한 사고 발생에 직무상의 책임이 있는 경우

ⓓ 면허를 타인에게 대여하여 사용하게 한 경우

ⓔ 업무정지기간 중에 조리사의 업무를 하는 경우

② 행정처분의 세부기준은 그 위반 행위의 유형과 위반 정도 등을 고려하여 총리령으로 정한다.

(8) 영업정지 등의 처분에 갈음하여 부과하는 과징금 처분

① 식품의약품안전처장, 시 · 도지사 또는 시장 · 군수 · 구청장은 영업자가 제75조 제1항 각 호 또는 제76조 제1항 각 호의 어느 하나에 해당하는 경우에는 대통령령으로 정하는 바에 따라 영업정지, 품목 제조정지 또는 품목류 제조정지 처분을 갈음하여 10억 원 이하의 과징금을 부과할 수 있다. 다만, 제6조를 위반하여 제75조 제1항에 해당하는 경우와 제4조, 제5조, 제7조, 제12조의2, 제37조, 제43조 및 제44조를 위반하여 제75조 제1항 또는 제76조 제1항에 해당하는 중대한 사항으로서 총리령으로 정하는 경우는 제외한다.

② 과징금을 부과하는 위반 행위의 종류 · 정도 등에 따른 과징금의 금액과 그 밖에 필요한 사항은 대통령령으로 정한다.

③ 식품의약품안전처장, 시 · 도지사 또는 시장 · 군수 · 구청장은 과징금을 징수하기 위하여 필요한 경우에는 다음의 사항을 적은 문서로 관할 세무관서의 장에게 과세 정보 제공을 요청할 수 있다.

ⓐ 납세자의 인적 사항

ⓑ 사용 목적

ⓒ 과징금 부과기준이 되는 매출금액

④ 식품의약품안전처장, 시 · 도지사 또는 시장 · 군수 · 구청장은 제1항에 따른 과징금을 기한 내에 납부하지 아니하는 때에는 대통령령으로 정하는 바에 따라 과징금 부과처분을 취소하고 영업정지 또는 제조정지 처분을 하거나 국세 체납처분의 예 또는 「지방세외수입금의 징수 등에 관한 법률」에 따라 징수한다. 다만, 다음의 어느 하나에 해당하는 경우에는 국세 체납처분의 예 또는 「지방세외수입금의 징수 등에 관한 법률」에 따라 징수한다.

ⓐ 제37조 제3항, 제4항 및 제5항에 따른 폐업 등으로 제75조 제1항 또는 제76조 제1항에 따른 영업정지 또는 제조정지 처분을 할 수 없는 경우

⑤ 징수한 과징금 중 식품의약품안전처장이 부과 · 징수한 과징금은 국가에 귀속되고, 시 · 도지사가 부과 · 징수한 과징금은 시 · 도의 식품진흥기금에 귀속되며, 시장 · 군수 · 구청장이 부과 · 징수한 과징금은 시 · 도와 시 · 군 · 구의 식품진흥기금에 귀속된다. 이 경우 시 · 도 및 시 · 군 · 구에 귀속시키는 방법 등은 대통령령으로 정한다.

⑥ 시·도지사는 과징금을 부과·징수할 권한을 시장·군수·구청장에게 위임한 경우에는 그에 필요한 경비를 대통령령으로 정하는 바에 따라 시장·군수·구청장에게 교부할 수 있다.

(9) 위해식품등의 판매 등에 따른 과징금 부과 등

① 식품의약품안전처장, 시·도지사 또는 시장·군수·구청장은 위해식품 등의 판매 등 금지에 관한 규정을 위반한 경우 다음의 어느 하나에 해당하는 자에 대하여 그가 판매한 해당식품 등의 판매금액을 과징금으로 부과한다.
    ㉠ 제4조 제2호·제3호 및 제5호부터 제7호까지의 규정을 위반하여 제75조에 따라 영업정지 2개월 이상의 처분, 영업허가 및 등록의 취소 또는 영업소의 폐쇄명령을 받은 자
    ㉡ 제5조, 제6조 또는 제8조를 위반하여 제75조에 따라 영업허가 및 등록의 취소 또는 영업소의 폐쇄명령을 받은 자
② 과징금의 산출금액은 대통령령으로 정하는 바에 따라 결정하여 부과한다.
③ 부과된 과징금을 기한 내에 납부하지 아니하는 경우 또는 폐업한 경우에는 국세 체납처분의 예 또는 「지방세외수입금의 징수 등에 관한 법률」에 따라 징수한다.
④ 부과한 과징금의 귀속, 귀속 비율 및 징수 절차 등에 대하여는 제82조 제3항·제5항 및 제6항을 준용한다.

11. 보칙

(1) 식중독에 관한 조사 보고

① 다음의 어느 하나에 해당하는 자는 지체 없이 관할 특별자치시장·시장(「제주특별자치도 설치 및 국제자유도시 조성을 위한 특별법」에 따른 행정시장을 포함한다)·군수·구청장에게 보고하여야 한다. 이 경우 의사나 한의사는 대통령령으로 정하는 바에 따라 식중독 환자나 식중독이 의심되는 자의 혈액 또는 배설물을 보관하는 데에 필요한 조치를 하여야 한다.
    ㉠ 식중독 환자나 식중독이 의심되는 자를 진단하였거나 그 사체를 검안한 의사 또는 한의사
    ㉡ 집단급식소에서 제공한 식품 등으로 인하여 식중독 환자나 식중독으로 의심되는 증세를 보이는 자를 발견한 집단급식소의 설치·운영자
② 특별자치시장·시장·군수·구청장은 보고를 받은 때에는 지체 없이 그 사실을 식품의약품안전처장 및 시·도지사(특별자치시장은 제외한다)에게 보고하고, 대통령령으로 정하는 바에 따라 원인을 조사하여 그 결과를 보고하여야 한다.
③ 식품의약품안전처장은 보고의 내용이 국민보건상 중대하다고 인정하는 경우에는 해당 시·도지사 또는 시장·군수·구청장과 합동으로 원인을 조사할 수 있다.
④ 식품의약품안전처장은 식중독 발생의 원인을 규명하기 위하여 식중독 의심환자가 발생한

원인시설 등에 대한 조사절차와 시험·검사 등에 필요한 사항을 정할 수 있다.

(2) 집단급식소

① 집단급식소를 설치·운영하려는 자는 총리령으로 정하는 바에 따라 특별자치시장·특별자치도지사·시장·군수·구청장에게 신고하여야 한다. 신고한 사항 중 총리령으로 정하는 사항을 변경하려는 경우에도 또한 같다.

② 집단급식소를 설치·운영하는 자는 집단급식소 시설의 유지·관리 등 급식을 위생적으로 관리하기 위하여 다음의 사항을 지켜야 한다.

ㄱ 식중독 환자가 발생하지 아니하도록 위생관리를 철저히 할 것

ㄴ 조리·제공한 식품의 매회 1인분 분량을 총리령으로 정하는 바에 따라 144시간 이상 보관할 것

ㄷ 영양사를 두고 있는 경우 그 업무를 방해하지 아니할 것

ㄹ 영양사를 두고 있는 경우 영양사가 집단급식소의 위생관리를 위하여 요청하는 사항에 대하여는 정당한 사유가 없으면 따를 것

ㅁ 그 밖에 식품 등의 위생적 관리를 위하여 필요하다고 총리령으로 정하는 사항을 지킬 것

③ 집단급식소에 관하여는 제3조부터 제6조까지, 제7조 제4항, 제8조, 제9조 제4항, 제22조, 제40조, 제41조, 제48조, 제71조, 제72조 및 제74조를 준용한다.

④ 특별자치시장·특별자치도지사·시장·군수·구청장은 ①에 따른 신고 또는 변경신고를 받은 날부터 3일 이내에 신고수리 여부를 신고인에게 통지하여야 한다.

⑤ 특별자치시장·특별자치도지사·시장·군수·구청장이 ④에서 정한 기간 내에 신고수리 여부 또는 민원 처리 관련 법령에 따른 처리기간의 연장을 신고인에게 통지하지 아니하면 그 기간(민원 처리 관련 법령에 따라 처리기간이 연장 또는 재연장된 경우에는 해당 처리기간을 말한다)이 끝난 날의 다음 날에 신고를 수리한 것으로 본다.

⑥ ①에 따라 신고한 자가 집단급식소 운영을 종료하려는 경우에는 특별자치시장·특별자치도지사·시장·군수·구청장에게 신고하여야 한다.

⑦ 집단급식소의 시설기준과 그 밖의 운영에 관한 사항은 총리령으로 정한다.

12. 벌칙

(1) 벌칙 I

① 다음의 어느 하나에 해당하는 질병에 걸린 동물을 사용하여 판매할 목적으로 식품 또는 식품첨가물을 제조·가공·수입 또는 조리한 자는 3년 이상의 징역에 처한다.

ㄱ 소해면상뇌증   ㄴ 탄저병   ㄷ 가금 인플루엔자

② 다음의 어느 하나에 해당하는 원료 또는 성분 등을 사용하여 판매할 목적으로 식품 또는 식품첨가물을 제조·가공·수입 또는 조리한 자는 1년 이상의 징역에 처한다.

⊙ 마황(麻黃)　　ⓛ 부자(附子)　　ⓒ 천오(川烏)　　ⓔ 초오(草烏)　　ⓜ 백부자(白附子)

　　ⓗ 섬수(蟾수)　　ⓢ 백선피(白鮮皮)　　ⓞ 사리풀

③ ① 및 ②의 경우 제조·가공·수입·조리한 식품 또는 식품첨가물을 판매하였을 때에는 그 판매금액의 2배 이상 5배 이하에 해당하는 벌금을 병과한다.

④ ① 또는 ②의 죄로 형을 선고받고 그 형이 확정된 후 5년 이내에 다시 ① 또는 ②의 죄를 범한 자가 ③에 해당하는 경우 ③에서 정한 형의 2배까지 가중한다.

(2) 벌칙Ⅱ

10년 이하의 징역 또는 1억 원 이하의 벌금(병과)을 받게 되는 경우

① ㉠ 다음 각호에 해당하는 식품 등을 판매하거나 판매할 목적으로 채취·제조·수입·가공·사용·조리·저장·소분·운반 또는 진열하였을 때

- 썩거나 상하거나 설익어서 인체의 건강을 해칠 우려가 있는 것
- 유독·유해물질이 들어 있거나 묻어 있는 것
- 병을 일으키는 미생물에 오염되어 있는 것
- 불결하거나 다른 물질이 섞이거나 첨가된 것
- 안전성 심사 대상인 농·축·수산물을 안전성 심사를 받지 아니하였거나 안전성 심사에서 식용으로 부적합하다고 인정된 것
- 수입이 금지된 것 또는 제19조 제1항에 따른 수입신고를 하지 아니하고 수입한 것
- 영업자가 아닌 자가 제조·가공·소분한 것

　　㉡ 판매 금지된 병든 동물의 고기·뼈·젖·장기 및 혈액의 판매·수입·가공·저장 등의 행위

　　㉢ 기준·규격이 정하여지지 아니한 화학적 합성품 및 이를 함유한 식품의 판매·수입·가공·저장 등의 행위

② ㉠ 유독·유해물질이 함유된 기구·용기·포장의 판매·제조·수입·사용 등

　　㉡ 집단급식소의 경우에도 위 ①, ②의 내용이 준용된다.

③ ㉠ 영업허가를 받지 않고 영업을 했을 때

　　㉡ 광우병, 탄저병, 가금인플루엔자의 질병의 동물을 제조·가공·조리한 자

　　㉢ 광우병, 탄저병, 가금인플루엔자의 질병의 동물을 제조·가공·조리한 자와 마황, 천오, 초오, 백부자, 섬수, 백선피, 사리풀이 함유된 것을 판매한 자

(3) 벌칙Ⅲ

5년 이하의 징역 또는 5천만 원 이하의 벌금(병과)에 해당되는 경우

① ㉠ 기준과 규격에 맞지 않는 식품 또는 식품첨가물의 판매·제조·사용·조리·저장 등의 행위

ⓛ 기준 · 규격이 맞지 않는 기구 · 용기 · 판매 등의 행위

ⓒ 허위표시 등의 금지

② 영업의 허가 시 영업 종류별 또는 영업소별로 식품의약품안전처장 또는 특별자치시장 · 특별자치도지사 · 시장 · 군수 · 구청장에게 등록

③ 시 · 도지사가 정하는 영업시간 및 영업행위의 제한을 지키지 않은 식품접객영업자

④ 제45조 제1항 전단(위해식품 등의 회수조치)을 위반한 자

⑤ ⓐ 식품 등을 압류 또는 폐기 조치하도록 한 명령에 위반했을 때

ⓛ 식품 등의 원료 · 제조방법 · 성분 또는 배합비율을 변경토록 한 명령에 위반했을 때

ⓒ 식품위생상의 위해가 발생하여 영업자에게 공표토록 한 명령에 위반했을 때

⑥ 허가대상 영업으로서 영업허가 취소, 영업정지 명령을 위반하여 영업을 계속한 자

⑦ 집단급식소의 경우에도 위 ①, ④의 내용이 적용된다.

⑧ 영업의 허가를 받지 않고 영업행위 및 대통령령이 정한 중요한 사항 변경신고 위반

(4) 벌칙Ⅳ

3년 이하의 징역 또는 3천만 원 이하의 벌금(병과)에 해당되는 경우

① 조리사를 두지 않은 식품접객영업자와 집단급식소 운영자

② 영양사를 두지 않은 집단급식소 운영자

(5) 벌칙Ⅴ

3년 이하의 징역 또는 3천만 원 이하의 벌금에 해당되는 경우

① ⓐ 표시기준에 맞지 않은 식품 · 식품첨가물 · 기구 및 용기 · 포장을 판매 · 진열 · 운반 또는 영업상 사용했을 때

ⓛ 유전자변형식품 등의 표시위반

ⓒ 위해 예상식품의 판매 등 금지를 위반했을 때

ⓔ 자가품질검사의 의무를 이행하지 않았을 때

ⓜ 폐업 또는 경미한 사항 변경 시의 신고의무 불이행

ⓗ 신고대상 영업을 신고 없이 영업을 했을 때

ⓢ 영업자의 지위를 승계한 자가 기간 내에 신고를 하지 않았을 때

ⓞ 식품의약품안전처장이 식품별로 고시한 식품안전관리인증기준을 지키지 않았을 때

ⓩ 식품안전관리인증기준적용업소가 식품을 다른 업소에 위탁하여 제조 · 가공하였을 때

ⓩ 영유아식 제조 · 수입 · 가공업자, 일정 매출액 · 매장면적 이상의 식품판매업자 등 총리령으로 정하는 자는 등록기준을 갖춰 식품의약품안전처장에게 등록

ⓚ 조리사 또는 영양사의 명칭을 허위로 사용했을 때

② 검사 · 출입 · 수거 · 압류 · 폐기를 거부 · 방해 또는 기피한 자

③ 시설기준을 갖추지 못한 영업자

④ 조건을 갖추지 못한 영업자

⑤ 영업자가 지켜야 할 사항을 지키지 아니한 경우

⑥ ㉠ 영업정지 명령을 위반하여 계속 영업한 자

　　㉡ 영업소 폐쇄명령을 위반하여 영업을 계속한 자

⑦ 제조정지 명령을 위반한 자

⑧ 관계 공무원이 부착한 봉인, 게시문 등을 함부로 제거한 자

⑨ 집단급식소의 경우에도 준용

(6) 벌칙Ⅵ

1년 이하의 징역 또는 1천만 원 이하의 벌금에 해당하는 경우

① 식품접객업 중 유흥종사자를 둘 수 없는 경우 유흥종사자를 두거나 알선하는 경우

② 소비자로부터 이물 발견의 신고를 접수하고 이를 거짓으로 보고한 자

③ 이물의 발견을 거짓으로 신고한 자

④ 위해식품 등의 회수

(7) 양벌규정

법인의 대표자나 법인 또는 개인의 대리인, 사용인, 그 밖의 종업원이 그 법인 또는 개인의 업무에 관하여 제93조 제3항 또는 제94조부터 제97조까지의 어느 하나에 해당하는 위반행위를 하면 그 행위자를 벌하는 외에 그 법인 또는 개인에게도 해당 조문의 벌금형을 과하고, 제93조 제1항의 위반행위를 하면 그 법인 또는 개인에 대하여도 1억 5천만 원 이하의 벌금에 처하며, 제93조 제2항의 위반행위를 하면 그 법인 또는 개인에 대하여도 5천만 원 이하의 벌금에 처한다. 다만, 법인 또는 개인이 그 위반행위를 방지하기 위하여 해당 업무에 관하여 상당한 주의와 감독을 게을리하지 아니한 경우에는 그러하지 아니하다.

(8) 과태료

① 500만 원 이하의 과태료에 처하게 되는 경우

　　㉠ 식품 등을 위생적으로 취급하지 않을 때

　　㉡ 건강진단을 받아야 하는 영업에 종사하는 자가 건강진단을 받지 않았을 때

　　㉢ 건강진단 결과 타인에게 위해를 끼칠 자를 영업에 종사하게 한 영업자

　　㉣ 위생에 관한 교육을 받아야 하는 자가 교육을 받지 않았을 때

　　㉤ 위생에 관한 교육을 받지 않은 자를 영업에 종사하게 한 영업자

　　㉥ 검사명령을 위반한 자

　　㉦ 식품 또는 식품첨가물의 제조업 · 가공업자의 보고의무 위반

　　㉧ 식품 또는 식품첨가물을 제조 · 가공하는 영업자 생산실적 보고의무 위반

ⓩ 식품안전관리인증기준적용업소의 명칭을 허위로 사용한 자

ⓩ 식품의약품안전처장이 명한 교육을 받지 않은 조리사와 영양사

ⓒ 시설 개수명령을 위반한 자

ⓔ 집단급식소 설치 · 운영의 신고의무를 위반한 자

ⓜ 집단급식소 설치 · 운영자가 다음 각호의 사항을 지키지 않았을 때
  - 식중독 환자가 발생하지 아니하도록 위생관리를 철저히 할 것
  - 조리 · 제공한 식품의 매회 1인분 분량을 총리령으로 정하는 바에 따라 144시간 이상 보관할 것
  - 영양사를 두고 있는 경우 그 업무를 방해하지 아니할 것
  - 영양사를 두고 있는 경우 영양사가 집단급식소의 위생관리를 위하여 요청하는 사항에 대하여는 정당한 사유가 없으면 따를 것
  - 그밖에 식품 등의 위생적 관리를 위하여 필요하다고 총리령으로 정하는 사항을 지킬 것

② 300만 원 이하의 과태료에 처하게 되는 경우

  ㉠ 영업자가 지켜야 할 사항 중 총리령으로 정하는 경미한 사항을 지키지 아니한 자

  ㉡ 소비자로부터 이물 발견신고를 받고 보고하지 아니한 자

  ㉢ 식품이력추적관리 등록사항이 변경된 경우 1개월 이내에 신고하지 아니한 자

  ㉣ 연계된 정보를 식품이력추적관리 목적 외에 사용하여서는 아니 된다.

(9) 과태료에 관한 규정 적용의 특례 과태료에 관한 규정을 적용하는 경우 제82조에 따라 과징금을 부과한 행위에 대하여는 과태료를 부과할 수 없다. 다만, 과징금 부과처분을 취소하고 영업정지 또는 제조정지 처분을 한 경우에는 그러하지 아니하다.

참고 **조리사에 대한 행정처분기준**

위반사항	행정처분		
	1차 위반	2차 위반	3차 위반
조리사의 결격사유 중 하나에 해당하게 된 경우	면허취소	–	–
교육을 받지 아니한 경우	시정명령	업무정지 15일	업무정지 1개월
식중독이나 그밖에 위생과 관련된 중대한 사고 발생에 직무상 책임이 있는 경우	업무정지 1개월	업무정지 2개월	면허취소
면허를 타인에게 대여하여 사용하게 한 경우	업무정지 2개월	업무정지 3개월	면허취소
업무정지기간 중에 조리사의 업무를 한 경우	면허취소	–	–

13. 부칙

(1) 시행일

이 법은 공포 후 6개월이 경과한 날부터 시행한다. 다만, 제62조의 개정규정은 공포 후 3개월이 경과한 날부터 시행한다.

(2) 폐업신고 제한에 관한 적용례

제37조 제8항의 개정규정은 이 법 시행 후 최초로 이 법에 위반되는 행위를 한 경우부터 적용한다.

(3) 허가취소 등에 관한 적용례

제75조 제1항 제4호 및 제18호의 개정규정은 이 법 시행 후 최초로 제22조 제1항에 따른 출입·검사·수거 또는 제72조 제1항·제2항에 따른 압류·폐기를 거부·방해·기피한 경우부터 적용한다.

02 ▶ 농수산물 원산지 표시에 관한 법규

1. 총칙

(1) 목적

농산물·수산물이나 그 가공품 등에 대하여 적정하고 합리적인 원산지 표시를 하도록 하여 소비자의 알권리를 보장하고, 공정한 거래를 유도함으로써 생산자와 소비자를 보호하는 것을 목적으로 한다.

(2) 용어의 정의

① 농산물 : 「농업·농촌 및 식품산업 기본법」에 따른 농산물을 말한다.
② 수산물 : 「수산업·어촌 발전 기본법」에 따른 어업활동으로부터 생산되는 수산물을 말한다.
③ 농수산물 : 농산물과 수산물을 말한다.
④ 원산지 : 농산물이나 수산물이 생산, 채취, 포획된 국가, 지역이나 해역을 말한다.
⑤ 통신판매 : 「전자상거래 등에서의 소비자보호에 관한 법률」에 따른 통신판매(전자상거래로 판매되는 경우를 포함한다) 중 대통령령으로 정하는 판매를 말한다.

(3) 농수산물의 원산지 표시의 심의

농산물, 수산물 및 그 가공품 또는 조리하여 판매하는 쌀, 김치류, 축산물 및 수산물 등의 원산지 표시 등에 관한 사항은 농수산물품질관리심의회에서 심의한다.

2. 원산지 표시 등

(1) 원산지 표시

① 대통령령으로 정하는 농수산물 또는 그 가공품을 수입하는 자, 생산·가공하여 출하하거나 판매(통신판매를 포함한다)하는 자 또는 판매할 목적으로 보관·진열하는 자는 농수산물, 농수산물 가공품(국내에서 가공한 가공품은 제외한다), 농수산물 가공품(국내에서 가공한 가공품에 한정한다)의 원료에 대하여 원산지를 표시하여야 한다.

② 식품접객업 및 집단급식소 중 대통령령으로 정하는 영업소나 집단급식소를 설치·운영하는 자는 대통령령으로 정하는 농수산물이나 그 가공품을 조리하여 판매 제공하는 경우(조리하여 판매 또는 제공할 목적으로 보관, 진열하는 경우를 포함한다)에 그 농수산물이나 그 가공품의 원료에 대하여 원산지(소고기는 식육의 종류를 포함한다)를 표시하여야 한다. 다만 「식품산업진흥법」에 따른 원산지인증의 표시를 한 경우에는 원산지를 표시한 것으로 보며, 소고기의 경우에는 식육의 종류를 별도로 표시하여야 한다.

③ 표시대상, 표시를 하여야 할 자, 표시기준은 대통령령으로 정하고, 표시방법과 그 밖에 필요한 사항은 농림축산식품부와 해양수산부의 공동 부령으로 정한다.

(2) 거짓 표시 등의 금지

① 원산지 표시를 거짓으로 하거나 이를 혼동하게 할 우려가 있는 표시를 하는 행위

② 원산지 표시를 혼동하게 할 목적으로 그 표시를 손상·변경하는 행위

③ 원산지를 위장하여 판매하거나 원산지 표시를 한 농수산물이나 그 가공품에 다른 농수산물이나 가공품을 혼합하여 판매하거나 판매할 목적으로 보관이나 진열하는 행위

④ 원산지를 위장하여 조리·판매·제공하거나 조리하여 판매·제공할 목적으로 농수산물이나 그 가공품의 원산지 표시를 손상·변경하여 보관·진열하는 행위

⑤ 원산지 표시를 한 농수산물이나 그 가공품에 원산지가 다른 동일 농수산물이나 그 가공품을 혼합하여 조리·판매·제공하는 행위

⑥ 원산지를 혼동하게 할 우려가 있는 표시 및 위장판매의 범위 등 필요한 사항은 농림축산식품부와 해양수산부의 공동 부령으로 정한다.

(3) 원산지 표시 등의 위반에 대한 처분 등

농림축산식품부장관, 해양수산부장관, 관세청장 또는 시·도지사는 원산지 표시 등의 위반한 자에 대하여 표시의 이행, 변경, 삭제 등 시정명령, 위반 농수산물이나 그 가공품의 판매 등 거래행위 금지 처분을 할 수 있다.

(4) 원산지 표시 위반에 대한 교육

① 농림축산식품부장관, 해양수산부장관, 관세청장 또는 시·도지사는 원산지표시를 위반하여 처분이 확정된 경우에는 농수산물 원산지 표시제도 교육을 이수하도록 명하여야 한다.

② 이수명령의 이행기간은 교육 이수명령을 통지받은 날부터 최대 3개월 이내로 정한다.

③ 농림축산식품부장관과 해양수산부장관은 농수산물 원산지 표시제도 교육을 위하여 교육시행지침을 마련하여 시행하여야 한다.

④ 교육내용, 교육대상, 교육기관, 교육기간 및 교육시행지침 등 필요한 사항은 대통령령으로 정한다.

03 ▶ 제조물 책임법(Product Liability)

1. 제조물 책임법의 목적

제조물의 결함으로 발생한 손해에 대한 제조업자 등의 손해배상책임을 규정함으로써 피해자 보호를 도모하고 국민생활의 안전 향상과 국민경제의 건전한 발전에 이바지함을 목적으로 한다.

2. 용어정의

'제조물'이란 제조되거나 가공된 동산(다른 동산이나 부동산의 일부를 구성하는 경우를 포함)을 말하며, "결함"이란 해당 제조물에 제조상, 설계상의 결함이 있거나 그밖에 통상적으로 기대할 수 있는 안전성이 결여되어 있는 것을 말한다. "제조업자"란 제조물의 제조, 가공 또는 수입을 업으로 하는 자, 제조물에 성명, 상호, 상표 또는 그밖에 식별 가능한 기호 등을 사용하여 자신을 제조, 가공, 수입한 자와 자신을 제조업자로 표시하거나 제작업자로 오인시킬 표시를 한 자이다. 제조업자를 알 수 없는 경우에는 공급업자도 손해배상책임을 진다.

3. 제조물책임

제조업자는 제조물의 결함으로 생명, 신체 또는 재산에 손해를 입는 자에게 그 손해를 배상하여야 한다. 제조업자가 제조물의 결과를 알면서도 그 결함에 대하여 필요한 조치를 취하지 아니한 결과로 생명 또는 신체에 중대한 손해를 입은 자가 있는 경우에는 그 자에게 발생한 손해의 3배를 넘지 아니하는 범위에서 배상책임을 진다.

4. 주요내용(면책사유, 연대책임, 소멸시효)

① 제조업자가 그 제조물을 공급하지 아니하였거나 그 제조물을 공급한 때의 과학기술 수준으로는 결함의 존재를 알 수 없었던 경우, 제조물의 결함이 제조업자가 당해 제조물을 공급할 당시 법령이 정하는 기준을 준수함으로써 발생한 경우 등에 그 사실을 입증한 때에는 손해배상 책임을 면할 수 있다.

② 동일한 손해에 대하여 배상할 책임이 있는 자가 2인 이상인 경우에는 연대하여 그 손해를 배상할 책임이 있다.

③ 제조물 책임법에 의한 제조업자의 배상책임을 배제하거나 제한하는 특약은 무효이며, 손해배상청구권의 소멸 시효는 손해 및 제조업자를 안 때로부터 3년으로 한다.

01 식품 수거 때 공무원이 할 수 있는 권한은?

① 검사상 필요 시 무상 수거
② 수거 종업원의 연행
③ 장부나 서류 압류
④ 영업정지 명령

해설 검사에 필요한 최소량의 식품 등을 무상으로 수거하게 할 수 있으며, 필요에 따라 영업 관계의 장부나 서류를 열람하게 할 수 있다.

02 다음 중 식품위생감시원의 직무와 거리가 먼 것은?

① 과대광고의 위반여부에 관한 사항의 단속
② 검사에 필요한 식품 등의 수거
③ 식품 등의 위생적 취급기준의 이행지도
④ 조리사의 건강진단 및 위생교육실시

해설 식품위생감시원의 직무
 • 식품 등의 위생적 취급기준의 이행지도
 • 수입·판매 또는 사용 등이 금지된 식품 등의 취급여부에 관한 단속
 • 표시기준 또는 과대광고 금지의 위반 여부에 관한 단속
 • 출입·검사에 필요한 식품 등의 수거
 • 시설기준의 적합여부 확인
 • 영업자 및 종업원의 건강진단 및 위생교육의 이행여부 확인·지도
 • 조리사·영양사의 법령준수 사항 이행 여부의 확인 지도
 • 행정처분의 이행여부 확인
 • 식품 등의 압류·폐기 등
 • 영업소의 폐쇄를 위한 간판 제거 등의 조치, 기타 영업자의 법령 이행여부에 관한 확인·지도

03 다음과 같은 직무를 수행하는 사람은?

 • 시설기준의 실행여부의 확인
 • 영업자의 위생교육 및 건강진단의 이행여부 확인
 • 행정처분의 이행여부 확인
 • 식품 등의 위생적 취급기준의 이행지도

① 식품위생관리인
② 영양사
③ 조리사
④ 식품위생감시원

해설 02번 해설 참조

04 식품위생법의 목적과 거리가 먼 것은?

① 식품으로 인한 위생상의 위해방지
② 식품의 유통과 판매량의 향상
③ 국민보건의 향상과 증진에 기여
④ 식품영양의 질적향상 도모

해설 식품위생법의 목적(법 제1조)
 • 식품으로 인한 위생상의 위해방지
 • 식품영양의 질적향상 도모
 • 국민보건 증진에 이바지

05 다음은 식품위생감시원이 무상으로 식품을 수거할 수 있는 경우이다. 이와 거리가 먼 것은?

① 수입식품을 검사할 목적으로 수거할 때
② 기준 제정 등에 참고용으로 수거할 때
③ 임검 시 식품 등을 수거할 때
④ 부정불량식품을 수거할 때

해설 무상수거대상
 • 임검 시 식품 등을 수거할 때
 • 유통 중인 부정·불량식품 등을 수거할 때

 정답 01 ① 02 ④ 03 ④ 04 ② 05 ②

- 부정·불량식품 등을 압류 또는 수거·폐기하여야 할 때
- 수입식품 등을 검사할 목적으로 수거할 때
  유상수거대상
- 소매업소에서 판매하는 식품 등을 시험·검사용으로 수거할 때
- 식품 등의 규격 및 기준제정 등에 참고용으로 수거할 때
- 기타 무상수거대상이 아닌 경우

06 식품공전에 규정되어 있는 표준온도는?

① 10℃   ② 15℃
③ 20℃   ④ 25℃

해설 식품공전 규정 표준온도는 20℃, 상온은 15~25℃, 실온은 1~35℃, 미온은 30~40℃이다.

07 집단급식소의 정의가 아닌 것은?

① 1일 1회에 50명 이상에게 음식을 제공한다.
② 영리를 목적으로 하지 아니하는 기숙사, 학교, 타후생기관 등의 급식시설을 말한다.
③ 집단급식소에는 조리사, 영양사를 두어야 한다.
④ 영리를 목적으로 하는 학교 구내식당 또는 대중음식점을 말한다.

해설 집단급식소의 정의
영리를 목적으로 하지 아니하고 계속적으로 특정 다수인에게 음식물을 제공하는 기숙사, 학교, 병원, 기타 후생기관 등의 급식시설로 상시 50인 이상에게 식사를 제공하는 급식소를 말한다.

08 식품위생심의위원회의 심의사항과 거리가 먼 것은?

① 식품 및 식품첨가물의 공전 작성에 관한 사항
② 식품 및 식품첨가물 등의 생산에 관한 사항
③ 국민영양조사에 관한 사항
④ 식중독 방지에 관한 사항

해설 식품위생심의위원회의 심의 내용
- 식중독 방지에 관한 사항
- 농약·중금속 등 유독·유해물질의 잔류허용기준에 관한 사항
- 식품 등의 기준과 규격에 관한 사항의 자문
- 국민 영양의 조사·지도 및 교육에 관한 사항의 자문
- 기타 식품위생에 관한 중요사항
→ 식품 및 식품첨가물 등의 생산에 관한 사항은 없다.

09 식품위생법의 정의상 화학적 수단에 의하여 원소 또는 화합물에 분해반응 외의 화학반응을 일으켜 얻는 물질이라 함은?

① 표시   ② 기구
③ 화학적 합성품   ④ 첨가물

해설 "화학적 합성품"이라 함은 화학적 수단에 의하여 원소 또는 화합물에 분해반응 외의 화학반응을 일으켜 얻은 물질을 말한다.

10 조리사를 두지 않아도 되는 경우는?

① 식품접객업 중 복어를 조리·판매하는 영업
② 국가·지방자치단체가 설립·운영하는 집단급식소
③ 학교, 병원, 사회복지시설에서 설립·운영하는 집단급식소
④ 중소기업자가 설립·운영하는 집단급식소

해설 조리사를 두어야 할 영업
식품접객업 중 복어를 조리·판매하는 영업과 다음 다음 각 호의 자가 설립·운영하는 집단급식소의 경우 조리사를 두어야 한다.
- 국가·지방자치단체
- 학교·병원·사회복지시설
- 「공공기관의 운영에 관한 법률」 규정에 따른 공기업 중 식품의약품안전처장이 지정·고시하는 기관
- 지방공기업법에 의한 지방공사 및 지방공단
- 특별법에 의하여 설립된 법인

---

06 ③   07 ④   08 ②   09 ③   10 ④

11 판매가 금지되는 동물의 질병을 결정하는 기관은?

① 보건소
② 관할시청
③ 식품의약품안전처
④ 관할 경찰서

> **해설** 식품의약품안전처는 식품위생법규상 "판매 등이 금지되는 병육"의 질병을 결정한다.

12 식품위생법상에서 식품위생이라 함은 무엇을 말하는가?

① 식품, 식품첨가물, 기구 또는 용기, 포장을 대상으로 하는 음식에 관한 위생을 말한다.
② 기구 또는 용기, 포장의 위생을 말한다.
③ 음식에 관한 위생을 말한다.
④ 식품 및 식품첨가물을 대상으로 하는 위생을 말한다.

> **해설** "식품 위생"이라 함은 식품, 식품첨가물, 기구 또는 용기·포장을 대상으로 하는 음식에 관한 위생을 말한다.

13 기구와 용기·포장에 대하여 가장 바르게 설명한 것은?

① 용기·포장지 제조업은 식품위생법상 허가나 신고대상이 아니다.
② 유독·유해물질이 들어 있어도 상관없다.
③ 판매를 목적으로 하더라도 식품위생법상 규제사항이 아니다.
④ 수출만을 하고자 할 때에는 수입자가 요구하는 기준·규격에 의할 수 있다.

> **해설**
> • 용기·포장지 제조업은 식품위생법상 신고대상이다.
> • 유독·유해물질이 들어 있는 기구·용기·포장은 판매금지 대상이다.
> • 판매를 목적으로 한 식품은 식품위생법에 의해 규제를 받는다.
> • 수출을 하고자 할 때는 수입자가 요구하는 기준과 규격에 의해야 한다.

14 식품위생법상 집단급식소에 대한 설명이 가장 바르게 된 것은?

① 갈비구이 전문점
② 불특정 다수인에게 음식물을 공급하는 영리 급식시설
③ 계속적으로 특정 다수인에게 음식물을 공급하는 비영리 급식시설
④ 동네의 작은 분식점

> **해설** "집단급식소"라 함은 영리를 목적으로 하지 아니하고 계속적으로 특정 다수인에게 음식물을 공급하는 기숙사, 학교, 병원, 기타 후생기관 등의 급식시설로서 상시 1회 50인 이상에게 식사를 제공하는 급식소를 말한다.

15 위생관리상태 등이 우수한 식품접객업소를 선정하여 모범업소로 지정할 수 있는 자는?

① 보건복지부장관
② 식품의약품안전처장
③ 시·도지사
④ 시장·군수·구청장

> **해설** 우수업소·모범업소의 지정
> • 우수업소의 지정 : 식품의약품안전처장·특별자치시장·특별자치도지사·시장·군수·구청장
> • 모범업소의 지정 : 특별자치시장·특별자치도지사·시장·군수·구청장

16 다음 중 표시기준에 관한 설명으로 틀린 것은?

① 표시사항을 소비자가 알아볼 수 있게 일정장소에 일괄표시를 한다.

② 표시는 한글로 해야 한다.

③ 용기나 포장은 다른 제조업소의 표시가 있는 것을 사용해도 된다.

④ 운반용 위생상자를 사용하여 판매하는 경우에는 그 운반용 위생상자에 업소명 및 소재지만을 표시할 수 있다.

해설 용기나 포장은 다른 제조업소의 표시가 있는 것을 사용해서는 안 된다. 다만, 식품에 유해한 영향을 미치지 아니하는 용기로서 일반 시중에 유통판매할 목적이 아닌 다른 회사의 제품원료로 제공할 목적으로 사용하는 경우에는 그러하지 아니할 수 있다.

17 화학적 합성품의 심사에서 가장 중점을 두는 사항은?

① 효력

② 영양가

③ 함량

④ 안전성

해설 화학적 합성품은 인체에 대한 안전성이 가장 중요하다. 인체의 건강을 해할 우려가 없다고 인정하는 것 외에 기준, 규격이 고시되지 않은 화학적 합성품은 판매나 판매의 목적으로 제조, 수입, 가공, 조리, 저장 또는 운반하거나 진열하지 못한다.

18 식품의 원료관리, 제조, 가공 및 유통의 전 과정에서 유해한 물질이 해당 식품에 혼입 또는 오염되는 것을 방지하기 위하여 각 과정을 중점 관리하는 기준을 정한 것은?

① 위생등급제도

② 식품안전관리인증기준(HACCP)

③ 영업시설기준

④ 식품기준 및 규격

해설 식품안전관리인증기준(HACCP)
식품의 원료관리, 제조, 가공 및 유통의 전과정에서 위해물질이 해당식품에 혼입되거나 오염되는 것을 사전에 방지하기 위하여 각 과정을 중점적으로 관리하는 기준

19 HACCP 인증 집단급식업소(집단급식소, 식품접객업소, 도시락류 포함)에서 조리한 식품은 소독된 보존식 전용 용기 또는 멸균 비닐봉지에 매회 1인분 분량을 담아 몇 ℃ 이하에서 얼마 이상의 시간 동안 보관하여야 하는가?

① 4℃ 이하, 48시간 이상

② 0℃ 이하, 100시간 이상

③ −10℃ 이하, 200시간 이상

④ −18℃ 이하, 144시간 이상

해설 매회 1인분 분량을 섭씨 영하 18℃ 이하로 144시간 이상 보관하여야 한다.

20 식품위생법의 영업부분에서 다루는 내용과 거리가 먼 것은?

① 동업자 조항에 관한 사항

② 건강진단에 관한 사항

③ 시설기준에 관한 사항

④ 위생교육에 관한 사항

해설 동업자 조항에 관한 사항은 식품위생 단체에서 다루는 내용이다.

21 다음 중 모든 식품에 꼭 표시해야 할 내용과 거리가 먼 것은?

① 제조업소명

② 제품명

③ 실중량

④ 영양성분

해설 영양성분은 건강보조식품, 특수영양식품에만 반드시 표시해야 한다.

16 ③ 17 ④ 18 ② 19 ④ 20 ① 21 ④

22 식품접객업에 해당되지 않는 영업은?

① 일반음식점

② 제과점 영업

③ 즉석, 판매제조가공업

④ 휴게음식점

해설 식품접객업에 해당되는 영업은 휴게음식점 영업, 일반음식점 영업, 단란주점 영업, 유흥주점 영업, 위탁급식 영업, 제과점 영업이 있다.

23 건강보조식품의 표시내용에 들어갈 수 없는 것은?

① 질병의 치료표시

② 건강유지

③ 체질개선

④ 건강증진

해설 건강보조식품 표시의 유용성은 건강유지, 건강증진, 체질개선, 식이요법, 영양보급의 표현은 가능하다. 질병의 예방과 치료라는 표현은 할 수 없다.

24 다음 영업 중 제조 월일시를 표시하여야 하는 영업은?

① 청량음료제조업

② 도시락제조업

③ 인스턴트식품제조업

④ 식품첨가물제조업

해설 도시락제조업에서는 연월일시간까지 표시하여야 한다.

25 식품위생법 중 식품 또는 첨가물의 기준과 규격에 명시된 것과 관계 없는 것은?

① 식품가공 시설의 기준에 관한 사항

② 식품과 첨가물의 성분 규격에 관한 사항

③ 식품의 보존방법에 관한 사항

④ 식품의 제조방법에 관한 사항

해설 식품가공 시설의 기준에 관한 사항은 식품 또는 첨가물의 기준과 규격에 명시되어 있지 않다.

26 식품접객 영업자의 준수사항과 가장 거리가 먼 것은?

① 가두호객 행위를 하지 않는다.

② 허가받은 영업 외의 다른 영업시설을 설치하지 않는다.

③ 영업허가증은 손님이 보기 쉬운 곳에 게시한다.

④ 수돗물 이외의 것도 음료수로 사용할 수 있다.

해설 수돗물 이외의 것은 음료수로 사용할 수 없다.

27 식품위생법상 출입, 검사, 수거에 관한 업무사항 중 옳지 않은 것은?

① 영업자 또는 관계인에 대하여 필요한 보고를 할 수 있다.

② 관계 공무원으로 하여금 영업장소에 출입하여 영업상 사용하는 식품 등을 검사하게 할 수 있다.

③ 검사에 필요한 최소량의 식품 등을 무상으로 수거할 수 있다.

④ 필요에 따라 영업관계의 장부나 서류를 열람하게 할 수 없다.

해설 관계 공무원으로 하여금 영업장소에 출입하여 필요에 따라 영업관계의 장부나 서류를 열람하게 할 수 있다. 출입, 검사, 수거, 또는 열람을 하고자 하는 공무원은 그 권한을 표시하는 증표를 지녀야 하며 관계인에게 이를 보여야 한다.

28 식품위생법상의 식품이 아닌 것은?

① 유산균 음료

② 채종유

③ 비타민 C의 약제

④ 식용얼음

해설 식품이라 함은 모든 음식물을 말한다. 다만, 의약품으로 사용되는 것은 제외한다.

29 다음 중 식품위생법에서 다루고 있는 내용과 거리가 먼 것은?

① 식품용기 및 포장의 기준과 규격
② 먹는 샘물의 기준과 규격
③ 식품제조기구의 기준과 규격
④ 식품의 기준과 규격

> 해설 먹는 샘물의 관리기준은 식품위생법에서 다루는 사항이 아니다.

30 다음은 판매가 금지되는 식품을 설명한 것이다. 가장 거리가 먼 것은?

① 기준, 규격이 고시된 화학적 합성품을 함유한 식품
② 수입이 금지된 식품
③ 설익은 것으로 건강에 유해한 것
④ 감염병 질병으로 죽은 것

> 해설 기준, 규격이 고시되지 아니한 화학적 합성품의 판매는 금지하고 있으나 식품의약품안전처장이 인정한 것은 그러하지 아니하다.

31 식품위생법상 판매금지 대상과 그 내용이 잘못 짝지은 것은?

① 기구 : 식품에 접촉됨으로써 인체에 해를 주는 것
② 식품 : 설익어 인체의 건강을 해할 우려가 있는 것
③ 화학적 합성품 : 보건복지부장관이 정한 것
④ 식품첨가물 : 의약품과 혼동할 우려가 있는 표시

> 해설 기준, 규격이 고시되지 아니한 화학적 합성품의 판매는 금지하고 있으나 식품의약품안전처장이 인정한 것은 그러하지 아니하다.

32 고운 색깔을 가진 과자를 만들기 위해 착색료를 사용하려고 한다. 다음 중 구체적인 사용기준을 알려면 참고해야 할 것은?

① 외국 잡지
② 식품과학 용어집
③ 식품첨가물 공전
④ 식품성분표

> 해설 식품첨가물 공전이란, 식품위생심의위원회의 심의를 거쳐 식품의약품안전처장이 확정 고시한 식품첨가물의 기준과 규격을 수록한 것이다. 총 368개의 화학적 합성품을 수록하고 있다.

33 식품접객업 중 음식류를 조리·판매하는 영업으로서 식사와 함께 부수적으로 음주행위가 허용되는 영업은?

① 단란주점 영업
② 유흥주점 영업
③ 휴게음식점 영업
④ 일반음식점 영업

> 해설 식품접객업의 범위
> ① 단란주점 영업 : 주로 주류를 조리·판매하는 영업으로서 손님이 노래를 부르는 행위가 허용되는 영업
> ② 유흥주점 영업 : 주로 주류를 조리·판매하는 영업으로서 유흥종사자를 두거나 유흥시설을 설치할 수 있고 손님이 노래를 부르거나 춤을 추는 행위가 허용되는 영업
> ③ 휴게음식점 영업 : 음식물을 조리·판매하는 영업으로서 음주행위가 허용되지 아니하는 영업
> ④ 일반음식점 영업 : 음식류를 조리·판매하는 영업으로서 식사와 함께 부수적으로 음주행위가 허용되는 영업

29 ②　　30 ①　　31 ③　　32 ③　　33 ④

34 다음 중 벌칙이 가장 무거운 것은?

① 기준 · 규격이 맞지 않는 기구 · 용기 판매
② 식품 등을 압류 또는 폐기 조치 하도록 한 명령에 위반했을 때
③ 허가대상영업으로서 영업허가 취소, 영업정지의 명령에 위반했을 때
④ 광우병, 탄저병, 가금인플루엔자의 질병의 동물을 제조 · 가공 · 조리한 자

> **해설** ①~③ 5년 이하의 징역 또는 5천만 원 이하의 벌금이나 병과
> ④ 10년 이하의 징역 또는 1억 원 이하의 벌금이나 병과

35 식품위생법령상 영업신고 대상 업종이 아닌 것은?

① 위탁급식영업
② 식품냉동 · 냉장업
③ 즉석판매제조 · 가공업
④ 양곡가공업 중 도정업

> **해설** 식품위생법령상 영업신고 대상
> • 식품제조 · 가공업
> • 즉석판매제조 · 가공업
> • 식품운반업
> • 식품소분 · 판매업
> • 식품냉동 · 냉장업
> • 용기 · 포장류제조업
> • 일반음식점 영업, 휴게음식점 영업, 위탁급식 영업 및 제과점 영업

36 영업소에서 조리에 종사하는 자가 정기건강진단을 받아야 하는 법정기간은?

① 3개월마다
② 6개월마다
③ 매년 1회
④ 2년에 1회

> **해설** 건강진단
> • 정기건강진단 : 매년 1회(간염은 5년마다 1회) 실시
> • 수시건강진단 : 감염병이 발생하였거나 발생할 우려가 있을 때

37 영업의 종류와 그 허가관청의 연결로 잘못된 것은?

① 단란주점영업 – 시장 · 군수 또는 구청장
② 식품첨가물제조업 – 식품의약품안전처
③ 식품조사처리업 – 시 · 도지사
④ 유흥주점영업 – 시장 · 군수 또는 구청장

> **해설** 식품조사처리업이란 방사선을 쬐어 식품의 보존성을 물리적으로 높이는 것을 업으로 하는 영업으로 영업허가는 식품의약품안전처장이 행한다.

38 건강진단을 받지 않아도 되는 사람은?

① 식품 및 식품첨가물의 채취자
② 식품첨가물의 제조자
③ 식품을 가공하는 자
④ 완전포장식품의 판매자

> **해설** 건강진단 대상자
> 식품 또는 식품첨가물을 채취, 제조, 가공, 조리, 저장, 운반 또는 판매하는 데 직접 종사하는 자. 단, 완전포장된 식품 또는 식품첨가물을 운반, 판매하는 데 종사하는 자는 제외한다.

39 식품위생법에서 그 자격이 규정되어 있지 않은 것은?

① 조리사
② 영양사
③ 식품위생감시원
④ 제빵기능사

> **해설** 식품위생법에는 조리사 및 영양사, 식품위생감시원의 자격에 관한 규정이 있으며, 제빵기능사에 관한 사항은 없다.

정답 34 ④ 35 ④ 36 ③ 37 ③ 38 ④ 39 ④

40 판매를 목적으로 하는 식품에 사용하는 기구, 용기·포장의 기준과 규격을 정하는 기관은?

① 농림축산식품부
② 산업통상자원부
③ 보건부
④ 식품의약품안전처

해설 식품의약품안전처장은 국민보건상 필요하다고 인정하는 때에는 판매를 목적으로 하거나 영업상 사용하는 기구 및 용기·포장의 제조방법에 관한 기준과 기구·용기·포장 및 그 원재료에 관한 규격을 정하여 이를 고시한다.

41 조리사가 타인에게 면허를 대여하여 사용하게 한 때 1차 위반 시 행정처분기준은?

① 업무정지 1월
② 업무정지 2월
③ 업무정지 3월
④ 면허취소

해설 조리사 또는 영양사가 타인에게 면허를 대여하여 이를 사용하게 한 때 행정처분기준은 1차 위반 시 업무정지 2월, 2차 위반 시 업무정지 3월, 3차 위반 시 면허취소에 해당한다.

42 조리사의 결격사유에 해당하지 않는 것은?

① 약물 중독자
② 심신 질환자
③ 위산과다 환자
④ 감염병 환자

해설 조리사의 결격사유
• 정신질환자 또는 정신지체자
• 감염병 환자
• 마약 기타 약물 중독자
• 조리사 면허 취소처분을 받고 그 취소된 날로부터 1년이 지나지 아니한 자

43 식품위생법령상 조리사를 두어야 할 업종은?

① 자동차 이동음식점
② 학교에서 운영하는 집단급식소
③ 인삼찻집
④ 분식 판매점

해설 조리사를 두어야 할 업종
• 집단급식소
• 식품접객업 중 복어를 조리, 판매하는 영업

44 식품위생법상 조리사에 대한 설명 중 잘못된 것은?

① 해당 기술 분야의 자격을 얻은 후 면허를 받아야 한다.
② 조리사의 자질 향상을 위하여 필요한 경우 보수교육을 받아야 한다.
③ 조리업무상 식중독 사고가 발생하였을 경우 면허가 취소되지 않는다.
④ 정신질환자는 면허를 받을 수 없다.

해설 조리 업무상 식중독 사고가 발생하였을 경우 면허가 취소된다.

45 식품이나 용기 또는 포장을 수입하려면 누구에게 신고하여야 하는가?

① 식품의약품안전처장
② 서울특별시장
③ 재정경제원장관
④ 농림축산식품부장관

해설 식품이나 용기, 포장을 수입하려면 식품의약품안전처장에게 신고하여야 한다.

---

40 ④　41 ②　42 ③　43 ②　44 ③　45 ①

46 식품위생검사기관이 될 수 없는 곳은?

① 지방식품의약품안전청
② 시·도보건환경연구원
③ 국립검역소
④ 서울시 종합기술시험연구소

> **해설** 식품위생검사기관은 식품의약품안전처, 지방식품
> 의 약품안전청, 시·도보건환경연구원, 국립검역
> 소, 국립수산물검사소 등이 있다.

47 식품첨가물 공전은 누가 작성하는가?

① 서울특별시장
② 국무총리
③ 도지사
④ 식품의약품안전처장

> **해설** 식품의약품안전처장은 식품, 식품첨가물, 기구, 용
> 기, 포장의 표시기준을 수록한 식품 등의 공전을 작
> 성, 보급하여야 한다.

48 수출을 목적으로 하는 식품 또는 식품첨가물의 기준과 규격은?

① 산업통상자원부장관의 별도 허가를 획
  득한 기준과 규격
② F.D.A.의 기준과 규격
③ 국립검역소장이 정하여 고시한 기준과
  규격
④ 수입자가 요구하는 기준과 규격

> **해설** 수출을 목적으로 하는 식품 또는 식품첨가물의 기
> 준과 규격을 수입자가 요구하는 기준과 규격에 맞
> 춘다.

49 식품위생법상 과대광고에 해당되지 않는 것은?

① 주문쇄도, 단체추천 또는 이와 유사한
  표현의 광고
② 식품학, 영양학 등의 분야에서 공인된
  사항에 대한 광고
③ 미풍양속을 해치거나 해칠 우려의 광고
④ 외래어 사용으로 외제품과 혼동할 우려
  의 광고

> **해설** 제조방법에 관하여 연구 또는 발견한 사실로서 식
> 품학, 영양학 등의 분야에서 공인된 사항 외의 표
> 시, 광고는 허위광고, 과대광고이다. 다만, 제조 방
> 법에 관하여 연구 또는 발견한 사실에 대한 식품학,
> 영양학 등의 문헌을 이용하여 문헌의 내용을 정확
> 히 표시하고, 연구자의 서명, 문헌명, 발표연월일을
> 명시하는 표시, 광고는 그러하지 아니하다.

50 식품공전에 따른 우유의 세균수에 관한 규격은?

① 1ml당 10,000 이하여야 한다.
② 1ml당 20,000 이하여야 한다.
③ 1ml당 100,000 이하이어야 한다.
④ 1ml당 1,000 이하이어야 한다.

> **해설** • 식품공전에 따른 우유의 세균수 : 1ml당 20,000
> 이하
> • 대장균군 : 1ml당 2 이하

51 식품을 구입하였는데 포장에 아래와 같은 표시가 있었다. 어떤 종류의 식품 표시인가?

① 방사선조사식품
② 녹색신고식품
③ 자진회수식품
④ 유기농업제조식품

정답 46 ④ 47 ④ 48 ④ 49 ② 50 ② 51 ①

해설 식품위생법상 식품의 방사선 조사기준
사용방사선의 선원 중 선종의 Co-60의 감마선으로 한다.
〈조사도안〉
조사처리된 식품에는 위와 같은 도안을 제품포장 또는 용기에 지름 5cm 이상의 크기로 표시하여야 한다.

52 식품위생법상 과대광고의 범위에 해당하지 않는 것은?

① 단체주문 내용 광고
② 문헌명시 내용 광고
③ 질병 치료 및 효능 표시 광고
④ 경품판매 내용 광고

해설 식품학, 영양학 등의 분야에서 공인된 사항에 대한 문헌을 이용하여 정확히 표시하는 경우에는 과대광고에 해당하지 않는다.

53 질병에 걸린 경우 동물의 몸 전부를 사용하지 못하는 질병은?

① 리스테리아병
② 염증
③ 종양
④ 기생충증

해설 식품위생법규상 "판매 등이 금지되는 병육"
선모충증, 리스테리아병, 살모넬라병, 파스튜렐라병

54 식품위생법상 수입식품 검사 결과 부적합한 식품 등에 대하여 취하여지는 조치가 아닌 것은?

① 수출국으로의 반송
② 식용 외의 다른 용도로의 전환
③ 관할 보건소에서 재검사 실시
④ 다른 나라로의 반출

해설 수입식품 검사 결과 부적합한 식품 등에 대하여 ①, ②, ④의 조치를 취하며 재검사 실시는 식품의약품안전처장, 시·도지사, 시장·군수 또는 구청장은 당해 식품 등에 대하여 재검사하기로 결정한 경우에는 지체없이 재검사를 실시한 후 그 결과를 당해 영업자에게 통보하여야 한다.

55 식품위생법의 규정상 판매가 가능한 식품은?

① 무허가 제조식품
② 수입이 금지된 식품
③ 썩었거나 상한 식품
④ 영양분이 없는 식품

해설 영양분이 없는 식품은 식품위생법의 규정상 판매가 금지되는 것은 아니다.

52 ② 53 ① 54 ③ 55 ④

공중 보건

01 ▶ 공중보건의 개념

1. 공중보건의 일반적 정의

(1) 공중보건의 정의

① 세계보건기구 WHO(World Health Organization)의 정의 : 공중보건이란, 질병을 예방하고 건강을 유지 · 증진시킴으로써 육체, 정신적인 능력을 발휘할 수 있게 하기 위한 과학적 지식을 사회의 조직적 노력으로 사람들에게 적용하는 기술이다.

② 공중보건에 대한 윈슬로우(C.E.A Wmslow)의 정의 : "공중보건이란 조직적인 지역사회의 공동 노력을 통하여 질병을 예방하고 생명을 연장시키며 신체적 · 정신적 효율을 증진시키는 기술이요 과학이다."

(2) 건강(Health)의 정의

WHO는 건강에 관하여 "단순한 질병이나 허약의 부재상태만이 아니라, 육체적 · 정신적 · 사회적 안녕의 완전한 상태"라고 정의하고 있다.

> **참고** **세계보건기구(WHO)**
> - 창설 : 유엔의 경제사회 산하 보건전문 기관으로 1948년 4월 7일 창설
> - 본부 : 스위스 제네바에 있음
> - 우리나라 가입 : 1949년 6월(65번째 회원국으로 가입)
> - 주요기능
>   - 국제적인 보건사업의 지휘 및 조정
>   - 회원국에 대한 기술지원 및 자료 공급
>   - 전문가 파견에 의한 기술 자문 활동

02 ▶ 환경위생 및 환경오염 관리

1. 환경보건의 목표

(1) 목표

환경보건의 목표는 인간을 둘러싸고 있는 환경을 조정, 개선하여 쾌적하고 건강한 생활을 영위할 수 있게 하는 데 있다.

(2) 생활환경

① 자연환경 : 기후(기온 · 기습 · 기류 · 일광 · 기압), 공기, 물 등
② 인위적 환경 : 채광, 조명, 환기, 냉방, 상하수도, 오물처리, 곤충의 구제, 공해
③ 사회적 환경 : 교통, 인구, 종교

2. 환경보건의 내용

(1) 자연환경

① 일광

  ㉠ 자외선

   • 일광의 3분류 중 파장이 가장 짧다.
   • 일광의 살균력은 대체로 자외선 때문이며 특히 2,500~2,800Å(옴스트롱) 범위의 것이 살균력이 가장 강하다.
   • 도르노선(Dorno선 : 생명선)은 건강선이라고도 하며 자외선 파장의 범위가 2,900~3,100Å일 때를 말하며 살균력이 강하다.
   • 비타민 D를 형성하여 구루병을 예방하고, 피부결핵 및 관절염 치료에 효과가 있다.
   • 살균작용이 있으나 피부색소 침착 등을 일으키며 심하면 피부암을 유발시킨다.
   • 적혈구 생성을 촉진시키며 혈압을 강하시킨다.

  ㉡ 가시광선 : 인간에게 색채와 명암(明暗)을 부여한다.

  ㉢ 적외선

   • 적외선은 파장이 가장 길며(7,800Å 이상) 이 광선이 닿는 곳에는 열이 생기므로 지상에 열을 주어 기온을 좌우한다.
   • 적외선은 열에 관계하는 광선으로 사람들이 적외선을 과도하게 받게 되면, 일사병(日射病)과 백내장(白內障)에 걸리기 쉽다.

    ※ 파장의 단파순 : 자외선 → 가시광선 → 적외선

② 기온 · 기습 · 기류

기온(온도)	지상 1.5m에서의 건구온도를 말하며 쾌감 온도는 18±2℃이다.
기습(습도)	일정 온도의 공기 중에 포함되어 있는 수분량을 말하며 쾌적한 습도는 40~70%이다.
기류(공기의 흐름)	1초당 1m 이동할 때가 건강에 좋다.

㉠ 감각온도의 3요소 : 기온, 기습, 기류

㉡ 온열조건(인자) : 기온, 기습, 기류, 복사열

㉢ 기온역전현상 : 대기층의 온도는 100m 상승 때마다 1℃ 정도 낮아지므로 상부기온이 하부기온보다 낮다. 그러나 기온역전현상이라 함은 상부기온이 하부기온보다 높을 때를 말한다.

㉣ 불감기류 : 공기의 흐름이 0.2~0.5m/sec로 약하게 움직여 사람들이 바람이 부는 것을 감지하지 못하는 것을 의미한다.

㉤ 실외의 기온 측정 : 지상 1.5m에서의 건구온도를 측정

- 최고온도 : 오후 2시
- 최저온도 : 일출 전

㉥ 불쾌지수(Discomfort Index)

- DI가 70이면 10%
- DI가 75이면 50%
- DI가 80이면 거의 사람들이 불쾌감을 느낀다.

㉦ 카타온도계 : 불감기류와 같은 미풍을 정확히 측정할 수 있기 때문에 기류측정의 미풍계로 사용한다.

③ 공기

㉠ 공기조성

- 공기는 물, 음식 등과 함께 인간생명 유지를 위한 기본요소이다.
- 0℃, 1기압 하에서 공기는 다음과 같은 조성을 가지고 있다.
    - 질소(N_2) 78%
    - 산소(O_2) 21%
    - 아르곤(Ar) 0.9%
    - 이산화탄소(CO_2) 0.03%
    - 기타원소 0.07%

㉡ 공기 오염도에 따른 변화

- 산소(O_2) : 대기 중의 산소의 양이 약 21%이며 산소의 양이 10% 이하가 되면 호흡곤

란, 7% 이하가 되면 질식사한다.

- 이산화탄소(CO_2) : 실내공기오염의 지표로 이용되며 위생학적 허용한계는 0.1% (=1,000ppm)이다.

  ※ ppm(part per million)

    ppm은 1/1,000,000을 나타내는 약호이다(100만분의 1을 나타낸다).

    1ppm = 0.0001%, 1% = 10,000ppm

- 일산화탄소(CO)
  - 물체의 불완전 연소 시에 발생하는 무색, 무취, 무미, 무자극성 기체이다.
  - 혈액 속의 헤모글로빈(Hb)과의 친화력이 산소보다 250~300배나 강하여 조직 내 산소 결핍증을 초래한다.
  - 위생학적 허용한계 8시간 기준 : 0.01%(=100ppm)

    4시간 기준 : 0.04%(=400ppm)

- 아황산 가스(SO_2)
  - 중유의 연소 과정에서 다량 발생하는 자극성 가스로 도시 공해의 주범이다(자동차 배기가스).
  - 실외 공기오염(대기오염)의 지표이다.
  - 식물의 황사 · 고사현상, 호흡기계 점막의 염증, 호흡곤란 등이 나타나고, 금속을 부식시킨다.

> **참고** **군집독**
>
> 다수인이 밀집한 곳의 실내공기는 화학적 조성이나 물리적 조성의 변화로 인하여 불쾌감, 두통, 권태, 현기증, 구토 등의 생리적 이상을 일으키는데, 이러한 현상을 군집독이라 한다. 그 원인으로는 산소부족, 이산화탄소 증가, 고온, 고습 기류 상태에서 유해가스 및 취기 등에 의해 복합적으로 발생한다.

ⓒ 공기의 자정작용 : 공기의 조성은 여러 가지 환경요인에 의하여 변화되나 공기 자체의 정화 작용이 끊임없이 계속되어 화학적 조성에 큰 변화를 초래하지 않으며 그 인자로는 다음과 같은 것을 들 수 있다.
- 공기 자체의 희석작용
- 강우, 강설 등에 의한 세정작용
- 산소, 오존(O_3), 과산화수소(H_2O_2) 등에 의한 산화작용
- 일광(자외선)에 의한 살균작용
- 식물에 의한 탄소동화작용(O_2와 CO_2의 교환작용)

ⓔ 기온의 역전 : 대류권에서는 고도가 상승함에 따라 기온이 하강하지만 어떤 경우에는 고

도가 상승함에 따라 기온도 상승하여 상부의 기온이 하부기온보다 높게 되어 대기가 안정화되고 공기의 수직확산이 일어나지 않게 된다. 이를 기온역전이라고 하며, 이때 대기오염물질이 수직확산되지 못하여 대기오염이 심화된다.

④ 물 : 물은 인체에 주요 구성 성분으로서 체중의 약 2/3(체중의 60~70%)를 차지하고 있다. 성인 하루 필요량은 2.0~2.5ℓ이며 인체 내 물의 10%를 상실하면 신체 기능에 이상이 오고, 20%를 상실하면 생명이 위험하다.

㉠ 물과 질병
 • 수인성 감염병은 물을 통해서 전염되는 질병을 말하며 장티푸스·파라티푸스·세균성 이질·콜레라·아메바성 이질 등으로 일반적으로 음료수 사용지역과 일치한다.
 • 수인성 감염병의 특징
  – 환자 발생이 폭발적이다.
  – 음료수 사용지역과 유행지역이 일치한다.
  – 치명률이 낮고 2차 감염환자의 발생이 거의 없다.
  – 계절에 관계없이 발생한다.
  – 성, 연령, 직업, 생활수준에 따른 발생 빈도에 차이가 없는 것 등이다. 따라서 급수는 어떤 방법이든 검수를 해서 먹도록 해야 한다.

㉡ 물과 기타 질병
 • 우치 : 불소가 없거나 적게 함유된 물을 장기 음용 시
 • 반상치 : 불소가 과다하게 함유된 물을 장기 음용 시
 • 청색아(Blue baby) : 질산염이 다량함유된 물의 장기 음용 시 소아가 청색증에 걸려 사망하는 수가 있다.
 • 설사 : 황산마그네슘($MgSO_4$)이 다량함유된 물을 음용하면 설사를 일으킬 수 있다.

㉢ 음용수의 수질 기준
 • 일반 세균(보통 한천 배지에서 무리를 형성할 수 있는 생균을 말한다)은 1ml 중 100을 넘지 아니할 것
 • 물의 소독법
  – 물리적 소독 : 자비(열탕), O_3, 자외선
  – 화학적 소독 : 염소, 표백분
 • 대장균군은 50ml에서 검출되지 아니할 것

㉣ 물의 소독 : 100℃에서 끓이거나 염소소독(수도) 또는 표백분 소독(우물)을 하며 우물은 화장실보다 최저 20m 이상 하수관이나 배수로 등으로부터 3m 이상 떨어져 있어야 하며, 화장실 오물이나 하수의 침입이 불가능한 구조로 되어 있어야 한다.

㉤ 물의 자정작용 : 지표수는 시간이 경과되면서 자연적으로 정화되어 가는데 이와 같은 현

상을 물의 자정작용이라 한다.

- 희석작용
- 침전작용
- 자외선(일광)에 의한 살균작용
- 산화작용
- 수중생물에 의한 식균작용

ⓑ 음료의 판정기준

- 무색투명하고 색도 5도, 탁도 2도 이하일 것
- 소독으로 인한 맛, 냄새 이외의 냄새와 맛이 없을 것
- 수소이온농도(pH)는 5.5~8.5이어야 할 것
- 대장균은 50ml 중에서 검출되지 아니할 것
- 일반 세균수는 1cc 중 100을 넘지 아니할 것
- 시안은 0.01ml/ℓ 를 넘지 아니할 것
- 수은은 0.001ml/ℓ 를 넘지 아니할 것
- 질산성 질소는 10ml/ℓ 를 넘지 아니할 것
- 염소이온은 250ml//ℓ 를 넘지 아니할 것
- 과망간산칼륨 소비량은 10ml/ℓ 를 넘지 아니할 것
- 암모니아성 질소는 0.5ml/ℓ 를 넘지 아니할 것
- 증발잔유물은 500ml/ℓ 를 넘지 아니할 것
- 페놀은 0.005ml/ℓ 이하일 것
- 경도 300ml/ℓ 이하일 것

(2) 인위적 환경

① 채광 · 조명 : 채광이란 자연조명을 뜻하며 태양광선을 이용하는 것이고, 조명이란 인공광을 이용하는 것으로서 인공조명이라고도한다.

ⓐ 채광 : 태양광선을 이용하는 것으로, 충분한 채광의 효과를 얻으려면 다음과 같이 하는 것이 좋다.

- 창의 방향은 남향으로 하는 것이 좋다.
- 창의 면적은 벽 면적의 70% 이상, 바닥 면적의 1/5~1/7 이상이 적당하다.
- 실내 각점의 개각은 4~5°가 좋고 개각이 클수록 실내는 밝다. 입사각은 보통 28° 이상이 좋고, 입사각이 클수록 실내는 밝다.
- 창의 높이는 높을수록 밝으며 천장인 경우에는 보통 창의 3배나 밝은 효과를 얻을 수있다.

ⓑ 조명 : 인공광을 이용한 것으로, 인공조명이라 한다. 설치 방법에 따라 간접 조명, 반간

접조명, 직접 조명으로 구분된다.

> **참고 인공조명 시 고려할 점**
> - 폭발, 화재의 위험이 없어야 한다.
> - 취급하기 간단하고, 가격이 저렴하여야 한다.
> - 조명도는 균일한 것이어야 한다.
> - 조명은 작업상 충분하여야 한다.
> - 빛의 색은 일광(日光)에 가까워야 한다.
> - 유해 가스가 발생되지 않아야 한다.
> - 광선은 작업상 간접 조명이 좋다.

    © 부적당한 조명에 의한 피해
- 가성근시 : 조도가 낮을 때
- 안정피로 : 조도 부족이나 눈부심이 심할 때
- 안구진탕증 : 부적당한 조명에서 안구가 좌, 우, 상, 하로 흔들리는 현상(탄광부)
- 전광성 안염 · 백내장 : 순간적으로 과도한 조명(용접 · 고열작업자)
- 이 밖에 작업능률 저하 및 재해 발생

② 환기
    ㉠ 자연 환기 : 특별한 장치 없이 출 · 입문, 창, 벽, 천장 등의 틈으로 이루어지며, 실내 · 외의 온도 차가 5℃ 이상일 때 환기도 잘된다. 실내 · 외의 온도 차 · 풍력 · 기체의 확산에 의하여 이루어진다. 실내가 실외보다 온도가 높으면 아래쪽에서 바깥 공기가 들어오고 위쪽으로 공기가 나간다. 이 중간을 중성대라 하며 중성대가 높은 위치에 형성될수록 환기량이 크다. 중성대는 방의 천장 가까이에 있는 것이 좋다. 1시간 내 실내에 교환된 공기량을 환기량이라 하고 환기 측정은 CO_2를 기준으로 측정한다.

    ㉡ 인공 환기 : 기계력(환풍기 · 후드 장치 등)을 이용한 환기로서 실내의 오염공기를 실외로 내보내는 흡인법과 실내로 불어넣는 송인법이 있다. 특히 조리장은 가열조작과 수증기 때문에 고온 다습하므로 1시간에 2~3회 정도의 환기가 필요하다. 환기창은 5% 이상으로 내야 한다.

③ **냉 · 난방** : 실내 온도 18±2℃(16~20℃), 습도 40~70% 정도를 유지할 수 있도록 냉 · 난방한다.
    ㉠ 냉방 : 실내 온도가 26℃ 이상 시 필요. 실내 · 외의 온도 차는 5~8℃ 이내로 유지해야 한다.
    ㉡ 난방 : 실내 온도가 10℃ 이하 시 필요. 머리와 발의 온도 차는 2~3℃ 내외를 유지해야 한다.

④ **상 · 하수도**

ⓖ 상수도의 정수 : 취수 → 침전 → 여과 → 소독 → 급수

일반적으로 염소소독을 사용하며 이때 잔류 염소량은 0.2ppm을 유지해야 한다(단, 수영장, 제빙용수, 감염병 발생 시는 0.4ppm 유지).

ⓛ 하수도 : 하수도는 합류식, 분류식 및 혼합식 등의 종류가 있다.

합류식	인간용수(가정하수, 공장폐수)와 천수(눈, 비)를 모두 함께 처리하는 방법을 말하며, 하수관이 자연청소되고 수리가 편하며 시설비가 싸게 드는 장점이 있다.
분류식	천수를 별도로 운반하는 구조이다.
혼합식	천수와 사용수의 일부를 함께 운반하는 구조이다.

참고 **하수처리 과정**
① 예비 처리 : 하수 유입구에 제진망을 설치하여 부유물, 고형물을 제거하고 토사 등을 침전시키며 보통 침전 또는 약품 침전을 이용한다.
② 본처리 ┬ 호기성 처리 ┬ 활성오니법(활성슬러지법) : 가장 진보적임.
     │   ├ 살수여과법
     │   ├ 산화지법
     │   └ 회전원판법
     └ 혐기성 처리 ┬ 부패조처리법
             ├ 임호프탱크법
             └ 혐기성소화(메타발효법)
③ 오니 처리 : 사상건조법, 소화법, 소각법, 퇴비법 등

ⓒ 하수의 위생검사

• 생물화학적 산소요구량(BOD)의 측정 : BOD 수치가 높다는 것은 하수오염도가 높다는 말로, 20ppm 이하이어야 한다.

• 용존산소량(DO)의 측정 : 용존산소량의 부족은 오염도가 높은 것을 의미하는 것으로 4~5ppm 이상이어야 한다.

⑤ **진개(쓰레기) 처리** : 진개는 가정에서 나오는 주개(부엌에서 나오는 진개) 및 잡개와 공장 및 공공건물의 진개 등이 있다. 가정의 진개는 주개와 잡개를 분리 · 처리하는 2분법 처리가 좋으며, 매립법 · 비료화법 · 소각법 등이 있다.

ⓖ 매립법 : 도시에서 많이 사용하는 방법이다. 쓰레기를 땅속에 묻고 흙으로 덮는 방법으로 진개의 두께는 2m를 초과하지 말아야 하며, 복토의 두께는 60cm~1m 정도가 적당하다.

ⓛ 소각법 : 가장 위생적인 방법이지만 대기오염 발생의 원인이 될 우려가 있다.

ⓒ 비료화법(퇴비화법) : 유기물이 많은 쓰레기를 발효시켜 비료로 이용한다.

⑥ **위생곤충 및 쥐의 구제(구충 · 구서)**

㉠ 구충 · 구서의 일반적인 원칙
- 발생원인 및 서식처를 제거한다(가장 근본적인 대책).
- 구충 · 구서는 발생 초기에 실시한다.
- 구제 대상동물의 생태, 습성에 맞추어 실시한다.
- 광범위하게 동시에 실시한다.
㉡ 위생해충의 종류와 구제방법
- 파리 : 발생방지를 위하여 진개 및 오물의 완전처리 및 소독과 변소개량이 필요하며, 화학적 구제법으로 각종 살충제의 분무법이 있다.
- 모기 : 말라리아(학질모기), 일본뇌염(작은 빨간 모기), 사상충증(토고숲 모기), 황열 등을 유발시킬 수 있으며, 발생지 제거와 하수도, 고인물 등이 장시간 정체하지 않도록 해야 한다.
- 이 및 벼룩 : 페스트, 발진티푸스 등을 유발할 수 있으며, 의복 · 침실 및 신체의 청결과 침구류 일광소독, 쥐의 구제 등이 필요하다. 살충제나 훈증소독법도 좋다.
- 바퀴 : 소화기계 질병인 이질, 콜레라, 장티푸스, 살모넬라 및 소아마비 등의 질병을 유발할 수 있다. 바퀴는 온도 · 습도 · 먹을 것(잡식성)이 있는 장소면 어디나 서식하지만 특히 1년 내내 온도가 잘 유지되는 건물이면 더욱 잘 번식한다. 그러므로 늘 청결해야 하며, 각종 살충제 및 붕산에 의한 독이법의 구제가 이용된다.
    - 바퀴의 종류 : 독일바퀴(우리나라에 가장 많이 서식), 일본바퀴(집바퀴), 미국바퀴(이질바퀴), 검정바퀴(먹바퀴)
    - 바퀴의 습성 : 잡식성, 야간활동성, 군서성(집단서식)
- 진드기 : 양충병 등의 원인이 되며, 흔한 것은 긴털가루 진드기로 곡물, 곡분, 분유, 건어물, 고춧가루, 치즈 등에 발생한다. 진드기는 밀봉 포장, 열처리(70℃ 이상), 냉장(0℃ 전후 또는 냉동), 방습(수분함량 10% 이하, 곡물 저장 시는 습도를 60% 이하로 한다), 살충 등으로 구제
㉢ 쥐 : 세균성 질병(페스트, 와일씨병, 서교증, 살모넬라 등), 리케차성 질병(발진열), 바이러스 질병(유행성 출혈열) 등을 유발할 수 있다.
- 쥐는 집쥐 · 시궁쥐 · 천장쥐 · 들쥐 등 여러 종류가 있으나 서식처를 주지 않도록 하고 조리장에는 반드시 방충과 함께 방서할 수 있는 조치가 필요하다.
- 창문 · 하수구 등에 방서망을 하고 쥐가 숨을 수 있는 장소를 두지 말아야 한다.
- 조리장 내에는 쥐가 먹을 수 있는 음식물이나 찌꺼기를 방치하지 말아야 한다.
- 쥐의 구제는 살서제, 포서기, 훈증법 및 고양이를 기를 수 있으나, 조리장 내에 고양이를 기르는 것은 안된다.
㉣ 공해 : 공해란 특정 또는 비특정 다수의 원인에 의하여 일반 공중 또는 다수의 인간에게 건

강 · 생명 · 안전 · 재산 등에 위해를 끼치거나, 공중이 가지는 공동의 권리를 방해하는 현상을 말한다.

㉠ 대기오염
- 대기 오염원 : 공장의 매연, 자동차의 배기가스, 연기, 먼지 등
- 대기 오염물질 : 아황산가스(공장 매연에 의한 것이 가장 많음), 일산화탄소(자동차의 배기가스), 질소산화물, 옥시탄트(광화학 스모그 현상), 분진 · 자동차 배기가스와 각종 입자상 가스상 물질이 있다.
  - 1차 오염물질 : 매연, 검댕, 미스트, 퓸, 박무
  - 2차 오염물질(광화학 산화물) : 오존(O_3), 알데히드, 스모그, PAN류
- 대기 오염에 의한 피해 : 인체에 대한 영향(호흡기계 질병 유발), 식물의 고사(유황산화물), 물질의 변질과 부식, 자연 환경의 악화, 경제적 손실
- 대기 오염 대책
  - 공장측 : 입지 대책 · 연료 배출 대책
  - 공공 기관측 : 도시계획의 합리화, 대기오염 실태 파악과 방지 계몽, 지도, 법적 규제와 방지, 기술의 개발

> **참고**
> - 공기 중 분진의 위생학적 허용한계 : 10mg/m³(400개/mℓ)
> - 분진 : 규폐증(유리규산) · 알레르기(꽃가루) · 전신중독(금속)
> - 스모그(Smog) : 매연 성분과 안개의 혼합에 의한 대기 오염
>   **예** LA 스모그 : 자동차 배기가스
>   런던 스모그 : 석탄 배기가스
> - 모니터링 : 공기의 검체를 취하여 대기 오염의 질을 조사
> - 링겔만 비탁표 : 검댕이량을 측정

㉡ 수질오염
- 수질 오염원 : 농업, 공업, 광업, 도시하수 등이 오염원이 된다.
- 수질 오염 물질 : 카드뮴 · 유기수은 · 시안 · 농약 · PCB(폴리염화비닐) 등이 있다.
  → PCB 중독(쌀겨유 중독) : 식욕부진, 구토, 체중감소
- 수질 오염에 의한 피해 : 이타이이타이병(카드뮴), 미나마타병(유기수은), 미강유증(PCB) 등과 같이 인체에 피해를 입히고, 농작물의 고사, 어류의 사멸, 상수원의 오염, 악취로 인한 불쾌감 등의 영향을 미친다.

> **참고** **수질 오염에 의한 공해 질병**
> - 수은 중독증 : 미나마타병(증상 : 지각이상, 언어 장애를 유발)
> - 카드뮴 중독증 : 이타이이타이병(증상 : 골연화증 유발)

© 소음 : 소음이란 불필요한 듣기 싫은 음을 말하며 공장, 건설장, 교통기관, 상가의 각종 소음이 있다. 데시벨(dB : decible)은 사람이 들을 수 있는 음압의 범위와 음(소리)의 강도 범위를 상용대수를 사용하여 만든 음의 강도의 단위이다.

- 소음에 의한 장애 : 수면방해, 불안증, 두통, 작업방해, 식욕감퇴, 정신적 불안정, 불쾌감, 불필요한 긴장 등을 일으킨다.
- 소음의 허용기준 : 1일 8시간 기준 90dB(A)을 넘어서는 안 된다.
- 방지 대책 : 소음원의 규제, 소음 확산 방지, 도시계획의 합리화, 소음 방지의 지도계몽, 법적 규제 등이 필요하다.

03 ▶ 역학 및 감염병 관리

1. 감염병 발생의 3대 요소

(1) 감염원(병원체, 병원소)
① 종국적인 감염원으로 병원체가 생활·증식하면서 다른 숙주에 전파될 수 있는 상태로 저장되는 장소이며, 질병을 일으키는 원인이다.
② 환자, 보균자, 환자와 접촉한 자, 매개동물이나 곤충, 오염토양, 오염식품, 오염식기구, 생활용구

(2) 감염경로(환경)
① 감염원으로부터 병원체가 전파되는 과정으로 직접적으로 영향을 미치는 경우보다는 간접적으로 영향을 미치는 경우가 많다.
② 직·간접감염, 공기감염, 절지동물감염 등

(3) 숙주의 감수성
① 숙주란 한 생물체가 다른 생물체의 침범을 받아 영양물질의 탈취 및 조직 손상 등을 당하는 생물체를 말한다.
② 감수성이 높으면 면역성이 낮으므로 질병이 발병되기 쉽다.
③ 감염병이 전파되어 있어도 병원체에 대한 저항력이나 면역성이 있으므로 개개인의 감염에는 차이가 있다.

→ 감수성 : 숙주에 침입한 병원체에 대항하여 감염이나 발병을 저지할 수 없는 상태

2. 감염병의 분류

(1) 병원체에 따른 감염병의 분류

① 바이러스(Virus)성 감염병

    ㉠ 호흡기 계통 : 인플루엔자, 홍역, 유행성 이하선염, 두창 등

    ㉡ 소화기 계통 : 소아마비(폴리오), 유행성 간염 등

      → 바이러스 : 세균보다 작아서 세균여과기로도 분리할 수 없고, 전자 현미경을 사용하지 않으면 볼 수 없는 가장 크기가 작은 미생물이다.

② 세균(Bacteria)성 감염병

    ㉠ 호흡기 계통 : 나병, 결핵, 디프테리아, 백일해, 폐렴, 성홍열 등

    ㉡ 소화기 계통 : 장티푸스, 콜레라, 세균성 이질, 파라티푸스 등

③ 리케차(Rickettsia)성 감염병 : 발진티푸스, 발진열, 양충병

④ 스피로헤타성 감염병 : 매독, 서교증, 와일씨병 등

⑤ 원충성감염병 : 아메바성 이질, 말라리아 등

(2) 인체 침입구에 따른 감염병의 분류

① 호흡기계 침입 : 디프테리아, 백일해, 결핵, 폐렴, 인플루엔자, 두창, 홍역, 풍진, 성홍열 등

② 소화기계 침입 : 장티푸스, 파라티푸스, 세균성 이질, 콜레라, 아메바성 이질, 소아마비, 유행성 간염 등

③ 경피 침입 : 일본뇌염, 페스트, 발진티푸스, 매독, 나병 등

(3) 위생 해충에 의한 감염

① 모기 : 말라리아, 일본뇌염, 황열, 뎅기열 등

② 이 : 발진티푸스, 재귀열 등

③ 벼룩 : 페스트, 발진열, 재귀열 등

④ 빈대 : 재귀열 등

⑤ 바퀴 : 이질, 콜레라, 장티푸스, 소아마비 등

⑥ 파리 : 장티푸스, 파라티푸스, 이질, 콜레라, 양충병 등

⑦ 진드기 : 쯔쯔가무시병, 재귀열, 유행성 출혈열, 양충병 등

    → 쥐가 매개하는 감염병 : 페스트, 서교증, 재귀열, 발진열, 유행성 출혈열, 쯔쯔가무시병, 와일씨병(랩토스피라증)

(4) 잠복기가 있는 감염병

① 잠복기가 1주일 이내 : 콜레라(잠복기가 가장 짧다), 이질, 성홍열, 파라티푸스, 디프테리아,

뇌염, 황열, 인플루엔자 등

② 잠복기가 1~2주일 : 발진티푸스, 두창, 홍역, 백일해, 급성회백수염, 장티푸스, 수두, 유행성 이하선염, 풍진

③ 잠복기가 특히 긴 것 : 나병(한센병), 결핵(잠복기가 가장 길며 일정하지 않다)

(5) 우리나라 법정 감염병의 종류

① 제1급감염병

　㉠ 생물테러감염병 또는 치명률이 높거나 집단 발생 우려가 커서 발생 또는 유행 즉시 신고하고 음압격리가 필요한 감염병

　㉡ 에볼라바이러스병, 마버그열, 라싸열, 크리미안콩고출혈열, 남아메리카출혈열, 리프트밸리열, 두창, 페스트, 탄저, 보툴리눔독소증, 야토병, 신종감염병증후군, 중증급성호흡기증후군(SARS), 중동호흡기증후군, 동물인플루엔자 인체감염증, 신종인플루엔자, 디프테리아

② 제2급감염병

　㉠ 전파가능성을 고려하여 발생 또는 유행 시 24시간 이내에 신고하고 격리가 필요한 감염병

　㉡ 결핵, 수두, 홍역, 콜레라, 장티푸스, 파라티푸스, 세균성이질, 장출혈성대장균감염증, A형간염, 백일해, 유행성이하선염, 풍진, 폴리오, 수막구균 감염증, b형헤모필루스 인플루엔자, 폐렴구균 감염증, 한센병, 성홍열, 반코마이신내성황색 포도알균(VRSA) 감염증, 카바페넴내성장내세균 속균종(CRE) 감염증

③ 제3급감염병

　㉠ 발생 또는 유행 시 24시간 이내에 신고하고 발생을 계속 감시할 필요가 있는 감염병

　㉡ 파상풍, B형간염, 일본뇌염, C형간염, 말라리아, 레지오넬라증, 비브리오패혈증, 발진티푸스, 발진열, 쯔쯔가무시증, 렙토스피라증, 브루셀라증, 공수병, 신증후군출혈열, 후천성면역결핍증(AIDS), 크로이츠펠트-야콥병(CJD) 및 변종크로이츠펠트-야콥병(vCJD), 황열, 뎅기열, 큐열, 웨스트나일열, 라임병, 진드기매개뇌염, 유비저, 치쿤구니야열, 중증열성혈소판감소 증후군(SFTS), 지카바이러스 감염증

④ 제4급감염병

　㉠ 제1급~제3급 감염병 외에 유행 여부를 조사하기 위해 표본감시 활동이 필요한 감염병

　㉡ 인플루엔자, 매독, 회충증, 편충증, 요충증, 간흡충증, 폐흡충증, 장흡충증, 수족구병, 임질, 클라미디아감염증, 연성하감, 성기단순포진, 첨규콘딜롬, 반코마이신내성장알균(VRE) 감염증, 메티실린내성황색포도알균(MRSA) 감염증, 다제내성녹농균(MRPA)감염증, 다제내성아시네토박터바우마니균(MRAB)감염증, 장관감염증, 급성호흡기감염증, 해외유입기생충감염증, 엔테로바이러스감염증, 사람유두종바이러스감염증

(6) 우리나라 검역 감염병의 종류 및 감시 또는 격리기간

콜레라 : 5일, 페스트 : 6일, 황열 : 6일, 중증급성호흡기증후군(SARS) : 10일, 조류인플루엔자(AI) 인체감염증 : 10일, 신종인플루엔자감염증 : 최대 잠복기, 중동호흡기증후군(MERS) : 최대 잠복기

(7) 인수 공통감염병

① 동물과 사람 간에 서로 전파되는 병원체에 의하여 발생되는 감염병 중 보건복지부장관이 고시하는 감염병을 말한다.
② 장출혈성 대장균감염증, 일본뇌염, 브루셀라증, 탄저, 공수병, AI 인체감염증, SARS, vCJD, 큐열, 결핵

(8) 감염병 유행의 시간적 현상

변화	주기	감염병
순환변화(단기변화) 단기간적 주기로 유행하는 것	2~5년	백일해(2~4년) 홍역(2~4년) 일본뇌염(3~4년)
추세변화(장기변화) 장기간적 주기로 유행하는 것	10~40년	디프테리아(20년) 성홍열(30년) 장티푸스(30~40년)
계절적 변화	하계 동계	소화기계 감염병 호흡기계 감염병
불규칙 변화	질병 발생 양상이 돌발적으로 발생하는 경우를 말하며, 주로 외래 감염병을 들 수 있다.	

3. 감염병의 예방 대책

(1) 감염원 대책

① 환자에 대한 대책 : 환자의 조기 발견, 격리 및 감시와 치료를 실시하며, 법정 감염병 등의 환자 신고를 잘한다.
② 보균자에 대한 대책 : 보균자의 조기 발견으로 감염병의 전파를 막는다. 특히 식품을 다루는 업무에 종사하는 사람에 대한 검색을 중점적으로 실시한다.
③ 외래 감염병에 대한 대책 : 병에 걸린 동물을 신속히 없앤다.
④ 역학 조사 : 검병 호구조사, 집단 검진 등 각종 자료에서 감염원을 조사 추구하여 대책을 세운다.
⑤ 보균자의 종류 : 병의 증상은 나타나지 않지만 몸 안에 병원균을 가지고 있어 평상시에 혹은 때때로 병원체를 배출하고 있는 자로 그 종류는 다음과 같다.

ㄱ 회복기보균자(병후보균자) : 질병의 임상증상이 회복되는 시기에도 여전히 병원체를 지닌 사람

ㄴ 잠복기보균자(발병 전 보균자) : 잠복기간 중에 병원체를 배출하여 전염성을 가지고 있는 사람

ㄷ 건강보균자 : 감염에 의한 임상증상이 전혀 없고 건강한 사람과 다름이 없지만 몸 안에 병원균을 가지고 있는 감염자로서 감염병을 관리하는 데 가장 어려운 사람

(2) 감수성 대책

① **저항력의 증진** : 평소에 영양부족 · 수면부족 · 피로 등에 의한 체력저하를 방지하고 체력을 증진시켜 저항의 유지 증진에 노력한다.

② **예방 접종(인공 면역)**

구분	연령	예방 접종의 종류
기본접종	4주 이내	BCG(결핵 예방 접종)
	2개월	경구용 소아마비, DPT
	4개월	경구용 소아마비, DPT
	6개월	경구용 소아마비, DPT
	15개월	홍역, 볼거리, 풍진
	3~15세	일본 뇌염
추가 접종	18개월	경구용 소아마비, DPT
	4~6세	경구용 소아마비, DPT
	11~13세	경구용 소아마비, DPT
	매년	일본뇌염(유행 전 접종)

※ BCG결핵 : 아기가 태어나서 제일 처음 받는 예방접종

※ D : 디프테리아, P : 백일해, T : 파상풍

③ **면역**

면역 ┌ 선천 면역 – 종속 면역, 인종 면역, 개개인의 특이성
　　　└ 후천 면역 ┌ 능동 면역 ┌ 자연 능동 면역 : 질병 감염 후 획득한 면역
　　　　　　　　　│　　　　　　└ 인공 능동 면역 : 예방접종으로 획득한 면역
　　　　　　　　　└ 수동 면역 ┌ 자연 수동 면역 : 모체로부터 얻은 면역
　　　　　　　　　　　　　　　└ 인공 수동 면역 : 혈청제재의 접종으로 획득하는 면역

→ 영구 면역이 잘되는 질병 : 홍역, 수두, 풍진, 백일해, 폴리오, 황열, 천연두 등
　 면역이 형성되지 않는 질병 : 이질, 매독, 말라리아 등

4. 주요한 감염병의 지식과 예방

(1) 소화기계 감염병

소화기계 감염병의 병원체는 환자, 보균자의 분변으로 배설되어 음식물이나 식수에 오염되어 경구침입함으로써 감염병이 성립되는 경우가 많다. 그 종류는 장티푸스, 콜레라, 이질, 폴리오, 유행성간염, 기생충병 등이 있으며, 일반적인 예방대책은 다음과 같다.

- 환자 및 보균자의 색출과 격리
- 외출 후에는 손발을 깨끗이 씻는 등 개인위생의 철저
- 쥐, 파리 등 매개곤충의 구제 및 발생원 제거
- 음식물의 위생적 관리
- 상·하수도 및 식품의 위생적 관리
- 환경위생의 개선
- 적절한 예방접종의 실시

① 장티푸스(Txphoid fever)
  ㉠ 특징 : 우리나라에서 제일 많이 발생되는 감염병으로 연중 내내 발생하며, 발열과 복부 통이 주증상이다.
  ㉡ 잠복기 : 1~3주
  ㉢ 예방 : 환자 및 보균자 색출, 환자관리, 분뇨, 물, 음식물, 파리 구제 등 환경 위생의 관리, 예방 접종의 철저 등 대책이 필요하다.

② 파라티푸스
  ㉠ 특징 : 장티푸스와 증세가 비슷하지만 경과기간이 짧다.
  ㉡ 잠복기 : 3~6일
  ㉢ 예방 : 장티푸스와 동일하다.

③ 콜레라(Cholera)
  ㉠ 특징 : 위장장애와 전신증상으로서 구토, 설사, 탈수, 허탈 등을 일으킨다.
  ㉡ 잠복기 : 12~48시간
  ㉢ 예방 : 장티푸스와 동일하다.

④ 세균성 이질
  ㉠ 특징 : 대장 점막에 궤양성 병변을 일으켜서 발열 점액성 혈변을 일으킨다.
  ㉡ 잠복기 : 2~7일
  ㉢ 예방 : 장티푸스와 동일하나 예방 접종이 없다.

⑤ 아메바성 이질
  ㉠ 특징 : 세균성 이질과 동일하다.
  ㉡ 예방 : 전파관리가 중요하며 면역 방법은 없다.

⑥ 소아마비(급성 회백수염, 폴리오)
　　㉠ 특징 : 중추신경계의 손상을 일으킨다.
　　㉡ 예방 : 환경위생의 철저, 예방접종이 가장 좋은 방법이다.

(2) 호흡기계 감염병

환자 및 보균자의 객담, 재채기, 콧물 등으로 병원체가 감염되는 비말감염과 먼지 등에 의한 진애감염 등이 이루어지며, 호흡기계 감염병의 종류에는 디프테리아, 백일해, 인플루엔자, 홍역, 천연두 결핵 등이 있다. 호흡기계 감염병에 대한 일반적인 대책으로 감염원 및 감수성 보유자에 대한 대책이 중요하다.

① 디프테리아
　　㉠ 특징 : 발열, 인후, 코 등의 국소적 염증, 호흡곤란의 증세를 나타내며 체외독소를 분비한다.
　　㉡ 잠복기 : 2~5일
　　㉢ 예방 : 환자의 격리 및 소독이 필요하며 예방 접종으로 DPT를 이용한다.
② 백일해
　　㉠ 특징 : 9세 이하에 많이 발생하며 경련성 해수를 일으킨다.
　　㉡ 잠복기 : 7~10일
　　㉢ 예방 : 예방 접종(DPT 예방 접종)을 철저히 한다.
③ 홍역
　　㉠ 특징 : 2~3년을 간격으로 다발유행(순환변화)한다. 1~2세의 소아에게 많이 감염되며 열과 발진이 생긴다.
　　㉡ 잠복기 : 8~20일(보통 10일)
　　㉢ 예방 : 디프테리아와 동일, 예방 접종을 철저히 한다.
④ 천연두
　　㉠ 특징 : 주로 겨울에 유행하며, 발열, 전신발진, 두통이 주증상이다.
　　㉡ 예방 : 해·공항 검역과 예방 접종을 철저히 한다.
⑤ 유행성 이하선염
　　㉠ 특징 : 이하선이나 고환 등에 염증을 일으킨다.
　　㉡ 예방 : 예방 접종은 없으며 환자의 격리가 중요하다.
⑥ 풍진
　　㉠ 특징 : 유행성 이하선염과 비슷하며 특히 임신 초기에 이환되면 기형아를 낳게 될 가능성이 있는 질병이다.
　　㉡ 예방 : 유행성 이하선염과 동일하다.

(3) 절족동물 매개 감염병

절족동물의 종류는 많이 있지만, 인간에게 질병을 전파하는 곤충과 질병은 페스트(벼룩), 발진티푸스(이), 일본뇌염(모기), 발진열(벼룩), 말라리아(모기), 양충병(진드기), 황열(모기), 유행성 출혈열(진드기) 등이 있다.

① 페스트 : 쥐벼룩에 의해 쥐에서 쥐로 전파되며, 폐렴이 특징이다. 예방은 환자 및 보균자의 색출, 쥐와 벼룩의 구제, 사균 백신으로 접종을 한다.

② 발진티푸스 : 이의 흡혈에 의해 감염되며, 발진이 특징이다.

③ 말라리아 : 전 세계적으로 사망률이 가장 높은 질병으로, 모기의 흡혈에 의해 주기적 고열, 오한 증세를 나타낸다. 모기의 구제 및 예방접종을 요한다.

④ 일본뇌염 : 모기에 의해 급격한 발열과 두통을 수반하여 뇌의 염증을 일으킨다. 예방으로는 모기(작은 빨간 집모기)의 구제 및 예방 접종을 요한다.

⑤ 광견병 : 감염된 개가 사람을 물음으로써 감염된다. 예방은 동물을 수입할 때 검역과 개의 예방 접종, 개에 물리지 않도록 조심해야 한다.

(4) 만성 감염병

① 결핵

  ㉠ 특징 : 결핵은 신체의 모든 부분을 침범하지만 특히 폐에 많이 감염된다. 결핵균은 인형(人型), 우형(牛型), 조형(鳥型)의 3종으로 분류한다.

  ㉡ 증상 : 피로, 식욕감소, 체중감소, 마른기침으로 진행되면 점액성 혈담이 나온다.

  ㉢ 잠복기 : 1년(2년 이후에는 급격히 적어지나 5~10년 이후에 발생하는 일도 있다)

  ㉣ 예방 : 환자의 발견, 격리 및 치료, 예방 접종(BCG), 결핵관리의 제도적 확립이 필요하다.

> **참고**
> • 투베르쿨린 반응검사 : 투베르쿨린 검사는 결핵균 감염 유무를 아는 방법으로 실시. 투베르쿨린액 0.1㎖를 피 내에 접종하여 48시간 후에 발적부위의 지름을 측정해서 4mm 이하는 음성(-), 5~9mm는 의양성(±), 10mm 이상은 양성(+)으로 등분. 2중발적 경결의 경우는 강양성(++)
> • BCG의 접종 : 결핵의 예방 접종으로 0.05mg을 피 내에 접종하는데 출생 후 4주 이내에 초회 피 내에 접종한다.

② 나병(한센씨병) : 피부 말초신경의 손상을 일으키며 잠복기가 긴 만성감염병으로, 예방책으로 환자의 발견, 격리, 치료를 하고 접촉자의 관리, 소독의 실시 등 예방 접종을 시킨다.

③ 매독(성병) : 매독, 임질, 트라코마 등이 있으며, 면역성이 없다. 매독은 점막이나 피부를 통해 감염되며 여성의 경우는 유산, 사산의 원인이 되고 태아에 감염되면 심한 병변을 준다. 임질은 생식기에 감염되어 불임증이 될 수 있으며 실명 임균성 관절염의 원인이 되기도 한다. 트라코마는 직접 접촉 또는 개달물에 의해 전파되기도 하며 면역성은 없고, 시력장애, 안검손상을 일으키고 심하면 실명한다.

1. 산업보건의 개념

(1) 산업보건의 정의(국제노동기구와 세계보건기구 공동위원회)

① 모든 직업에 일하는 근로자들의 육체적, 정신적 그리고 사회적 건강을 고도로 유지 증진하며, ② 작업조건으로 인한 질병을 예방하고, ③ 건강에 유해한 취업을 방지하며, ④ 근로자를 생리적으로나 심리적으로 적합한 작업환경에 배치하여 일하도록 하는 것이다. 라고 정의하였다.

(2) 산업보건사업의 3가지 권장목표(국제노동기구)

① 노동과 노동조건으로 일어날 수 있는 건강장해로부터의 근로자 보호
② 작업에 있어서 근로자들의 정신적, 육체적 적응 (특히 채용 시 적성배치에 기여)
③ 근로자의 정신적, 육체적 안녕의 상태를 최대한으로 유지 · 증진하는 데 기여

2. 산업재해

근로자가 산업현장에서 돌발적인 안전사고로 인하여 갑자기 사망 또는 부상하거나 질병에 이환되는 것을 말한다.

(1) 산업재해의 원인

① 직접원인은 재해를 일으키는 물체 또는 행위 그 자체를 말한다.
② 간접원인(2차적 원인)
　　㉠ 물적원인 : 불안전한 시설물, 부적절한 공구, 불량한 작업환경 등
　　㉡ 인적원인 : 체력이나 정신상의 결함, 심신의 요인 등

3. 직업병

직업이 가지고 있는 특정한 요인에 의해서 그 직업에 종사하는 사람에게 발생하는 특정 질환을 말한다.

(1) 직업병의 원인별 질병

원인별	질병	
고열환경(이상고온)	열중증(열경련, 열허탈증, 열사병, 열쇠약증)	
저온환경(이상저온)	참호족염, 동상, 동창	
고압환경(이상고기압)	잠함병	
저압환경(이상저기압)	고산병	
조명불량	안정피로, 근시, 안구 진탕증	

소음	직업성 난청(방지 : 귀마개 사용, 방음벽설치, 작업방법개선)
분진	진폐증 : 규폐증(유리규산), 석면폐증(석면), 활석폐증(활석)
방사선	조혈기능장애, 피부 점막의 궤양과 암 형성, 생식기장애, 백내장
자외선 및 적외선	피부 및 눈의 장애

공업 중독	납(Pb)중독	연연(鉛緣), 뇨 중에 코프로포피린 검출, 권태, 체중감소, 염기성과립 적혈구 수의 증가, 요독증 등의 증세
	수은(Hg)중독	미나마타병의 원인물질로 언어장애, 지각이상, 보행곤란의 증세
	크롬(Cr)중독	비염, 인두염, 기관지염
	카드뮴(Cd)중독	이타이이타이병 원인물질로 폐기종, 신장애, 골연화, 단백뇨의 증세

01 건강의 정의를 가장 적절하게 표현한 것은?
① 질병이 없고 육체적으로 완전한 상태
② 육체적 · 정신적으로 완전한 상태
③ 육체적 완전과 사회적 안녕이 유지되는 상태
④ 육체적 · 정신적 · 사회적 안녕의 완전한 상태

해설 건강에 대한 세계보건기구의 정의
건강이란 단순한 질병이나 허약의 부재상태만을 의미하는 것이 아니라 육체적 · 정신적 · 사회적 안녕의 완전한 상태를 말한다.

02 다음 중 공중보건의 목적은?
① 질병예방, 생명연장, 건강증진
② 조기치료, 조기발견, 격리치료
③ 생명연장, 건강증진, 조기발견
④ 건강증진, 생명연장, 질병치료

해설 공중보건의 목적은 질병 예방, 수명 연장, 신체적 · 정신적 효율의 증진에 있고, 이것을 달성하기 위한 수단은 지역사회의 노력을 통해 이루어진다.

03 디.티.피(DTP)와 관계 없는 질병은?
① 파상풍
② 디프테리아
③ 페스트
④ 백일해

해설 디.티.피(DTP)의 D는 디프테리아(Diphtheria), P는 백일해(Pertussis), T는 파상풍(Tetani)을 의미한다.

04 자외선의 작용과 거리가 먼 것은?
① 구루병의 예방 · 치료작용
② 창상의 살균작용
③ 피부암 유발
④ 안구진탕증 유발

해설 불량 조명 시 발생하는 직업병 : 안구진탕증, 근시, 안정피로 등

05 살균력이 강한 자외선의 파장은?
① 2,000～2,400 Å
② 2,400～2,800 Å
③ 2,800～3,200 Å
④ 3,200～2,600 Å

해설 자외선은 파장의 범위가 2,500～2,800 Å (옴스트롬)일 때 살균력이 가장 강하다.

06 감각온도의 3요소에 속하지 않는 것은?
① 기압 ② 기온
③ 기습 ④ 기류

해설 감각온도의 3요소는 기온(온도), 기습(습도), 기류(공기의 흐름)이다.

07 기온 역전현상은 언제 발생하는가?
① 상부기온과 하부기온이 같을 때
② 상부기온이 하부기온보다 높을 때
③ 안개와 매연이 심할 때
④ 상부기온이 하부기온보다 낮을 때

해설 기온 역전현상
대기층의 온도는 100m 상승 시마다 1℃ 정도 낮아져서 상부기온이 하부기온보다 낮지만 기온 역전현상이라 함은 상부기온이 하부기온보다 높은 때를 말한다.

 정답 01 ④ 02 ① 03 ③ 04 ④ 05 ② 06 ① 07 ②

08 실내의 가장 적절한 온도와 습도는?

① 16±2℃, 70~80%

② 18±2℃, 40~70%

③ 20±2℃, 20~40%

④ 22±2℃, 50~60%

해설 • 쾌감온도 : 18±2℃
• 쾌적한 습도 : 40~70%
• 공기의 흐름(기류) : 일반적으로 1m/sec 전후의 기류

09 다음 공기의 조성원소 중에 가장 많은 것은?

① 산소　　　　② 질소

③ 이산화탄소　　④ 아르곤

해설 대기 중의 공기 조성은 질소가 78%로 가장 많이 함유되어 있다.

10 다수인이 밀집한 실내의 공기가 물리·화학적 조성의 변화로 불쾌감, 두통, 권태, 현기증 등을 일으키는 것은?

① 군집독　　　　② 진균독

③ 산소중독　　　④ 자연독

해설 다수인이 밀집해 있는 곳의 실내공기는 물리적, 화학적 조성의 변화로 불쾌감, 두통, 식욕 저하, 현기증, 권태, 구역질 등의 이상현상이 발생하는데 이를 군집독이라 한다. 고온, 다습, CO₂나 유해가스 등이 혼합되어 발생한다.

11 일산화탄소(CO)에 대한 설명으로 틀린 것은?

① 헤모글로빈과의 친화성이 매우 강하다.

② 일반 공기 중 0.1% 정도 함유되어 있다.

③ 탄소를 함유한 유기물이 불완전 연소할 때 발생한다.

④ 제철, 도시가스 제조 과정에서 발생한다.

12 실내 공기 오탁을 나타내는 대표적인 지표로 삼는 기체는?

① N_2　　　　② CO_2

③ O_2　　　　④ CO

해설 이산화탄소(CO_2)는 실내 공기 오탁의 지표로 쓰이고, 대기 공기의 오탁을 나타내는 대표적인 지표로 삼는 기체는 아황산가스(SO_2)이다.

13 다음 중 물의 자정작용과 거리가 먼 것은?

① 침전작용

② 폭기에 의한 가스교환과정

③ 미생물의 유기물질분해

④ 활성오니법

해설 활성오니법은 유기물을 분해시키는 시설로 하수처리방법에 속한다.

14 다음 중 일반적으로 자연 환기를 가장 여러 번 실시해야 하는 곳은?

① 거실

② 욕실

③ 변소

④ 대중 음식점 조리실

해설 대중 음식점 조리실은 음식 냄새와 습기가 많이 차므로 수시로 환기시켜 준다.

15 실내의 자연채광을 위한 조건이 아닌 것은?

① 창의 개각은 6~8°

② 창 면적은 방바닥 면적의 1/5~1/7 정도일 것

③ 창문의 입사각은 28° 이상

④ 거실의 안쪽 길이는 창틀 윗부분까지 높이의 1.5배 이하일 것

해설 실내의 자연채광을 위한 창의 개각은 4~5° 이상, 입사각은 28° 이상이 좋다.

08 ②　09 ②　10 ①　11 ②　12 ②　13 ④　14 ④　15 ①

16 실내의 자연환기가 가장 잘 일어나려면 중성대는 어느 곳에 위치하는 것이 좋은가?

① 방바닥과 천장의 중간 사이
② 천장 가까이
③ 방바닥 가까이
④ 벽면 양쪽에

해설 중성대란 실내에서 자연환기가 이루어질 때 들어오는 공기는 하부로, 나가는 공기는 상부로 유출되는 공간에 형성되는 압력이 0인 지대를 말하며, 중성대가 천장 가까이 형성되면 환기량이 크고, 낮게 형성되면 환기량이 작다.

17 상수도 기준에서 조금만 검출되어도 안 되는 것은?

① 염소이온
② 일반 세균
③ 질산성 질소
④ 대장균

해설 음료수의 판정기준
• 염소이온은 150ppm을 넘지 아니할 것
• 일반 세균수는 1cc 중 100을 넘지 아니할 것
• 질산성 질소는 10ppm을 넘지 아니할 것
• 대장균군은 50cc 중에서 검출되지 아니할 것

18 염소 소독의 장점을 설명한 것이다. 틀린 것은?

① 독성이 없다.
② 소독력이 강하다.
③ 조작이 간편하다.
④ 가격이 싸다.

해설 염소 소독은 소독력이 강하고, 잔류효과가 크며, 조작이 간편하고 가격이 저렴한 장점이 있는 반면, 단점으로는 냄새가 나며, 독성이 있다.

19 상수처리법의 순서는?

① 염소소독 – 침전 – 여과 – 침사 – 급수
② 침전 – 침사 – 여과 – 염소소독 – 급수
③ 침사 – 침전 – 여과 – 염소소독 – 급수
④ 침사 – 여과 – 침전 – 염소소독 – 급수

해설 상수도 정수법
침사 – 침전 – 여과 – 소독의 순서로 실시하고, 소독 시 물에 공기 공급을 해주는 폭기(Airation) 작업을 겸해서 실시한다.

20 음료수 중에 불소가 많이 함유되면?

① 충치 예방에 효과가 있다.
② 갑상선종 예방에 좋다.
③ 음료수 소독이 된다.
④ 반상치에 걸린다.

해설 음료수 중에 불소가 많이 함유되어 있을 경우 반상치, 적게 함유되어 있을 경우에는 우치(충치)에 걸리기 쉽다.

21 공기 중 산소가 몇 % 이하가 되면 호흡이 곤란해지는가?

① 10%   ② 15%
③ 17%   ④ 19%

해설 공기 중 산소가 10% 이하이면 호흡곤란이 오고 7% 이하이면 질식사한다.

22 모든 사람에게 불쾌감을 느끼게 하는 불쾌지수는?

① DI가 65   ② DI가 70
③ DI가 75   ④ DI가 80

해설 불쾌지수(Discomfort Index) : DI가 70이면 10%, DI가 75이면 50%, DI가 80이면 거의 모든 사람이 불쾌감을 느낀다.

정답 16 ②   17 ④   18 ①   19 ③   20 ④   21 ①   22 ④

23 작업장 내의 부적당한 조명이 인체에 미치는 주 영향은?

① 위궤양   ② 체중 감소

③ 소화 불량   ④ 안정피로

해설 작업장 내의 조명 불량으로 인한 직업병으로 안정 피로, 근시, 안구진탕증이 올 수 있다.

24 하수처리의 본처리 과정 중 가장 진보적이며 많이 쓰이는 방법은?

① 살수여과법

② 활성오니법

③ 부패조처리법

④ 임호프 탱크법

해설 활성오니 처리법은 도시하수의 처리에 주로 이용 되며 가장 진보적이다.

25 하천수의 용존산소량(DO)이 적은 것과 가장 관계 깊은 것은?

① 하천수의 온도가 하강하였다.

② 중금속의 오염이 심하다.

③ 비가 내린지 얼마 안 되었다.

④ 가정하수, 공장폐수 등에 의해 많이 오염되었다.

해설 용존산소량(DO)이 적다는 것은 가정하수나 공장폐 수 등에 의해 많이 오염되었다는 것이다.

26 BOD(생물화학적 산소요구량) 측정 시 온도와 측정기간은?

① 10℃에서 7일간

② 20℃에서 7일간

③ 10℃에서 5일간

④ 20℃에서 5일간

해설 BOD(생화학적 산소요구량)의 측정
하수 중의 유기물이 미생물에 의해 분해되는 데 필 요한 용존산소의 소비량을 측정하여 하수의 오염

도를 아는 방법으로 20℃에서 5일간 측정한다.

27 냉 · 난방에 대한 다음 설명 중 틀린 것은?

① 10℃ 이하에서는 난방을 하는 것이 좋다.

② 머리와 발의 온도차는 2~3℃ 이내가 좋다.

③ 26℃ 이상에서는 냉방을 하는 것이 좋다.

④ 실내와 실외의 온도차는 10~15℃ 이내가 되도록 한다.

해설 실내 · 외의 온도차는 5~8℃ 이내가 좋다. 10℃ 이 상의 온도차는 냉방병의 원인이 된다.

28 하수처리 과정을 순서대로 옳게 나열한 것은?

① 본처리 - 예비처리 - 오니처리

② 예비처리 - 본처리 - 오니처리

③ 예비처리 - 오니처리 - 본처리

④ 오니처리 - 예비처리 - 본처리

해설 하수처리 과정
• 예비처리 : 하수 중의 부유물과 고형물을 제거하 는 처리 과정
• 본처리 : 호기성 처리 및 혐기성 처리인 미생물 이용에 의한 생물학적 처리 과정
• 오니처리 : 하수처리 과정 중 최종 단계의 처리

29 진개처리방법 중 가장 위생적이거나 대기오탁 의 원인이 되는 것은?

① 매립법   ② 소각법

③ 투기법   ④ 비료화법

해설 진개처리방법 중 소각법은 세균을 사멸시킬 수 있 는 가장 위생적인 방법이나 매연으로 인한 대기오 염이라는 단점이 있다.

23 ④   24 ②   25 ④   26 ④   27 ④   28 ②   29 ②

30 대기의 오존층을 파괴하는 원인물질로 냉장고 및 에어컨 등의 냉매로 사용되는 대기오염 물질은?

① 질소가스   ② 프레온가스

③ 일산화탄소   ④ 이산화탄소

> 해설 냉장고 및 에어컨의 냉매제로 쓰이는 프레온가스는 대기의 오존층을 파괴하는 주범이다.

31 파리구제의 가장 효과적인 방법은?

① 환경개선으로 발생원을 제거한다.

② 파리의 먹이를 없앤다.

③ 방충망을 설치한다.

④ 성충을 구제하기 위하여 살충제를 분무한다.

> 해설 구충, 구서의 구제를 위한 가장 근본적인 방법은 발생원(서식처)를 제거하는 것이다.

32 링겔만(Ringelman) 비탁표는 무엇을 측정하는 것인가?

① 검뎅이량(배기가스)

② 일산화탄소량

③ 질소산화물량

④ 황산화물량

> 해설 링겔만 비탁표는 매연농도 차트로 연동에서 나오는 검뎅이량을 육안으로 측정하는 도표이다.

33 많은 사람이 모인 실내에 있으면 두통이 발생하는 가장 중요한 원인은?

① 실내공기의 이화학적 조성의 변화

② 실내기온의 증가

③ 실내공기의 화학적 변화

④ 공기성분 중 산소의 부족 현상 초래

> 해설 다수인이 밀집한 곳의 실내공기는 화학적 조성이나 물리적 조성의 변화로 인하여 불쾌감, 두통, 권태, 현기증, 구토 등의 생리적 이상을 일으키는데 이러한 현상을 군집독이라 한다.

34 소음의 측정단위인 dB(decibel)은 무엇을 나타내는 단위인가?

① 음속   ② 음압

③ 음파   ④ 음역

> 해설 데시벨(dB)은 사람이 들을 수 있는 음압의 범위와 음의 강도 범위를 상용대수를 사용하여 만든 음의 강도 단위로 음압도 밀도가 높은 부분과 낮은 부분의 압력변화를 말한다.

35 소음의 영향으로 옳은 것은?

① 수면유도

② 시력감퇴

③ 작업능률저하

④ 피부질환

> 해설 소음으로 인한 직업병으로 직업성 난청을 들 수 있으며, 소음으로 인하여 작업능률이 저하되므로 방지책으로 귀마개 사용·음벽 설치·작업방법 개선 등이 있다.

36 오존층 파괴로 인하여 생길 수 있는 가장 심각한 질병은?

① 위장염   ② 관절염

③ 피부암   ④ 폐렴

> 해설 오존층이 파괴되면 지구에 도달하는 자외선이 많아져 피부암 등을 유발하게 된다.

37 1일 8시간 기준 소음허용기준은 얼마 이하인가?

① 80dB   ② 90dB

③ 100dB   ④ 110dB

> 해설 소음은 장애물이 없는 지점에서 위 1.2~1.5m 높이에서 실시하며, 1일 8시간 기준으로 90dB(A)을 넘어서는 안 된다.

정답 30 ② 31 ① 32 ① 33 ① 34 ② 35 ③ 36 ③ 37 ②

38 다음 감염병을 일으키는 병원체 중 크기가 가장 작고, 세균 여과기를 통과하며, 생체 내에서만 증식하는 것은?

① 원충류   ② 세균

③ 바이러스   ④ 리케차

해설 바이러스는 병원체 중 크기가 가장 작고 세균 여과기로도 분리할 수 없으며 전자현미경을 사용해야만 볼 수 있다.

39 다음 중 접촉 감염지수가 가장 높은 질병은?

① 백일해   ② 디프테리아

③ 성홍열   ④ 홍역

해설 • 감염지수란 감수성이 있는 사람이 환자와 접촉했을 때 감염되는 확률을 말한다.
• 감염지수 : 홍역, 천연두 95%

40 모기가 옮기지 않는 질병은?

① 사상충증   ② 폴리오

③ 말라리아   ④ 일본뇌염

해설 폴리오는 바퀴벌레가 옮기는 질병이다.
모기가 매개하는 질병 : 말라리아, 일본뇌염, 사상충증, 황열, 뎅기열 등

41 자연수동면역이란?

① 예방접종 후 형성되는 면역

② 모체로부터 아이가 받은 면역

③ 병을 앓고 난 후의 혈청을 다른 사람에게 주었을 때 받는 면역

④ 질병감염 후 형성되는 면역

해설 자연수동면역은 태아가 모체로부터 태반을 통해서 항체를 받거나 생후에 모유를 통해서 항체를 받는 방법을 말한다.
① 인공능동면역, ③ 인공수동면역, ④ 자연능동면역

42 감염병 환자에게 회복 후에 형성되는 면역은?

① 자연능동면역

② 선천면역

③ 자연수동면역

④ 인공능동면역

해설 자연면역
• 자연능동면역 : 질병감염 후에 형성되는 면역
• 자연수동면역 : 모체로부터 획득되는 면역
인공면역
• 인공능동면역 : 예방접종 후에 형성되는 면역
• 인공수동면역 : 동물의 면역혈청, 회복기 환자의 면역혈청 등 인공제재를 접종하여 획득한 면역

43 이가 옮기는 감염병은?

① 발진티푸스

② 장티푸스

③ 콜레라

④ 발진열

해설 이가 매개하는 질병 : 발진티푸스, 재귀열 등

44 다음과 같은 특징을 가지는 위생해충은?

• 식품과 함께 체내에 섭취되면 기생 부위에 따라 설사, 복통, 급성기관지 천식 등의 여러 가지 증상을 보인다.
• 온도 20℃ 이상, 습도 75% 이상, 수분 13% 이상일 때 잘 증식한다.
• 50~60℃에서 5~7분간 가열하면 사멸된다.
• 마디발 생물로 식품 중에 볼 수 있는 것만도 100여 종에 달한다.

① 벼룩   ② 파리

③ 모기   ④ 진드기

해설 위와 같은 특징을 가진 위생해충은 진드기로 식품 중에서 발견되는 종류만 해도 100종이 넘는다. 진드기의 발생을 방지하려면 환경을 깨끗이 해야 한다.

38 ③   39 ④   40 ②   41 ②   42 ①   43 ①   44 ④

45 다음 중 소화기계 감염병에 속하지 않는 것은?

① 장티푸스

② 발진티푸스

③ 세균성이질

④ 결핵

해설 • 소화기계 감염병 : 장티푸스, 파라티푸스, 세균성 이질, 콜레라, 소아마비, 유행성 간염 등
• 호흡기계 감염병 : 디프테리아, 백일해, 결핵, 인 플루엔자, 홍역, 천연두 등

46 우리나라에서 정해진 검역 감염병이 아닌 것은?

① 장티푸스　　　　② 황열

③ 페스트　　　　　④ 콜레라

해설 검역 감염병의 종류와 시간
• 콜레라 : 120시간
• 페스트 : 144시간
• 황열 : 144시간

47 회복기 보균자에 대한 설명으로 옳은 것은?

① 병원체에 감염되어 있지만 임상증상이 아직 나타나지 않은 상태의 사람

② 병원체를 몸에 지니고 있으나 겉으로는 증상이 나타나지 않는 건강한 사람

③ 질병의 임상증상이 회복되는 시기에도 여전히 병원체를 지닌 사람

④ 몸에 세균 등 병원체를 오랫동안 보유하고 있으면서 자신은 병의 증상을 나타내지 아니하고 다른 사람에게 옮기는 사람

해설 보균자의 분류
• 회복기 보균자(병후 보균자) : 질병의 임상증상이 회복되는 시기에도 여전히 병원체를 지닌 사람
• 잠복기 보균자(발병전 보균자) : 잠복기간 중에 병원체를 배출하여 전염성을 가지고 있는 사람
• 건강보균자 : 감염에 의한 임상증상이 전혀 없고 건강한 사람과 다름이 없지만 몸 안에 병원균을 가지고 있는 감염자로서 감염병을 관리하기 가장 어려운 사람

48 이질을 앓은 후 얻는 면역은?

① 면역성이 없음

② 영구면역

③ 수동면역

④ 능동면역

해설 이질은 면역성이 없다.

49 정기 예방접종을 받아야 하는 질병은?

① 말라리아

② 파라티푸스

③ 백일해

④ 세균성 이질

해설 정기 예방접종을 받아야 하는 질병 : 백일해, 결핵, 파상풍, 디프테리아, 홍역, 소아마비 등

50 질병의 감염경로로 틀린 것은?

① 아메바성이질 : 환자, 보균자의 분변 → 음식물

② 유행성간염 A형 : 환자, 보균자의 분변 → 음식물

③ 폴리오 : 환자, 보균자의 콧물과 분변 → 음식물

④ 세균성이질 : 환자, 보균자의 콧물, 재채기 등의 분비물 → 음식물

해설 세균성이질은 소화기계 감염병으로 병원체는 환자, 보균자의 분변으로 배설되어 음식물이나 식수에 오염되어 경구침입함으로써 감염병이 감염된다.

51 다음 감염병 중에 개달물 전파가 되지 않는 것은?

① 결핵　　　　　　② 트라코마
③ 나병　　　　　　④ 황열

해설 개달물 감염은 의복, 침구, 서적 등 비생체 접촉 매개물 감염으로 결핵, 트라코마, 천연두 등이 있으며 나병은 환자와의 직접접촉 또는 분비물, 기물, 배설물 등을 통해서 전파된다. 그러나 황열은 절족동물 매개 감염병으로서 모기에 의해 전파된다.

52 다음 감염병 중 감염경로가 토양인 것은?

① 파상풍　　　　　② 콜레라
③ 천연두　　　　　④ 디프테리아

해설 파상풍 : 경피감염(토양에 존재하던 파상풍균이 피부상처를 통해 감염된다)

53 감염병의 감수성 대책에 속하는 것은?

① 소독을 실시한다.
② 매개곤충을 구제한다.
③ 예방접종을 실시한다.
④ 환자를 격리시킨다.

해설 감염병의 감수성 대책으로 예방접종을 실시한다.

54 사람과 동물이 같은 병원체에 의하여 발생하는 질병을 무엇이라 하는가?

① 인축 공동 감염병
② 법정 감염병
③ 세균성 식중독
④ 기생충성 질병

해설 인축 공동 감염병이란 사람과 동물이 같은 병원체에 의해 감염되는 감염병을 말한다.

55 다음 중 예방접종이 불가능한 질병은?

① 백일해　　　　　② 결핵
③ 콜레라　　　　　④ 세균성 이질

해설 세균성 이질은 예방접종에 의한 면역이 형성되지 않는다.
정기적 예방접종을 하는 감염병 : 콜레라, 인플루엔자, 뇌염, 디프테리아, 파상풍, 결핵, 소아마비, 홍역, 천연두, 백일해 등

56 중요 감염병을 관리 대상으로 정하여 국가가 그 감염병으로부터 국민들을 보호할 목적으로 만든 것은?

① 수인성 감염병
② 만성 감염병
③ 습성 감염병
④ 법정 감염병

해설 우리나라의 법정 감염병은 제1급에서 제4급까지 법적으로 규정하여 국민보건향상에 노력하고 있다.

51 ④　52 ①　53 ③　54 ①　55 ④　56 ④

MEMO

PART

2

음식 안전관리

01 ▶ 개인 안전사고 예방 및 사후조치

1. 개인 재해발생의 원인 분석

(1) 사고의 원인이 되는 물리적 결함 상태를 조사

개인의 매장 안에서의 안전사고는 불안전한 상태 및 행동에 의해서 발생이 되는데 사고의 원인이 되는 물리적 결함 상태인 기계설비, 시설 및 환경의 불안전한 상태를 조사한다.

(2) 개인의 불안전한 행동을 조사

개인의 불안전한 행동은 사고의 직접원인이 될 수 있으므로 근로자의 불안전한 행동을 조사한다. 불안전한 행동으로는 기계기구 잘못 사용, 운전 중인 기계장치 손실, 불안전한 속도조작, 유해·위험물 취급 부주의, 불안전한 상태 방치, 불안전한 자세동작, 감독 및 연락 불충분 등이 있다.

(3) 개인 안전사고 예방을 위한 안전관리 대책

관리 책임자는 안전대책을 검토해야 하는데 각각의 안전대책이 위험도 경감에 합리적이고 효과적인지를 고려하고 자신의 책임범위 안에서 위험도를 제어할 수 있는 방법을 조사한다.

① 위험도 경감의 원칙
  ㉠ 사고발생 예방과 피해심각도의 억제
  ㉡ 위험도 경감전략의 핵심적인 요소 : 위험요인 제거, 위험발생 경감, 사고피해 경감
  ㉢ 위험도 경감 접근법 : 사람, 절차, 장비의 3가지 시스템 구성요소를 고려하여 검토
② 안전사고 예방 과정
  ㉠ 위험요인 제거 : 위험요인의 근원을 제거
  ㉡ 위험요인 차단 : 안전방벽을 설치하여 위험요인을 차단
  ㉢ 예방(오류) : 위험사건을 초래할 수 있는 인적. 기술적, 조직적 오류를 예방
  ㉣ 교정(오류) : 위험사건을 초래할 수 있는 인적. 기술적. 조직적 오류를 교정
  ㉤ 제한(심각도) : 위험사건 발생 이후 재발방지를 위하여 대응 및 개선조치

(4) 재해

① 재해는 근로 환경에서의 갖가지 물체나 작업조건 등으로 근로자가 본인 혹은 타인에게 상해를 입히는 것으로 이러한 재해사고는 시간적 경로 상에서 나타나게 되는 것이기 때문에 시간적인 과정에서 본다면 구성요소의 연쇄반응현상이라고 볼 수 있다.

② 구성요소의 연쇄반응
- ㉠ 사회적 환경과 유전적 요소
- ㉡ 개인적인 성격의 결함
- ㉢ 불안전한 행위와 불안전한 환경 및 조건
- ㉣ 산업재해의 발생

2. 개인 안전사고 예방을 위한 안전교육의 목적

개인의 불의의 사고는 상해, 사망 또는 재산피해를 불러일으킬 수 있으므로 불의의 사고를 예방하기 위해 안전교육이 필요한데 일상생활에서 개인 및 집단의 안전에 필요한 지식이나 기능, 태도 등을 지속적으로 교육하면 안전상의 문제가 개선될 수 있다. 교육을 통하여 안전한 생활을 영위할 수 있는 습관을 형성시키고 개인과 집단의 안정성을 최고로 발달시키며, 인간 생명의 존엄성을 인식시킬 수 있다.

3. 개인 안전사고 발생 시 사후조치

(1) 개인 안전사고 발생 시 신속, 정확한 응급조치를 할 수 있도록 교육한다.

응급조치는 사고현장에서 발생한 급성질환자나 사고를 당한 사람을 즉시조취하는 조치와 119 신고부터 병원치료를 받을 때까지 일시적으로 도와주는 것, 또한 응급조치를 통한 회복상태에 이르도록 하는 것을 포함하는데 응급조치교육을 통해 사고현장에서 응급상황에 대처함으로써 생명을 유지시키고 더이상의 상태악화를 방지 또는 지연시켜 환자의 사망률을 현저하게 감소시킬 수 있다.

(2) 응급상황 시의 조치와 현장대처법

응급상황 시 현장의 상황을 파악하고 자신의 안전을 확인한 다음 내가 할 수 있는 것과 그렇지 않은 것을 인지하여 도울 수 있는 행동계획을 세운다. 전문의료기관(119)에 전화로 응급상황을 알리고 신고 후 전문의료원이 도착할 때까지 환자에게 필요한 응급조치를 시행하고 환자를 지속적으로 돌본다.

이때 원칙적으로 의약품을 사용하지 않으며 응급환자에 대한 처치는 응급처치로 그치고 전문의료원의 처치에 맡기도록 한다.

1. 주방 내 안전사고 유형

주방 내의 안전사고 발생은 3가지 유형으로 나누어 볼 수 있는데 인적요인, 물적요인, 환경적 요인이 있다.

인적요인에 의한 안전사고유형으로는 개인의 정서적 요인으로 과격한 기질, 시력이나 청력의 문제, 지식이나 기능의 부족, 각종 질환 등의 선천적 또는 후천적인 요인을 들 수 있고 개인의 행동적 요인으로 독단적인 행동, 미숙한 작업방법, 책임자의 지시에 대한 무시한 독단적인 행동 등을 들 수 있다.

물적인 요인에 의한 안전사고유형으로는 기계나 기구, 시설물 등 장비와 시설물에서 오는 요인을 말한다.

환경적 요인에 의한 안전사고유형은 주방의 경우는 고온다습한 환경으로 인해 피부질환(피부염, 땀띠, 알레르기성 접촉성 피부염 등)과 장화착용으로 인한 무좀이나 아킬에스 건염 등이 있다.

2. 작업장 사고 발생 시 대처요령

작업장 내 사고가 발생했을 경우에는 작업을 중단하고 즉시 관리자에게 보고한 후 환자가 움직일 수 있는 상황이면 조리장소에서 격리하여 경미한 상처는 소독액으로 소독한 뒤 용액이나 항생제를 함유한 연고 등으로 조치하고, 출혈이 있는 경우는 지혈시키고 출혈이 계속되면 출혈부위를 심장보다 높게 하여서 병원으로 이송한다.

3. 조리 작업 시의 사용, 이동, 보관의 안전수칙 및 유해·위험요인

(1) 주방에서 사용하는 칼에 대한 사용안전, 이동안전, 보관안전 수칙

주방에서 조리용 칼을 사용할 경우 작업 시에는 다른 생각을 하지 않고 집중을 하여 작업에 임하고 본래의 목적 이외에 칼로 캔을 따거나 하는 등의 행동을 하지 않는다. 칼을 사용하다가 떨어뜨렸을 때는 칼을 잡으려고 하면 안 되고 한걸음 물러서서 피하도록 한다.

칼을 들고 다른 장소로 옮길 때는 칼끝을 바닥을 향하게 하고 칼날은 뒤쪽을 보게 하여 이동하며 칼 보관 시 싱크대에 담아 두지 않고 사용이 끝나면 안전함에 넣어 보관하도록 한다.

(2) 낙상사고

주방의 바닥은 낙상사고의 위험이 큰 곳으로 안전화를 꼭 신도록 하며 바닥에 기름류, 핏물 등의 이물질이 묻어 있을 경우 바로 세척하여 안전사고를 예방하도록 한다.

(3) 기기사고(베임, 절단)

주방에서 사용하는 모든 장비(절단기, 슬라이서, 자르는 기계 및 분쇄기 등)의 사용법과 분해방법, 세척법 등을 수시로 교육하며, 장비를 점검하는 것이 중요하다.

(4) 화상사고

주방에서 뜨거운 음식과 기물를 옮길 경우 앞치마나 행주를 사용하지 말고 꼭 마른행주나 헝겊 장갑을 이용하도록 하며 오븐에서 조리한 팬 등은 안전장구를 착용한 뒤 사용한다. 열과 스팀이 발생하는 기계나 도구를 열 때는 수증기에 의해 화상을 입지 않도록 주의하며 뜨거운 용기를 이동할 경우 주변 사람에게 이동 중임을 알려서 충돌을 방지한다.

(5) 전기 감전, 누전사고

조리실 전자제품의 사용이나 청소, 정비 시 올바른 적합한 접지 및 누전차단기사용, 절연상태의 수시점검 등으로 감전사고를 예방하고 안전한 전기기계 · 기구의 사용이 필요하다.

(6) 화재 발생 위험

전기제품의 누전으로 인한 화재와 가스연료나 식용유 등의 사용으로 인한 화재 발생과 확산이 빨리 진행될 수 있어 화기 주변에는 지정된 장소에 소화기가 있는지 확인하고 소화기의 정기적인 점검도 하도록 한다.

(7) 근골격계 질환(목, 어깨, 허리, 손목 등)

작업시간과 휴식시간의 구분 없이 과도한 힘의 사용 시 근골격계 질환 위험이 높아지는데 부적절한 자세는 중립자세를 유지하고, 정적인 동작을 없애며, 반복적인 작업을 줄이고 무리한 힘을 가하지 않는다. 전동기구사용 시에는 진동강도가 낮은 것을 사용하고 근골격계 부담을 줄이기 위해 작업 전과 후에 스트레칭을 적절하게 해준다.

01 재해에 대한 설명으로 틀린 것은?

① 부적합한 지식이나 불안전한 행동으로 발생할 수 있다.

② 구성요소의 연쇄반응으로 일어날 수 있다.

③ 작업환경이나 작업조건으로 인해 타인에게만 상처를 입혔을 때를 재해라고 한다.

④ 재해발생의 원인으로 부적절한 태도의 습관이 포함된다.

해설 재해란 작업환경이나 조건으로 인해서 자신이나 타인에게 상해를 입히는 것을 말하며 재해발생의 원인은 부적합한 지식, 부적절한 태도의 습관, 불안전한 행동, 불충분한 기술, 위험한 환경이 있다.

02 재해 발생의 원인에 해당하지 않는 것은?

① 충분한 기술

② 위험한 환경

③ 부적합한 지식

④ 불안전한 행동

해설 재해 발생은 불충분한 기술로 인해 발생할 수 있다.

03 위험도 경감의 원칙에 해당하지 않는 것은?

① 사고발생 예방과 피해 심각도의 억제에 있다.

② 위험도 경감전략의 핵심요소로는 위험요인제거, 위험발생 경감, 사고피해 경감을 염두에 두고 있다.

③ 위험도 경감은 사람, 절차, 장비의 3가지 시스템 구성요소를 고려하여 검토한다.

④ 사고피해 치료를 염두에 두고 있다.

해설 위험도 경감의 원칙은 사고피해 치료가 아닌 사람, 절차, 장비의 3가지 시스템 구성요소를 고려하여 위험요인 제거, 위험발생 경감, 사고피해 경감을 염두에 두고 있다.

04 위험도 경감을 위한 3가지 시스템 구성요소가 아닌 것은?

① 사람

② 조직

③ 절차

④ 장비

해설 위험도 경감의 원칙에서는 사람, 절차, 장비의 3가지 시스템 구성요소를 고려하여 다양한 위험도 경감 접근법을 검토한다.

05 안전사고 예방 과정으로 옳지 않은 것은?

① 재발방지를 위한 대응은 필요하나 개선 조치는 하지 않아도 된다.

② 위험요인을 제거한다.

③ 인적, 기술적, 조직적 오류를 교정한다.

④ 위험요인을 차단한다.

해설 안전사고 예방 과정
- 위험요인 제거 : 위험요인의 근원을 제거
- 위험요인 차단 : 안전방벽을 설치하여 위험요인을 차단
- 예방(오류) : 위험사건을 초래할 수 있는 인적. 기술적. 조직적 오류를 예방
- 교정(오류) : 위험사건을 초래할 수 있는 인적. 기술적. 조직적 오류를 교정
- 제한(심각도) : 위험사건 발생 이후 재발방지를 위하여 대응 및 개선조치

정답 **01** ③ **02** ① **03** ④ **04** ② **05** ①

06 음식업종 안전보건 스티커 중 다음을 설치하는 목적으로 맞는 것은?

① 끼임주의
② 미끄럼주의
③ 찔림주의
④ 허리조심

해설 음식업종 안전보건 스티커

그림	설치 목적 및 장소
미끄럼주의	• 물기, 바닥에 떨어진 식자재 등으로 인하여 미끄러져 넘어지는 재해예방을 위하여 설치 • 검수, 전처리, 조리, 배식, 후처리실 등 급식실 전 구역에 설치
끼임주의	• 회전체에 의하여 손가락 끼임 등의 재해예방을 위하여 설치 • 파절기, 고기다짐기, 양념분쇄기, 식기세척기 등에 설치
찔림주의	• 작업용 칼, 날카로운 물체 등에 의한 찔림, 베임 재해예방을 위하여 설치 • 전처리실 및 조리실 선반 등 찔림 우려가 있는 물체가 있는 곳에 설치
허리조심	• 20kg 이상의 중량물을 운반하는 작업으로 인한 요통, 근골격계질환 예방을 위하여 설치 • 쌀, 식자재 등 중량물을 취급하는 검수구역 및 조리실, 배식구 등에 설치
뜨거울주의	• 고온체에 의한 화상 등의 재해예방을 위하여 설치 • 오븐, 국솥, 가스레인지, 뜨거운 물 등 화상의 우려가 있는 모든 설비 등에 설치
충물주의	• 작업자가 이동 중 부딪힘 등으로 인한 재해를 예방하기 위하여 설치 • 선반 모서리, 이동대차 등 부딪힘 재해 우려가 있는 설비 및 부득이하게 돌출되어 있는 부분이 있는 시설에 설치
안전장갑착용	• 칼작업 등으로 인한 베임, 뜨거운 용기 운반 등으로 인한 화상 등의 재해예방을 위하여 설치 • 전처리실, 조리실 등에 설치
안전화착용	• 미끄러짐에 의한 넘어짐 및 낙하물에 의한 재해를 예방하기 위하여 설치 • 탈의실, 출입구, 일반 작업장 등에 설치

07 개인 안전사고 예방을 위한 안전교육의 목적으로 바르지 않은 것은?

① 안전한 생활을 할 수 있는 습관을 형성시킨다.
② 인간생명의 존엄성을 인식시킨다.
③ 개인과 집단의 안정성을 최고로 발달시킨다.
④ 불의의 사고를 완전히 제거할 수 있다.

해설 안전교육은 불의의 사고로 인한 상해, 사망 등으로부터 재해를 사전에 예방하기 위한 방법이다.

08 응급처치의 목적으로 바르지 못한 것은?

① 119신고부터 치료를 받을 때까지 일시적으로 도와주는 것
② 급성질환이나 사고를 당한 사람을 즉시 조치하는 것
③ 피해의 심각도를 억제하고 사고발생을 예방하는 것
④ 생명을 유지하고 상태악화를 방지하는 것

06 ② 07 ④ 08 ③

해설 응급처치의 목적 : 사고현장에서 발생한 급성질환자나 사고를 당한 사람을 즉시 조치하는 것으로 119 신고부터 부상이나 질병을 의학적 처치 없이 회복할 수 있도록 도와주는 것을 포함하며 생명을 유지하고 더 이상의 상태악화를 방지 또는 지연시키는 데 목적이 있다.

09 작업장 안전사고 발생 시 가장 먼저 해야 할 것은 무엇인가?

① 119 신고
② 역학조사
③ 관리자에게 보고
④ 작업장의 자리에서 환자이송

해설 작업장 내 안전사고가 발생하면 작업을 중단하고 즉시 관리자에게 보고한 후 가능한 조치를 취한다.

10 작업 시 근골격계 질환을 예방하기 위한 방법으로 맞는 것은?

① 안전장갑을 착용한다.
② 안전화를 신는다.
③ 조리기구의 올바른 사용방법을 숙지한다.
④ 작업 전과 후에 간단한 스트레칭을 적절히 실시한다.

해설 근골격계 질환(목, 어깨, 허리, 손목 등) 예방 : 부적절한 자세는 중립자세를 유지하고, 정적인 동작을 없애며, 반복적인 작업을 줄이고, 무리한 힘을 가하지 않는다. 전동기구사용 시에는 진동강도가 낮은 것을 사용하고 근골격계 부담을 줄이기 위해 작업 전과 후에 스트레칭을 적절하게 해준다.

11 조리작업 시 유해·위험요인과 원인의 연결로 바르지 않은 것은?

① 화상, 데임 – 뜨거운 기름이나 스팀, 오븐 등의 기구와 접촉 시
② 근골격계 질환 – 장시간 한자리에서 작업 시

③ 미끄러짐, 넘어짐 – 정리정돈 미흡과 부적절한 조명 사용 시
④ 전기감전과 누전 – 연결코드 제거 후 전자제품 청소 시

해설 조리실은 물을 많이 사용하는 장소로 감전의 위험이 높으므로 전기제품 청소 시에는 전원 연결코드를 빼고 청소를 하도록 한다.

12 조리작업 시 무리한 힘을 가하거나 반복적인 작업을 할 때 올 수 있는 유해·위험요인은?

① 베임, 절단
② 근골격계 질환
③ 미끄러짐이나 넘어짐
④ 화상, 데임

해설 조리작업 시 유해·위험요인 : 베임, 절단 – 칼, 절단기, 슬라이서, 자르는 기계 및 분쇄기의 사용 시 / 근골격계질환 – 무리한 힘을 가하거나 반복적인 작업을 할 때 / 미끄러짐이나 넘어짐 – 부적절한 조명과 정리정돈 미흡 시 / 화상, 데임 – 뜨거운 물에 데치기와 끓이기, 소독 등의 작업 시

13 조리 작업장 내 사고 발생 시 대처요령으로 맞지 않는 것은?

① 화상을 당한 부위에 된장, 간장 등을 응급으로 바른다.
② 작업을 중단하고 즉시 관리자에게 보고한다.
③ 출혈이 있는 경우 상처 부위를 눌러 지혈시킨다.
④ 눈 화상의 경우 각막이 손상되므로 눈을 문지르지 않는다.

해설 화상 부위에 된장이나 간장 등의 응급조치 시 상처 표면을 불결하게 하여 세균감염을 일으킬 수 있으므로 절대로 하지 않는다.

정답 09 ③ 10 ④ 11 ④ 12 ② 13 ①

14 주방 내 작업 안전관리에 대한 설명으로 바르지 않은 것은?

① 주방의 소음기준은 90dB 이하이다.
② 주방의 온도는 겨울에는 18~21℃, 여름철에는 20~23℃를 유지한다.
③ 환기가 원활하게 이루어질 수 있도록 충분한 환기시설을 설치한다.
④ 전처리구역과 조리실은 220Lux 이상으로 관리하는 것이 좋다.

해설 주방의 소음기준은 50dB 이하이다.

15 작업장 바닥 및 통로에 대한 유의사항으로 바르지 않은 것은?

① 기름기, 물기 등은 바쁜 시간을 피해서 제거한다.
② 물이 고이지 않도록 바닥에 경사를 준다.
③ 청소 후에는 반드시 배수로 덮개(트랜치판)를 덮는다.
④ 바닥은 미끄러지지 않는 재질로 설치한다.

해설 기름기와 물기 등은 안전을 위해 즉시 제거한다.

Chapter 02 장비 · 도구 안전작업

조리장에서 조리 장비와 도구를 사용함에 있어서 재해 방지와 일의 능률을 올리고 더불어 생산성을 높이기 위해 사용방법을 숙지하고 장비와 도구의 안전성을 확인한다.

01 ▶ 조리장비·도구 안전관리 지침

1. 조리 장비·도구의 관리원칙

주방의 조리 장비와 도구의 용도에 따른 적절한 관리로 장비의 수명을 연장하고, 고장을 미연에 방지하여 수리로 인한 비용발생을 방지하고 사용하는 과정 중에 일어나는 사고를 방지할 수 있다.

① 사용방법과 기능을 충분히 숙지하고 전문가의 지시에 따라 정확히 사용한다.

② 장비의 사용용도 이외의 사용을 금한다.

③ 장비나 도구에 무리가 가지 않도록 유의한다.

④ 장비나 도구에 이상이 있을 경우엔 즉시 사용을 중지하고 적절한 조치를 취한다.

⑤ 전기를 사용하는 장비나 도구는 전기사용량과 사용법을 확인한 후 사용한다.

⑥ 사용 도중에 모터에 물이나 이물질 등이 들어가지 않도록 항상 주의하며 청결을 유지한다.

2. 안전장비류의 취급관리

① **일상점검** : 주방관리자가 현장조사로 장비와 도구의 손상의 종류, 정도 등에 대해 보수가 필요한 부분을 판단하여 조사평가서를 작성한다.

② **정기점검** : 안전관리책임자가 점검과 진단 계획서를 바탕으로 매년 1회 이상 정기 점검을 준비하며 자체 및 외부의 기관을 통하여 현장조사와 외관조사를 실시하고 점검결과를 보고서로 작성한다. 담당자는 문서로 또는 시스템에 입력을 하여 자료를 보관하도록 한다.

③ **긴급점검**

　　㉠ 손상점검 : 재해나 사고에 의해 비롯된 구조적 손상 등에 대한 긴급 시행하는 점검

　　㉡ 특별점검 : 결함이 의심되는 경우나 사용제한 중인 시설물의 사용 여부 등을 판단하기 위해 실시하는 점검

3. 조리장비의 이상 유무 점검방법

① 음식절단 : 식재료를 음식의 용도에 맞게 얇게 써는 장비로 사용 후 전원을 차단하고 분해하여서 중성제세와 미온수로 세척하였는지와 건조시킨 후 원상태로 조립하고 안전장치 작동에서 이상이 없는지 확인한다.

② 튀김기 : 튀김요리에 이용하며 사용한 기름은 식혀서 다른 용기에 받아두고 오븐크리너로 세척하고 물기를 제거했는지 확인한다.

③ 육절기 : 재료를 혼합하여 갈아내는 기계로 사용 후 전원을 끄고 칼날과 회전봉을 분해하여 중성세제와 미온수로 세척하고 물기를 제거한 후 원상태로 조립하였는지 확인한다.

④ 제빙기 : 얼음을 만드는 기계로 전원을 끈 후에 칼날과 회전봉을 분해하여 중성세제와 미온수로 세척하였는지 확인 후 조립한다.

⑤ 식기세척기 : 각종 기물을 대량 세척하는 기계로 세척기 탱크의 물을 빼고 브러시를 이용하여 세척제를 넣고 세척하고, 내부 표면, 배수로, 여과기, 필터를 주기적으로 세척하고 있는지 확인한다.

⑥ 그리들 : 철판으로 만들어진 면철로 많은 양을 구울 때 사용하며 상판의 온도가 80℃가 되었을 때 오븐크리너를 분사하고 밤솔 브러시로 닦고 뜨거운 물로 오븐크리너를 완전히 씻어내고 다시 한 번 비눗물을 사용해서 세척하고 뜨거운 물로 깨끗이 헹구어 낸 다음 면철판 위에 기름칠을 하였는지 확인한다.

4. 조리장비·도구 위험요소 및 예방

① 조리용 칼 : 위험요소로는 용도에 맞지 않는 칼을 사용하거나 주의력 결핍, 숙련도 미숙, 동일한 자세로 오랜 시간 칼을 사용할 때이며 예방으로는 작업의 용도에 맞는 칼을 사용하며, 칼 운반 시에는 칼집이나 칼꽂이에 넣어서 운반하고 칼의 방향은 몸 반대쪽으로 하며 작업 전 충분한 스트레칭을 한다.

② 가스레인지 : 위험요소로는 가스레인지의 노후화와 중간밸브의 손상, 가스관의 부적합 설치, 가스밸브를 개방 상태로 장시간 방치하는 것 등이며 예방으로는 가스관의 정기적인 점검과 가스관을 작업에 지장을 주지 않는 위치에 설치하고 가스레인지 주변의 작업 공간을 충분히 확보하여 사용하며 사용 후에는 밸브를 잠근다.

③ 채소 절단기 : 위험요소로는 불안정한 설치와 청결관리의 불량, 칼날의 체결상태 불량 등과 사용방법 미숙지이며 예방으로는 안정되게 설치하고 칼날의 체결상태를 점검하고 재료투입 시 누름봉을 사용하여 안전하게 사용을 하고 청소 시 전원을 차단하고 사용방법을 숙지한다.

④ 튀김기 : 위험요소로는 용기에 비해 기름을 과도하게 많이 부어 사용하거나 고온에서 장시간 사용, 후드의 청결관리 미숙, 기름에 물이 들어갔을 경우이며 예방으로는 적정의 기름을

사용하고 물이 튀지 않도록 물기접촉 방지막을 부착, 기름교체 시 기름온도를 체크, 튀김기 세척 시 물기를 완전히 제거, 적절한 튀김온도 유지와 정기적으로 후드를 청소한다.

⑤ **육류절단기** : 위험요소로는 사용방법 미숙지와 칼날의 불량, 사용자 부주의, 청소 시 절연파괴 등으로 인한 누전 발생, 점검 시 전원 비차단으로 인한 감전사고 등이며 예방으로는 날 접촉 예방장치 부착, 누름봉을 이용한 안전한 사용, 작업 전에 칼날의 고정상태를 확인하고 이물질 및 청소 시에는 반드시 전원을 차단한다.

01 주방에서 조리장비를 취급할 때의 점검방법으로 재해나 사고에 의해 비롯된 구조적 손상 등에 대하여 긴급히 시행하는 점검은?

① 일상점검
② 정기점검
③ 손상점검
④ 특별점검

해설 조리시설과 장비의 안전한 관리를 위해서는 일상점검과 정기점검, 긴급점검(손상점검, 특별점검)이 이루어져야 한다.
안전장비류의 취급관리
- 일상점검 : 매일 조리기구 및 장비를 육안으로 사용 전 이상 여부와 보호구의 관리실태 등을 점검하고 그 결과를 기록 · 유지하는 것
- 정기점검 : 조리작업에 사용되는 기계 · 기구 · 전기 · 가스 등의 설비기능 이상 여부와 보호구의 성능 유지 여부 등에 대하여 매년 1회 이상 정기적으로 점검을 실시하고 그 결과를 기록 · 유지하는 것
- 긴급점검
  - 손상점검 : 재해나 사고에 의해 비롯된 구조적 손상 등에 대하여 긴급히 시행하는 점검
  - 특별점검 : 결함이 의심되는 경우나, 사용제한 중인 시설물의 사용 여부 등을 판단하기 위해 실시하는 점검

02 안전장비류의 취급관리 중 설비기능 이상 여부와 보호구 성능 유지 등에 대한 정기점검은 매년 몇 회 이상 실시 하는가?

① 1회
② 2회
③ 3회
④ 4회

해설 조리작업에 사용되는 기계 · 기구 · 전기 · 가스 등의 설비기능 이상 여부와 보호구의 성능 유지 여부 등에 대하여 매년 1회 이상 정기적으로 점검을 실시하고 그 결과를 기록 · 유지한다.

03 조리장비 · 도구의 관리 원칙으로 바르지 않은 것은?

① 장비나 도구에 무리가 가지 않도록 유의한다.
② 장비의 사용용도 이외의 사용을 금지한다.
③ 전기를 사용하는 장비나 도구는 전기의 사용량과 사용법을 확인한다.
④ 사용 도중 모터에 물이나 이물질 등이 들어가도 무방하다.

해설 조리실 등에서 전기기계 · 기구의 사용 시 모터에 물이나 이물질 등이 들어가면 감전사고가 일어날 수 있는데 예방을 위해 안전한 전기기계 · 기구의 사용이 필요하다.

04 다음 중 조리장비와 도구의 위험요소로부터의 예방법으로 바르지 않은 것은?

① 채소절단기는 재료투입 시 손으로 재료를 눌러 이용한다.
② 조리용 칼의 방향은 몸 반대쪽으로 한다.
③ 가스레인지는 사용 후 즉시 밸브를 잠근다.
④ 튀김기 세척 시 물기를 완전히 제거한다.

해설 채소절단기의 재료 투입 시 누름봉을 이용하여 안전하게 사용한다.

정답 01 ③ 02 ① 03 ④ 04 ①

05 조리용 칼 사용 시 위험요소로부터 예방하는 방법으로 바르지 않은 것은?

① 용도에 맞는 칼을 사용한다.
② 작업 전 충분한 스트레칭을 한다.
③ 칼의 방향은 몸 안쪽으로 사용한다.
④ 조리용칼 운반 시 칼집이나 칼꽂이에 넣어 운반한다.

해설 칼 사용 시 방향은 몸의 반대쪽으로 놓고 사용해야 안전하다.

06 가스레인지 사용 시 위험요소로부터 예방하는 방법이 바르지 않은 것은?

① 가스레인지 사용 후 즉시 밸브를 잠근다.
② 가스관은 점검 없이 사용한다.
③ 가스레인지 주변 작업공간을 충분히 확보한다.
④ 가스관은 작업에 지장을 주지 않는 위치에 설치한다.

해설 가스관은 정기적으로 점검한다.

작업환경 안전관리

01 ▶ 작업장 환경관리

1. 조리작업장 환경요소

주방에 종사하는 조리사의 피로와 스트레스를 줄여서 작업능률을 올리기 위해서는 조리작업장의 환경요소인 온도와 습도의 조절과 조명시설, 주방 내부의 색깔, 주방의 소음과 환기시설 등 조리환경이 중요하다.

2. 작업장(주방) 환경관리

(1) 작업환경 안전관리 시 작업장의 온·습도의 관리

주방의 온도는 겨울에는 18.3℃~21.1℃ 사이, 여름에는 20.6~22.8℃ 사이를 유지한다. 적정한 상대습도는 40~60% 정도가 매우 적당한데, 높은 습도는 정신이상을 일으키고, 낮은 습도는 피부와 코의 건조를 일으킨다.

(2) 작업장 내 적정한 수준의 조명

작업장은 백열등이나 색깔이 향상된 형광등을 사용하며, 전처리 구역과 조리실은 220Lux 이상으로 관리하는 것이 좋다.

(3) 환기

주방의 수증기 열과 음식 냄새로부터 작업자의 건강과 안전을 지키고 벽, 천장 등에 결로 현상 및 곰팡이가 발생되지 않도록 적절한 환기 시스템구축이 필요하다. 배기후드는 주방이나 밀폐된 공간의 열기나 냄새를 제거하는 환기장치로 환기팬의 기름때는 주기적으로 제거하고 정기적으로 점검하여 청결을 유지한다.

(4) 시설물

시설물의 유지보수(파손된 벽, 바닥, 천장, 깨진 창문 등)는 신속하게 실시하며 시설이 파손되면 오물이 끼고 유해미생물이 번식하기 쉽다.

(5) 방충·방서

해충(파리, 나방, 개미, 바퀴벌레 등)과 설치류(쥐)는 음식물을 통해 사람에게 직접 또는 간접으로 병원균이나 기생충을 전파하는 매개체로 해충과 설치류의 침입 여부를 정기적으로 확인한다. 해충이나 쥐 등이 들어오지 못하도록 천장, 벽, 바닥, 출입문, 창문 등에 틈새를 없앤다.

개방형 주방의 경우는 고객의 출입문을 통해서 해충의 침입 가능성이 크므로 고객용 출입문의 관리가 필요하다.

3. 주방의 청소관리

① **작업대** : 사용 시마다 – 스펀지를 이용해서 세척제로 세척한 후 흐르는 물로 닦아내고 소독 수를 분무한다.

② **싱크대** : 사용 시마다 – 거름망의 찌꺼기를 제거하고 세척한 후 세척제로 내부와 외부를 닦 고 흐르는 물에 헹군 후 소독한다.

③ **냉장 · 냉동고** : 1회/일 – 전원을 차단한 후 식재료를 제거하고 선반을 분리하여 세척제로 세 척 후 헹군다. 성에는 제거하고 스펀지에 세척제를 묻혀 냉장고 내벽과 문을 닦고 젖은 행주 로 세제를 닦아낸 다음 마른행주로 닦아서 건조시킨다. 선반을 넣고 소독제로 소독한다.

④ **가스기기류** : 1회/일 – 가스밸브를 잠그고 상판과 외장은 사용할 때마다 세척하고 버너 밑 의 물받침대 등 분리가 가능한 것은 분리하여 세척제를 사용하여 세척하고 가스호스, 콕, 가스개폐 손잡이 등에는 세척제를 분무하여 불린 다음에 세척 후에 건조한다.

⑤ **바닥** : 1회/일 – 빗자루로 쓰레기를 제거하고 세척제를 뿌린 뒤 대걸레나 솔로 문지르고 대 걸레로 세척액을 제거한다. 기구 등의 살균소독제로 소독하고 자연건조시킨다.

⑥ **배수구** : 1회/일 – 배수로의 덮개를 걷어내고 세척한 후 씻어내고 기구 등의 살균소독제로 소독한다. 호스의 분사력을 이용하여 배수로 내 찌꺼기를 제거하고 솔을 이용하여 닦고 물 로 씻어낸다. 배수구의 뚜껑을 열어 거름망을 꺼내어 이물질을 제거하고 거름망과 뚜껑 내 부를 세척제로 세척 후 물로 헹구고 소독 후 배수로 덮개를 덮는다.

⑦ **쓰레기통** : 1회/일 – 쓰레기를 모두 비우고 몸통과 뚜껑을 세척제로 세척하고 흐르는 물로 헹군 후 뒤집어서 건조시킨다.

⑧ **내벽** : 1회/주 – 면걸레에 세제를 묻혀 이물질을 제거하고 젖은 면걸레로 세제를 닦아낸다. 소독된 걸레로 살균소독한다.

⑨ **천장** : 1회/주 – 조리도구 및 전기함 차단을 비닐로 덮고 솔 등을 사용하여 먼지와 이물질 을 제거하고 청소용 수건을 세척하고 깨끗한 물에 적셔 닦은 후 자연 건조시킨다.

⑩ **배기후드** : 1회/주 – 청소 전에 후드 아래의 조리기구는 비닐로 덮고 후드 내 거름망을 떼어 세척제에 불린 후 세척하고 헹군다. 스펀지에 세척제를 묻혀 후드의 내부와 외부를 닦는다.

⑪ **유리창틀** : 1회/월 – 세제에 적신 스펀지로 유리창 및 창틀을 닦고 청소용 수건을 깨끗한 물 로 적셔 닦은 후 자연 건조시킨다. 여분의 물기나 얼룩은 청소용 마른 수건을 이용한다.

4. 폐기물 처리

쓰레기통은 음식물쓰레기통, 재활용쓰레기통, 일반쓰레기통으로 분리하여 사용하며 뚜껑은 발로 눌러서 개폐 가능한 구조를 사용하고 용량의 2/3 이상 채워지지 않도록 수시로 비우는 등 관리를 철저히 하여 파리나 해충, 악취나 오물이 작업장과 홀로 오염되지 않도록 한다.

02 ▶ 작업장(주방) 내 안전관리

작업장의 안전관리는 매장의 브랜드 이미지와 매출로 이어지기 때문에 한 번으로 끝나는 것이 아니라 지속적으로 유지되어야 한다.

1. 작업장(주방) 내 안전사고 발생의 원인

주방의 안전사고의 원인은 고온, 다습한 환경조건과 주방시설의 노후화와 관리 미흡, 주방바닥의 미끄럼방지 설비 미흡, 주방 종사원들의 재해방지 교육 부재로 인한 안전지식 결여와 주방시설과 기물의 올바르지 못한 사용, 가스 및 전기의 부주의한 사용, 종사원들의 육체적, 정신적 피로 등이 원인이 되고 있다.

2. 안전수칙

(1) 조리작업자의 안전수칙

① 주방에서는 뛰거나 서두르지 않고 안정된 자세로 조리에 임하여야 한다.

② 작업을 하기에 편안한 조리복과 조리모, 안전화 등을 착용한다.

③ 뜨거운 용기 등을 이동할 때는 젖은 행주나 앞치마를 사용하지 말고 마른행주나 장갑을 사용한다.

④ 무거운 기물이나 통 등을 들 때 허리를 구부리는 것보다 쪼그리고 앉아서 들고 일어나도록 한다.

⑤ 짐을 들고 옮길 때 이동 중임을 알려 충돌을 방지한다.

(2) 주방장비 및 기물의 안전수칙

① 각종 기기나 장비의 작동방법과 안전숙지 교육을 철저히 한다.

② 가스나 전기오븐의 사용 시 온도를 확인하고 가스밸브는 사용 전·후 꼭 확인한다.

③ 전기기기나 장비의 작동 시에 바닥에 물이 고여 있지 않고 조리작업자의 손에 물기가 없어야 하며 세척 시에는 전원을 끄고 전기코드를 빼고 작업한다.

④ 냉장·냉동고에서 장시간 작업 시에는 방한복과 방한 장갑, 방한모를 착용하고 출입문은 내부에서 문이 열리는 구조로 설치한다.

03 ▶ 화재 예방 및 조치방법

1. 화재의 원인
① 전기제품사용 시 누전으로 인한 전기화재
② 가스연료의 부적절한 사용
③ 식용유 등의 인화성 물질에 의한 화재

2. 올바른 소화기 구별법
① 일반화재(A급 화재) : 나무나 종이, 솜, 스펀지 등의 섬유류를 포함한 화재에 사용(적용소화기는 백색 바탕에 "A" 표시)
② 유류 및 가스화재(B급 화재) : 기름과 같은 가연성 액체의 화재에 사용(적용소화기는 백색 바탕에 "B" 표시)
③ 전기화재(C급 화재) : 누전으로 인한 화재에 사용(적용소화기는 백색 바탕에 "C" 표시)

3. 화재예방
① 화기 주변에는 지정된 장소에 소화기를 비치하고 정기적으로 점검한다.
② 조리실 내에 상자나 판자와 같은 가연성 물질의 적재를 금지한다.
③ 뜨거운 오일과 유지를 화염원 근처에 방치하지 않는다.
④ 이상이 있는 전기기구와 코드는 사용하지 않는다.

4. 화재 시 대처요령
① 화재 발생 시 경보를 울리거나 큰소리로 주위에 먼저 알린다.
② 소화기나 소화전을 사용해서 불을 끈다.
③ 몸에 불이 붙었을 경우는 제자리에서 바닥에 구른다.

5. 소화기와 소화전
① 소화기의 설치 및 관리요령
　㉠ 직사광선과 높은 온도와 습기를 피해 보관한다.
　㉡ 눈에 잘 띄는 곳에 놓는다.
　㉢ 소화약제가 굳거나 가라앉지 않도록 한 달에 한 번 정도 위아래로 흔들어 준다.
　㉣ 최초 생산일로부터 5년 경과되면 약제를 교환한다.
② 소화기 사용법 : 안전핀을 뽑고 화염을 향하여 손잡이를 강하게 움켜쥐고 비를 쓸 듯이 소화한다.

③ 소화전 사용법 : 소화전문을 열고 결합된 호스와 관창을 화재지점 가까이 끌고 가서 늘어뜨리고 소화전함에 설치된 밸브를 시계 반대방향으로 틀면 물이 나온다(단, 기동스위치로 작동하는 경우에는 ON(적색) 스위치를 누른 후 밸브를 연다).

04 ▶ 산업안전보건법 및 관련지침

1. 산업안전보건법 및 관련 지침

정의	산업안전 · 보건에 관한 기준의 확립과 그 유지 · 증진을 도모하기 위하여 제정한 법률이다
목적	산업안전 · 보건에 관한 기준을 확립하고 그 책임의 소재를 명확하게 하여 산업재해를 예방하고 쾌적한 작업환경을 조성함으로써 근로자의 안전과 보건을 유지 · 증진함을 목적으로 한다.
주요 내용	- 정부는 산업안전 · 보건에 관한 제반 사항을 성실히 이행할 책무를 진다. - 사업주는 산업재해의 예방을 위한 기준을 준수하며, 사업장의 안전 · 보건에 관한 정보를 근로자에게 제공하고 적절한 작업환경을 조성함으로써 근로자의 생명보전과 안전 및 보건을 유지 · 증진하도록 하고, 국가의 산업재해 예방시책에 따라야 한다. - 근로자는 산업재해 예방을 위한 기준을 준수하며, 국가와 사업주의 산업재해 방지에 관한 조치에 따라야 한다. - 노동부에 산업안전보건정책심의위원회를 둔다. - 고용 노동부장관은 산업재해 예방에 관한 중 · 장기기본계획을 수립하여야 한다. - 사업주는 사업장의 유해 또는 위험한 시설 및 장소에 안전 · 보건표지를 설치 · 부착하여야 한다. - 사업주는 안전보건관리책임자와 산업보건의를 두고, 근로자 · 사용자 동수로 구성되는 산업안전보건위원회를 설치 · 운영하여야 한다. - 사업주는 단체협약 및 취업규칙에 맞도록 안전보건관리규정을 작성하고 근로자에게 알려야 한다. - 고용 노동부장관은 안전 · 보건조치에 관한 지침 또는 표준을 정하여 지도 · 권고할 수 있다. - 고용 노동부장관은 유해 또는 위험한 기계 · 기구 및 설비의 안전기준을 정할 수 있다. - 근로자의 보건상 특히 유해한 물질은 제조 · 사용 등이 제한되며, 적절한 취급을 하여야 한다. - 사업주는 정기적으로 근로자에 대한 건강진단을 실시하여야 한다. - 유해 또는 위험한 작업에 종사하는 근로자에 대하여는 연장근로가 제한된다. - 고용 노동부장관은 감독을 위하여 필요한 조치를 할 수 있다. - 근로자는 사업장에서의 법령위반 사실을 고용 노동부장관 또는 근로감독관에게 신고할 수 있다. - 산업안전지도사와 산업위생지도사가 직무를 개시하고자 할 때는 노동부에 등록하여야 한다. - 등록한 지도사는 법인을 설립할 수 있다. - 고용 노동부장관은 산업재해 예방시설을 설치 · 운영하거나, 명예산업안전감독관을 위촉할 수 있다. - 종전에는 관련법을 위반할 경우 1회에 한해 시정기회를 줬으나 2011년 4월 시행령이 개정되며 관련법을 위반할 경우 시정기회 없이 즉시 과태료를 부과하게 되었다.

참고	■ 안전보건 관리담당자의 업무
	① 안전보건교육 실시에 관한 보좌 및 지도 · 조언
	② 위험성 평가에 관한 보좌 및 지도 · 조언
	③ 작업환경측정 및 개선에 관한 보좌 및 지도 · 조언
	④ 각종 건강진단에 관한 보좌 및 지도 · 조언
	⑤ 산업재해 발생의 원인조사, 산업재해 통계의 기록 및 유지를 위한 보좌 및 지도 · 조언
	⑥ 산업안전, 보건과 관련된 안전장치 및 보호구 구입 시 적격품 선정에 관한 보좌 및 지도 · 조언
	■ 산업보건의의 직무
	① 건강진단 결과의 검토 및 그 결과에 따른 작업배치, 작업전환 또는 근로시간의 단축 등 근로자의 건강보호 조치
	② 근로자 건강장해의 원인조사와 재발 방지를 위한 의학적 조치
	③ 근로자의 건강유지 및 증진을 위하여 필요한 의학적 조치에 관하여 고용 노동부 장관이 정하는 사항

작업환경 안전관리 연습문제

01 조리작업장의 환경요소에 대한 설명으로 맞지 않는 것은?

① 주방의 온도와 습도조절은 조리환경에 중요하다.

② 주방의 조명시설은 권장 조도를 지킨다.

③ 주방 내부의 색깔은 대부분 하얀색을 선호한다.

④ 주방 소음은 조리작업장 환경요소에 포함되지 않는다.

해설 조리작업 환경요소로는 온도와 습도의 조절, 조명시설, 주방 내부의 색깔, 주방의 소음, 환기(통풍장치) 등이 있다.

02 주방의 적정한 온도와 습도로 옳은 것은?

① 온도 : 겨울 22~25℃, 여름 20~22℃ / 습도 : 40~60%

② 온도 : 겨울 18~21℃, 여름 16~18℃ / 습도 : 50~80%

③ 온도 : 겨울 18~21℃, 여름 20~22℃ / 습도 : 40~60%

④ 온도 : 겨울 22~25℃, 여름 20~22℃ / 습도 : 50~80%

해설 주방의 적정온도 : 겨울 18.3~21.1℃, 여름 20.6~22.8℃ / 습도 : 40~60%

03 주방의 청소관리로 맞지 않는 것은?

① 작업대는 사용 시마다 스펀지에 세척제를 묻혀 세척하고 흐르는 물에 헹군다.

② 바닥은 주 1회 세척제를 사용하여 청소하고 자연건조한다.

③ 쓰레기통은 1일 1회 쓰레기를 비우고 세척제로 세척하고 헹군 후 뒤집어서 건조

한다.

④ 싱크대는 사용 시마다 거름망 쓰레기 제거 후 세척하고 내부도 세척제로 세척하고 헹군다.

해설 바닥은 1일 1회 빗자루로 쓰레기를 제거하고 세척제를 뿌려 대걸레나 솔로 구석구석 문지르고 대걸레로 세척액을 제거한 후 기구 등의 살균제로 소독하고 자연건조한다.

04 주방의 방충·방서로 옳지 않은 것은?

① 정기적인 해충과 설치류의 침입 여부를 확인한다.

② 식재료의 검수 시 갉아 먹거나 벌레의 흔적 여부를 철저히 확인한다.

③ 벽, 천장, 창문 등에 틈새가 없도록 한다.

④ 개방형 주방의 경우 고객용 출입문의 관리는 필요 없다.

해설 개방형 주방의 경우 고객 출입문을 통해 해충의 침입가능성이 있으므로 고객용 출입문의 관리가 필요하다.

05 배수구의 청소로 옳지 않은 것은?

① 배수구에 거름망 이물질 제거 후 세척할 필요는 없다.

② 배수로 덮개를 걷어내서 세척하고 물로 씻은 후 살균소독제로 소독한다.

③ 청소주기는 1일 1회이다.

④ 배수로 내부는 솔을 이용하여 닦은 후 물로 씻는다.

해설 배수로 거름망은 꺼내어 이물질을 제거하고 세척제로 세척 후 물로 헹구고 소독하여 준다.

정답 01 ④ 02 ③ 03 ② 04 ④ 05 ①

06 주방의 폐기물처리에 대한 설명으로 틀린 것은?

① 뚜껑은 손으로 열 수 있는 것을 사용한다.

② 음식물쓰레기통, 재활용쓰레기통, 일반 쓰레기통으로 분리 사용한다.

③ 용량이 2/3 이상 채워지지 않도록 수시로 비운다.

④ 관리가 적절히 이루어지지 않으면 파리, 해충 등을 유인하게 된다.

해설 뚜껑은 발로 개폐 가능한 구조의 것을 사용한다.

07 주방 내 안전사고 발생 원인으로 바르지 않은 것은?

① 주방시설의 현대화

② 주방바닥의 미끄럼방지 설비 미흡

③ 주방기물의 올바르지 못한 사용

④ 주방종사원들의 재해방지 교육 부재

해설 주방 내 안전사고 발생의 원인은 고온, 다습한 환경 조건 하에서 조리, 주방시설의 노후화, 주방시설의 관리미흡, 주방바닥의 미끄럼방지 미흡, 주방 종사원들의 재해방지 교육 부재, 주방시설과 기물의 올바르지 못한 사용 등이 있다.

08 주방 내 미끄럼 사고의 원인이 아닌 것은?

① 노출된 전선

② 매트가 주름진 경우

③ 바닥에 기름이 있는 경우

④ 적당한 조도보다 높을 경우

해설 조리실의 조도는 220Lux 이상으로 관리가 되어야 하며 낮은 조도로 인해 어두운 경우에는 미끄럼사고의 원인이 될 수 있다.

09 주방장비 및 기물의 안전수칙으로 바르지 않은 것은?

① 냉장·냉동의 잠금장치의 상태는 확인하지 않아도 된다.

② 가스밸브는 사용 전과 후 확인한다.

③ 각종 기기나 장비의 작동 방법과 안전숙지 교육을 철저하게 받는다.

④ 가스나 전기오븐의 온도를 확인한다.

해설 냉장과 냉동의 잠금장치 상태는 확인하고 출입문은 내부에서 문이 열리는 구조로 설치한다.

10 조리 작업자의 안전수칙으로 바른 것은?

① 조리작업에 편안한 조리복만 입고 작업한다.

② 뜨거운 용기를 이용할 때에는 젖은 행주나 장갑을 이용한다.

③ 무거운 통이나 짐을 들 때 허리를 구부려 들고 일어난다.

④ 안전한 자세로 조리에 임한다.

해설 조리작업 시의 안전수칙
• 주방에서는 뛰거나 서두르지 않고 안정된 자세로 조리에 임하여야 한다.
• 작업을 하기에 편안한 조리복과 조리모, 안전화 등을 착용한다.
• 뜨거운 용기 등을 이동할 때는 젖은 행주나 앞치마를 사용하지 말고 마른 행주나 장갑을 사용한다.
• 무거운 기물이나 통 등을 들 때 허리를 구부리는 것보다 쪼그리고 앉아서 들고 일어나도록 한다.
• 짐을 들고 옮길 때 이동 중임을 알려 충돌을 방지한다.

정답 **06** ① **07** ① **08** ④ **09** ① **10** ④

11 다음 중 전기안전에 대한 내용으로 틀린 것은?

① 덮개가 없는 전기 콘센트는 그대로 사용한다.

② 코드를 당기지 말고 플러그를 잡고 뽑는다.

③ 문어발식 연결을 하지 않는다.

④ 열, 물, 기름으로부터 전기코드를 멀리한다.

해설 덮개가 없는 전기 콘센트는 플라스틱 안전플러그로 덮어서 사용해야 물을 많이 사용하는 조리실에서 감전사고를 예방할 수 있다.

12 주방에서 전기기계를 이용한 채소류 가공작업 전 설명으로 틀린 것은?

① 작업하기 용이한 장소에 설치한다.

② 절연피복이 손상되었어도 작업에는 문제가 없다.

③ 비상정지 스위치가 작동하는지 확인한다.

④ 칼날에 마모나 균열 등의 이상이 없는지 확인한다.

해설 절연피복이 손상되면 감전위험이 있을 수 있으므로 절연을 보강한다.

13 주방에서 전기기계를 이용한 채소류 가공작업에 대한 설명으로 틀린 것은?

① 재료 투입 시 손으로 투입한다.

② 이물질을 제거 시에는 반드시 동력을 정지시킨 후 제거한다.

③ 응급상황 발생 시 비상정지 스위치를 눌러 정지지킨다.

④ 젖은 손으로 스위치 조작을 하지 않는다.

해설 재료 투입 시 손이 아닌 누름봉 등 기구를 활용한다.

14 화재발생과 관련된 설명으로 바르지 않은 것은?

① 목재, 종이, 섬유 등의 일반 가열물에 의한 화재는 A급화재－일반화재이다.

② 환기구 후드에 있는 기름 찌꺼기로 화재가 발생할 수 있다.

③ 화재가 발생하면 경보를 울리거나 큰소리로 주위에 먼저 알린다.

④ 평소 소화기 사용방법은 알아둘 필요 없다.

해설 평소 소화기 사용방법 및 비치 장소를 숙지하고 있다가 화재 시 소화기나 소화전을 사용하여 불을 끈다.

15 소화기 설치 및 관리요령으로 바르지 않은 것은?

① 소화기는 습기가 적고 건조하며 서늘한 곳에 설치한다.

② 분말 소화기는 흔들거나 움직이지 않고 계속 비치한다.

③ 사용한 소화기는 다시 사용할 수 있도록 재충전하여 보관한다.

④ 유사시에 대비하여 수시로 점검한다.

해설 분말 소화기는 소화약제가 굳거나 가라앉지 않도록 한 달에 한 번 정도 위아래로 흔들어 주는 것이 좋다.

16 다음 중 산업재해 예방을 위한 시책을 마련 해야 하는 사람은 누구인가?

① 보건복지부 장관

② 식품의약품안전처장

③ 고용노동부장관

④ 시장

해설 고용노동부 장관은 산업재해 예방 지원 및 지도를 위하여 산업재해 예방기법의 연구 및 보급, 보건기술의 지원 및 교육에 관한 시책을 마련해야 한다.

11 ①   12 ②   13 ①   14 ④   15 ②   16 ③

17 산업안전 보건법의 목적에 들지 않는 것은?

① 산업안전 · 보건에 관한 기준을 확립

② 산업재해를 예방

③ 편식 습관의 교정

④ 근로자의 안전과 보건을 증진

> 해설 산업안전보건법의 목적: 산업안전 · 보건에 관한 기준을 확립하고 그 책임의 소재를 명확하게 하여 산업재해를 예방하고 쾌적한 작업환경을 조성함으로써 근로자의 안전과 보건을 유지 · 증진함

18 안전보건관리 담당자의 업무에 들지 않는 것은?

① 위험성 평가에 관한 보좌 및 지도 · 조언

② 안전보건교육 실시에 관한 보좌 및 지도 · 조언

③ 작업환경 측정 및 개선에 관한 보좌 및 지도 · 조언

④ 건강진단 결과의 검토 및 결과에 따른 작업배치, 작업 전환

> 해설 안전보건 관리담당자는 건강진단에 관한 보좌 및 지도 · 조언을 하고 산업보건의는 건강진단 결과에 따른 작업 배치, 작업전환 또는 근로시간의 단축 등 근로자의 건장보호 조치를 할 수 있다.

PART
3

음식 재료관리

식품재료의 성분

[식품의 구성성분]

01 ▶ 수분

1. 수분의 종류
① **자유수(유리수)** : 식품 중에 유리 상태로 존재하는 물(보통의 물)
② **결합수** : 식품 중의 탄수화물의 단백질 분자의 일부분을 형성하는 물

2. 유리수와 결합수의 차이점

자유수(유리수)	결합수
• 수용성 물질을 녹일 수 있다.	• 물질을 녹일 수 없다.
• 미생물 생육이 가능하다.	• 미생물 생육이 불가능하다.
• 건조로 쉽게 분리할 수 있다.	• 쉽게 건조되지 않는다.
• 0℃ 이하에서 동결된다.	• 0℃ 이하에서도 동결되지 않는다.
• 비점과 융점이 높다.	• 유리수보다 밀도가 크다.

3. 수분의 중요성

체내 수분이 정상적인 양보다 10% 이상 손실되면 발열, 경련, 혈액순환장애가 생기며 20% 이상 손실되면 사망한다.

건강한 정상인은 보통 1일 2~3ℓ의 물을 섭취하고, 2~2.5ℓ 정도를 체외로 배출한다.

4. 수분활성도(Aw)

수분활성도(Aw)란, 어떤 임의의 온도에서 식품이 나타내는 수증기압을 그 온도의 순수한 물의 최대 수증기압으로 나눈 것이다.

> **식품의 수분 활성도 = 식품 속의 수증기압 / 순수한 물의 수증기압**

① 물의 수분활성도는 1이다(물의 Aw=1).
② 일반식품의 수분활성도는 항상 1보다 작다(일반식품의 Aw<1).
③ 미생물은 수분활성도가 낮으면 생육이 억제된다.
④ 곡류나 건조 식품 등은 과일, 채소류보다 수분활성도가 낮다.

02 ▶ 탄수화물

1. 탄수화물의 특성

① **구성원소** : 탄소(C), 수소(H), 산소(O)
② 탄수화물은 크게 소화되는 당질과 소화되지 않는 섬유소로 나뉜다.
③ 과잉 섭취 시 간과 근육에 글리코겐으로 저장된다.
④ 탄수화물의 대사작용에는 비타민 B_1(티아민)이 반드시 필요하다.

2. 탄수화물의 분류

① **단당류** : 탄수화물의 가장 간단한 구성 단위로서 더 이상 분해되지 않는다.
   ㉠ 포도당(Glucose) : 동물의 혈액 중에 0.1% 정도 함유되어 있으며, 전분이 소화되어서 최후에 가장 작은 형태로 된 것이다.
   ㉡ 과당(Fructose) : 당류 중 가장 단맛이 강하며 벌꿀의 구성 성분으로 들어있다.
   ㉢ 갈락토오스(Galactose) : 젖당의 구성 성분으로 포유동물의 유즙에 존재하나 자연계에 단독으로 존재하지 못하고 유당에 함유되어 있다.

② **이당류** : 단당류 2개가 결합된 당이다.
  ㉠ 자당(설탕, 서당, Sucrose)
    - 포도당과 과당이 결합된 당으로 160℃ 이상 가열하면 갈색 색소인 캐러멜이 된다.
    - 당류의 단맛 비교 시 기준이 된다.
    - 전화당 : 설탕을 가수분해할 때 얻어지는 포도당과 과당(포도당 : 과당이 1 : 1인 당)의 등량혼합물 → 벌꿀에 많음.
    - 사탕수수나 사탕무에 함유되어 있다.
  ㉡ 맥아당(엿당, Maltose)
    - 포도당 두 분자가 결합된 당
    - 엿기름에 많고 물엿의 주성분이다.
  ㉢ 젖당(유당, Lactose)
    - 포도당과 갈락토오스가 결합된 당
    - 동물의 유즙에 함유되어 있으며 감미가 거의 없다.

> **참고** 당질의 감미도
> 과당 〉 전화당 〉 서당 〉 포도당 〉 맥아당 〉 갈락토오스 〉 유당

③ **다당류** : 여러 종류의 단당류가 결합된 분자량이 큰 탄수화물로 단맛이 없으며 물에 녹지 않는다.
  ㉠ 전분(녹말, Starch) : 포도당의 결합형태로 아밀로오즈(Amylose)와 아밀로펙틴(Amylopectin)으로 구성되어 있으며 곡류, 감자류 등에 존재한다.
  ㉡ 글리코겐(Glycogen) : 동물체의 저장 탄수화물로 간, 근육, 조개류에 많이 함유되어 있고 균류, 효모 등에도 들어있다.
  ㉢ 섬유소(Cellulose) : 소화되지 않는 전분으로 식물의 줄기에 포함되어 있는 당이다. 영양적 가치는 없으나 배변 운동을 촉진시켜 변비를 예방한다.
  ㉣ 펙틴(Pectin) : 세포벽 또는 세포 사이의 중층에 존재하는 다당류이다. 과실류와 감귤류의 껍질에 많이 함유되어 있다.

3. 탄수화물의 기능

① 에너지의 공급원이다(1g당 4kcal의 에너지 발생).
  → 전체 열량의 65%를 당질, 20%를 지방, 15%를 단백질에서 공급하는 것이 가장 이상적이다.
② 인체 내에서의 소화흡수율이 98%나 되므로 피로회복에 효과적이다.
③ 단백질의 절약 작용을 한다.
④ 지방의 완전연소에 관여한다.

03 ▶ 지질

1. 지질의 특성
① 구성원소 : 탄소(C), 수소(H), 산소(O)
② 3분자의 지방산과 1분자의 글라세롤이 에스테르(Ester) 상태로 결합되어 있다.
③ 과잉 섭취 시 피하지방으로 저장된다.

2. 지질의 분류
① 단순지질(중성지방) : 지방산과 글리세롤의 에스테르(예 지방, 왁스)
② 복합지질 : 지방산과 알코올의 에스테르에 다른 화합물이 더 결합된 지질(예 인지질 = 단순지질 + 인 / 당지질 = 단순지질 + 당)
③ 유도지질 : 단순지질, 복합지질의 가수분해로 얻어지는 지용성 물질(예 스테로이드 ⇒ 콜레스테롤, 에르고스테롤, 스쿠알렌 등)

3. 지방산의 분류

(1) 포화지방산
① 융점이 높아 상온에서 고체로 존재하며 이중 결합이 없는 지방산을 말한다. 스테아르산과 팔미트산이 천연에 가장 많이 분포하는 지방산이다.
② 동물성 지방에 많이 함유되어 있다.

(2) 불포화지방산
① 융점이 낮아 상온에서 액체로 존재하며 이중 결합이 있는 지방산을 말한다. 이중 결합 수가 많을수록 불포화도가 높고, 리놀레산, 리놀렌산, 아라키돈산, 올레산 등이 있다.
② 식물성 유지 또는 어류에 많이 함유되어 있다
③ 혈관벽에 쌓여 있는 콜레스테롤을 제거하는 중요한 역할을 한다.

> **참고** **필수지방산**
> • 신체의 성장과 유지과정의 정상적인 기능을 수행함에 있어서 반드시 필요한 지방산으로 체내에서 합성되지 않기 때문에 식사를 통해 공급받아야 하는 지방산을 말한다.
> • 종류 : 리놀레산, 리놀렌산, 아라키돈산
> • 대두유, 옥수수유 등 식물성유에 다량 함유되어 있다.

4. 지질의 기능적 성질

① **유화(에멀전화, Emulsification)** : 다른 물질과 기름이 잘 섞이게 하는 작용으로 수중유적형(O/W)과 유중수적형(W/O)이 있다.

    ㉠ 수중유적형(O/W) : 물 중에 기름이 분산되어 있는 형태(우유, 생크림, 마요네즈, 아이스크림, 크림수프, 케이크반죽 등)

    ㉡ 유중수적형(W/O) : 기름 중에 물이 분산되어 있는 형태(버터, 마가린 등)

② **가수소화(경화, Hardening of oil)** : 액체 상태의 기름에 H_2(수소)를 첨가하고 Ni(니켈), Pt(백금)을 넣어 고체형의 기름으로 만든 것을 말한다(**예** 마가린, 쇼트닝).

③ **연화작용(Shortening)** : 밀가루 반죽에 유지를 첨가하면 반죽 내에서 지방을 형성하여 전분과 글루텐과의 결합을 방해한다.

④ **가소성(Plasticity)** : 외부조건에 의하여 유지의 상태가 변했다가 외부조건을 원상태로 복구해도 유지의 변형 상태로 그대로 유지되는 성질을 의미한다.

⑤ **검화(비누화, Saponification)** : 지방이 NaOH(수산화나트륨)에 의하여 가수분해되어 지방산의 Na염(비누)을 생성하는 현상을 말한다. 저급지방산이 많을수록 비누화가 잘된다.

⑥ **요오드가(불포화도)** : 유지 100g 중의 불포화결합에 첨가되는 요오드의 g수로서, 요오드가가 높다는 것은 불포화도가 높다는 것을 의미한다.

5. 지질의 기능

① 지용성 비타민의 흡수를 좋게 한다(지용성 비타민 : 비타민 A, D, E, K).

② 발생하는 열량이 높다(1g당 9kcal의 열량을 발생하며, 전체 에너지 섭취량 중 20%를 지질에서 공급).

③ 유지의 높은 열을 조리에 이용하여 영양소의 손실을 줄일 수 있다.

04 ▶ 단백질

1. 단백질의 특성

① **구성원소** : 탄소(C), 수소(H), 산소(O), 질소(N) → 질소를 포함하고 있는 고분자 유기화합물

② 단백질은 아미노산의 펩티드 결합에 의해 이루어져 있다.

③ 단백질 중의 질소 함량은 평균 16%로 단백질을 분해하여서 생기는 질소의 양에 6.25(단백질의 질소계수)를 곱하면 단백질의 양을 알 수 있다.

2. 단백질의 분류

(1) 구성 성분에 따른 분류

① 단순 단백질 : 아미노산만으로 구성된 단백질(종류 : 알부민, 글로불린, 글루테닌, 프롤라민 등)

② 복합 단백질 : 단백질과 비단백질 성분으로 구성된 복합형 단백질(종류 : 인단백질, 당단백질, 지단백질 등)

③ 유도 단백질 : 단백질이 열, 산, 알칼리 등의 작용으로 변성이나 분해를 받은 단백질(종류 : 1차 유도 단백질-젤라틴, 2차 유도 단백질-펩톤)

(2) 영양학적 분류

① 완전단백질 : 동물의 생명유지와 성장에 필요한 모든 필수아미노산이 필요한 양만큼 충분히 들어 있는 단백질(예 달걀, 우유)

② 부분적 불완전단백질 : 동물 성장과 생육에 필요한 필수아미노산을 모두 함유하고 있으나 그중 하나 또는 그 이상의 아미노산의 함량이 부족한 단백질

③ 불완전단백질 : 하나 또는 그 이상의 필수아미노산이 식품 중에 결여되어 체단백질 합성을 위한 모든 아미노산을 제공할 수 없는 단백질

> **참고 필수아미노산**
> 체내에서 합성이 불가능하여 반드시 식사를 통해 공급받아야 하는 아미노산
> • 성인에게 필요한 필수아미노산 : 8가지
>   (트레오닌, 발린, 트립토판, 이소루신, 루신, 라이신, 페닐알라닌, 메티오닌)
> • 성장기 어린이에게 필요한 필수아미노산 : 10가지
>   (성인에게 필요한 필수아미노산 + 알기닌 + 히스티딘)

(3) 형태에 따른 분류

① 섬유상 단백질 : 보통용매에 녹지 않는다.
   ㉠ 콜라겐(Collagen) : 피부와 결합조직을 구성하는 단백질
   ㉡ 엘라스틴(Elastin) : 혈관 등에 함유되어 있는 단백질
   ㉢ 케라틴 (Keratin) : 모발 등에 함유되어 있는 단백질

② 구상 단백질 : 묽은 산, 묽은 알칼리나 염류용액에 녹는 영양성 단백질(알부민, 글로불린, 글루텔린 등)

3. 단백질의 아미노산 보강

아미노산을 다른 식품을 통해 보강함으로써 완전단백질을 이뤄 영양가를 높이는 것을 아미노산 보강이라 한다.

예 쌀(리신 부족) + 콩(리신 풍부) = 콩밥(완전한 형태의 단백질을 공급)

4. 단백질의 기능

① 성장 및 체조직의 구성에 관여한다(피부, 효소, 항체, 호르몬 구성).

② 에너지의 공급원(1g당 4kcal의 에너지를 발생시키며, 전체 에너지 섭취량 중 15%를 섭취한다)

05 ▶ 무기질

탄수화물, 단백질, 지방 등의 유기화합물이 연소되어 공기 중에 제거되고 재로 남는 것이 무기질(회분)이다.

무기질은 우리 몸을 구성하는 중요성분이며, 생체 내에서 pH 및 삼투압을 조절하여 생체 내의 물리, 화학적 작용이 정상으로 유지되도록 한다.

1. 무기질의 종류

(1) 칼슘(Ca)

① 생리작용 : 골격과 치아를 구성하고 비타민 K와 함께 혈액응고에 관여한다.

② 특징 : 인체 내에서 칼슘흡수를 촉진하려면 비타민 D를 공급한다. 칼슘흡수를 방해하는 인자는 수산으로, 칼슘과 결합하여 결석을 형성한다.

③ 결핍증 : 골다공증, 골격과 치아의 발육 불량

④ 급원식품 : 우유 및 유제품, 멸치, 뼈째 먹는 생선

(2) 인(P)

① 생리작용 : 인지질과 핵단백질의 구성성분이며 골격과 치아를 구성한다.

② 특징 : 칼슘과 인의 섭취비율로 정상 성인은 1 : 1, 성장기 어린이는 2 : 1이 좋다.

③ 결핍증 : 골격과 치아의 발육 불량

(3) 나트륨(Na)

① 생리작용 : 수분균형 유지 및 삼투압 조절, 산, 염기 평형유지, 근육수축에 관여한다.

② 특징 : 우리나라에서 Na의 결핍증은 거의 나타나지 않고 과잉증이 문제가 되는데 고혈압이나 심장병을 유발하는 원인이 되기도 한다.

(4) 칼륨(K)

① 생리작용 : 삼투압 조절과 신경의 자극전달 작용을 한다.

② 특징 : NaCl과 같은 작용을 하며 세포내액에 존재한다.

(5) 철분(Fe)

① 생리작용 : 헤모글로빈(혈색소)을 구성하는 성분이고 혈액 생성 시 필수적인 영양소이다.

② 결핍증 : 철분 결핍성 빈혈(영양 결핍성 빈혈)

③ 급원식품 : 간, 난황, 육류, 녹황색 채소류

(6) 불소(플로오르, F)

① 생리작용 : 골격과 치아를 단단하게 한다.

② 결핍증 : 우치(충치) / 과잉증 : 반상치

③ 급원식품 : 해조류 등

(7) 요오드(I)

① 생리작용 : 갑상선 호르몬을 구성하며 유즙분비를 촉진시키는 작용을 한다.

② 결핍증 : 갑상선종

③ 급원식품 : 해조류(갈조류 : 미역, 다시마 등)

2. 무기질의 기능

① 산과 염기의 평형을 유지하는 데 관여한다.

② 신경의 자극전달에 필수적이다.

③ 생리적 반응을 위한 촉매제로 이용된다.

④ 수분의 평형 유지에 관여한다.

> **참고** **무기질의 종류에 따른 산성 식품과 알칼리성 식품**
> - 산성 식품 : P(인), S(황), Cl(염소) 등을 함유하고 있는 식품으로 체내에 들어오면 체액을 산성화시키는 식품이다(종류 : 곡류, 어류, 육류 등).
> - 알칼리성 식품 : Na(나트륨), K(칼륨), Fe(철분), Mg(마그네슘) 등을 함유하고 있는 식품이다(종류 : 해조류, 과일, 채소류).
> ※ 우유는 동물성 식품이지만, Ca(칼슘)이 다량 함유되어 있어서 알칼리성 식품에 분류한다.

06 ▶ 비타민

비타민은 크게 기름에 용해되는 지용성 비타민(비타민 A, D, E, K)과 물에 잘 용해되는 수용성 비타민(비타민 B군, C, 나이아신)으로 크게 나뉜다.

인체 내에서 미량으로 필요한 유기물로서 식품을 통해 공급받아야 하며, 대사작용의 조절물질로 이용된다.

1. 지용성 비타민과 수용성 비타민의 차이점

지용성 비타민	수용성 비타민
• 기름에 잘 용해된다 • 기름과 함께 섭취했을 때 흡수율이 증가한다. • 과잉 섭취 시 체내에 저장된다. • 결핍증이 서서히 나타난다. • 매일 식사 때마다 공급받을 필요는 없다.	• 물에 잘 용해된다. • 과잉 섭취 시 필요한 양만큼만 체내에 남고 모두 몸 밖으로 배출된다. • 결핍증이 바로 나타난다. • 매일 식사에서 필요로 하는 양만큼 충분히 섭취해야 한다.

2. 비타민의 기능과 특성

① 인체 내에 없어서는 안 될 필수 물질이나 미량 필요하다.
② 에너지나 신체 구성물질로 사용되지 않는다.
③ 대사작용 조절물질, 즉 보조효소의 역할을 한다.
④ 여러 가지 결핍증을 예방한다.
⑤ 대부분 체내에서 합성되지 않으므로 음식을 통해서 공급되어야 한다.

3. 비타민의 종류와 특성

(1) 지용성 비타민

① 비타민 A(레티놀, Retinol)
   ㉠ 생리작용 : 상피세포를 보호하고 눈의 작용을 좋게 한다.
   ㉡ 특징 : 식물성 식품에는 카로틴이라는 물질이 포함되어 있어서 동물의 몸에 들어오면 비타민 A로서의 효력을 갖는다. α-carotin, β-carotin, γ-carotin 중 β-carotin이 비타민 A로서의 활성을 가장 많이 지니고 있으며 가장 흔하게 식품에 존재한다.
   ㉢ 결핍증 : 야맹증
   ㉣ 급원식품 : 간, 난황, 시금치, 당근 등
② 비타민 D(칼시페롤, Calciferol)
   ㉠ 생리작용 : 골격의 석회화에 필수적인 물질이다.

ⓛ 특징 : 비타민 D는 반드시 식품에서 섭취하지 않아도 자외선에 의해 인체 내에서 합성된다.

ⓒ 에르고스테롤(Ergosterol) $\xrightarrow{\text{자외선}}$ 에르고칼시페롤(Ergocalciferol)

ⓓ 7-디하이드로콜레스테롤 $\xrightarrow{\text{자외선}}$ 콜레칼시페롤

ⓔ 결핍증 : 구루병(다리가 휘고 가슴뼈, 갈비뼈 사이를 연결하는 연결부위가 솟아나는 현상)

ⓕ 급원식품 : 건조식품(말린 생선류, 버섯류)

③ 비타민 E(토코페롤, Tocopherol)

ⓐ 생리작용 : 불포화지방산에 대한 항산화제로서 역할을 하고 인체 내에서는 노화를 방지한다.

ⓑ 특징 : 가장 활성이 큰 것은 α-tocopherol이며 지질 섭취 시 흡수에 좋다.

ⓒ 결핍증 : 사람에게는 노화촉진, 동물에게는 불임증

ⓓ 급원식품 : 곡물의 배아, 식물성유

④ 비타민 K(필로퀴논, Phylloquinone)

ⓐ 생리작용 : 혈액응고에 관여하여 지혈작용을 한다.

ⓑ 특징 : 장내세균에 의해 인체 내에서 합성된다.

ⓒ 결핍증 : 혈액응고 지연

(2) 수용성 비타민

① 비타민 B₁(티아민, Tiamine)

ⓐ 생리작용 : 탄수화물 대사작용에 필수적인 보조효소로 작용을 하므로 일상 식사에서 당질을 많이 섭취하는 한국인에게 꼭 필요한 영양소이다.

ⓑ 특징 : 마늘의 매운맛 성분인 알리신에 의하여 흡수율이 증가된다.

ⓒ 결핍증 : 각기병

ⓓ 급원식품 : 돼지고기, 곡류의 배아 등

② 비타민 B₂(리보플라빈, Riboflavin)

ⓐ 생리작용 : 성장촉진과 피부점막 보호작용을 한다.

ⓑ 결핍증 : 구순염, 구각염

③ 비타민 B₆(피리톡신, Phyridoxin)

ⓐ 생리작용 : 항피부염 인자로서 단백질 대사작용과 지방합성에 관여한다.

ⓑ 특징 : 열에는 안정하나 빛에 분해된다.

ⓒ 결핍증 : 피부염

④ 비타민 B₁₂(시아노코발라민, Cyanocobalamin)

ⓐ 생리작용 : 성장촉진 작용에 관여한다.

ⓛ 특정 : Co(코발트)를 함유하고 있는 비타민이다.

ⓒ 결핍증 : 악성빈혈

⑤ 나이아신(니코틴산, Nicotinic acid)

ⓐ 생리작용 : 탄수화물의 대사작용을 증진시키며 펠라그라 피부염을 예방한다.

ⓛ 특징 : 필수아미노산인 트립토판 60mg으로 나이아신 1mg을 만든다.

ⓒ 결핍증 : 펠라그라

ⓔ 옥수수 단백질인 제인에는 트립토판이 없으므로, 옥수수를 주식으로 하는 민족에게서 펠라그라가 많이 나타난다.

⑥ 비타민 C(아스코르브산, Ascorbic acid)

ⓐ 생리작용 : 체내의 산화, 환원작용에 관여하고 세포질의 성장을 촉진하는 단백질 대사에 작용한다.

ⓛ 특징 : 물에 잘 녹고 열에 의해 쉽게 파괴되므로 조리 시 가장 많이 손실되는 영양소이다.

ⓒ 결핍증 : 괴혈병

07 ▶ 식품의 색

식품의 색은 그 식품의 품질을 결정하는 하나의 척도가 되며 식욕과도 깊은 관계가 있는데 크게 동물성 색소와 식물성 색소로 나뉜다.

1. 식물성 색소

① 클로로필

ⓐ 식품의 녹색 색소로서 Mg(마그네슘)을 함유하고 있다.

ⓛ 산성(식초물) : 녹갈색 / 알칼리(소다 첨가) : 진한 녹색 / 금속이온 구리(Cu)나 철(Fe) : 선명한 청록색

ⓒ 푸른잎 채소류에 포함되어 있다.

② 안토시안

ⓐ 꽃, 과일, 채소(적색 양배추, 가지, 비트 등) 등의 적색, 자색 등의 색소이다.

ⓛ 산성(식초물)에서는 선명한 적색 / 중성에서는 보라색 / 알칼리(소다 첨가)에서는 청색을 띤다.

ⓒ 생강은 담황색이나 산성에서 분홍색으로 색깔변화가 일어나는 안토시안 색소를 함유하고 있다.

③ 플라보노이드

  ㉠ 색이 엷은 채소의 색소로서 옥수수나 밀가루, 양파 등에 함유되어 있다.

  ㉡ 산성 : 흰색, 알칼리 : 황색

  ㉢ 연근이나 우엉을 하얗게 조리하려면 식초물에 삶아주면 되고, 밀가루 반죽에 소다를 넣고 빵을 만들 때 빵의 색깔이 황색을 띠는 이유는 밀가루의 플라본 색소 때문이다.

④ 카로티노이드

  ㉠ 식물계에 널리 분포되어 있으며, 클로로필과 함께 잎의 엽록체 속에 존재하며 동물성 식품에도 일부 분포하고 있다.

  ㉡ 황색, 오렌지색, 적색의 색소 → 당근, 토마토, 고추, 감 등에 함유되어 있는 색소

  ㉢ 비타민 A의 기능도 있다.

  ㉣ 산이나 알칼리에 변화받지 않는다.

2. 동물성 색소

① 미오글로빈 : 근육색소(신선한 생육은 환원형의 미오글로빈에 의해 암적색을 띠나 고기의 면이 공기와 접촉하면 분자상의 산소와 결합하여 선명한 적색의 옥시미오글로빈이 된다)

② 헤모글로빈 : 혈액색소(Fe 함유)

③ 헤모시아닌 : 문어, 오징어 등의 연체류에 포함되어 있는 색소로서 익혔을 때 적자색으로 색깔 변화가 일어난다.

④ 아스타신 : 새우, 게, 가재 등에 포함되어 있는 색소이다.

⑤ 유멜라닌 : 오징어의 먹물색소

08 ▶ 식품의 갈변

식품을 조리하거나 가공·저장하는 동안 갈색으로 변색하거나 식품의 본색이 짙어지는 현상을 말한다. → 효소적 갈변, 비효소적 갈변

1. 효소적 갈변

① 채소류나 과일류를 파쇄하거나 껍질을 벗길 때 일어나는 현상(예 사과, 배, 복숭아, 바나나, 밤, 감자 등)이다.

② 원인 : 채소류나 과일류의 상처받은 조직이 공기 중에 노출되면 페놀 화합물이 갈색색소인 멜라닌으로 전환하기 때문이다.

③ 효소에 의한 갈변 방지법

ㄱ 열처리 : 데치기(블렌칭)와 같이 고온에서 식품을 열처리하여 효소를 불활성화한다.

ㄴ 산을 이용 : pH(수소이온농도)를 3 이하로 낮추어 산의 효소 작용을 억제한다.

ㄷ 당 또는 염류첨가 : 껍질을 벗긴 배나 사과를 설탕이나 소금물에 담근다.

ㄹ 산소의 제거 : 밀폐용기에 식품을 넣은 다음 공기를 제거 또는 공기 대신 이산화탄소나 질소가스를 주입한다.

ㅁ 효소의 작용 억제 : 온도를 −10℃ 이하로 낮춘다.

ㅂ 구리 또는 철로 된 용기나 기구의 사용을 피한다.

※ 효소적 산화에 의한 갈변이 실제로 응용되고 있는 좋은 예의 하나는 홍차의 제조과정 이다.

2. 비효소적 갈변

① 마이얄 반응(아미노-카아보닐 반응, 멜라노이드 반응) : 외부 에너지의 공급 없이도 자연발생 적으로 일어나는 반응

→ 식빵, 된장, 간장 등의 반응

② 캐러멜화 반응 : 당류를 고온(180~200℃)으로 가열하였을 때 산화 및 분해산물에 의한 중 합, 축합에 의한 반응(간장, 소스, 합성청주, 약식 및 기타 식품가공에 이용된다)

③ 아스코르브산(Ascorbic acid)의 반응 : 감귤류의 가공품인 오렌지 주스나 농축물 등에서 일어 나는 갈변반응(과채류의 가공식품에 이용된다)

09 ▶ 식품의 맛과 냄새

1. 식품의 맛

식품의 맛은 서로의 적미성분(適味成分)의 상승작용, 억제작용, 맛의 대비, 식품의 온도 등의 여러 가지 조건에 따라 결정된다.

(1) 기본적인 맛(Henning의 4원미)

기본적인 맛은 헤닝이 분류한 단맛, 짠맛, 신맛, 쓴맛이다. 단맛과 짠맛은 생리적으로 요구하 는 맛이고, 신맛과 쓴맛은 취미의 맛이라고 한다.

① 단맛

ㄱ 포도당, 과당, 맥아당 등의 단당류, 이당류

ㄴ 만니트 : 해조류

② 짠맛 : 염화나트륨 등(소금 성분)

③ 신맛

ㄱ 식초산

ㄴ 구연산(감귤류, 살구 등)

ㄷ 주석산(포도)

④ 쓴맛

ㄱ 카페인 : 커피, 초콜릿 등

ㄴ 테인 : 차류

ㄷ 호프 : 맥주

(2) 기타 맛

① 맛난 맛

ㄱ 이노신산 : 가다랑이 말린 것, 멸치

ㄴ 글루타민산 : 다시마, 된장

ㄷ 시스테인, 리신 : 육류, 어류

② 매운맛

ㄱ 매운맛은 미각신경을 강하게 자극할 때 형성되는 맛으로 미각이라기보다는 통각에 가깝다.

ㄴ 캡사이신 : 고추의 매운맛

ㄷ 매운맛은 60℃ 정도에서 가장 강하게 느껴진다.

③ 떫은맛

ㄱ 미숙한 과일에서 느껴지는 불쾌한 맛으로 단백질의 응고작용으로 일어난다.

ㄴ 탄닌 성분 : 미숙한 과일에 포함되어 있는 떫은맛 성분

ㄷ 탄닌은 인체 내에서 변비를 유발하는 특성을 가지고 있다.

④ 아린 맛

ㄱ 쓴맛과 떫은맛의 혼합된 맛이다.

ㄴ 죽순 또는 고사리에서 느낄 수 있는 맛(아린 맛을 제거하기 위해서 사용하기 하루 전에 물에 담가 놓는다)

(3) 맛의 여러 가지 현상

① 맛의 대비 현상(강화현상) : 서로 다른 두 가지 맛이 작용하여 주된 맛 성분이 강해지는 현상으로 설탕용액에 약간의 소금을 첨가하면 단맛이 증가된다.

예 단팥죽에 약간의 소금을 첨가하면 단맛이 증가한다.

② 맛의 변조현상 : 한 가지 맛을 느낀 직후 다른 맛을 보면 원래 식품의 맛이 다르게 느껴지는 현상이다.

예 쓴 약을 먹고 난 후 물을 마시면 물맛이 달게 느껴진다.

오징어를 먹은 후 밀감을 먹으면 쓰게 느껴진다.

③ 미맹현상 : 쓴맛 성분인 PTC(Phenyl thiocarbamide)는 정상적인 사람에게는 쓴맛을 느끼게 하지만 일부 사람들은 느끼지 못하는데 이를 미맹(Taste Blind)이라 한다.

④ 맛의 상쇄현상 : 맛의 강화, 대비현상과는 반대로 두 종류의 정미 성분이 혼재해 있을 경우 각각의 맛을 느낄 수 없고 조화된 맛을 느끼는 경우를 말한다.

⑤ 맛의 억제현상 : 서로 다른 정미성분이 혼합되었을 때 주된 정미 성분의 맛이 약화되는 현상을 맛의 억제 또는 손실현상이라 한다.

(4) 맛의 온도

일반적으로 혀의 미각은 30℃ 전후에서 가장 예민하며 온도의 상승에 따라 매운맛은 증가하고, 온도 저하에 따라 쓴맛의 감소는 심하다.

(5) 혀의 미각 부위

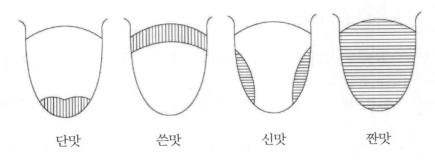

| 단맛 | 쓴맛 | 신맛 | 짠맛 |

맛을 느끼는 혀의 위치

2. 식품의 냄새

식품의 냄새는 음식의 기호에 영향을 주는데, 쾌감을 주는 것을 향(香)이라 하고, 불쾌감을 주는 것을 취(臭)라고 한다.

(1) 식물성 식품의 냄새

① 알코올 및 알데히드류 : 주류, 감자, 복숭아, 오이, 계피 등

② 테르펜류 : 녹차, 차잎, 레몬, 오렌지 등

③ 에스테르류 : 주로 과일향

④ 황화합물 : 마늘, 양파, 파, 무, 고추, 부추, 냉이 등

(2) 동물성 식품의 냄새

① 아민류 및 암모니아류 : 육류, 어류 등

② 카르보닐 화합물 및 지방산류 : 치즈, 버터 등의 유제품

> **참고** **식품 중의 특수성분**
> - 생선비린내 성분 : 트리메틸아민(Trimethylamin)
> - 참기름 : 세사몰(Sesamol)
> - 마늘 : 알리신(Allicin)
> - 고추 : 캡사이신(Capsaicine)
> - 생강 : 진저론(Zingerone)
> - 후추 : 캐비신(Chavicine)
> - 겨자 : 시니그린(Sinigrine)
> - 고추냉이와 흑겨자 : 알릴이소티오시아네이트(Allylisothiocyanate)
> - 산초 : 산스홀(Sanshool)

10 ▶ 식품의 물성

식품 자체가 지니는 물리적인 성질은 식품의 가공과 처리과정에 영향을 미치며 더 나아가 소비자의 평가에 영향을 주는 요소가 될 수 있다. 음식이나 식품을 맛있게 조리하려면 식품들이 갖고 있는 물리적인 성질인 교질(colloid), 텍스처(texture), 물질의 변형과 흐름을 연구하는 물리과학 리올로지(rheology) 등의 특성을 이해할 필요가 있다.

1. 식품의 교질상태

용매란 액체에 물질을 녹여서 용액을 만들 때, 그 액체를 가리키며, 용질이란 용액에 녹아 있는 물질을 말한다. 용매에 용질을 섞어서 형성되는 용액의 유형은 다음의 3가지로 구분된다. 첫째는 물에 설탕이나 소금을 섞었을 때 용질이 용매에 녹아 균질한 상태를 유지하는 진용액(true solution)이며, 둘째는 물에 진흙이나 전분을 섞을 때 나타나는 현탁액(suspension)으로 용질이 커서 저으면 잠시 섞였다가 시간이 지나면 분리된다. 셋째는 용질이 진용액과 현탁액의 중간크기를 가진 교질로서 일부 단백질 등의 용질이 용매에 녹거나 가라앉지 않고 고루 분산되어 있는 교질용액(colloidal solution) 상태이다. 교질용액은 녹거나 분리되는 것이 아닌 분산되어 존재하기 때문에 용매, 용질, 용액이라는 용어 대신에 분산매, 분산질(상), 분산계라는 표현을 사용한다.

(1) 교질의 종류

분산매	분산질	성상	교질의 상태	식품의 예
액체	액체	유화액(에멀전)	분산매와 분산질이 액체인 교질상태	• 수중유적형(물속에 소량의 기름방울이 잘 분산된 상태) : 우유, 마요네즈, 아이스크림 • 유중수적형(기름 속에 소량의 물방울이 미세하게 분산된 상태) : 버터, 마가린
액체	기체	거품(포말질)	분산매는 액체, 분산질은 기체인 교질상태(거품은 물속에 공기가 잘 분산되어 있는 형태)	탄산음료, 맥주, 난백의 기포
액체	고체	졸(sol)	분산매가 액체이고 분산질이 고체이거나 액체로 전체적인 분산계가 액체상태	된장국, 달걀흰자, 수프
고체	액체	겔(gel)	졸이 냉각에 의해 응고되거나 분산매의 감소로 반고체화된 상태	젤리, 양갱, 두부, 치즈, 묵
고체	기체	고체거품(포말질)	분산매는 고체, 분산질은 기체인 교질상태	빵, 쿠키, 휘핑크림

(2) 교질용액의 성질

교질용액은 분산질이 용해되거나 침전되지 않고 분산상태로 존재하고 교질용액(콜로이드 용액)의 전 체계를 이어주는 것을 분산매(연속상)라 하고 녹아있는 물질을 분산질(분산상)이라 하는데 교질용액은 콜로이드 입자의 크기에 의하여 다음의 특성을 가진다.

콜로이드 입자의 크기에 의해서 반투성, 브라운운동, 흡착성, 틴달 현상이 나타난다.

특성	성질	
반투성	진용액을 이루는 이온이나 작은 분자들은 반투막을 통과하지만 이보다 큰 입자를 갖는 교질(콜로이드)입자는 반투막을 통과하지 못하는 현상	
틴달현상	교질용액에 강한 빛을 쪼이면 분산된 입자들에 의해 빛의 통로가 하얗게 보이는 현상	
흡착성	교질용액을 이루는 입자들은 표면적이 크기 때문에 다른 물질을 잘 흡착하는 성질을 나타냄	
점성과 가소성	점성이란 유체의 흐름에 대한 저항을 말하며 분산상의 농도가 높을수록 증가하고, 가소성은 외부의 힘을 받아 변형된 후 외부힘을 없애도 본래의 상태로 되돌아가지 않는 성질을 가소성이라 함. 쇼트닝이나 전분의 풀에서 볼 수 있음	

2. 텍스처(texture)

(1) 텍스처의 특성

식품을 입에 넣거나 손으로 만졌을 때 느껴지는 조직감이나 감촉을 텍스처라고 한다. 식품의 텍스처는 직접 관능검사를 통하여 측정하거나 기계를 통하여 측정할 수 있다. 식품의 텍스처 특성은 다음과 같다.

특성	성질
경도	식품의 형태(원하는 변형에 도달하는 데 필요한)를 변형하는 힘
응집성 (부스러짐성, 씹힘성, 검성)	식품의 형태를 이루는 내부적 결합에 필요한 힘 • 식품을 파쇄하는 데 필요한 힘 • 고체식품을 삼킬 수 있는 상태까지 씹는 데 필요한 힘 • 반고체식품을 삼킬 수 있는 상태까지 씹는 데 필요한 힘
점성	액체가 단위의 힘에 의하여 유동되는 정도(액체가 잘 흐르고 흐르지 않는 정도)
탄성	외부의 힘에 의해서 변형된 샘플이 힘이 제거된 후에 원래의 상태로 돌아가려는 성질
부착성	식품의 표면이 입안에 들어와서 부착된 상태에서 떼어내는 데 필요한 힘

(2) 텍스처표현 용어

텍스처의 결정요인은 강도와 유동성, 외관(크기, 모양), 수분과 지방함량이 있으며 표현 용어는 다음과 같다.

① **강도와 유동성** : 부드럽다, 단단하다, 바삭바삭하다, 부서지기 쉽다, 풀 같다, 점성이 있다, 껌 같다, 미끈미끈하다, 끈적거리다 등

② **외관(크기와 모양)** : 거칠다(입자가 큰), 모래 같다(입자가 작은), 입자 상태다, 섬유상이다, 결정형이다, 가루 상태다 등

③ **수분과 지방함량** : 축축한, 마르다, 느끼하다 등

3. 리올로지

리올로지(rtheology)는 그리스어에서 유래된 말로 유동이라는 뜻을 갖고 있는데 물체의 변형과 흐름에 관한 연구분야로 식품의 물리학적 미각을 연구하는 학문으로 점성, 탄성, 소성, 점탄성 등의 특성을 갖고 있다.

[리올로지의 특성]

특성	성질	
점성 (viscosity)	액상식품 중 졸상의 액상식품은 점성을 가지는데 점성은 온도를 올리면 감소하고, 압력을 가하면 증가한다. 예 점성이 큰 식품 : 물엿, 꿀 / 점성이 중간식품 : 수프, 소스 등 / 점성이 낮은 식품 : 간 장, 식초 등	
탄성 (elasticity)	외부의 힘에 의해 변형이 되었다가 힘을 제거하면 원래의 상태로 돌아오려고 하는 성질을 탄성이라고 한다. 예 탄성이 약한 식품 : 묵, 양갱 등 / 탄성이 큰 식품 : 곤약 등	
소성 (plasticity)	외부로부터 힘을 받아서 변형이 되었다가 그 힘을 제거해도 원래 상태로 돌아오지 못하는 성질을 소성이라고 한다. 예 버터, 마가린 등	
점탄성 (viscoelasticity)	외부의 힘에 의해 점성유동과 탄성변형이 동시에 일어나는 성질이다. 예 밀가루 반죽, 찹쌀떡류 등	

11 ▶ 식품의 유독성분

식품의 독성성분은 자연적으로 생성되는 내인성 유독물질과 오염된 미생물이 분비하는 유독물질, 식품의 제조, 유통, 저장 중 혼입되는 유독물질, 인위적으로 첨가한 유독첨가물과 식품공해에 의한 유독물질과 같은 외인성 유독물질이 있다.

1. 자연독

식물과 동물에 원래부터 들어 있는 독소에 의하여 발생하는 유독성분이다.

① 식물성 자연독

독소명	소재	
솔라닌(solanine) 셉신(sepsine)	싹이 튼 감자 부패한 감자	
무스카린(muscarine)	파리버섯, 광대버섯, 무당버섯 등에 함유	
아미그달린(amygdalin)	청매, 살구씨, 복숭아씨	
고시풀(gossypol)	목화씨(면실)	
시큐톡신(cicutoxin)	독미나리	

테무린(temuline)	독보리(독맥)
리신(ricin)	피마자

② 동물성자연독

독소명	소재
테트로도톡신(teyrodotoxin)	복어
삭시톡신(saxitoxin)	섭조개(홍합), 대합
베네루핀(venerupin)	모시조개, 바지락
테트라민(tetramine)	관절매물고동, 조각매물고동

2. 곰팡이독

세균을 제외한 미생물 가운데 특히 곰팡이 중에는 유독물질을 생성하는 경우가 많은데 곰팡이 독은 곰팡이가 생성한 2차 대사산물로서 비정상적인 생리작용을 일으킨다.

종류	원인곰팡이
황변미중독	페니실리움(penicillum)속 푸른곰팡이 : 신장독, 신경독, 간장독
맥각중독	에르고톡신(ergotoxin) : 간장독
아플라톡신 중독	아스퍼질러스 플라버스(aspergilus flavus) : 간장독

3. 조리·가공·저장 중에 생성되는 독성물질

식품은 조리와 가공, 저장과정을 거치면서 화학적으로 반응을 하거나 분해되면서 인체에 유해한 독성물질이 생성되는 경우가 있다.

독성물질	특성
다환방향족 탄화수소 (polycyclic aromatic hydrocarbons) (벤조피렌, 벤조안스라센, 플루오르안센)	화석연료나 식품의 유기물이 300~600℃에서 불완전 연소될 때 생성됨. 예 훈제식품, 숯불구이, 식용유지류 등
헤테로사이클릭아민 (heterocyclic amines)	돼지, 닭, 오리, 생선 등의 근육부위의 아미노산과 크레아틴이 식품 중의 당과 300℃ 이상의 고온에서 반응하여 생성됨. 예 식육의 조리법 중 바비큐, 굽기, 튀기기 등(끓이기, 찌기 등의 조리법 선택)
아크릴아마이드 (acrylamide)	탄수화물 식품에 자연적으로 존재하는 아스파라긴과 당이 160℃ 이상의 고온에서 반응하여 생성됨. 예 감자칩, 감자튀김, 빵, 건빵 등(튀김온도는 160℃ 넘지 않게, 오븐은 200℃ 넘지 않게)

Chapter 01 식품재료의 성분 연습문제

01 우리 몸에서 물은 인체의 몇 %를 차지하고 있는가?

① 30%   ② 40%

③ 50%   ④ 60%

해설 인체는 전체 체중의 60~65%의 수분을 포함하고 있다.

02 수분이 체내에서 하는 일이 아닌 것은?

① 인체에 열량을 공급한다.

② 영양소와 노폐물을 운반하는 작용을 한다.

③ 체온을 조절한다.

④ 내장의 장기를 보존하는 역할을 한다.

해설 수분의 역할
- 영양소와 노폐물을 운반한다.
- 체온을 조절한다.
- 여러 생리반응에 필수적이다.
- 내장의 장기를 보존한다.

03 다음 중 자유수와 결합수에 대한 설명으로 틀린 것은?

① 식품 내의 어떤 물질과 결합되어 있는 물을 결합수라 한다.

② 식품 내 여러 성분 물질을 녹이거나 분산시키는 물을 자유수라 한다.

③ 식품을 냉동시키면 자유수, 결합수 모두 동결된다.

④ 자유수는 식품 내의 총수분량에서 결합수를 뺀 양이다.

해설 자유수와 결합수의 차이점

자유수	결합수
• 수용성 물질을 녹일 수 있음 • 미생물 생육이 가능 • 건조로 쉽게 분리할 수 있음 • 0℃ 이하에서 동결	• 물질을 녹일 수 없음 • 미생물 생육이 불가능 • 쉽게 건조되지 않음 • 0℃ 이하에서도 동결되지 않음

04 수분활성도의 설명으로 옳지 않은 것은?

① 수분활성도는 식품 중의 물의 함유량과 같다.

② 달걀의 수분활성도는 0.9 정도이다.

③ 일반식품의 수분활성도는 항상 1보다 작다.

④ 수분활성도는 임의의 온도에서 그 식품의 수증기압에 대한 순수한 물의 최대 수증기압의 비율로 나타낸다.

해설 수분활성도(Aw) : 임의의 온도에서 그 식품의 수증기압에 대한 순수한 물의 최대 수증기압의 비율을 말한다.
- 일반식품의 Aw 〈 1
- 물의 Aw=1
→ 일반적으로 식품 중의 수분함량이 낮으면 식품 수분활성도(Aw)도 낮아진다.

05 다음 중 포도당에 대한 설명으로 바르지 못한 것은?

① 포도당은 인체에서 흡수되기 쉬운 가장 기본적인 열량원이다.

② 포도당은 단당류이며 이당류, 전분, 글리코겐의 구성성분이다.

③ 포도당은 열량원 외에도 체조직을 구성하는 영양성분이다.

④ 중환자나 기아상태의 초기에 포도당주
사를 놓아 효과적인 열량을 제공한다.

해설 체조직을 구성하는 것은 단백질이다.
포도당 : 더 이상 분해되지 않는 최소한의 당이며
체내에서 바로 흡수될 수 있는 열량원이다. 혈액 중
에는 0.1% 정도 포함되어 있고, 과잉섭취 시 글리코
겐으로 저장된다.

06 다음 중 단당류가 아닌 것은?

① 서당(Sucrose)

② 포도당(Glucose)

③ 과당(Fructose)

④ 갈락토즈(Glactose)

해설 • 단당류 : 과당, 포도당, 갈락토즈
• 이당류 : 서당, 맥아당, 유당
• 다당류 : 글리코겐, 섬유소, 전분

07 맥아당은 어떤 성분으로 구성되어 있는가?

① 포도당 2분자가 결합된 것

② 과당과 포도당 각 1분자가 결합된 것

③ 과당 2분자가 결합된 것

④ 포도당과 전분이 결합된 것

해설 엿당이라고도 하며, 포도당 2분자가 결합된 이당
류로 엿기름에 많이 함유되어 있고 물엿의 주성분
이다.

08 혈액에 존재하는 당의 형태와 동물 체내에 저장
되는 당의 형태를 바르게 짝지은 것은?

① 갈락토즈 – 이눌린

② 포도당 – 전분

③ 포도당 – 글리코겐

④ 젖당 – 글리코겐

해설 사람의 혈액 중에는 포도당이 0.1% 정도 함유되어
있고, 탄수화물 과잉섭취 시 간에 저장하는 저장탄
수화물을 글리코겐이라고 한다.

09 유용한 장내 세균의 발육을 활성케 하여 장에
좋은 영향을 미치는 이당류는?

① 말토즈

② 셀로비오스

③ 슈크로스

④ 락토오즈

해설 락토오즈(유당, 젖당)
포도당과 갈락토즈가 결합된 당으로서 당류 중 단
맛이 가장 약하고 포유류의 젖, 특히 초유 속에서
많이 발견되며, 장내 세균의 발육을 촉진하여 장운
동에 좋은 이당류이다.

10 당의 가수분해 생성물로 옳은 것은?

① 설탕 : 포도당 + 포도당

② 젖당 : 포도당 + 갈락토즈

③ 이눌린 : 과당 + 포도당

④ 설탕 : 과당 + 갈락토즈

해설 이당류의 분해 생성물
• 설탕 : 포도당 + 과당
• 젖당 : 포도당 + 갈락토즈
• 맥아당 : 포도당 + 포도당
이눌린은 과당만 결합되어 있는 다당류이다.

11 핵산의 구성성분이고 보효소 성분으로 되어 있
으며 생리상 중요한 당은?

① 글루코스

② 리보오스

③ 프락토스

④ 미오신

해설 리보오스(Ribose)
핵산의 성분, 비타민 B_2의 구성성분으로 생리상 중
요한 단당류는 5탄당이다.

---

06 ①   07 ①   08 ③   09 ④   10 ②   11 ②

12 인체 내에서 섬유소가 소화되지 못하는 이유는 무엇인가?

① 구조가 너무 치밀하여 단단하기 때문이다.

② 구조가 복잡하여 분해되지 않는다.

③ 섬유조직을 분해할 수 있는 효소가 없기 때문이다.

④ 분해된 후 다시 복합체를 형성하기 때문이다.

> **해설** 섬유소(cellulose)는 치밀한 결정구조와 단단한 결합력으로 아밀라아제(Amylase)에 의해서 분해되지 않으며 인체 내에서는 셀룰로오스(섬유소)의 소화에 직접적으로 관여하는 효소가 없다.

13 동물의 저장물질로서 간과 근육에 저장되는 형태의 당을 무엇이라고 하는가?

① 글리코겐 ② 포도당

③ 이눌린 ④ 올리고당

> **해설** 탄수화물의 과잉섭취 시 포도당은 글리코겐의 형태로 간과 근육에 저장되며 보통 체내에서 저장되는 양은 300~350g 정도이다.

14 단맛이 높은 순서로 잘 배열된 것은?

① 포도당 – 서당 – 과당 – 유당

② 과당 – 서당 – 포도당 – 맥아당

③ 맥아당 – 포도당 – 유당 – 과당

④ 유당 – 포도당 – 서당 – 과당

> **해설** 단맛이 강한 순서 : 과당 〉 전화당 〉 서당 〉 포도당 〉 맥아당 〉 유당

15 글리코겐에 관한 설명으로 옳지 않은 것은?

① 체내에서 에너지원으로 이용된다.

② 식물성 저장 물질이다.

③ 글리코겐이 전분보다 분자도가 크다.

④ 혈당이 저하되면 포도당으로 전환된다.

> **해설** 글리코겐은 동물성 다당류로서 간에 저장되었다가 열량 부족 시 혹은 혈액 중의 당 농도가 저하될 때 포도당으로 전환되어 이용된다.

16 탄수화물의 가장 이상적인 섭취비율은 몇 %인가?

① 50% ② 15%

③ 20% ④ 65%

> **해설** 열량원의 섭취비율
> 탄수화물이 65%, 단백질이 15%, 지방이 20%로 섭취될 때가 가장 이상적이라고 할 수 있다.

17 다음 중 당용액으로 만든 결정형 캔디는 무엇인가?

① 젤리 ② 설탕

③ 폰당 ④ 캐러멜

> **해설** 폰당은 결정형 캔디로서 설탕과 물을 2 : 1의 비율로 섞어 113~114℃로 가열한 후 40~70℃로 냉각시켜 빠르게 저어준다. 과포화에 달한 온도로 강하게 각반하면 결정이 석출된다. 이것이 폰당이다.

18 침 속에 들어 있으며 녹말을 분해하여 엿당을 만드는 효소는?

① 리파아제 ② 펩신

③ 펩티아제 ④ 프티알린

> **해설** • 당질분해효소 : 프티알린(침), 슈크라제, 말타제(장액)
> • 지방분해효소 : 리파아제(위), 스테압신(췌장)
> • 단백질분해효소 : 펩신(위), 트립신(췌장)

19 지방에 대한 설명으로 바른 것은?

① 지방산과 글리세롤의 에스테르 결합으로 이루어져 있다.

② 1g당 발생하는 열량은 4kcal이다.

③ 글리세롤의 아세톤 결합이다.

④ 콜레스테롤은 지방이지만 몸에 유익하지 못하므로 섭취하지 않도록 한다.

정답 12 ③ 13 ① 14 ② 15 ② 16 ④ 17 ③ 18 ④ 19 ①

해설 지방은 3분자의 지방산과 1분자의 글리세롤로 에스테르 결합을 이루고 있으며, 1g당 9kcal의 에너지를 발생시킨다. 또한 콜레스테롤은 세포 형성에 필수적이므로 식사에서 적당히 공급되어야 한다.

20 다음 중 필수지방산에 대한 설명으로 바른 것은?

① 인체 내에서 필요로 하는 지방산의 종류는 10여 가지에 이른다.

② 인체 내에서 합성되지 않으므로 반드시 식사를 통해 공급받아야 하는 지방산을 말한다.

③ 필수지방산은 올레산, 리놀레산, 아라키돈산 3가지가 있다.

④ 동물성지방에 많이 함유되어 있다.

해설 • 필수지방산은 체내에서 합성되지 않으므로 반드시 식사에서 공급되어야 하는 지방산을 말하며 불포화도가 높은 식물성유에 많이 포함되어 있다.
• 필수지방산의 종류 : 리놀레산, 리놀렌산, 아라키돈산

21 필수지방산의 함량이 많은 기름은?

① 유채기름　　② 동백기름
③ 대두유　　　④ 참기름

해설 필수지방산의 함량이 높은 기름은 불포화도가 높은 것으로 일반적으로 대두유나 옥수수기름에 다량 함유되어 있다.

22 유지의 경화란?

① 불포화지방산에 수소를 첨가하여 고체화한 가공유이다.

② 포화지방산에 니켈과 백금을 넣어 가공한 것이다.

③ 유지에서 수분을 제거한 것이다.

④ 포화지방산의 수증기 증류를 말한다.

해설 경화유란, 불포화지방산(액체유)에 수소(H_2)를 첨가하고 니켈과 백금을 촉매제로 하여 고체화한 가공유이다.

23 지질의 화학적인 구성은?

① 탄소와 수소

② 아미노산

③ 포도당과 지방산

④ 지방산과 글리세롤

해설 지질의 구성성분은 지방산(3분자)과 글리세롤(1분자)의 에스테르 결합이다.

24 다음 중 필수지방산은?

① 리놀레산　　② 올레산
③ 스테아르산　④ 팔미트산

해설 필수지방산(비타민 F) : 리놀레산, 리놀렌산, 아라키돈산

25 다음은 담즙의 기능을 설명한 것이다. 틀린 것은?

① 산의 중화작용

② 유화작용

③ 당질의 소화

④ 약물 및 독소의 배설작용

해설 담즙은 췌장에서 분비되는 소화효소로 ① 지방의 소화와 흡수작용 ② 지방의 유화작용 ③ 위산의 중화작용 ④ 약물 및 독소의 배설작용을 한다.

26 체내에서 피부 및 근육형성에 필수적인 영양소는 무엇인가?

① 단백질　　② 무기질
③ 탄수화물　④ 지방

해설 체내에서 영양소의 역할
• 열량소 : 탄수화물, 단백질, 지방
• 구성소 : 단백질, 무기질
• 조절소 : 비타민, 무기질

20 ②　21 ③　22 ①　23 ④　24 ①　25 ③　26 ①

27 단백질의 질소 함유량은 몇 %인가?

① 8% ② 12%

③ 16% ④ 20%

> 해설 단백질은 전체량의 16% 정도가 질소(N)로 구성되어 있다.

28 필수아미노산이 가장 적게 함유된 것은?

① 돼지고기 ② 쌀밥

③ 갈치 ④ 닭고기

> 해설 필수아미노산
> 체내에서 필요한 만큼 충분히 합성되지 못해 음식으로 섭취해야만 하는 단백질로 생명유지와 성장에 필요하며, 동물성식품에 많이 함유되어 있다.

29 필수아미노산을 반드시 음식에서 섭취해야 하는 이유는?

① 식품에 의해서만 얻을 수 있기 때문이다.
② 성장과 생명유지에 꼭 필요하기 때문이다.
③ 체조직을 구성하기 때문이다.
④ 병의 회복과 예방에 필요하기 때문이다.

> 해설 필수아미노산 : 신체의 성장과 유지과정의 정상적인 기능을 수행함에 있어서 반드시 필요한 것으로 체내에서 합성되지 않으므로 공급받아야 하는 아미노산을 말한다.

30 완전단백질이란 무엇인가?

① 발견된 모든 아미노산을 골고루 함유하고 있는 단백질
② 필수아미노산을 필요한 비율로 골고루 함유하고 있는 단백질
③ 어느 아미노산이나 한 가지를 많이 함유하고 있는 단백질
④ 필수아미노산 중 몇 가지만 다량으로 함유하고 있는 단백질

> 해설 동물의 생명유지와 성장에 필요한 모든 필수아미노산이 필요한 만큼 충분히 들어 있는 단백질을 완전단백질이라 한다.

31 어린이에게만 필수적인 아미노산인 것은?

① 이소루신
② 히스티딘
③ 리신
④ 발린

> 해설 • 성인에게 필요한 필수 아미노산(8가지) : 루신, 리신, 페닐알라닌, 트립토판, 이소루신, 발린, 메티오닌, 트레오닌
> • 어린이에게 필요한 필수아미노산(10가지) : 성인 8가지 + 히스티딘, 알기닌

32 각 식품에 포함되어 있는 단백질의 명칭이 옳지 않은 것은?

① 쌀 – 오리제닌
② 콩 – 글리시닌
③ 우유 – 카제인
④ 옥수수 – 홀데인

> 해설 각 식품의 단백질 명칭
> 쌀 – 오리제닌 / 콩 – 글리시닌 / 우유 – 카제인 / 옥수수 – 제인 / 보리 – 홀데인 / 밀가루 – 글루텐

33 육류의 전체 조직 중 조리와 가장 관계가 깊은 단백질로 80℃에서 수용성인 젤라틴으로 분해되는 것은?

① 헤모글로빈
② 콜라겐
③ 미오글로빈
④ 엘라스틴

> 해설 콜라겐을 80℃ 이상의 온도로 가열하여 젤라틴으로 용해되면 근육섬유를 한 가닥씩 풀어주어야 고기가 연해진다.

정답 27 ③ 28 ② 29 ① 30 ② 31 ② 32 ④ 33 ②

34 밥을 지을 때 콩을 섞으면 영양적인 면에서 효과적이다. 이를 옳게 설명한 것은?

① 쌀에 부족한 리신을 콩이 보완하여 완전한 단백질 조성을 이룬다.
② 소화흡수율이 증가하게 된다.
③ 콩의 유독성분이 쌀에 의해 무독화된다.
④ 콩의 비타민 흡수율이 증가하게 된다.

> **해설** 아미노산 보강
> 단백질을 구성하고 있는 필수아미노산 중 가장 부족한 아미노산을 제1 제한 아미노산이라 부르며, 다른 아미노산이 풍부하더라도 단백질의 영양가는 제1 제한 아미노산에 의해 지배된다. 따라서 부족한 아미노산을 다른 식품을 통해 보강함으로써 완전단백질을 이뤄 영양가를 높인다.
> **예** 쌀(리신 부족) + 콩(리신 풍부) = 콩밥(완전단백질)

35 단백질 전체의 공급량의 어느 정도를 고기, 생선, 알, 콩류에서 공급받는 것이 좋은가?

① 1/2 이상　　② 1/3 이상
③ 1/4 이상　　④ 1/5 이상

> **해설** 하루동안 섭취해야 할 단백질 전체의 양 중에서 약 1/3 정도를 고기, 생선, 알, 콩류에서 공급되어야 한다.

36 다음 중 단백가가 100으로, 표준 단백질인 식품은?

① 두부　　② 달걀
③ 소고기　　④ 우유

> **해설** 달걀은 단백가 및 생물가가 100으로 가장 우수하여 단백질 평가의 기준이 되며 최고의 영양가치를 가진 식품이다.

37 단백질의 구성단위는?

① 아미노산　　② 지방산
③ 과당　　④ 포도당

> **해설** 단백질은 20여 종의 아미노산이 결합된 고분자 화합물이다.

38 단백질의 영양적 의의를 설명한 것으로 옳지 않은 것은?

① 체내의 단백질은 손톱, 피부, 소화관 표면에서의 세포 괴사 등으로 소모 파괴된다.
② 단백질은 각종 효소와 호르몬의 구성성분이다.
③ 단백질은 체액을 중성으로 유지시킨다.
④ 체내 단백질이 부족하면 지방과 탄수화물에 의해서 보충 이용될 수 있다.

> **해설** 단백질은 성장 및 체조직구성에 관여하며, 효소와 호르몬을 구성하는 성분이다. 열량원으로 이용되지만 지방과 탄수화물이 단백질을 대신하여 체조직을 구성할 수는 없다.

39 무기염류의 작용과 관계없는 것은?

① 체액의 pH 조절
② 효소작용의 촉진
③ 세포의 삼투압 조절
④ 비타민의 절약작용

> **해설** 무기질의 일반적 기능
> • 체액의 pH 및 삼투압 조절
> • 생리적 작용의 촉매작용
> • 신체의 구성성분
> • 신경의 자극전달 및 산, 알칼리 조절

40 다음 중 무기질만으로 짝지어진 것은?

① 칼슘, 인, 철
② 지방, 나트륨, 비타민 A
③ 단백질, 염소, 비타민 B
④ 단백질, 불소, 지방

> **해설** 무기질은 회분이라고도 하며 인체의 약 4%를 차지하는데 영양상 필수적인 것으로 칼슘, 인, 칼륨, 황, 나트륨, 염소, 마그네슘, 철, 아연, 요오드, 불소, 크롬 등이 있다.

34 ①　35 ②　36 ②　37 ①　38 ④　39 ④　40 ①

41 칼슘의 흡수를 방해하는 요인은?

① 수산　　　　　② 초산

③ 호박산　　　　④ 구연산

해설 • 칼슘 흡수를 촉진시키는 인자 : 비타민 D
　　 • 칼슘 흡수를 방해하는 인자 : 수산(옥살산)

42 칼슘의 기능이 아닌 것은?

① 골격과 치아를 구성

② 근육의 수축작용

③ 혈액응고 작용

④ 체액과 조직 사이의 삼투압 조절

해설 체액과 조직 사이의 삼투압 조절 : Na, K
　　 칼슘의 기능 : 뼈를 구성, 혈액응고에 관여, 근육수축작용

43 헤모글로빈이라는 혈색소를 만드는 주성분으로 산소를 운반하는 역할을 하는 무기질은?

① 칼슘　　　　　② 인

③ 철분　　　　　④ 마그네슘

해설 우리 몸에서 혈액색소인 헤모글로빈은 각 조직세포에 산소를 운반하는 작용을 하며, 철분에 의해 합성된다.

44 충치 예방을 위해 필요한 무기질은?

① 불소　　　　　② 칼슘

③ 철분　　　　　④ 요오드

해설 • 불소
　　　– 치아의 강도를 단단하게 함.
　　　– 과잉증 : 반상치 / 결핍증 : 충치
　　 • 칼슘 : 뼈의 구성 성분
　　 • 철분 : 혈색소 구성
　　 • 요오드 : 기초대사조절, 유즙분비

45 요오드(I)는 어떤 호르몬과 관계가 있는가?

① 신장호르몬

② 성호르몬

③ 부신호르몬

④ 갑상선호르몬

해설 요오드(I)
　　　• 갑상선호르몬의 구성성분
　　　• 기초대사를 조절
　　　• 급원식품 : 해조류(갈조류 : 미역, 다시마)

46 우유는 동물성 식품이지만 알칼리 식품에 속한다. 어떤 원소 때문인가?

① S(황)　　　　　② P(인)

③ Mg(마그네슘)　④ Ca(칼슘)

해설 우유는 칼슘의 급원식품으로, 동물성 식품이지만 무기질 중 칼슘의 양이 많으므로 알칼리성 식품이다.

47 혈액을 산성화시키는 무기질은?

① Ca　　　　　② S

③ K　　　　　　④ Mg

해설 산성식품 : 인(P), 황(S), 염소(Cl) 등이 많이 포함되어 있는 식품이 여기에 속한다.

48 비타민의 특성 또는 기능인 것은?

① 많은 양이 필요하다.

② 인체 내에서 조절물질로 이용된다.

③ 에너지 공급을 한다.

④ 일반적으로 체내에서 합성된다.

해설 비타민의 기능과 특성
　　 • 인체 내에 없어서는 안 될 필수물질이나 미량 필요하다.
　　 • 대사작용의 조절물질, 보조효소의 작용을 한다.
　　 • 여러 가지 결핍증을 예방한다.
　　 • 체내에서 합성되지 않으므로 식품을 통해 공급받아야 한다.

정답　41 ①　42 ④　43 ③　44 ①　45 ④　46 ④　47 ②　48 ②

49 유지류와 함께 섭취하여야 흡수되는 비타민은 어느 것인가?

① 비타민 A   ② 비타민 B_2

③ 비타민 C   ④ 비타민 P

해설 지용성 비타민
- 유지류와 함께 섭취했을 때 흡수율이 증가한다.
- 비타민 A, D, E, K

50 다음 중 비타민 A의 결핍증이 아닌 것은?

① 야맹증   ② 안구건조증

③ 결막염   ④ 구각염

해설 구각염은 비타민 B_2의 결핍증이다.
비타민 A
- 생리작용 : 상피세포보호, 시력에 영향을 준다.
- 결핍증 : 야맹증, 각막건조증 등
- 급원식품 : 간, 난황, 시금치, 당근 등

51 카로틴이란 어떤 비타민의 효능을 가진 것인가?

① 비타민 A   ② 비타민 B_2

③ 비타민 C   ④ 비타민 D

해설 카로틴(프로비타민 A)
녹색채소류에 다량 포함되어 있고 인체 내에 들어왔을 때 비타민 A로서의 효력을 갖게 된다. 카로틴의 비타민 A로서의 효력은 1/3 정도이다.

52 신선한 환경에서 일광욕을 했을 때 그 효력이 높아지는 비타민은?

① 비타민 A   ② 비타민 B_2

③ 비타민 C   ④ 비타민 D

해설 비타민 D(칼시페놀)
- 자외선에 의해서 인체 내에서 합성이 가능하다.
  - 에르고스테롤 → 비타민 D
  - 콜레스테롤 → 비타민 D
- 결핍증 : 구루병

53 칼슘(Ca)의 흡수를 촉진시키는 비타민은?

① 비타민 A

② 비타민 B_6

③ 비타민 E

④ 비타민 D

해설 칼슘(Ca)과 비타민 D는 뼈의 정상적인 성장에 필수적인 영양소로, 비타민 D는 Ca의 흡수를 촉진시킨다.

54 에르고스테롤에 자외선을 쬐면 무엇이 되는가?

① 비타민 D

② 비타민 A

③ 비타민 E

④ 비타민 C

해설 식물성에 포함되어 있는 에르고스테롤에 자외선을 쬐어주면 비타민 D가 형성되고 동물성에서는 콜레스테롤이 비타민 D로 전환된다.

55 비타민 D의 결핍증은 무엇인가?

① 야맹증   ② 구루병

③ 각기병   ④ 괴혈병

해설 비타민의 결핍증
비타민 A – 야맹증 / 비타민 B_1 – 각기병 / 비타민 B_2 – 구각염 / 비타민 C – 괴혈병 / 비타민 D – 구루병 / 비타민 E – 노화촉진 / 나이아신 – 펠라그라

56 비타민 A를 보호하고 기름의 산화방지 역할을 하는 것은?

① 비타민 K   ② 비타민 E

③ 비타민 P   ④ 비타민 D

해설 비타민 E(토코페놀)
인체 내에서는 노화를 방지하고, 식품 내에서는 산화 방지 역할을 한다.

49 ①   50 ④   51 ①   52 ④   53 ④   54 ①   55 ②   56 ②

57 필수지방산은 다음 중 어느 비타민을 말하는가?

① 비타민 B_6
② 비타민 C
③ 비타민 F
④ 비타민 D

해설 필수지방산(비타민 F)
- 신체의 성장과 유지과정의 정상적인 기능을 수행함에 있어서 반드시 필요한 지방산으로 체내에서 합성되지 않기 때문에 식사를 통해 공급받아야 하는 지방산을 말한다.
- 종류 : 리놀레산, 리놀렌산, 아라키돈산

58 식물성유에 천연으로 포함되어 항산화작용을 하는 물질은?

① TBA
② BHT
③ BHA
④ 토코페롤

해설 토코페롤(Tocopherol)
- 항산화제, 체내지방의 산화방지, 동물의 생식기능 도움, 동맥경화, 성인병 예방
- 곡류의 배아와 식물성 기름에 함유

59 혈액의 응고성과 관계있는 비타민은?

① 비타민 A
② 비타민 D
③ 비타민 F
④ 비타민 K

해설 • 혈액응고에 관여하는 영양소 : Ca(칼슘), 비타민 K
• 뼈 성장에 관여하는 영양소 : Ca(칼슘), 비타민 D

60 탄수화물의 대사작용과 관계있는 비타민은?

① 코발라민(비타민 B_{12})
② 피리독신(비타민 B_6)
③ 티아민(비타민 B_1)
④ 칼시페롤(비타민 D)

해설 티아민은 곡류의 배아에 다량 함유되어 있고, 도정하는 과정 중에 가장 많이 손실되며, 탄수화물대사 과정에 필수적인 영양소이다.

61 악성빈혈에 좋으며 빨간색을 나타내고, 빈혈에 유효한 인(P)과 코발트(Co)가 들어 있는 비타민은?

① 비타민 A
② 비타민 B_1
③ 비타민 B_{12}
④ 비타민 B_6

해설 비타민$_{12}$는 코발트(Co)가 들어 있는 비타민이라 하여 코발라민이라 불린다. 부족 시 악성빈혈이 나타난다.

62 나이아신의 전구체인 필수아미노산은?

① 트립토판
② 리신
③ 페닐알라닌
④ 히스티딘

해설 동물과 미생물에서 필수아미노산인 트립토판은 60mg으로 나이아신 1mg을 만들어주기 때문에 육류를 즐겨먹는 민족에게는 부족증이 없다. 그러나 옥수수의 제인에는 트립토판이 없으므로 옥수수를 주식으로 하는 민족에게 펠라그라가 많이 나타난다.

63 조리 시 손실이 가장 큰 비타민은?

① 비타민 A
② 비타민 B_1
③ 비타민 B_2
④ 비타민 C

해설 비타민 C(아스코르브산)는 수용성 비타민으로 가장 불안정하여 조리 및 가공 중 손실이 가장 크므로 주의해야 한다.

64 비타민 C가 결핍되었을 때 나타나는 결핍증은?

① 각기병
② 펠라그라
③ 괴혈병
④ 구루병

해설 ① 각기병 : 비타민 B_1
② 펠라그라 : 나이아신
③ 괴혈병 : 비타민 C
④ 구루병 : 비타민 D

정답 57 ③ 58 ④ 59 ④ 60 ③ 61 ③ 62 ① 63 ④ 64 ③

65 다음 연결 중 관계가 없는 것끼리 묶인 것은?

① 비타민 B_1 – 각기병

② 비타민 B_2 – 구각염

③ 나이아신 – 각막건조증

④ 비타민 C – 괴혈병

해설 나이아신 – 펠라그라, 비타민 A – 각막건조증

66 발효식품인 김치는 어떤 영양소의 급원이 되고 있는가?

① 비타민 C ② 비타민 A

③ 철분 ④ 마그네슘

해설 김치는 숙성과정에서 유기산과 알코올 등을 생성하며 이때 비타민 C의 함량도 증가한다.

67 다음 중 인체의 무기질 조성으로서 그 함량이 많은 순서로 되어 있는 것은?

① Na 〉 Ca 〉 P

② Ca 〉 P 〉 K

③ Ca 〉 Fe 〉 P

④ Na 〉 P 〉 S

해설 인체에 포함되어 있는 무기질의 함량순서
칼슘(Ca) 〉 인(P) 〉 칼륨(K) 〉 황(S)

68 다음 색소 중 산에 의하여 녹황색으로 변하고 알칼리에 의하여 선명한 녹색으로 변하는 성질을 가진 것은?

① 안토시안

② 플라본

③ 카로티노이드

④ 클로로필

해설 클로로필 색소
• 식물의 녹색 채소의 색을 나타낸다.
• 마그네슘(Mg)을 함유한다.
• 산성(식초 첨가) : 녹갈색으로 변색
• 알칼리(소다 첨가) : 진한 녹색으로 변색

69 녹색 채소를 짧은 시간 조리하였을 때 색이 더욱 선명해지는 원인은?

① 가열에 의하여 조직의 변화가 일어나지 않았기 때문에

② 조직에서 공기가 제거되었기 때문에

③ 엽록소 내에 포함된 단백질이 완충작용을 하지 않았기 때문에

④ 끓는 물에 의하여 엽록소가 고정되었기 때문에

해설 짧은 시간에 채소를 데쳐내면 채소조직으로부터 공기가 제거되어 클로로필이 드러나 보이는 것이다.

70 토마토의 붉은 색은 주로 무엇에 의한 것인가?

① 안토시안 색소

② 엽록소

③ 미오글빈

④ 카로티노이드

해설 카로티노이드 색소 : 당근, 늙은 호박, 토마토에 들어 있는 붉은 색소산이다. 알칼리에서 색깔변화가 일어나지 않고 비타민 A의 기능이 있다.

71 다음 중 식물성 식품의 색소가 아닌 것은?

① 클로로필 색소

② 안토시안 색소

③ 헤모글로빈

④ 플라본 색소

해설 • 식물성 색소 : 엽록소(클로로필), 안토시안, 카로티노이드
• 동물성 색소 : 헤모글로빈, 미오글로빈

65 ③   66 ①   67 ②   68 ④   69 ②   70 ④   71 ③

72 생강을 식초에 절이면 붉은색으로 변하는 이유는 무엇인가?

① 생강의 매운맛 때문이다.
② 카로티노이드계 색소로 인해 나타난 현상이다.
③ 안토시안 색소 때문이다.
④ 알칼리 용액에 절였기 때문이다.

> **해설** 안토시안 : 사과, 딸기, 포도, 가지 등에 들어 있는 붉은색 혹은 자색 색소(예외적으로 생강은 안토시안 색소가 함유되어 있다)로 산성에서는 선명한 적색, 알칼리성에서는 청색을 띤다.

73 다음과 같은 성질의 색소는?

> • 고등식물 중 잎줄기의 초록색
> • 산에 의해 갈색의 피오피린으로 됨
> • 알칼리에 의해 선명한 녹색이 됨

① 카로티노이드
② 탄닌
③ 클로로필
④ 안토시안

> **해설** • 카로티노이드(주황색) : 당근, 토마토, 늙은 호박
> • 탄닌 : 단백질을 응고시키는 성분으로 떫은 맛을 낸다.
> • 클로로필 : 식물의 녹색 채소로서 마그네슘(Mg)을 포함하고 있다.
> • 안토시안 : 딸기, 포도 등의 과일 색소

74 사과, 딸기, 포도 등의 과일 색소는?

① 클로로필
② 안토시안
③ 플라보노이드
④ 카로티노이드

> **해설** 안토시안 색소 : 사과, 딸기, 포도, 가지 등의 적색, 자색 등의 색소이다. 산성에서는 적색, 알칼리성에서는 청색을 띤다.

75 식품의 색소 중 클로로필의 특징에 대해 잘못 말한 것은?

① 엽록소는 산성용액에서 녹갈색의 페오피틴으로 된다.
② 엽록소는 불안정하기 때문에 조리 가공 시 보존이 어렵다.
③ 엽록소는 식물의 뿌리와 줄기의 세포 속에 있는 클로로플라스트에 지방과 결합하여 존재한다.
④ 녹색채소는 가열 조리할 때 중조를 넣으면 녹색이 보존되지만 비타민은 파괴된다.

> **해설** 엽록소는 식물의 잎과 줄기의 세포 속에 단백질과 결합한 형태로 엽록체에 존재한다. 엽록소에 산을 가하면 녹갈색으로 되고, 알칼리용액에서는 안정된 녹색을 유지한다.

76 안토시안 색소를 함유하는 과일을 붉은색으로 보존하기 위한 적당한 조건은?

① 산 첨가
② 중조 사용
③ 구리 사용
④ 소금 사용

> **해설** 안토시안 색소는 산성에서는 적색, 중성에서는 보라색, 알칼리에서는 청색을 띤다. 그러므로 선명한 붉은색을 보존하려면 산을 첨가한다.

77 혈색소로서 철(Fe)을 함유하는 것은?

① 카로티노이드
② 헤모글로빈
③ 헤모시아닌
④ 미오글로빈

> **해설** 철분(Fe)은 헤모글로빈의 구성 성분으로 적혈구를 형성하고 탄산가스나 산소를 운반한다. 결핍 시 빈혈이 생긴다.

정답 72 ③ 73 ③ 74 ② 75 ③ 76 ① 77 ②

78 식품의 4가지 기본 맛은?

① 단맛, 쓴맛, 매운맛, 만난맛
② 단맛, 쓴맛, 신맛, 짠맛
③ 단맛, 쓴맛, 매운맛, 짠맛
④ 단맛, 쓴맛, 신맛, 만난맛

해설 헤닝에 의한 맛의 분류
• 단맛, 짠맛 : 생리적으로 요구하는 맛
• 신맛, 쓴맛 : 취미의 맛

79 다음 미각 중 가장 높은 온도에서 느껴지는 맛은?

① 매운맛   ② 신맛
③ 단맛   ④ 쓴맛

해설 쓴맛 40~45℃, 짠맛 30~40℃, 매운맛 50~60℃, 단맛 20~50℃, 신맛 5~25℃

80 설탕 용액에 미량의 소금(0.1%)을 가하면 단맛이 증가된다. 이러한 맛의 현상은?

① 맛의 상쇄   ② 맛의 변조
③ 맛의 대비   ④ 맛의 발현

해설 • 맛의 대비현상 : 주된 맛을 내는 물질에 다른 맛을 혼합할 경우에 원래의 맛이 강해지는 현상, 맛의 강화현상이라고도 한다.
• 맛의 변조현상 : 한 가지 맛을 느낀 직후 다른 식품의 맛이 다르게 느껴지는 현상
• 미맹현상 : PTC 화합물에 대한 쓴맛을 느끼지 못하는 현상
• 맛의 상쇄현상 : 맛의 대비현상(맛의 강화현상)과는 반대로 두 종류의 정미성분이 혼재해 있을 경우 각각의 맛을 느낄 수 없고 조화된 맛을 느끼는 경우를 말한다.

81 다음 중 쓴맛 성분은?

① 구연산   ② 구아닌산
③ 만니트   ④ 카페인

해설 • 단맛 : 포도당, 과당, 맥아당 등
• 신맛 : 구연산, 주석산, 사과산 등
• 쓴맛 : 카페인, 테인
• 짠맛 : 염화나트륨

82 간장, 된장, 다시마의 주된 정미성분은?

① 글리신   ② 알라닌
③ 히스티딘   ④ 글루타민산

해설 간장, 된장, 다시마의 정미성분 : 글루타민산

83 다음 중 식품과 맛성분의 관계가 잘못 이어진 것은?

① 캐비신(Chavicine) – 산초의 매운맛
② 캡사이신(Capsaicin) – 고추의 매운맛
③ 알리신(Allicin) – 마늘의 매운맛
④ 세사몰(Sesamol) – 참기름의 성분

해설 캐비신 : 후추의 매운맛 성분

84 겨자의 매운맛에 대한 설명으로 부적당한 것은?

① 겨자를 갠 후 시간이 경과하면 매운맛이 약화된다.
② 40℃ 전·후의 따뜻한 물에 갠다.
③ 흑겨자는 이용되지 않는다.
④ 매운맛 성분의 구성체는 시니그린이다.

해설 겨자의 매운맛 성분
• 시니그린 : 흑겨자
• 시니루빈 : 백겨자

85 조개의 시원한 국물맛을 내주는 성분은?

① 호박산   ② 구연산
③ 능금산   ④ 주석산

해설 호박산 : 유기산의 하나로 청주, 간장, 조개의 정미성분이며 미생물에 의해 형성되는 조개의 맛과 관련이 있다.

---

78 ②   79 ①   80 ③   81 ④   82 ④   83 ①   84 ③   85 ①

86 다음 중 식품의 교질 상태 중 졸이 냉각에 의해 응고되거나 분산매의 감소로 반고체화된 식품이 아닌 것은?

① 젤리
② 양갱
③ 두부
④ 휘핑크림

해설 교질의 종류

분산매	분산질	성상	교질의 상태	식품의 예
액체	액체	유화액 (에멀전)	분산매와 분산질이 액체인 교질상태	• 수중유적형(물 속에 소량의 기름방울이 잘 분산된 상태) : 우유, 마요네즈, 아이스크림 • 유중수적형(기름 속에 소량의 물방울이 미세하게 분산된 상태) : 버터, 마가린
액체	기체	거품 (포말질)	분산매는 액체, 분산질은 기체인 교질상태(거품은 물속에 공기가 잘 분산되어 있는 형태)	탄산음료, 맥주, 난백의 기포
액체	고체	졸(sol)	분산매가 액체이고 분산질이 고체이거나 액체로 전체적인 분산계가 액체상태	된장국, 달걀 흰자, 수프
고체	액체	겔(gel)	졸이 냉각에 의해 응고되거나 분산매의 감소로 반고체화된 상태	젤리, 양갱, 두부, 치즈, 묵
고체	기체	고체거품 (포말질)	분산매는 고체, 분산질은 기체인 교질상태	빵, 쿠키, 휘핑크림

87 식품의 유기물이 300~600℃에서 불완전 연소될 때 생성될 수 있는 다환방향족 탄화수소독성물질이 아닌 것은?

① 벤조피렌
② 벤조안스라센
③ 플루오르안센
④ 에르고톡신

해설 식품의 유기물이 300~600℃에서 불완전 연소되면(예 숯불구이, 훈제식품, 식용유지류 등) 독성물질인 다환방향족 탄화수소(벤조피렌, 벤조안스라센, 플루오르안센)가 생성된다.
맥각중독의 원인곰팡이는 에르고톡신(산장독)이다.

88 탄수화물 식품에 존재하는 아스파라긴과 당이 160℃ 이상의 고온에서 반응하면 생성되는 독성물질은?

① 헤테로사이클릭아민
② 아크릴아마이드
③ 벤조피렌
④ 테트로도톡신

해설 조리가공·저장 중에 생성되는 독성물질

독성물질	특성
다환방향족 탄화수소 (polycyclic aromatic hydrocarbons) (벤조피렌, 벤조안스라센, 플루오르안센)	화석연료나 식품의 유기물이 300~600℃에서 불완전 연소될 때 생성됨. 예 훈제식품, 숯불구이, 식용유지류 등
헤테로사이클릭아민 (heterocyclic amines)	돼지, 닭, 오리, 생선 등의 근육부위의 아미노산과 크레아틴이 식품 중의 당과 300℃ 이상의 고온에서 반응하여 생성됨. 예 식육의 조리법 중 바비큐, 굽기, 튀기기 등(끓이기, 찌기 등의 조리법 선택)
아크릴아마이드 (acrylamide)	탄수화물 식품에 자연적으로 존재하는 아스파라긴과 당이 160℃ 이상의 고온에서 반응하여 생성됨 예 감자칩, 감자튀김, 빵, 건빵 등 (튀김온도는 160℃ 넘지 않게, 오븐은 200℃ 넘지 않게)

정답 86 ④ 87 ④ 88 ②

Chapter 02 효소

01 ▶ 식품과 효소

효소는 촉매작용을 가지는 활성단백질로서 생체세포에서 만들어져 생체 촉매역할을 하는데 육류나 어패류, 채소, 과일 등에 여러 종류의 효소가 함유되어 있어 식품을 가공하고 저장하며 보존하는 일련의 과정에 영향을 준다.

효소는 소량으로 생체 내에서 일어나는 화학반응에 촉매 역할을 하는데 식품효소는 가수분해효소(화학반응 때 물이 필요하며 생체 내에서 이루어지는 여러 가지 가수분해반응에서 작용)와 산화환원효소(산화 환원반응을 촉매하는 모든 효소의 통칭)에 속한다.

1. 효소의 성질

(1) 효소의 작용에 따른 분류

① 식품 중의 효소작용을 이용하는 경우 : 육류, 치즈, 된장의 숙성

② 식품 중의 효소작용을 억제하는 경우 : 식품의 선도유지와 변색방지

③ 가공식품에 이용하는 경우 : 가공식품의 질적 향상(예 육질의 연화를 위하여 육류에 단백질 분해효소를 첨가)

(2) 효소 반응에 영향을 주는 인자

① 온도 : 효소의 활성이 큰 최적의 온도는 30~40℃

② 최적pH : 효소의 활성이 가장 큰 범위는 pH 4.5~8.0

01 소량으로 생채 내에서 일어나는 화학반응에 촉매 역할을 하는 것은 무엇인가?

① 효소　　　　② 지방
③ 밀가루　　　④ 탄수화물

해설 효소는 소량으로 생체 내에서 일어나는 화학반응에 촉매 역할을 하는 촉매제이다.

02 효소에 대한 설명으로 바르지 못한 것은?

① 최적의 온도는 30~40℃이다.
② 효소마다의 성질과 특성이 있다.
③ 고온에서도 효소의 활성은 유지된다.
④ 최적의 pH는 4.5~8.0이다.

해설 효소의 반응 속도는 온도가 올라가면 증가하지만 일정온도 이상이 되면 저하되고 활성을 잃는다.

03 효소의 성질에 대한 설명으로 바르지 않은 것은?

① 단백질의 일반적인 성질과 같은 성질을 갖고 있다.
② 효소는 기질의 특이성 없이 모두 같은 조건에 작용한다.
③ 효소는 가열에 의해 응고되면 성질이 상실된다.
④ 강한 알칼리나 강한 산성에 변성된다.

해설 효소의 특이성
• 절대적 특이성 : 한 종류의 기질에서만 특이적으로 작용하는 성질
• 상대적 특이성 : 우선적으로 작용을 하는 기질과 다른 기질에도 적게라도 작용하는 성질
• 광학적 특이성 : 광학적 구조에 따라 달리 반응하는 성질

정답　01 ①　02 ③　03 ②

Chapter 03 식품과 영양

01 ▶ 영양소의 기능

영양소란 식품을 통해 음식으로 섭취한 화합물로 우리 몸에 들어와서 열량을 내주거나 몸을 구성해주거나, 체조직을 유지, 성장 등 인체의 기능을 조절해 주는 성분들을 말하며 식품 이외에 인체 내에서 합성이 되기도 하고 체내에 들어온 영양소가 다른 영양소로 바뀌기도 한다.

1. 영양소의 종류

탄수화물		포도당 : 탄수화물의 최종 분해물(기타 : 과당, 갈락토오스, 만노스, 펜토산, 설탕(서당), 맥아당(엿당), 전분, 글리코겐, 식이섬유)
단백질(아미노산)	필수아미노산	히스티딘, 이소루신, 루신, 리신, 메티오닌, 페닐알라닌, 트레오닌, 트립토판, 발린
	불필수아미노산	알라닌, 아르기닌, 아스파라긴, 아스파르트산, 시스테인, 시스틴, 글루탐산, 글루타민, 글리신, 프롤린, 세린, 티로신
지질		필수지방산 : 리놀산, 리놀렌산, 아라키돈산
무기질		칼슘(Ca), 인(P), 나트륨(Na), 염소(Cl), 칼륨(K), 마그네슘(Mg), 황(s), 철(Fe), 아연(Zn), 구리(Cu), 불소(F), 망간(Mn), 요오드(I), 몰리브덴(Mo), 셀레늄(Se), 코발트(Co), 크롬(Cr)
비타민	수용성	티아민, 리보플라빈, 니아신, 판토텐산, 비오틴, 비타민B, 비타민B$_2$, 엽산, 비타민C
	지용성	비타민 A, D, E, K
물		물

2. 영양소의 기능

① **열량영양소** : 에너지 공급기능을 하는 탄수화물, 단백질, 지방
② **구성영양소** : 신체구성의 기능을 하는 단백질, 지방, 무기질, 물 등
③ **조절영양소** : 생리적 조절기능을 하는 비타민, 무기질, 단백질, 물 등
④ **수분의 기능** : 영양분의 섭취와 소화 흡수를 돕고 체온조절, 노폐물 배설 등

1. 식품군의 분류

식생활에서 균형 잡힌 식생활을 위하여 반드시 먹어야 하는 식품들로 식품에 들어 있는 영양소의 종류를 중심으로 우리나라는 6가지 식품군을 정하고 있다.

① 곡류

② 고기, 생선, 달걀, 콩류

③ 채소류

④ 과일류

⑤ 우유, 유제품류

⑥ 유지, 당류

※ 견과류는 최근 많은 연구에서 만성질병과의 관련성을 인정받아 고기, 생선, 달걀 콩류군으로 옮겨졌다.

2. 식품구성자전거

① 식품구성자전거는 6개의 식품군에 권장 식사패턴의 섭취횟수와 분량에 맞추어 바퀴면적을 배분한 형태로, 기존의 식품구성탑보다 다양한 식품 섭취를 통한 균형 잡힌 식사와 수분 섭취의 중요성 그리고 적절한 운동을 통한 비만 예방이라는 기본 개념을 나타내었다.

② **면적비율** : 곡류 〉 채소류 〉 고기, 생선, 달걀, 콩류 〉 우유, 유제품류 〉 과일류 〉 유지, 당류

3. 한국인 영양섭취기준

한국인의 건강을 최적의 상태로 유지할 수 있는 영양소 섭취수준으로 종전의 영양권장량에서는 각 영양소의 단일값을 제시하였으나, 2005년 새롭게 개정된 한국인 영양섭취기준에서는 만성질환이나 영양소의 과다섭취 예방을 위하여 4가지로 섭취기준을 제시하였는데 평균필요량, 권장섭취량, 충분섭취량, 상한섭취량이다. 2010년 영양섭취기준의 중요한 개정 사항은 성인 연령 기준을 20세에서 19세로 조정하였다(참고 : 남자 19~29세 2,600kcal / 여자 19~29세 2,100kcal).

① **평균필요량** : 대상집단을 구성하는 건강한 사람들의 절반에 해당하는 사람들의 1일 필요량을 충족시키는 영양소량이다.

② **권장섭취량** : 인구집단의 97.5%에 해당하는 대부분의 사람들의 필요량을 나타내며, 평균필요량에 표준편차의 2배를 더하여 정하였다.

③ **충분섭취량** : 영양소 필요량에 대한 정확한 자료가 부족하거나 필요량의 중앙값 또는 표준편차를 구하기 어려워 권장섭취량을 정할 수 없는 경우에 제시한다.

④ **상한섭취량** : 인체 건강에 유해한 현상이 나타나지 않은 최대 영양소 섭취기준이며, 과량섭취 시 건강에 유해위험성이 있다고 확인된 경우에 설정하게 된다.

4. 주요영양소와 식품군

주요영양소	식품군
탄수화물	곡류(잡곡), 감자류
단백질	고기, 생선, 알류 및 두류
지방	유지류
무기질 및 비타민	채소 및 과실류

01 영양소의 기능으로 맞지 않는 것은?

① 식품으로 우리 몸에 들어와 인체의 기능을 조절해 준다.

② 수분은 영양분의 섭취와 소화흡수를 돕는다.

③ 비타민과 무기질, 단백질은 조절영양소이다.

④ 탄수화물, 단백질, 지방, 물은 열량영양소이다.

해설 영양소의 기능 중 열량영양소는 탄수화물, 단백질, 지방이다.

02 식단 작성 시 단백질을 공급하려면 다음 중 어떤 식품으로 구성하는 것이 좋은가?

① 곡류와 감자류

② 고기, 생선, 알류 및 두류

③ 아이스크림, 유지류

④ 채소 및 과실류

해설 주요영양소와 식품군
탄수화물 : 곡류(잡곡), 감자류 / 단백질 : 고기, 생선, 알류 및 두류 / 지방 : 유지류 / 무기질 및 비타민 : 채소와 과실류

03 우리나라의 기초식품군은 모두 몇 가지로 분류되어 있는가?

① 3가지 ② 4가지

③ 5가지 ④ 6가지

해설 우리나라의 기초식품군의 영양소의 종류를 중심으로 6가지로 구성되어 있다.
1. 곡류 / 2. 고기, 생선, 달걀, 콩류 / 3. 채소류 / 4. 과일류 / 5. 우유, 유제품류 / 6. 유지, 당류

04 한국인 영양섭취기준의 구성요소로 틀린 것은?

① 평균필요량

② 권장섭취량

③ 충분섭취량

④ 하한섭취량

해설 하한섭취량이 아니라 인체 건강에 유해한 현상이 나타나지 않는 최대 영양소 섭취기준인 상한섭취량이다.

05 한국인 영양섭취와 비율로 맞는 것은?

① 당질 65%, 지질 20%, 단백질 15%

② 당질 50%, 지질 35%, 단백질 15%

③ 당질 40%, 지질 45%, 단백질 15%

④ 당질 85%, 지질 10%, 단백질 5%

해설 식단 작성 시 총 열량권장량 중 당질 65%, 지질 20%, 단백질 15%로 한다.

06 하루 동안에 섭취한 음식 중에 단백질 70g, 지질 35g, 당질 400g이 있었다면 이때 얻을 수 있는 열량은?

① 1,885kcal

② 2,195kcal

③ 2,295kcal

④ 2,095kcal

해설 열량소 1g당 단백질 4kcal, 지질 9kcal, 당질 4kcal의 열량을 내므로 (70×4) + (35×9) + (400×4) = 2,195kcal를 얻을 수 있다.

정답 **01** ④ **02** ② **03** ④ **04** ④ **05** ① **06** ②

음식 구매관리

Chapter 01 시장조사 및 구매관리

01 ▶ 시장조사

시장조사를 통해 조리법을 기준으로 재료의 구매에 필요한 종류와 품질, 수량을 산정하고 재료수급이나 가격변동에 의한 공급처를 대체할 수 있으며 품목의 공급선을 파악하고 활용할 수 있다.

1. 시장조사의 의의와 목적

시장조사의 의의는 구매에 필요한 자료를 조사, 분석하여 비용을 절감하며 이익을 증대하기에 보다 좋은 구매방법을 발견하고 앞으로의 구매시장을 예측하기 위해 시행하며 시장조사의 목적은 식품품목별에 따른 가격을 비교함으로 보다 신선하고 보다 좋은 양질의 식재료를 합리적인 가격으로 구매기 위한 것으로 시장조사의 목적은 구매예정가격의 결정, 합리적인 구매계획의 수립, 신제품의 설계, 제품개량(기존 품목의 새로운 판로개척이나 원가를 절감하는 목적으로 조사)이라 할 수 있다.

2. 시장조사의 내용

시장조사는 다음과 같은 내용으로 행해지며 이런 내용을 바탕으로 구매계획을 세우고, 실행해야 한다.

시장조사의 순서는 우선 품목을 결정하는데 이때 제조회사와 대체가 가능한 품목도 고려한다. 품목이 결정되면 어떠한 품질과 가격의 물품을 구매할 것인가를 결정한다. 품목과 품질이 결정되면 어느 정도의 양을 구매할 것인지 수량을 결정하고 어느 정도의 가격에 구매할 것인지 가격을 결정한다. 가격의 결정이 끝나면 언제 구매할 것인지 시기를 정하고 구매처를 결정하는데 이때 최소 두 군데 이상의 업체에서 견적을 받은 후 비교분석하고 거래조건(인수, 지불조건)을 결정한다.

3. 시장조사의 원칙

① **비용경제성의 원칙** : 최소의 비용으로 시장조사를 한다.
② **조사 적시성의 원칙** : 시장조사는 본 구매를 해야 하는 기간 내에 끝낸다.
③ **조사 탄력성의 원칙** : 시장의 가격변동이나 수급상황 변동에 대한 탄력적으로 대응하는 조사여야 한다.
④ **조사 계획성의 원칙** : 사전에 시장조사 계획을 철저하게 세워서 실시한다.
⑤ **조사 정확성의 원칙** : 세운 계획의 내용을 정확하게 조사한다.

4. 시장조사의 종류

시장조사 종류는 일반적으로 4가지의 형태로 구분한다.

① 일반기본 시장조사 : 구매정책을 결정하기 위해서 시행하며 전반적인 경제계와 관련업계의 동향, 구입처의 대금결제조건, 관련업체의 수급변동상황, 기초자재의 시가 등 조사
② 품목별 시장조사 : 현재 구매하고 있는 물품의 수급 및 가격 변동에 대한 조사로 구매물품의 가격산정을 위한 기초자료와 구매수량 결정을 위한 자료로 활용
③ 구매거래처의 업태조사 : 계속 거래인 경우 안정적인 거래를 유지하기 위해서 주거래 업체의 개괄적 상황, 기업의 특색, 금융상황, 판매상황, 노무상환, 생산상황, 품질관리, 제조원가 등의 업무조사를 실시
④ 유통경로의 조사 : 구매가격에 직접적인 영향을 미치는 유통경로를 조사

5. 공급처의 선정과 대체

구매부서에서 원하는 물품과 수량을 좋은 품질과 적절한 가격으로 공급해 줄 수 있는 업체를 선정하고 가격변동이나 재료수급의 부적절 등의 경우에 공급처를 대체할 수가 있는데 구매자 측의 사정변화가 있거나, 납품업자 측이 계약조건을 이행하지 않을 경우에 계약이 해제될 수 있다.

02 ▶ 식품 구매관리

1. 구매활동

(1) 구매관리의 정의와 목적

구매 관리란 구매하고자 하는 물품에 대하여 적정시기에 원하는 만큼, 최고의 품질을 최소의 가격으로 구입할 목적으로 구매활동을 계획 · 통제하는 관리활동을 말하며 그로 인해서 특정 물품, 최적품질, 적정수량, 최적의 가격 등 효율적인 경영관리를 하는 데 그 목적이 있다.
구매활동의 기본 조건은 구매계획에 따라서 구매량을 결정하고 구입물품의 적정한 조건과 최적의 품질을 선정하여 시장조사와 정보자료를 통한 공급자를 선정하고 유리한 구매 조건으로 계약을 체결하고 원하는 물품을 적정시기에 공급받으며 구매활동에 따른 검수와 저장, 입출고, 원가관리가 이루어지는 것이다.

(2) 구매관리 시 유의점

상품에 대한 철저한 분석과 검토를 통해서 질 좋은 상품을 구매하고 꼼꼼한 시장조사를 통해

구매경쟁력을 키우고 필요량을 저렴한 가격과 좋은 품질로 적기에 구입하며 공급업체와의 유기적 상관관계를 유지한다.

(3) 구매명세서의 내용

구매명세서에는 구매하고자 하는 품목의 물품명, 정확한 용도, 상표명(브랜드), 품질과 등급, 크기(크기와 중량), 형태, 숙성정도, 산지명, 전처리 및 가공 정도, 보관온도, 폐기율 등을 기재하여 특징과 내용을 꼼꼼히 파악하여 구매하도록 한다.

(4) 식품수불부

식품수불부는 식품이 들어오고 나가는 것을 기재하는 것으로 그것을 통해서 재고의 상태와 어떤 물건을 언제 들여와야 하는지를 알 수 있기 때문에 매장의 합리적인 운영을 위해서 정확한 기재가 필요하다.

(5) 구매담당자의 업무

구매를 담당하는 개인이나 부서의 업무는 좋은 품질의 물품을 최저가격으로 최적의 시기에 공급해주는 것으로 그 업무를 정리하면 다음과 같다.

구매계획서를 작성하고 구매결과를 분석하는 물품구매 총괄업무, 발주단위를 결정하고 신상품 개발을 하는 식재료 결정, 품목별로 경쟁력 있는 구매방법을 결정, 시세를 분석하고 경쟁업체가격을 분석하는 시장조사, 공급업체 관리와 평가, 원가관리, 공급업자와의 약정서 체결과 대금지급 업무, 식재료 모니터링과 정보사항 공지 등이다.

(6) 식품구매방법

폐기율과 비가식부율을 고려하여 제철식품을 구매하며, 곡류, 건어물, 공산품은 1개월분을 한꺼번에 구입하고, 육류는 중량과 부위에 유의하여 냉장시설 구비 시 1주일 분을 구입한다.

신선도가 중요한 생선, 과채류 등은 필요시마다 수시로 구입하고 과일은 산지와 상자당 개수, 품종을 고려하여 수시로 구입한다. 단체급식에서의 식품구매 시 식품단가를 최소한 1개월에 2회정도 점검한다.

(7) 구매절차에 따른 구매 업무

구매물품의 수요를 예측 → 구매의 필요성을 인식 → 물품을 구매 → 물품구매 청구서 → 재고량 조사 후 발주량 결정 → 물품 구매 명세서(구매하고자 하는 물품의 품질과 특성이 기술된 것) 작성 → 구매 발주서 작성(공급업체에 보낼 것) → 공급업체선정 → 공급업체에 발주 및 확인전화 → 구매명세서를 기준으로 검수 → 입출고 및 재고관리 수행 → 납품서를 회계부서에 청구하여 납품대금 자불

(8) 공급처의 선정

공급업체 선정방법은 경쟁입찰계약과 수의계약으로 나뉜다.

구분	내용
경쟁 입찰 계약	• 공식적 구매방법 • 공급업체 중 급식소에서 원하는 품질의 물품 입찰가격을 가장 합당하게 제시한 업체와 계약을 체결하는 방법 • 일반경쟁입찰과 지명경쟁입찰로 나뉨. • 저장성이 높은 식품(쌀, 조미료, 건어물 등) 구매 시 적합 • 공평하고 경제적임
수의 계약	• 비공식적 구매방법 • 공급업자들을 경쟁에 붙이지 않고 계약을 이행할 자격을 가진 특정업체와 계약을 체결하는 방법 • 복수견적과 단일견적으로 나뉨 • 소규모 급식시설에 적합 • 채소, 생선, 육류 등의 저장성이 낮고 가격변동이 있는 식품 구매에 적합 • 절차가 간편하고, 경비와 인원 감소 가능 • 구매자의 구매력이 제한될 수 있고 불리한 가격으로 계약하기 쉬움

(9) 발주량 산출

식품의 발주 시 폐기부분이 있는 식품과 없는 식품을 구분하여 다음과 같은 공식에 의해 산출하며 폐기율에 따른 출고계수를 감안한다.

> **참고** **발주량 산출을 위한 공식**
>
> • 총발주량 $= \dfrac{정미량}{(100 - 폐기율)} \times 100 \times 인원수$
>
> • 필요비용 $= 필요량 \times \dfrac{100}{가식부율} \times 1\text{kg당의 단가}$
>
> • 출고계수 $= \dfrac{100}{(100 - 폐기율)} = \dfrac{100}{가식부율}$
>
> • 폐기율 $= \dfrac{폐기량}{전체중량} \times 100 = 100 - 가식부율$
>
> • 대치식품량 $= \dfrac{원래 식품의 양 \times 원래 식품의 해당성분수치}{대치하고자 하는 식품의 해당성분수치}$

재고관리란 물품의 수요와 공급을 적절하게 유지하기 위한 보관기능을 나타내며, 적정발주량을 결정짓기 위해서 반드시 필요하다.

1. 재고조사 실시

재고조사를 실시하고 재고량을 고려하여 적정발주량을 결정하게 되는데 이를 토대로 구매명세서와 구매발주서를 작성하게 된다.

① 효율적인 재고조사를 위해서는 저장창고별로 품목의 위치를 순서대로 정렬하고 이 저장순서대로 품목명을 기록하여 시간을 절약하도록 하며, 실사에 품목의 가격을 미리 기록하며 냉동 물품은 꼬리표를 달아서 입고한다.

② 재고조사표를 작성하는데 품목별 재고 수량 및 중량 등을 확인 후 정확히 작성하고 재고조사 시에 색상, 형태, 이미, 이취, 품질상태, 유통기한 등도 함께 점검하도록 한다.

③ 재고조사의 결과를 구매명세서에 작성한다.

④ 경제적인 발주량이 될 수 있도록 구매에 필요한 양을 현재의 재고량을 고려하여 결정한다.

⑤ 구매명세서를 보고 구매 발주서를 작성한다.

2. 재고의 중요성(의의)

적정한 재고수량을 파악함으로 물품의 갑작스러운 부족으로 생산계획의 차질을 방지하고 적정주문량 결정을 통해서 구매비용이 절감되며 도난이나 부패, 부주의로 인한 손실을 최소화하며 경제적인 재고관리로 원가절감의 효과를 볼 수 있다.

3. 재고관리의 유형

재고관리의 유형은 영구재고 시스템과 실사재고 시스템의 두 종류가 있으며 두 시스템을 상호보완적으로 병행하여 활용하는 것이 이상적이다.

① **영구재고 시스템** : 입고된 물품의 출고와 입고서에 물품의 수량을 계속해서 기록하여 남아 있는 물품의 목록과 수량을 알고 적정의 재고량을 유지하도록 하는 방법으로 규모가 큰 업체의 건조물품과 냉동 저장고에 보유되는 물품의 관리나 고가의 품목에 활용되며 물품의 고유번호, 품목명, 상호명, 날짜, 중량 및 수량 등을 기재하며 전산화된 시스템을 활용하여 정확성과 효율성을 기대할 수 있다.

② **실사재고 시스템** : 재고실사법이라고도 하며, 창고에 보유 중인 물품을 주기적으로 실사하여 기록하는 방법으로 영구재고 시스템의 단점인 부정확성을 점검하기 위해 실시한다. 실사재고 기록지에는 단가와 이름, 형태, 품목의 단위, 물품의 보유량이 기록되며 보유 중인 재고들의 화폐가치를 결정하기 위해 재고액을 평가하게 된다.

시장조사 및 구매관리 연습문제

01 구매를 위한 시장조사의 목적으로 바르지 않은 것은?

① 구매 예정가격의 결정
② 합리적인 구매계획의 수립
③ 제품개량
④ 신제품의 판매

해설 시장조사의 목적
　　• 구매 예정 가격의 결정
　　• 합리적인 구매계획의 수립
　　• 제품개량
　　• 신제품의 설계

02 다음 중 구매를 위한 시장조사에서 행해지는 조사내용이 아닌 것은?

① 품목　　　　② 수량
③ 가격　　　　④ 판매처

해설 시장조사의 내용 : 품목, 품질, 수량, 가격, 시기, 구매처, 거래조건(인수, 지불조건)

03 다음 중 구매를 위한 시장조사에서 행해지는 내용이 아닌 것은?

① 제조회사와 대체가 가능한 품목은 고려할 필요가 없다.
② 어떠한 품질과 가격의 물품을 구매할 것인지 결정한다.
③ 어느 정도의 양을 구매할 것인지 결정한다.
④ 어느 정도의 가격에 구매할 것인지 결정한다.

해설 시장 조사 시에는 제조회사와 대체가 가능한 품목도 고려해서 결정한다.

04 구매를 위한 시장조사의 종류로 다음은 무엇에 대한 설명인가?

　　구매정책을 결정하기 위해 시행하며 전반적인 경제계와 관련업계의 동향, 기초자재의 시가, 관련업체의 수급 변동상황, 구입처의 대금결제조건 등을 조사한다.

① 일반 기본 시장조사
② 품목별 시장조사
③ 구매거래처의 업태조사
④ 유통경로의 조사

해설 구매를 위한 시장조사의 종류
　　• 일반기본 시장조사 : 구매정책을 결정하기 위해서 시행하며 전반적인 경제계와 관련업계의 동향, 구입처의 대금결제조건, 관련업체의 수급변동상황, 기초자재의 시가 등 조사
　　• 품목별 시장조사 : 현재 구매하고 있는 물품의 수급 및 가격 변동에 대한 조사로 구매물품의 가격산정을 위한 기초자료와 구매수량 결정을 위한 자료로 활용
　　• 구매거래처의 업태조사 : 계속 거래인 경우 안정적인 거래를 유지하기 위해서 주거래 업체의 개괄적 상황, 기업의 특색, 금융상황, 판매상황, 노무상환, 생산상황, 품질관리, 제조원가 등의 업무조사를 실시
　　• 유통경로의 조사 : 구매가격에 직접적인 영향을 미치는 유통경로를 조사

정답　01 ④　02 ④　03 ①　04 ①

05 구매를 위한 시장조사의 원칙으로 바르지 않은 것은?

① 조사 적시성의 원칙
② 조사 계획성의 원칙
③ 조사 정확성의 원칙
④ 비용 소비성의 원칙

해설 시장조사의 원칙
• 비용 경제성의 원칙 : 최소의 비용으로 시장조사를 한다.
• 조사 적시성의 원칙 : 시장조사는 본 구매를 해야 하는 기간 내에 끝낸다.
• 조사 탄력성의 원칙 : 시장의 가격변동이나 수급 상황 변동에 대한 탄력적으로 대응하는 조사여야 한다.
• 조사 계획성의 원칙 : 사전에 시장조사 계획을 철저하게 세워서 실시한다.
• 조사 정확성의 원칙 : 세운 계획의 내용을 정확하게 조사한다.

06 시장조사의 원칙 중 다음에 해당하는 것은 무엇인가?

시장수급상황이나 가격변동과 같은 시장상황 변동에 탄력적으로 대응할 수 있는 조사가 되어야 한다.

① 비용 경제성의 원칙
② 조사 탄력성의 원칙
③ 조사 계획성의 원칙
④ 조사 적시성의 원칙

해설 시장조사의 원칙 중 조사 탄력성의 원칙에 대한 설명이다.

07 식품구매 방법으로 바르지 못한 것은?

① 위생적이고 안전한 제철식품을 구입한다.
② 육류는 중량과 부위, 과일은 산지와 상자당 개수, 품종을 고려하여 구입한다.
③ 생선·과채류 등은 1주일분을 구입한다.
④ 폐기율을 고려하여 구매한다.

해설 생선과 과채류는 신선도가 중요하므로 필요시마다 수시로 구입한다.

08 소고기 구입 시 가장 유의해야 할 것은?

① 색깔, 부위
② 색깔, 부피
③ 중량, 부위
④ 중량, 부피

해설 소고기 구입 시 중량과 부위에 유의하여 구입한다.

09 사과나 배 등의 과일을 구입할 때 알아야 할 가장 중요한 것은?

① 산지, 포장, 색깔
② 상자 형태, 포장, 중량
③ 산지, 상자당 개수. 품종
④ 상자형태, 상자당 개수, 색깔

해설 과일 구입 시 산지, 상자당 개수. 품종 등을 유의하여 구입한다.

10 단체급식에서 식품구매 시 식품 단가를 최소한 1개월에 어느 정도 점검해야 하는가?

① 1회   ② 2회
③ 3회   ④ 4회

해설 단체급식에서 식품 구매 시 식품의 단가를 최소한 1개월에 2회 정도 점검한다.

정답 05 ④   06 ②   07 ③   08 ③   09 ③   10 ②

11 공급처의 선정 중 급식소에서 원하는 품질의 물품 입찰가격을 가장 합당하게 제시한 업체와 계약을 체결하는 방법?

① 경쟁입찰
② 수의계약
③ 공동구매
④ 계약구입

해설 공급업체 선정방법은 경쟁입찰계약과 수의계약으로 나뉜다.

구분	내용
경쟁 입찰 계약	• 공식적 구매방법 • 공급업체 중 급식소에서 원하는 품질의 물품 입찰가격을 가장 합당하게 제시한 업체와 계약을 체결하는 방법 • 일반경쟁입찰과 지명경쟁입찰로 나뉨 • 저장성이 높은 식품(쌀, 조미료, 건어물 등) 구매 시 적합 • 공평하고 경제적임
수의 계약	• 비공식적 구매방법 • 공급업자들을 경쟁에 붙이지 않고 계약을 이행할 자격을 가진 특정업체와 계약을 체결하는 방법 • 복수견적과 단일견적으로 나뉨 • 소규모 급식시설에 적합 • 채소, 생선, 육류 등의 저장성이 낮고 가격변동이 있는 식품 구매에 적합 • 절차가 간편하고 경비와 인원 감소 가능 • 구매자의 구매력이 제한될 수 있고 불리한 가격으로 계약하기 쉬움

12 수의계약의 장점이 아닌 것은?

① 경비와 인원감소가 가능하다.
② 저렴한 가격으로 구매할 수 있다.
③ 절차가 간편하다.
④ 경쟁이나 입찰의 번거로움이 없다.

해설 수의계약은 경쟁 없이 계약을 이행할 자격을 가진 특정업체와 계약을 체결하기 때문에 구매자의 구매력이 제한될 수 있고 불리한 가격으로 계약하기 쉽다.

13 경쟁 입찰계약의 내용으로 바르지 않은 것은?

① 일반경쟁입찰과 지명경쟁입찰로 나뉜다.
② 공식적 구매방법이다.
③ 공평하고 경제적이다.
④ 채소, 생선, 육류 등의 구매에 적합하다.

해설 경쟁입찰계약은 쌀, 조미료, 건어물 같은 저장성이 높은 식품의 구매 시 적합하다.

14 삼치구이를 하려고 한다. 정미중량 60g을 조리하고자 할 때 1인당 발주량은 얼마로 계산하는가? (단, 삼치의 폐기율 34%)

① 약 60g
② 약 110g
③ 약 90g
④ 약 40g

해설 $\text{총발주량} = \dfrac{\text{정미량}}{(100 - \text{폐기율})} \times 100 \times \text{인원수}$

$= \dfrac{60}{(100 - 34)} \times 100 \times 1$

$= \dfrac{6,000}{66}$

$= 90.9g$

15 가식부율이 70%인 식품의 출고계수는?

① 1.25
② 1.43
③ 1.64
④ 2.00

해설 $\text{출고계수} = \dfrac{100}{\text{가식부율}}$

$= \dfrac{100}{70}$

$= 1.43$

16 시금치 나물을 조리할 때 1인당 80g이 필요하다면 식수인원 1,500명에 적합한 시금치 발주량은? (단, 시금치의 폐기율은 4%이다)

① 100kg　　② 110kg
③ 125kg　　④ 132kg

해설 총발주량 $= \dfrac{\text{정미량}}{(100 - \text{폐기율})} \times 100 \times \text{인원수}$

$$= \dfrac{80}{(100 - 4)} \times 100 \times 1,500$$

$$= \dfrac{80 \times 100 \times 1,500}{96}$$

$$= \dfrac{12,000,000}{96}$$

$$= 125,000g$$

$$= 125kg$$

17 폐기율이 20%인 식품의 출고계수는 얼마인가?

① 0.5　　② 1.0
③ 1.25　　④ 2.0

해설 출고계수 $= \dfrac{\text{정미량}}{(100 - \text{폐기율})}$

$$= \dfrac{100}{(100 - 20)}$$

$$= \dfrac{100}{80}$$

$$= 1.25$$

18 일반적인 식품의 구매방법으로 가장 옳은 것은?

① 고등어는 2주일분을 한꺼번에 구입한다.
② 느타리버섯을 3일에 한 번씩 구입한다.
③ 쌀은 1개월분을 한꺼번에 구입한다.
④ 소고기는 1개월분을 한꺼번에 구입한다.

해설 생선, 과채류는 필요에 따라 수시 구입하고 소고기는 냉장시설이 갖추어져 있으면 1주일분을 한꺼번에 구입한다.

19 배추김치 46kg을 담그려는데 김장용 배추포기 구입에 필요한 비용은 얼마인가? (단, 배추 5포기(13kg)의 값은 13,260원, 폐기율은 8%)

① 23,920원
② 38,934원
③ 46,000원
④ 51,000원

해설 폐기율이 8%이므로 가식부율은 92%이다. 1kg당 단가는 13kg에 13,260원이라고 했으므로 13,260÷13=1,020원

필요비용 $= \text{필요량} \times \dfrac{100}{\text{가식부율}} \times 1\text{kg당의 단가}$

$$= 46 \times \dfrac{100}{92} \times 1,020$$

$$= \dfrac{4,600}{92} \times 1,020$$

$$= \dfrac{4,692,000}{92}$$

$$= 51,000$$

∴ 필요비용은 51,000원이다.

20 소고기가 값이 비싸 돼지고기로 대체하려고 할 때 소고기 300g을 돼지고기 몇 g으로 대체하면 되는가? (단, 식품분석표상 단백질 함량은 소고기 20g, 돼지고기 15g이다)

① 200g　　② 360g
③ 400g　　④ 460g

해설 대체식품량 $= \dfrac{\text{원래 식품의 양} \times \text{원래식품의 해당성분수치}}{\text{대치하고자 하는 식품의 해당성분수치}}$

$$= \dfrac{300 \times 20}{15}$$

$$= \dfrac{6,000}{15}$$

$$= 400$$

∴ 소고기 300g은 돼지고기 400g으로 대체해서 사용하면 된다.

21 다음 중 일반적으로 폐기율이 높은 식품은 어떤 것인가?

① 생선류　　② 소고기류
③ 곡류　　　④ 달걀

> 해설　폐기율은 식품을 손질하고 버려지는 부분으로 생선류의 폐기율이 보편적으로 높은 편이다.
> - 어패류의 폐기율 : 바지락 82%, 대구 34%, 동태 20%, 조기 34%, 꽃게 68%, 고등어 31%, 굴(석굴) 75% 등
> - 고기류의 폐기율 : 닭고기 39%, 돼지고기 살코기 0%, 소꼬리 50%, 소고기 살코기 0% 등
> - 기타 폐기율 : 고구마 10%, 감자 6%, 달걀 14%, 오이 8%, 콩나물 10%, 귤 25%, 파인애플 50% 등

22 식품 재고조사 실시 시 바르지 않은 것은?

① 효율적인 재고조사를 위해 저장 창고별로 품목의 위치를 순서대로 정렬한다.
② 재고조사표 작성 시 품목별 재고 수량만 파악하고 중량은 확인하지 않아도 된다.
③ 재고조사의 결과를 구매명세서에 작성한다.
④ 구매에 필요한 양은 현재의 재고량을 고려하여 결정한다.

> 해설　재고조사표 작성 시 품목별 재고 수량 및 중량 등을 확인 후 정확히 작성한다.

23 식품재고관리의 중요성에 들지 않는 것은?

① 물품의 갑작스러운 부족에 대처할 수 있다.
② 부주의로 인한 손실을 최소화할 수 있다.
③ 원가절감의 효과를 볼 수 있다.
④ 구매비용의 절감은 기대할 수 없다.

> 해설　식품재고를 파악하고 관리함으로써 적정주문량 결정을 통해서 구매비용이 절감된다.

21 ①　22 ②　23 ④

검수 관리

검수관리란 주문한 물품의 품질과 규격, 수량, 크기, 가격 등이 일치하는가 검사하는 확인절차이다.

01 ▶ 식재료의 품질 확인 및 선별

1. 검수방법

물품의 검수는 공급자와 구매자 간의 상호신뢰를 가지고 검수에 소요되는 비용이나 시간을 최소화하여 이루어져야 한다. 검수방법에는 전수검사법과 발췌검사(샘플링)법이 활용된다.

① 전수검수법 : 물품의 양이 적을 때 납품된 품목을 하나하나 검수하는 방법으로 정확성은 있지만 많은 시간과 경비가 소요된다는 단점이 있다. 품목이 고가이거나 종류가 다양할 때 많이 사용된다.

② 발췌(샘플링)검수법 : 검수할 품목의 양이 대량이거나 같은 품목으로 검수할 물량이 많거나, 파괴검사를 해야 할 경우 물품의 일부를 무작위로 선택해서 검사하는 방법이다.

2. 검수업무에 대한 평가사항

검수 업무 시 다음과 같은 사항에 유념하여 검수를 한다.

물품의 품질과 수량을 검사하고 각 품종별 검사기준을 적용하여 검사한다. 육류의 경우 부위등급, 육질, 절단 상태, 신선도와 중량을 보며, 계류의 경우 크기, 절단부위, 중량과 육색을 본다. 난류는 크기와 중량, 신선도를 보며, 과일류의 경우는 크기와 외관형태, 숙성 정도, 색상, 향기, 등급을 본다. 채소류는 신선도, 크기, 중량, 색상, 등급을 보며 곡류의 경우는 품종, 수확년도, 산지, 건조상태, 이물질의 혼합여부를 보고, 건어물의 경우는 건조상태, 외관형태, 염도와 색상, 냄새를 본다. 통조림 류는 제조일자와 유통기간, 외관의 형태, 내용물 표시를 본다. 냉동식품의 경우는 −18℃ 이하로 소비자가 구입할 때까지 저장, 유통되어야 한다. 구매주문서와 거래명세서의 수량과 단가가 일치하여야 하고, 포장해체에 따른 식품 보존상태와 반품처리 절차, 거래명세서 서명과 상호교부에 관한 절차 등은 검수업무에 대한 평가사항이다.

3. 검수절차 수행

구매청구서에 의해서 주문 배달된 물품을 검수관리하는 모든 관리 활동을 말하며 6단계의 검수절차 수행은 다음과 같다.

① 구매청구서와 물품을 대조하여 품목과 수량, 중량을 확인한다.

② 송장과 물품을 대조할 때 품목, 수량, 중량, 가격도 대조한다.

③ 물품의 품질, 등급, 위생상태를 판정한 후 물품 인수 및 반품처리를 한다.

④ 검수일자, 가격, 품질검사 확인, 납품업자명을 확인 후 식품분류 및 명세표를 부착해 둔다.

⑤ 물품을 정리보관 및 저장장소로 옮기는데 이때 조리장, 냉장고, 냉동고, 저장창고를 준비한다.

⑥ 검수에 관한 검수일지작성, 및 서명, 검수표 작성, 반품서 작성, 검수 시 불합격품 처리를 한다.

4. 식재료의 품목별 검수기준

구분	품명	검수기준
곡류	쌀	• 싸라기, 벌레 먹은 쌀, 돌 등이 없어야 한다. • 광택이 있으며 투명해야 한다.
	밀가루	• 순백색으로 이상한 냄새나 맛이 없어야 한다. • 덩어리가 지지 않고 건조 상태가 좋아야 한다.
감자 및 서류	감자류/고구마류	• 크기가 고르고 부패, 발아가 안 된 것이어야 한다. • 병충해가 없어야 한다.
	토란	잘라서 보았을 때 흰색으로 단단하고 끈적끈적한 감이 강해야 한다.
두류	대두 및 기타 두류	• 알이 고르고 잡물이 섞여 있지 않아야 한다. • 콩 자체의 특유의 색택을 가지고 있어야 한다.
버섯류	건조하지 않은 버섯	• 형태가 눌리지 않고 으스러지지 않아야 한다. • 짓무르지 않고 탄력이 있어야 한다.
	건조시킨 버섯	• 잎의 형태를 잘 유지하고 있어야 한다. • 변색, 변질되지 않으며 건조 상태가 양호해야 한다.
과일류	사과	• 껍질이 윤기가 있고 표면에 상처와 무른 부분이 없어야 한다. • 당도가 12% 이상이어야 하며 신맛이 없어야 한다.
	바나나	• 익어야 하며 표면에 검은 점이 없어야 한다. • 꼭지가 말랐거나 끝부분이 무르지 않아야 한다.
	포도류	알이 떨어지지 않아야 하며 포도 자체의 진한 색을 띠고 있어야 한다.
	딸기	• 알이 고르고 짓무르지 않아야 한다. • 짙은 빨간색을 내며 광택이 있어야 한다.
해조류	미역	육질이 두꺼우며 건조가 잘 되고 모양이 흐트러지거나 찢어지지 않아야 한다.
	김/다시마	표면에 구멍이 없이 건조 상태가 좋아야 하며 광택이 나야 한다.

채소류	오이	• 모양이 휘지 않고 일정하며 씨가 적어야 한다. • 수분함량이 많고 육질이 사각사각해야 한다.
	피망	깨지거나 변색된 부분이 없고 품종 고유의 색을 띠며 윤기가 나야 한다.
	배추	잎이 얇고 연하며 잘라서 속이 꽉 차고 단맛이 있어야 한다.
	쑥갓	잎이 가지런하고 시들지 않고 꽃대가 올라오지 않아야 한다.
	대파	흰 대가 길고 꽃대가 피지 않아야 한다.
	당근	• 외피에 균열이 없고 윗부분과 아랫부분의 굵기 차이가 많이 나지 않 아야 한다. • 잘라보아서 심이 없어야 하고 심 부분까지 주황색이어야 한다.
	양배추	무겁고 잎이 얇으며 신선하고 광택이 있어야 한다.
	우엉	껍질이 매끈하고 수염뿌리가 없는 것으로 굵기가 일정해야 한다.
	무	흠집이 없고 잘라보아서 바람이 들지 않고 까만 심이 없어야 한다.
	양파	싹이 나지 않고 단단하며 외피가 짓무르지 않아야 한다.
	깐마늘	물기가 없고 껍질이 깨끗하게 제거되며 흠집이 없어야 한다.
육류	소고기	소고기 고유의 적색을 띠며 마블링과 지방제거 상태를 확인한다.
	돼지고기	선홍색을 띠며 껍질 부분의 소제 상태를 확인한다.
	닭고기	신선한 광택이 있고 특유한 향 외에 이취가 없어야 한다.
어패류	각종 어류	• 아가미는 선홍색이며 비늘은 단단히 붙어있어야 한다. • 안구는 돌출되어 있고 손으로 눌러보아 단단하고 탄력이 있는 것이 신선하다.

02 ▶ 조리기구 및 설비 특성과 품질 확인

작업장 내의 조리기구와 시설, 설비는 위생과 안전성, 능률, 내구성, 경제성을 확보할 수 있도록
계획되어야 하며 디자인이 단순하면서 사용이 간편하고 성능이나 동력, 크기, 용량이 기존의 설
치 공간에 적합해야 한다. 또한 용도가 다양하고 사후관리가 쉬운 것이어야 한다. 그로 인해 식
재료와 작업의 전체적인 흐름이 작업장에서 원활해지고 시간과 노동력, 식재료 등의 낭비를 줄일
수 있다.

1. 조리기구

조리기구는 매장의 유형이나 식단의 형태, 배식방법 등에 따라 재질과 종류가 달라지는데 이용객뿐 아니라 제공자의 측면도 고려해서 조리기구(식기류)를 결정 내려야 한다.

우선 가벼우면서 깨지지 않는 것, 청소가 용이할 것, 식기용 세제에 강한 재질일 것, 가열 소독이 가능한 내열성 재질이어야 한다.

조리기구의 재질에 따른 특성은 다음과 같다.

① 플라스틱은 가볍고 견고하며, 충격이나 세제에 강하고, 열전도율이 낮고 냉각상태에서 잘 견딘다. 사용상의 주의사항은 색깔이 있는 음식에 의한 변색에 주의하고, 열에 주의한다. 식기류와 접시류, 컵, 쟁반 등의 제품으로 이용된다.

② 유리는 충격과 급격한 온도의 변화에 약하다. 사용상의 주의 사항은 깨지기 쉬우므로 취급과 보관에 주의한다. 컵과 접시류 등의 제품으로 이용된다.

③ 도자기는 충격에 약하고 급격한 온도의 변화에 약하다. 사용상의 주의사항은 산성음식에 의한 유약칠의 벗겨짐을 막기 위해서 사용 즉시 세척하고 마른행주로 닦아준다. 접시류 등의 제품으로 이용된다.

④ 스테인리스스틸(금속)은 부식되지 않고 영구적이며 광택이 좋고 세척하기 좋다. 사용상의 주의 사항은 세척 시 표면이 긁히지 않도록 주의한다. 식기류 및 주방용품 등의 제품으로 이용된다.

⑤ 멜라민 수지는 가격이 저렴하면서 디자인과 색상이 다양하고 견고한 편이다. 사용상의 주의사항은 열에 주의한다. 식기류 등의 제품으로 이용된다.

2. 설비

① 검수공간
   ㉠ 들어오는 식재료를 신속하고 용이하게 취급할 수 있도록 설계가 되어야 한다. 규모가 큰 업장이나 급식소에서는 검수와 관련된 사무를 보기 위해서 사무실을 별도로 마련하기도 한다.
   ㉡ 주요 기기 : 검수대, 손소독기, 계량기, 운반차, 온도계 등

② 저장공간
   ㉠ 검수가 끝난 후에 납품된 물품을 저장 공간에 두었다가 조리장으로 이동하는 시스템으로 검수공간과 저장공간, 조리장의 위치 순으로 같은 구역 안에 두는 것이 동선이 짧아서 노동력이 절감되고 효율적이다.
   ㉡ 주요 기기 : 쌀 저장고, 냉장·냉동고, 일반저장고(조미료, 마른 식품) 등

③ 전처리 및 조리준비실
   ㉠ 전처리 구역은 본 요리에 들어가기에 앞서서 준비하는 공간이다. 고기의 절단 등 기기의

사용빈도가 높은 공간으로 충분한 면적이 필요하고 교차오염이 일어나지 않도록 육류와 어패류, 채소의 전처리 공간을 구분하여 사용한다. 물을 많이 사용하므로 청소가 쉽고 배수가 잘 되며 건조가 잘 되는 바닥으로 한다.

  ⓛ 주요 기기 : 싱크, 탈피기, 혼합기, 절단기 등

④ **조리공간**

  ㉠ 조리공간 설계 시 고려해야 할 사항 : 조리기기 선정, 작업자 동선 고려, 조리장 면적 산출, 조리장 형태 결정, 장래의 변화를 고려하여 합리적이고 능률적인 공간이 될 수 있도록 한다.

  ⓛ 주요 기기

  • 취반 : 저울, 세미기, 취반기

  • 가열조리 : 레인지, 오븐, 튀김기, 번철, 브로일러, 증기솥 등

⑤ **배식**

  ㉠ 조리가 끝난 음식을 나누어 주는 공간으로 보온, 저온보관, 음식담기, 배식 등이 이루어진다.

  ⓛ 주요 기기 : 보온고, 냉장고, 이동운반차, 제빙기, 온 · 냉 식수기 등

⑥ **세척 및 소독**

  ㉠ 식기회수와 세척, 샤워싱크, 소독, 잔반처리가 이루어지는 공간이다.

  ⓛ 주요기기 : 세척용 선반, 식기세척기, 식기소독고, 칼 · 도마소독고, 손소독기, 잔반처리기 등

⑦ **보관**

  ㉠ 세척과 소독이 끝난 기구나 기물을 보관하는 것이다.

  ⓛ 주요기기 : 선반, 식기소독 보관고 등

03 ▶ 검수를 위한 설비 및 장비 활용 방법

1. 검수설비 및 장비

검수업무를 신속하고 정확하게 하기 위해서 다음과 같은 설비조건을 갖추고 검수에 필요한 장비를 갖추도록 한다.

① 검수장소에서 물품검수를 위해 적절한 밝기는 540룩스 이상이어야 한다.

② 안전성 확보를 위해 물품과 사람이 이동하기에 충분한 공간을 확보한다.

③ 물품을 바닥에 두고 검수하지 않도록 검수대가 있어야 한다.

④ 물품들의 구입 단위에 맞는 장비들을 구비하여 물품을 검수하여야 효율성이 높다. 예를 들어 중량 단위로 들어오는 물품은 저울을 사용하며, 온도측정이 필요한 냉장이나 냉동으로 들어오는 물품들은 온도계를 사용하여 온도를 측정한다. 검수용 온도계로는 전자식 온도계가 적합한데 액정판에 온도가 표시되고 탐침 끝이 물품과 가까운 거리에서 온도를 감지한다. 물건을 옮기는 운반차(손수레나 운반카트)는 L자형 운반차와 다단식 운반차가 주로 쓰인다. 그 외에 검수기록을 보관하는 캐비넷이나 계산기 등을 갖추고 있어야 한다.

2 검수업무 수행의 구비요건

검수업무를 올바르게 수행하기 위해서는 검수지식과 경험이 풍부한 검수담당자가 진행하여야 하고 검수구역은 배달구역입구, 물품저장소와 가까운 거리여야 한다. 또한 급식소의 상황에 적합하도록 물품배달 시간 등을 미리 계획하고 검수가 효과적으로 이루어지기 위해 발주서 또는 구매 청구서 사본과 구매명세서 사본, 검수설비와 기기 등을 갖추고 있어야 한다.

3 검수절차

검수업무는 다음의 절차로 단계적으로 이루어진다.
① 납품 물품과 주문한 내용, 납품서의 대조 및 품질검사
② 물품의 인수 또는 반품
③ 인수한 물품의 입고
④ 검수에 관한 기록 및 문서 정리

01 다음 중 식품의 감별법으로 틀린 것은?

① 어류 – 아가미가 열려 있는 것이 좋다.

② 쌀 – 빛이 나고 특유의 냄새 외의 냄새가 없는 것이 좋다.

③ 연제품 – 표면에 점액 물질이 없는 것이 좋다.

④ 소맥분 – 색깔이 흰 것일수록 좋다.

> 해설 어류는 껍질의 색이 선명하고 윤택이 나며, 비늘이 고르게 밀착되어 있고 아가미는 선홍색을 띠며 밀착되어 있는 것이 신선하다.

02 신선한 생선을 감별하는 방법과 관계 없는 것은?

① 눈알이 밖으로 돌출되고, 표피에 점액물질이 없는 것

② 색은 선명하고 광택이 있는 것

③ 아가미의 빛깔이 회백색을 띠는 것

④ 손가락으로 누르면 탄력성이 있는 것

> 해설 아가미의 빛깔은 선홍색을 띠는 것이 신선하다.

03 식품감별의 목적에 부적당한 설명은?

① 불량식품을 적발

② 식중독을 미연에 방지

③ 유해한 성분 검출

④ 영양성분의 파악

> 해설 식품을 감별함으로써 식품으로 인해 발생하는 식중독을 미리 예방하고, 인체에 해로운 유해 성분이 포함되어 있는지를 검사하여 불량식품의 유통을 막는다.

04 다음은 식재료 중 육류를 감별하는 방법을 설명한 것이다. 신선한 재료를 판단하는 방법 중 부적당한 것은?

① 탄력성이 있을 것

② 빛깔이 곱고 습기가 있을 것

③ 조직에 피가 많이 흐를 것

④ 선홍색을 띠는 것

> 해설 신선한 육류는 색이 곱고 습기가 있으며 탄력성이 있고 선홍색을 띤다.

05 식품 감별 능력에서 가장 중요한 것은?

① 식품검사기술

② 감별자의 풍부한 경험

③ 경험자의 의견

④ 문헌상의 지식

> 해설 관능검사는 오랜 경험에서 얻어지는 지식을 바탕으로 한다.

06 신선한 달걀의 감별법 중 틀린 것은?

① 흔들 때 내용물이 흔들리지 않는다.

② 깨서 접시에 놓으면 노른자가 볼록하고 흰자의 점도가 높다.

③ 6%의 소금물에 넣어서 떠오른다.

④ 햇빛(전등)에 비출 때 공기집의 크기가 작다.

> 해설 신선한 달걀의 비중은 약 1.08~1.09인데 선도가 저하됨에 따라 감소한다. 따라서 6%의 소금물에 떠오르는 것은 오래된 것이다.

정답 **01** ① **02** ③ **03** ④ **04** ③ **05** ② **06** ③

07 다음 중에서 좋은 버터는 어느 것인가?

① 신맛이 나는 것

② 담황색으로 반점이 있는 것

③ 단단하여 입안에서 잘 녹지 않는 것

④ 우유와 같은 맛과 냄새가 나는 것

해설 버터의 감별법 : 입안에 넣었을 때 우유와 같은 냄새가 있고 자극이 없는 것이 신선하다.

08 식품이 감별법으로 바르지 않은 것은?

① 양배추는 무겁고 잎이 얇으며 신선하고 광택이 있는 것이 좋다.

② 오이는 수분함량이 많고 육질이 사각사각 해야 한다.

③ 당근은 굵기 차이가 있고 심이 없어야 한다.

④ 무는 흠집이 없고 잘라 보아서 바람이 들지 않아야 한다.

해설 당근은 굵기 차이가 많이 나지 않고 잘라 보아서 심이 없어야 하고 심부분까지 주황색이어야 한다.

09 주방 내 조리기기를 선정할 때 고려할 사항이 아닌 것은?

① 성능, 동력, 크기와 용량이 기존 설치 공간보다 커야 한다.

② 성능은 다양하고 사용이 간편해야 한다.

③ 사후관리가 쉬워야 한다.

④ 위생, 안전, 능률, 내구성, 경제성을 확보해야 한다.

해설 조리기구 설치 시 디자인은 단순하지만 성능은 다양하고, 성능과 동력, 크기와 용량은 기존설치 공간에 적합해야 하고 사후관리가 쉬운 것이어야 한다.

10 조리작업 별 주요 작업기기로 틀린 것은?

① 검수 : 계량기, 검수대

② 저장공간 : 냉장고, 일반저장고

③ 전처리 : 탈피기, 절단기

④ 세척 : 식기세척기, 혼합기

해설 조리작업별 작업기기
- 검수공간 : 검수대, 손소독기, 계량기, 운반차, 온도계 등
- 저장공간 : 쌀저장고, 냉장고, 냉동고, 일반저장고(조미료, 마른 식품) 등
- 전처리공간 : 싱크, 탈피기, 혼합기, 절단기 등
- 조리공간 : 저울, 세미기, 취반기, 레인지, 오븐, 튀김기, 번철, 브로일러, 증기솥 등
- 배식 : 보온고, 냉장고, 이동운반차, 제빙기, 온·냉 식수기 등
- 세척공간 : 세척용 선반, 식기세척기, 식기소독고, 칼·도마 소독고, 손소독기, 잔반처리기 등
- 보관 : 선반, 식기소독 보관고 등

11 설비에 대한 설명으로 바르지 않은 것은?

① 검수공간 : 들어오는 식재료를 신속하고 용이하게 취급할 수 있도록 설계한다.

② 저장공간 : 노동력 절감을 위해 검수공간과 가깝게 둔다.

③ 전처리공간 : 교차오염이 일어나지 않도록 육류와 어패류, 채소의 전처리 공간을 구분하여 사용한다.

④ 물은 많이 사용하지 않으므로 배수는 크게 신경을 안 써도 괜찮다.

해설 전처리 공간은 물을 많이 사용하므로 청소가 쉽고 배수가 잘되며 건조가 쉬운 바닥으로 한다.

07 ④   08 ③   09 ①   10 ④   11 ④

12 배식을 위해 필요한 주요기기로 바르지 않은 것은?

① 이동운반차

② 보온고

③ 세미기

④ 온 · 냉 정수기

> 해설 세미기는 대량의 쌀을 빠른 시간에 씻을 수 있는 기기로 조리공간에 두어야 한다.

13 주문한 물품의 품질과 품목, 신선도, 위생상태, 중량, 가격, 납기일 등을 확인하는 것은?

① 검수관리

② 발주관리

③ 배식관리

④ 구매관리

> 해설 검수관리는 발주한 물건의 품목, 품질, 신선도, 위생상태, 수량, 가격, 중량, 납기일 등을 확인하는 단계이다.

14 검수를 위한 설비조건으로 바르지 않은 것은?

① 조도는 80Lux 이상을 갖추어야 한다.

② 사람과 물건이 이용할 수 있는 공간을 확보한다.

③ 전처리장과 가까워야 한다.

④ 위생적이고 안전해야 한다.

> 해설 물품을 검사하기에 적절한 조명시설을 갖추어야 하는데 조도 540Lux 이상이어야 한다.

15 검수절차에 해당되지 않는 것은?

① 납품 물품과 주문한 내용, 납품서의 대조 및 품질검사

② 물품의 인수 또는 반품

③ 인수한 물품의 입고

④ 정기 발주방식에 의한 발주

> 해설 정기발주방식에 의한 발주는 발주방식의 하나로 상품 발주시기를 일정 간격의 일시로 설정하여 때에 맞춰 발주량을 결정하여 발주하는 방식이다.
> 검수업무는 다음의 절차로 단계적으로 이루어진다.
> 1. 납품 물품과 주문한 내용, 납품서의 대조 및 품질검사
> 2. 물품의 인수 또는 반품
> 3. 인수한 물품의 입고
> 4. 검수에 관한 기록 및 문서 정리

16 검수업무를 위한 구비요건으로 바르지 않은 것은?

① 검수지식이 풍부한 검수담당자가 진행한다.

② 검수구역은 배달구역과 가까워야 한다.

③ 물품저장소와의 거리는 가까울 필요는 없다.

④ 물품의 저장관리 및 특성을 숙지한다.

> 해설 노동력 절감을 위해서 검수구역은 배달구역입구, 물품저장소와 가까운 거리여야 한다.

17 검수에 필요한 측량도구가 아닌 것은?

① 저울   ② 계량컵

③ 온도계   ④ 운반차

> 해설 검수에 필요한 측량도구로는 저울, 계량컵, 온도계, 계산기 등이 있다.

01 ▶ 원가의 의의 및 종류

1. 원가 개념

원가란 특정한 제품의 제조, 판매, 서비스 제공을 위하여 소비된 경제가치라고 규정할 수 있으며 일정한 급부를 생산하는 데 필요한 경제가치의 소비액을 화폐가치로 표시한 것이다.

2. 원가계산 목적

원가계산의 목적은 기업의 경제실제를 계수적으로 파악하여 적정한 판매가격을 결정하고 동시에 경영능률을 증진시키고자 하는 데 있다.

① 가격결정의 목적 : 제품의 판매가격은 보통 그 제품을 생산하는 데 실제로 소비된 원가가 얼마인가를 산출하여 여기에 일정한 이윤을 가산하여 결정하게 된다.

② 원가관리의 목적 : 경영활동에 있어서 가능한 원가를 절감하도록 관리하기 위함이다.

③ 예산편성의 목적 : 예산을 편성하기 위한 기초자료로 이용한다.

④ 재무제표 작성의 목적 : 일정기간 동안의 경영활동의 결과를 재무제표로 작성할 때 기업의 외부 이해 관계자들에게 보고하는 기초자료로 이용한다.

3. 원가계산기간

원가계산은 보통 1개월에 한 번 실시하는 것을 원칙으로 하고 있으나, 경우에 따라서는 3개월 또는 1년에 한 번 실시하기도 한다. 이러한 원가계산의 실시기간을 원가계산 기간이라고 한다.

4. 원가 종류

(1) 원가의 3요소

① 재료비 : 제품 제조를 위하여 소비되는 물품의 원가로서, 집단급식 시설에서 재료비는 급식 재료비를 의미한다. 일정기간 동안 소비한 재료의 수량에 단가를 곱하여 소비된 재료의 금액을 계산한다(**예** 급식 재료비).

② 노무비 : 제품 제조를 위하여 소비되는 노동의 가치를 말하며, 임금, 급료, 잡금 등으로 구분된다(**예** 임금, 급료, 잡금, 상여금).

③ 경비 : 제품 제조를 위하여 소비되는 재료비, 노무비 이외의 가치를 말하며, 필요에 따라 수도 광열비, 전력비, 보험료, 감가상각비 등과 같은 비용이 있다(**예** 외주가공비).

(2) 직접원가, 제조원가, 총원가

이것은 각 원가 요소가 어떠한 범위까지 원가계산에 집계되는가의 관점에서 분류한 것으로 그림으로 나타내면 다음과 같다.

			이익
		판매비와 관리비	총원가 (판매원가)
	제조 간접비	제조원가 (공장원가)	
직접 재료비	직접원가 (기초원가)		
직접 노무비			
직접경비			
직접원가	제조원가	총원가	판매가격

[원가구성도]

① **직접원가** = 직접재료비 + 직접노무비 + 직접경비
② **제조원가** = 직접원가 + 제조간접비(간접재료비 + 간접노무비 + 간접경비)
③ **총원가** = 제조원가 + 판매비와 관리비
④ **판매가격** = 총원가 + 이익

(3) 직접비 · 간접비

이것은 원가요소를 제품에 배분하는 절차로 보아서 분류한 것이다.

① **직접비** : 특정제품에 직접 부담시킬 수 있는 것으로서 직접원가라고도 한다. 이것은 직접재료비, 직접노무비, 직접경비로 구분된다.
② **간접비** : 여러 제품에 공통적으로 또는 간접적으로 소비되는 것으로 이것은 각 제품에 인위적으로 적절히 부담시킨다.

(4) 실제원가, 예정원가, 표준원가

원가계산 시점과 방법의 차이로부터 분류한 것이다.

① **실제원가(확정원가, 현실원가, 보통원가)** : 제품이 제조된 후에 실제로 소비된 원가를 산출한 것이다. 이것은 사후계산에 의하여 산출된 원가이므로 확정원가 또는 현실원가라고도 하며, 보통 원가라고 하면 이를 의미한다.
② **예정원가(추정원가, 견적원가, 사전원가)** : 제품 제조 이전에 제품 제조에 소비될 것으로 예상되는 원가를 예상하여 산출한 사전원가이며 견적원가 또는 추정원가라고도 한다.
③ **표준원가** : 기업이 이상적으로 제조활동을 할 경우에 예상되는 원가로서 즉, 경영능률을 최고로 올렸을 때의 최소원가 예정을 말한다. 따라서 이것은 장래에 발생할 실제원가에 대한 예정원가와는 차이가 있으며 실제원가를 통제하는 기능을 갖는다.

02 ▶ 원가분석 및 계산

1. 집단급식 시설의 원가요소

집단급식 시설의 운영과정에서 발생하는 원가요소는 다음과 같다.

① **급식재료비** : 조리제 식품, 반제품, 급식 원재료 또는 조미료 등의 급식에 소요된 모든 재료에 대한 비용을 말한다.

② **노무비** : 급식 업무에 종사하는 모든 사람들의 노동력 대가로 지불되는 비용이다.

③ **시설 사용료** : 급식시설의 사용에 대하여 지불하는 비용을 말한다.

④ **수도 · 광열비** : 전기료, 수도료, 연료비 등으로 구분된다.

⑤ **전화 사용료** : 업무수행상 사용한 전화료이다.

⑥ **소모품비** : 급식 업무에 소요되는 각종 소모품의 사용에 지불되는 비용이다.

⑦ **기타 경비** : 위생비, 피복비, 세척비, 기타 잡비 등이 포함된다.

⑧ **관리비** : 집단급식시설의 규모가 큰 경우 별도로 계산되는 간접경비

2. 원가계산원칙

① **진실성의 원칙** : 제품에 소요된 원가를 정확하게 계산하여 진실하게 표현해야 한다.
→ 실제로 발생한 원가의 진실성을 파악

② **발생기준의 원칙** : 모든 비용과 수익의 계산은 그 발생 시점을 기준으로 하여야 한다.
→ 현금의 수지와 관계없이 원가발생의 사실이 있으면 그것을 원가로 인정해야 한다는 원칙

③ **계산경제성의 원칙** : 중요성의 원칙이라고도 하며 원가계산을 할 때에는 경제성을 고려해야 한다는 원칙이다.

④ **확실성의 원칙** : 실행 가능한 여러 방법이 있을 경우 가장 확실성이 높은 방법을 선택한다는 원칙이다.

⑤ **정상성의 원칙** : 정상적으로 발생한 원가만을 계산하고 비정상적으로 발생한 원가는 계산하지 않는다.

⑥ **비교성의 원칙** : 원가계산기간에 따른 일정 기간의 것과 또 다른 부분의 것과 비교할 수 있도록 실행되어야 한다는 원칙이다.

⑦ **상호관리의 원칙** : 원가계산과 일반회계 간 그리고 각 요소별 계산, 부문별 계산, 제품별 계산 간에 서로 밀접하게 관련되어 하나의 유기적 관계를 구성함으로써 상호관리가 가능하도록 되어야 한다는 원칙이다.

3. 원가계산의 구조

원가계산은 다음과 같은 단계를 거쳐 실시하게 된다.

요소별 원가계산 → 부문별 원가계산 → 제품별 원가계산

① 제1단계 요소별 원가계산 : 제품의 원가는 먼저 재료비, 노무비, 경비의 3가지 원가요소를 몇 가지의 분류방법에 따라 세분하여 각 원가요소별로 계산하게 된다.

② 제2단계 부문별 원가계산 : 부문별 원가계산이란 전 단계에서 파악된 원가요소를 분류 집계하는 계산절차를 가리킨다. 여기에서 원가부문이란 좁은 의미로는 원가가 발생한 장소를 말하며, 넓은 의미로는 발생한 직능에 따라 원가를 집계하고자 할 때 설정되는 계산상의 구분을 의미한다.

③ 제3단계 제품별 원가계산 : 제품별 원가계산이란 요소별 원가계산에서 이루어진 직접비는 제품별로 직접 집계하고, 부문별 원가계산에서 파악된 직접비는 일정한 기준에 따라 제품별로 배분하여 최종적으로 각 제품의 제조원가를 계산하는 절차를 가리킨다.

> **참고** **제조원가요소**
> - 직접비
>   – 직접재료비 : 주요 재료비(집단 급식시설에서는 급식원 제출)
>   – 직접노무비 : 임금 등
>   – 직접경비 : 외주가공비 등
> - 간접비
>   – 간접재료비 : 보조재료비(집단 급식시설에서는 조미료, 양념 등)
>   – 간접노무비 : 급료, 급여수당 등
>   – 간접경비 : 감가상각비, 보험료, 수선비, 여비, 교통비, 전력비, 가스비, 수도·광열비, 통신비 등

4. 재료비 계산

(1) 재료비 개념

제품을 제조할 목적으로 외부로부터 구입 조달한 물품을 재료라 하고 제품의 제조과정에서 실제로 소비되는 재료의 가치를 화폐액수로 표시한 금액을 재료비라고 한다.

재료비는 제품원가의 중요한 요소가 된다. 재료비는 재료의 실제 소비량에 재료소비단가를 곱하여 산출한다(재료비 = 재료소비량 × 재료소비단가).

(2) 재료소비량의 계산법

① 계속기록법 : 재료를 동일한 종류별로 분류하고 들어오고 나갈 때마다 수입, 불출 및 재고량을 계속하여 기록함으로써 재료소비량을 파악하는 방법이다. 소비량을 정확히 계산할 수 있고 재료의 소비처를 알 수 있는 가장 좋은 방법이다.

② 재고조사법 : 전기의 재료 이월량과 당기의 재료 구입량의 합계에서 기말 재고량을 차감함

으로써 재료의 소비된 양을 파악하는 방법이다.

　　※ 당기소비량 = (전기이월량 + 당기구입량) − 기말재고량

　　※ 월중소비액 = (월초재고액 + 월중매입액) − 월말재고액

③ 역계산법 : 일정단위를 생산하는 데 소요되는 재료의 표준소비량을 정하고, 거기에 제품의 수량을 곱하여 전체의 재료소비량을 산출하는 방법이다.

　　※ 재료소비량 = 제품단위당 표준소비량×생산량

(3) 재료소비가격의 계산법

① 개별법 : 재료를 구입단가별로 가격표를 붙여서 보관하다가 출고할 때 그 가격표에 붙어 있는 구입단가를 재료의 소비가격으로 하는 방법이다.

② 선입선출법 : 재료의 구입순서에 따라 먼저 구입한 재료를 먼저 소비한다는 가정 아래에서 재료의 소비가격을 계산하는 방법이다.

③ 후입선출법 : 선입선출법과 정반대로 최근에 구입한 재료부터 먼저 사용한다는 가정 아래에서 재료의 소비가격을 계산하는 방법이다.

④ 단순평균법 : 일정기간 동안의 구입단가를 구입횟수로 나눈 구입단가의 평균을 재료소비단가로 하는 방법이다.

⑤ 이동평균법 : 구입단가가 다른 재료를 구입할 때마다 재고량과의 가중평균가를 산출하여 이를 소비재료의 가격으로 하는 방법이다

5. 원가관리

① 원가관리 개념 : 원가관리란, 원가의 통제를 위하여 가능한 한 원가를 합리적으로 절감하려는 경영기법이라고 할 수 있다. 일반적으로 표준원가계산방법을 이용한다.

② 표준원가계산 : 표준원가계산이란 과학적 및 통계적 방법에 의하여 미리 표준이 되는 원가를 설정하고 이를 실제원가와 비교, 분석하기 위하여 실시하는 원가계산의 한 방법이다. 표준원가계산제도가 원가관리의 목적을 효율적으로 달성하기 위해서는 무엇보다도 원가의 표준을 적절히 설정하여야 한다.

③ 표준원가 설정 : 표준원가는 원가요소별로 직접재료비표준, 직접노무비표준, 제조간접비표준으로 구분하여 설정하는 것이 일반적이다. 이 중에서 제조간접비의 표준설정은 변동비와 고정비가 있어서 매우 어렵다. 표준원가가 설정되면 실제원가와 비교하여 표준과 실제의 차이를 분석할 수 있다.

6. 손익계산

손익분석은 원가, 조업도, 이익의 상호관계를 조사 분석하여 이로부터 경영계획을 수립하는 데 유용한 정보를 얻기 위하여 실시되는 하나의 기법이다. 손익분석은 보통 손익분기점 분석

의 기법을 통하여 이루어진다. 손익분기점이란 수익과 총비용(고정비 + 변동비)이 일치하는 점을 말한다. 그러므로 이 점에서는 이익도 손실도 발생하지 않는다. 수익이 그 이상으로 증대하면 이익이 발생하고, 반대로 그 이하로 감소되면 손실이 발생하게 된다.

① **고정비** : 제품의 제조, 판매 수량의 증감에 관계 없이 고정적으로 발생하는 비용으로 감가상각비, 고정급 등이 속한다.

② **변동비** : 제품의 제조, 판매 수량의 증감에 따라 비례적으로 증감하는 비용으로 주요재료비, 임금 등이 있다.

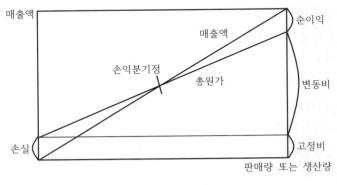

[손익분기도표]

7. 감가상각

① **감가상각 개념** : 기업의 자산은 고정자산(토지, 건물, 기계 등), 유동자산(현금, 예금, 원재료 등) 및 기타자산으로 구분된다. 이 중에서 고정자산은 대부분 그 사용과 시일의 경과에 따라 그 가치가 감가된다. 감가상각이란, 이같은 고정자산의 감가를 일정한 내용년수에 일정한 비율로 할당하여 비용으로 계산하는 절차를 말하며 감가된 비용을 감가상각비라 한다.

② **감가상각 계산요소** : 감가상각을 하는 데는 기초가격, 내용연수, 잔존가격의 3대 요소를 결정해야 한다.

　㉠ 기초가격 : 취득 원가(구입 가격)

　㉡ 내용년수 : 취득한 고정자산이 유효하게 사용될 수 있는 추산기간이다.

　㉢ 잔존가격 : 고정자산이 내용연수에 도달했을 때 매각하여 얻을 수 있는 추정가격을 말하는 것으로 보통 구입가격의 10%를 잔존가격으로 계산한다.

③ **감가상각 계산법** : 감가상각 계산방법에는 여러 가지가 있으나 중요한 것들을 들면 다음과 같다.

　㉠ 정액법 : 고정자산의 감가총액을 내용연수로 균등하게 할당하는 방법이다.

매년 감가상각액 = 기초가격-잔존가격 / 내용년수

ⓛ 정율법 : 기초가격에서 감가상각비 누계를 차감한 미상각액에 대하여 매년 일정률을 곱하여 산출한 금액을 상각하는 방법이다. 따라서 초년도의 상각액이 가장 크며 연수가 경과함에 따라 상각액은 점점 줄어든다.

01 다음 중 원가의 개념으로 옳은 것은?

① 화폐의 지급액

② 기업의 활동을 위한 재화의 소비액

③ 일정기간 동안의 모든 재화의 소비액

④ 일정한 급부를 생산하는 데 필요한 경제 가치의 소비액

> **해설** 원가 : 기업이 제품을 생산하는 데 소비한 경제가치를 화폐액수로 나타낸 것이다. 즉, 제품의 제조, 판매 서비스의 제공을 위하여 소비된 경제가치라고 할 수 있다.

02 다음 중 원가계산의 목적이 아닌 것은?

① 가격 결정의 목적

② 재무제표 작성의 목적

③ 원가관리의 목적

④ 기말재고량 측정의 목적

> **해설** 원가계산의 목적
> • 가격 결정의 목적
> • 원가관리의 목적
> • 예산편성의 목적
> • 재무제표 작성의 목적

03 원가계산 기간은?

① 3개월 ② 보통 1개월

③ 6개월 ④ 1년

> **해설** 원가계산의 실시기간은 1개월을 원칙으로 실시한다. 그러나 경우에 따라서는 3개월 또는 1년에 한번 실시하기도 한다.

04 다음 중에서 재료의 소비에 의해서 발생한 원가는 어느 것인가?

① 노무비 ② 간접비

③ 재료비 ④ 경비

> **해설** 제품의 제조를 위해 재료의 소비로 발생한 원가를 재료비라고 한다.

05 제품의 제조를 위해 노동력을 소비함으로써 발생하는 원가를 무엇이라고 하는가?

① 직접비 ② 노무비

③ 경비 ④ 재료비

> **해설** 제품의 제조를 위하여 소비된 노동의 가치를 노무비라 하며, 임금은 직접노무비, 급료·수당은 간접노무비라 한다.

06 원가의 3요소는?

① 재료비, 노무비, 경비

② 임금, 급료, 잡금

③ 재료비, 수도, 광열비

④ 수도, 광열비, 전력비

> **해설** 원가란 제품이 완성되기까지 소요된 경제가치로서 재료비, 노무비, 경비이다.

07 다음 중 노무비에 포함되지 않는 것은?

① 임금

② 급료

③ 여비·교통비

④ 상여·수당

> **해설** • 재료비 : 급식재료비
> • 노무비 : 임금, 급료, 잡금, 상여금
> • 경비 : 수도비, 광열비, 전력비, 보험료, 감가상각비, 여비, 교통비, 전화사용료 등

 정답 01 ④ 02 ④ 03 ② 04 ③ 05 ② 06 ① 07 ③

08 직접재료비, 직접노무비, 직접경비의 3가지를 합한 원가를 무엇이라 하는가?

① 직접원가
② 제조원가
③ 총원가
④ 판매원가

해설 직접원가 : 직접재료비 + 직접노무비 + 직접경비

09 총원가에 대한 설명으로 타당한 것은?

① 판매가격을 말한다.
② 제조원가와 판매관리비의 합계액을 말한다.
③ 재료비, 노무비, 경비의 합계로서 판매관리비는 포함하지 아니한 금액이다.
④ 직접재료비, 직접노무비, 직접경비와 판매관리비의 합계액이다.

해설 원가 구성도

			이익
		판매관리비	
	제조간접비		
직접재료비 직접노무비 직접경비	직접원가	제조원가	총원가
직접원가	제조원가	총원가	판매가격

10 다음 자료에 의해서 직접원가를 산출하면 얼마인가?

• 직접재료비 ₩150,000
• 간접재료비 ₩50,000
• 직접노무비 ₩120,000
• 간접노무비 ₩20,000
• 직접경비 ₩5,000
• 간접경비 ₩100,000

① 170,000원
② 275,000원
③ 320,000원
④ 370,000원

해설 직접원가 : 직접재료비 + 직접노무비 + 직접경비
= 150,000 + 120,000 + 5,000
= 275,000원

11 다음 자료에 의한 음식의 제조원가는?

• 재료비 ₩27,000
• 제조경비 ₩1,500
• 직접노무비 ₩10,500
• 지급이자 ₩12,000
• 일반관리비 ₩10,000

① 45,000원
② 28,500원
③ 39,000원
④ 61,000원

해설 제조원가 = 직접재료비 + 직업노무비 + 직접경비
+ 제조간접비(간접재료비 + 간접노무비 + 간접경비)
= 27,000 + 1,500 + 10,500
= 39,000원

12 다음 재료를 가지고 재고조사법에 의하여 재료의 소비량을 산출하면 얼마인가?

• 전월이월량 : 200kg
• 당월매입량 : 800kg
• 장부잔액 : 420kg
• 실지재고량 : 300kg

① 120kg
② 420kg
③ 700kg
④ 880kg

해설 당기소비량 = (전기이월량 + 당기구입량) − 기말재고량
= (200kg + 800kg) − 300kg
= 700kg

08 ① 09 ② 10 ② 11 ③ 12 ③

13 다음은 간장의 재고대장이다. 간장의 재고가 10병일 때 선입선출법에 의한 간장의 재고자산은 얼마인가?

입고일자	수량	단가
5일	5병	3,500원
12일	10병	3,500원
20일	7병	3,000원
27일	5병	3,500원

① 30,000원   ② 31,500원
③ 32,500원   ④ 35,000원

해설 선입선출법이란 먼저 들어온 것을 먼저 사용한다는 뜻으로 간장의 재고가 10병이므로 남아있는 간장은 27일 5병과 20일 5병이 된다.
∴ 27일 5병 × 3,500원 = 17,500원
   20일 5병 × 3,000원 = 15,000원
   17,500원 + 15,000원 = 32,500원

14 제품을 제조한 후에 실제로 발생한 소비액을 자료로 하는 원가계산 방법을 무엇이라고 하는가?

① 실제원가계산
② 사전원가계산
③ 예정원가계산
④ 표준원가계산

해설 • 실제원가 : 제품을 제조한 후에 실제로 소비된 원가를 산출한 원가
• 예정원가(사전원가, 추정원가) : 제품의 제조에 소비될 것이라 예상되는 원가를 산출한 것
• 표준원가 : 과학적 및 통계적 방법에 의하여 미리 표준이 되는 원가를 산출한 것

15 실제원가란 (　　)라고도 하며, 보통원가라 한다. 다음 중 빈칸에 알맞은 것은?

① 사전원가   ② 확정원가
③ 표준원가   ④ 직접원가

해설 실제원가는 확정원가, 현실원가라고도 하며 제품을 제조한 후에 실제로 소비된 원가를 산출한 것이다.

16 다음 중 원가계산의 원칙이 아닌 것은?

① 진실성의 원칙
② 현금기준의 원칙
③ 확실성의 원칙
④ 정상성의 원칙

해설 원가계산의 원칙 : 진실성의 원칙, 발생기준의 원칙, 계산경제성의 원칙, 확실성의 원칙, 정상성의 원칙, 비교성의 원칙, 상호관리의 원칙

17 다음은 원가계산의 절차이다. 옳은 것은?

① 요소별 원가계산 → 부문별 원가계산 → 제품별 원가계산
② 요소별 원가계산 → 제품별 원가계산 → 부문별 원가계산
③ 부문별 원가계산 → 요소별 원가계산 → 제품별 원가계산
④ 제품별 원가계산 → 부문별 원가계산 → 요소별 원가계산

해설 원가계산의 구조
• 요소별 원가계산 : 재료비, 노무비, 경비의 3가지 원가요소를 몇 가지 분류방법에 따라 세분하여 각 원가계산별로 계산함
• 부문별 원가계산 : 전단계에서 파악된 원가요소를 분류집계하는 계산절차
• 제품별 원가계산 : 요소별 원가계산에서 파악된 직접비는 제품별로 직접 집계하고, 부문별 원가계산에서 파악된 부문비는 일정한 기준에 따라 제품별로 집계하여 최종적으로 각 제품의 제조원가를 계산하는 절차

정답   **13** ③   **14** ①   **15** ②   **16** ②   **17** ①

18 다음 중 재료소비량의 계산방법이 아닌 것은?

① 계속기록법

② 재고조사법

③ 선입선출법

④ 역계산법

해설 선입선출법 : 재료소비가격의 계산

재료소비량 계산법

① 계속기록법 : 재료가 들어오고 나갈 때마다 기록함으로써 재료소비량을 파악

② 재고조사법 : 일정시기에 재료의 실제소비량을 조사하여 기말재고량을 파악하고 전기이월량과 당기구입량의 합계에서 기말재고량을 차감하여 재료소비량을 산출

④ 역계산법 : 일정단위를 생산하는 데 소요되는 재료의 표준소비량을 정하고 그것에다 제품의 수량을 곱하여 전체소비량을 산출

19 정확한 소비량을 알 수 있으나 계산방법과 출납이 빈번한 것이 단점인 것은?

① 재고조사법

② 계속기록법

③ 역계산법

④ 단순평균법

해설 계속기록법 : 재료를 동일한 종류별로 분류하고 들어오고 나갈 때마다 재고량을 기록함으로써 재료소비량을 파악하는 방법으로 소비량을 정확하게 계산할 수 있고 재료의 소비처를 알 수 있는 가장 좋은 방법이나 계산방법과 출납이 빈번한 것이 단점이다.

20 (전기이월량 + 당기구입량) − 기말재고량 = 당기소비량의 방법으로 재료소비량을 계산하는 방법을 무엇이라 부르는가?

① 재고조사법

② 계속기록법

③ 역계산법

④ 단순평균법

해설 재고조사법 : 원가계산 기말이나 또는 일정한 시기

에 재료의 실제소비량을 조사하여 기말재고량을 파악하고 전기이월량과 당기구입량의 합계에서 기말재고량을 차감하여 계산하는 방법

21 다음 중 재고 소비가격의 계산법이 아닌 것은?

① 개별법

② 역계산법

③ 후입선출법

④ 이동평균법

해설 • 재료 소비가격의 계산법 : 개별법, 선입선출법, 후입선출법, 단순평균법, 이동평균법

• 역계산법 : 재료소비량의 계산

22 월중 소비액을 파악하기 쉬운 계산법은?

① 월중매입액 − 월말재고액

② 월초재고액 − 월중매입액 − 월말재고액

③ 월말재고액 + 월중매입액 − 월말소비액

④ 월초재고액 + 월중매입액 − 월말재고액

해설 월중소비액 = (월초재고액 + 월중매입액) − 월말재고액

23 손익분기점이란 무엇인가?

① 이익을 발생시킨 점

② 수익과 총비용이 일치하는 점

③ 손실을 발생시킨 점

④ 판매량, 생산량을 알리는 도표

해설 손익분기점 : 수익과 총비용(고정비 + 변동비)이 일치하는 점으로, 이점에서는 이익도 손실도 발생하지 않는다.

18 ③　19 ②　20 ①　21 ②　22 ④　23 ②

24 감가상각이란 (   )의 감가를 일정한 내용연수에 일정한 비율로 할당하여 비용으로 계산하는 절차를 말하며, 이때 감가된 비용을 감가상각비라 한다. 다음 중 (   )에 들어갈 알맞은 것은?

① 고정자산

② 유동자산

③ 이연자산

④ 기타자산

해설 감가상각이란 고정자산의 감가를 일정한 내용연수에 일정한 비율로 할당하여 비용으로 계산하는 절차이다.

PART
5

양식 기초 조리실무

Chapter 01 조리 준비

01 ▶ 조리의 정의 및 기본 조리조작

1. 조리의 정의 및 목적

(1) 조리의 정의
조리란 식품을 다듬기에서부터 식탁에 올리기까지 물리적, 화학적 조작을 가하여 합리적인 음식물로 만드는 과정, 즉 식품을 위생적으로 처리한 후 먹기 좋고 소화하기 쉽도록 하여 식욕이 나도록 하는 과정을 말한다.

(2) 조리의 목적
① **기호성** : 식품의 외관을 좋게 하여 맛있게 하기 위하여 행한다.
② **영양성** : 소화를 용이하게 하며 식품의 영양효율을 높이기 위하여 행한다.
③ **안전성** : 위생상 안전한 음식으로 만들기 위하여 행한다.
④ **저장성** : 저장성을 높이기 위하여 행한다.

2. 기본 조리조작
식품을 구매하여 본 요리에 들어가기 전의 전처리 과정에 속하는 과정을 기본 조리 조작이라고 하는데 한 단계 또는 여러 단계의 기본 조리조작을 거치게 된다.
기본 조리조작에는 다듬고, 씻고, 담그거나 썰고, 다지고, 압착이나 여과, 냉각, 냉동, 해동 등이 있다. 조리조작의 특징은 다음과 같다.

(1) 다듬기
다듬기는 먹을 수 없는 부분을 다듬어서 버리는 작업으로 여기서 알아두어야 할 것은 폐기율이다. 폐기율이란 식품 전체의 무게에 대하여 폐기되는 부분의 무게를 백분율로 나타낸 것으로 되도록 폐기되는 부분이 적게 나오도록 다듬기를 하도록 한다.

(2) 씻기
씻기는 식품에 붙어있는 이물질이나 유해성분을 제거하기 위한 과정으로 흐르는 물 또는 전용 세제를 이용하여 씻는다. 채소의 경우 흐르는 물에 무르지 않도록 살살 흔들어가며 씻고 생선의 경우는 비늘과 내장, 지느러미 등을 제거한 후 2~3%의 소금물을 이용하여 씻는다. 식품의 수용성 성분의 손실을 막기 위해서는 썰기 전에 씻는 것이 좋다.

(3) 담그기와 불리기

식품을 여러 가지 목적에 의해서 물이나 조미액 등에 담그는 과정으로 건조식품을 그대로 사용할 수 없을 시 물에 담가 수분을 재흡수시키도록 하거나, 식품이 변색되는 것을 방지하기 위해서, 쓴맛이나 떫은맛, 아린 맛 등 좋지 못한 맛을 제거하기 위해 하는 작업이다.

식품을 필요 이상으로 오래 담그면 맛 성분이나 수용성 성분이 녹아 나오므로 주의한다.

또한 불렸을 때에 몇 배로 불어나는지 감안해서 불리면 효율적인데 미역은 8~9배, 콩은 2~3배, 당면은 6배, 고사리 6배, 목이버섯 7~8배 가량 부피가 늘어난다. 염장식품은 저농도 약 1.5%의 소금물을 사용하면 삼투압작용으로 효과적으로 염분을 제거할 수 있고 조개류는 3%의 소금물에 담가 해감시켜서 사용한다.

(4) 썰기

썰기는 만들고자 하는 요리에 맞게 재료를 써는 것으로 이 과정을 거치면서 불필요한 부분을 제거하고 표면적이 커져 가열 시 열전도율이 높아지고 조미료의 침투 속도도 빠르며 조리시간도 단축할 수 있다. 썰기 작업 시 재료의 특성과 요리의 특성을 살려서 써는데 예를 들어 날고기로 사용하는 경우는 결의 반대로 썰어야 연하고, 볶아서 형태를 유지해야 하는 경우는 고기를 결대로 썰어야 고기가 부서지지 않는다.

(5) 으깨기

으깨기는 감자나 달걀 등을 삶아서 체에 내리거나 수저 등으로 으깨는 작업으로 재료가 삶아서 따뜻할 때 체에 잘 내려진다.

(6) 다지기와 갈기

다지기는 마늘이나 생강, 양파 등을 곱고 작은 입자로 만드는 과정이며 갈기는 블렌더나 그라인더를 이용하여 다지기보다 더 미세한 입자로 만드는 과정이다.

(7) 섞기와 젓기

볶음이나 무침, 조림 등을 하면서 섞거나 젓는 과정은 재료가 골고루 섞이게 하며 조미액을 전체적으로 균일하게 섞이게 하여 맛을 균일하게 해준다.

(8) 압착과 여과

식품에 물리적인 힘을 주어서 고형물과 액체를 분리하는 과정으로 녹즙, 두부 으깨어 물기 짜기, 팥고물 등이 있다.

(9) 냉각, 냉장, 냉동

냉각은 조리된 제품 또는 식품재료의 온도를 내리는 방법으로 냉수나 얼음물에 담그거나 냉장고 또는 냉동고를 이용하여 차게 식힌다. 냉각함으로써 얻을 수 있는 이점은 다음과 같다. 육수의 경우 미생물의 번식을 억제할 수 있고, 과일의 경우는 맛이 향상되며, 녹색채소를 데쳐서 냉각시키면 클로로필라아제에 의한 클로로필의 파괴를 억제할 수 있어서 녹색을 선명하게 살릴 수 있다. 젤리나 묵, 양갱, 족편처럼 냉각시키면 젤화를 돕는다.

냉장은 5℃ 이하의 온도에 보관하는 방법으로 냉국이나 냉채 등의 요리의 맛과 질감을 살릴 수 있다.

냉동은 0℃ 이하로 식품을 동결시켜서 미생물의 발육을 저지하고 억제하는 방법으로 −40℃ 이하로 급속동결해야 식품의 조직파괴가 적다.

(10) 해동

해동은 냉동된 식품을 조리하기 위해서 냉동 전의 상태로 만드는 것으로 급속해동과 완만해동이 있다. 완만해동은 냉장고 안이나 또는 흐르는 물에 천천히 해동하는 방법으로 중심부와 표면의 온도 차이가 적어서 원래의 상태로 회복되기가 쉬우며 육류나 어류, 과일의 해동에 주로 쓰이고, 급속해동은 전자레인지 해동과 가열해동이 있는데 데친 채소나 동결된 반조리 또는 조리된 식품은 동결된 상태 그대로 가열조리하는 급속해동 중 가열해동이 좋다.

참고 **음식의 적온**

음식 종류	온도	음식 종류	온도
청량음료	2~5℃	겨자, 종국 발효	40~45℃
맥주 · 냉수	7~10℃	식혜, 술 발효	55~60℃
빵 발효	25~30℃	커피, 국, 달걀찜	70~75℃
밥, 우유	40~45℃	전골	95~98℃

02 ▶ 기본조리법 및 대량 조리기술

1. 기본조리법

가열조리와 비가열조리가 있으며 가열조리는 건식열 조리방법과 습식열 조리방법, 복합조리 방법으로 나뉜다.

(1) 조리 원리

① 조리 시 열전달 방법

ㄱ 전도(Conduction) : 조리의 대부분을 차지하며 그 원리는 어떠한 열원에서 다른 곳으로 전달되어 조리되는 방식으로 가스불에 팬을 달구어서 그 표면에서 조리를 하는 것으로

직접적으로 열을 가하여 다른 곳으로 옮겨가는 원리이다.

ⓛ 대류(Convection) : 대류는 전도와 함께 이루어지며 열의 흐름이 순환되면서 조리가 되는 것을 말하며 포트(Pot)의 아랫부분에서 물이 데워져 위로 올라가고 위에 식은 물이 아래로 내려오는 순환작용의 반복으로 이루어진다.

ⓒ 방사(Radiation) : 재료에 물리적인 접촉없이 열을 전달하며 식품을 조리하는 것으로 빛의 파장과 재료가 부딪혀 에너지가 작용하여 조리가 이루어진다.

- 적외선 이용 : 전기의 힘을 에너지로 바꾸어 빛을 발산하는데 이 빛은 높은 열을 포함하여 재료에 이 빛이 닿으면 조리가 이루어진다. 적외선 조리기구는 토스터, 브로일러 등이 있다.

- 초단파 이용 : 초단파조리(microwave cooking)는 외부로부터 열이 가해지는 것이 아니라 초단파를 식품에 조사시켜서 식품 자체에 있는 물분자들이 진동하여 열이 발생하는 원리로 식품을 익히는 방법이다. 조리기구로는 전자레인지 등이 있다. 영양소의 손실이 적고 조리시간이 짧으나 식품의 수분증발이 심하여 뚜껑을 덮거나 랩으로 싸서 사용하는 것이 좋다. 전자레인지에 초단파는 수분은 흡수하고 종이나 유리, 도자기, 나무, 플라스틱(폴리프로필렌, 테프론, 실리콘수지 등) 등은 투과를 하여 사용 가능하나, 금속이온은 반사하기 때문에 금속류(금속, 금박, 은박장식, 알루미늄호일)의 그릇과 열에 약한 플라스틱(폴리에틸렌, 비닐, 멜라민, 요소수지)은 사용할 수 없다.

② 열이 조리에 미치는 영향

㉠ 단백질의 응고 : 식품 속의 단백질은 열(71~85℃ 사이)에 의해 굳어져 원래의 상태로 돌아가지 않는다.

ⓛ 녹말의 젤라틴화 : 고구마, 감자, 옥수수 등의 녹말은 당류의 일종으로 조리에 의해 젤라틴으로 변하는데 일반적으로 66~100℃ 사이에서 일어나며 소스나 수프 등의 농도를 조절하기 위해 쓰인다.

ⓒ 설탕의 캐러멜화 : 설탕을 금속팬이나 소스 포트에 담고 열(170℃)을 가하면 캐러멜화가 일어나는데 이 현상은 건식 조리법에서 발생한다.

ⓔ 물의 증발 : 온도가 올라감에 따라 식품의 수분이 감소하여 건조현상이 일어나는데 요리의 성질에 따라서 조리 형태를 달리한다.

ⓜ 지방의 융점 : 기름에 열을 가하여 융점에 도달하면 액체화, 산화, 부드러워지면서 조리에서 색깔을 부여해 준다.

(2) 조리방법에 따른 분류

① 비가열조리 : 열을 가하지 않는 조리법으로 신선할 때 바로 섭취 가능한 형태로 조리하거나 절임 형태로 만드는 방법 등이 있으며 조리방법은 염지, 설탕절임, 산을 이용한 조리, 배양, 유기물 조리, 새싹을 이용한 조리, 침수를 이용한 조리, 블랜더를 이용한 조리, 진공 팩을

이용한 조리, 즙을이용한 조리, 건조를 이용한 조리, 생식 등이 있다.

[비가열조리의 종류와 특성]

조리방법	특성
염지	• 고기, 생선, 채소류를 소금, 질산, 아질산염, 설탕 등을 이용해 조미하고 보존하는 방법 • 공정에 훈연이나 양념 조리과정이 포함되기도 함
설탕절임	설탕에 절여서 장기보관하기 위한 목적으로 잼, 젤리, 마멀레이드, 과일 절임 등에 이용됨
산을 이용한 조리	산(acid)을 이용한 초절임으로 채소와 과일 등에 이용하며 생선의 비린내 제거에도 사용되며 피클과 장아찌 등에 이용됨
배양	산삼, 동충하초, 버섯 등 배양식품을 이용한 조리법
유기물 조리/발효	발효과정을 거쳐 된장, 간장, 치즈, 술 등을 만드는 데 이용
새싹을 이용한 조리	새싹을 이용한 조리법
침수를 이용한 조리	물에 담그거나 데쳐서 식품의 불쾌한 맛이나 빛깔을 제거하기 위한 조리법
블렌더를 이용한 조리	소스를 만들거나 채소나 과일을 갈때 사용하는 조리법
진공 팩을 이용한 조리	음식의 맛과 향을 보존하기 위해 진공 포장하여 뜨거운 물에 익히는 방법
즙을 이용한 조리	과즙(특히 감귤류)을 압력을 가하여 짜내는 방법
건조를 이용한 조리	식품의 수분을 빼고 건조시키는 방법으로 생선류의 경우는 완전건조와 반 건조법이 있음
생식	생식품은 열을 가하지 않고 그대로 또는 간단히 조미하여 식용하는 방법으로 영양소의 손실이 적고 맛과 향, 색을 유지할 수 있음

② 가열조리

㉠ 건식열 조리방법 : 공기나 기름을 이용하여 수분 없이 열을 가하는 방법으로 조리의 장점은 향을 살리기에 좋고 표면의 색이 진한 갈색으로 변하는 경우가 많다.

㉡ 습식열 조리방법 : 물이나 수증기를 이용한 조리하는 방법으로 습기를 가진 열을 대류(Convection) 또는 전도(Conduction)를 통해서 재료에 전달하는 방식으로 직접적으로 물속에서 또는 수증기를 압력과 함께 투입하는 조리방식이 있다.

㉢ 복합 조리방법 : 건식열 조리방법과 습식열 조리방법을 적절하게 혼합하여 조리하는 복합방식으로 처음 색을 내는 조리방법에서는 건식열 조리방법을 쓰고, 마무리 단계에서는 습식열 조리방법을 일반적으로 사용한다. 맛과 영양가의 손실을 최소화하고 부드럽게 조리하기 위한 방법으로 육류 조리 시 효과적이다.

[건식열 조리방법과 습식열 조리방법, 복합조리방법의 비교]

조리 방법	종류	조리법
건식열 조리방법	철판구이 (Broiling)	열이 철판 또는 금속성 조리기구에 닿아 적정온도가 되었을 때 재료를 넣어 조리하는 방법
	석쇠구이 (Griling)	• 석쇠가 열원과의 적절한 거리를 유지하는 역할을 하도록하여 굽는 방법 • 열원(숯, 나무, 가스 등)에 의한 재료에 훈연(Smoky)향을 돋을 수 있는 장점이 있음
	로스팅 (Roasting)	• 뜨거운 열이 재료의 주위를 맴돌게 하여 구워지는 방법 • 높은 온도에서 색을 내고 낮은 온도로 낮춰 오랜 시간 익히는데 육즙의 손실이 적고 연하여 맛이 좋음
	굽기 (Baking)	오븐을 예열하여 육류와 생선, 제과, 제빵 등과 감자, 파스타, 생선, 채소 등의 요리에도 활용되는 조리법으로 열기가 골고루 순환되면 전도 방식에 의해 조리가 되면서 표면이 캐러멜화되기 시작함
	그레티네이팅 (Gratinating)	조개류, 육류, 생선류, 가금류, 채소, 파스타, 감자 등의 조리한 재료 위에 치즈, 버터 크림, 크러스트(Crust)소스, 버터 또는 설탕 등을 올려서 갈색을 내기 위해 오븐이나 샐러맨더, 브로일러 등에 넣어 조리하는 방법
	볶음 (Sauteing)	• 소테(Saute)는 전도열에 의한 건열식 조리법 중의 대표적 조리방법으로 적은 양의 재료를 빠른 시간에 볶아 내는 데 효과적인 조리법 • 예열하여 충분히 열이 전달되도록 하며 190~220℃가 적합함 • 식품의 맛있는 즙의 유출을 방지하고 영양소 파괴를 최소화할 수 있음
	팬프라잉 (Pan-frying)	• 소테(Saute)와 비슷한 조리법이지만 조리 시작 시 표면 온도는 소테보다 비교적 낮으며 조리시간도 긺 • 충분히 예열을 해야 재료에 필요 이상으로 기름이 스며들지 않으며 170~200℃가 적합함
	튀김 (Deep-frying)	기름의 대류원리를 이용한 조리방법으로 튀김기름의 온도는 175~190℃에서 적당함
	시어링 (Searing)	육류, 생선류, 가금류를 팬을 달구어서 짧은 시간에 육즙이 빠져나가지 않도록 구워서 오븐에 넣어 익히는 정도를 맞추게 됨
습식열 조리방법	삶기 (Poaching)	• 액체의 내부온도가 65~92℃일 때 완전히 잠기도록 재료를 넣어서 데치는 방법임 • 재료의 풍미를 살리기 위해 삶기를 할 때 스톡(Stock), 부용(Bouillon), 식초를 넣은 물을 많이 사용함
	은근히 끓이기 (Simmering)	• 낮은 불에서 재료가 흐트러지지 않도록 은은하게 끓여 85~96℃ 사이에서 비교적 높은 열을 유지하며 내용물이 계속적으로 대류현상을 유지하며 조리되도록 하는 방법 • 스톡(Stock), 맑은국물(Broth), 식초 등에 미르포와(Mire-poix)를 넣어 맛을 내며 필요 시 소금과 후춧가루로 간을 함

습식열 조리방법	끓이기 (Boiling)	습식열을 이용한 조리법 중 대표적인 것으로 일반적으로 100℃ 이상을 유지하며 많은 양의 재료를 액체 속에서 익히기 위한 목적으로 사용됨
	데침 (Blanching)	• 기름이나 물을 매개체로 이용하여 고온에서 짧게 익혀내는 방법으로 재료와 매개체의 비율은 1 : 10 정도가 좋음 • 데치기를 통해 육류, 가금류, 생선류의 표면 단백질이 응고되어 영양소 손실이 적고 부드러워짐
	증기찜 (Steaming)	수증기의 열을 이용한 조리법으로 수증기의 압력이 가해질 수 있도록 공간을 폐쇄한 다음 조리하여야 함
	글레이징 (Glazing)	채소류, 육류, 생선류와 가금류를 버터, 설탕, 꿀, 과일즙, 육즙 등을 졸여서 윤기나게 코팅시키는 방법
복합 조리방법	브레이징 (Braising)	복합조리의 대표적인 조리방법으로 재료는 덩어리가 큰 것을 건식열로 먼저 갈색으로 구워 육즙이 나오는 것을 막고 그 이후에 소스나 채소 등을 곁들여 적당한 열로 조리하는데 재료 주변으로 오일을 감싸서 조리되는 동안 건조되는 것을 막아 주며 이때 생기는 육즙은 소스로 사용함
	스튜잉 (Stewing)	• 브레이징이 육류를 큰 덩어리로 조리하기 위해 사용한다면 스튜잉은 작은 덩어리로 썰어서 표면을 색을 낸 다음 습식열로 조리하는 것이 특징임 • 브레이징보다는 재료의 크기가 작아서 조리시간이 짧고 소스를 충분히 넣어 재료가 잠길 정도로 하고 조리 완료 시까지 재료들이 건조되는 일이 없도록 함
	프왈레 (Poeler)	채소, 가금류, 육류 등을 뚜껑이 있는 그릇에 담고 140~210℃의 오븐에 조리하는 방법으로 소스를 재료 위에 자주 끼얹어가며 익힌 후 가금류와 육류 등을 꺼내 스톡 또는 소스, 와인을 넣어 데글레이즈(Deglaze)한 후 졸여서 체에 걸러 소스로 이용함
	수비드 (Sous vide)	• 재료를 비닐봉지(진공상태)에 담아 고기류는 55~60℃, 채소류는 좀더 높은 온도에서 짧게는 1시간에서 길게는 72시간까지 미온의 미지근한 물에서 익히는 조리방법임 • 장점은 재료의 맛을 살릴 수 있고 수분이 유지되며, 영양소의 파괴도 줄일 수 있고, 재료가 골고루 익음 • 고기류는 66℃ 부근에서 단백질 변성이 일어나는데 그보다 낮은 온도에서 조리하여 육즙이 고기 속으로 배어들어 고기의 질감이 부드러운데 소요시간은 1시간 반에서 2시간 정도로 약 50℃에서 레어(Rare) 가 나오고, 약 60℃에서 미디엄(Medium)이 완성됨
	도자기 구이 (Pot roasting)	주로 감자, 고구마, 통닭, 통오리 등을 종이(한지)나 포일(Foil)로 싸고 그 위에 진흙을 발라 600~1,200℃ 오븐이나 가마에 굽는 방법임
	압력조리 (Pressure cooking)	재료를 물이나 기름에 넣고 압력을 가하는 방식으로 열효율이 높고 빠른 시간 내에 조리가 가능함
	피치먼트 (Parchment)종이에 싸서 굽기 (en papillote)	찜과 비슷한 조리법으로 주로 어패류에 사용되며 재료에 양념 또는 허브(향신료) 등으로 마리네이드(Marinade)를 하거나 채소와 과일 등을 함께 넣어 기름종이(Parchment paper)에 싼 후 오븐에서 조리하는 방식임

2. 대량조리기술

대량조리는 소량의 조리보다 음식의 맛과 질감이 급속히 떨어지고 음식의 관능적, 미생물적 품질관리를 위해 조리시간이나 온도의 통제가 필요하며, 소량일 때의 수작업보다는 조리기기를 활용하여 한정된 시간 내에 대량생산 조리과정을 끝내야 한다.

대량 조리법의 종류와 특징은 다음과 같다.

(1) 물을 이용한 조리법

① 끓이기 : 100℃ 끓는 물에서 가열하는 방법으로 식품이 국물에 충분히 잠기도록 국물의 양이 충분해야 내부까지 고루 익을 수 있고 식품이 골고루 익도록 잘 저어 준다.

② 데치기 : 100℃ 끓는 물에 단시간에 식품을 가열하는 조리법으로 한번에 많은 양을 넣으면 조리 수의 온도가 떨어지므로 여러 번 나누어서 조리하고 데친 후 냉수에 담가야 하는 식품일 경우 깨끗한 물을 사용한다.

③ 찌기 : 수증기열을 이용한 조리법으로 깨끗한 물을 사용하며, 찜기 안에 사용하는 면보는 소독처리가 된 것을 사용한다.

(2) 기름을 이용한 조리 법

① 튀기기 : 150~200℃의 온도 범위에서 가열하여 단시간 조리할 수 있어 영양소의 파괴가 적다. 두께가 두꺼운 식품은 온도를 낮추어서 안에까지 먼저 익히고 온도를 올려서 튀겨낸다.

② 볶기 : 소량의 기름으로 고온에서 단시간 조리하므로 수용성 성분의 요출이 적고 식품에 기름이 흡수되어 풍미가 증가되며 비타민의 파괴도 적다. 볶을 식품의 두께를 너무 두껍지 않도록 준비해서 조리해야 고루 익는다.

③ 전(부침) : 조리과정이 복잡하여 대량조리를 하는 곳에서는 번거로운 요리이나 식품의 풍미가 좋고 색이 아름답다. 기름을 넉넉히 두르고 약한 불에서 속까지 익을 수 있도록 조리한다.

(3) 공기를 이용한 조리법

① 구이 : 석쇠나 팬, 오븐을 이용하여 굽는 조리법으로 식품의 내부는 수분을 유지하면서 표피는 바삭하도록 굽기 위해서는 열원의 온도조절이 필요하다.

03 ▶ 양식 기본 칼 기술 습득

1. 칼의 분류

(1) 칼의 구성 및 역할

[칼의 부분별 명칭]

① 칼날 : 주로 재료를 자르는 데 사용하는 부분으로 항상 예리하고 날카롭게 잘 갈아서 유지한다.
② 칼날 끝 : 포를 뜨거나 힘줄 등을 자를 때 주로 사용하며 뾰족함을 유지하도록 한다.
③ 칼등 : 우엉의 겉껍질을 제거하거나 고기 등을 두드릴 때 사용한다.
④ 칼날 뒤꿈치 : 칼날과 손잡이의 안전성을 유지하기 위한 부분이다.
⑤ 손잡이 : 홈이 파이거나 기름 등이 묻지 않도록 관리한다.

(2) 칼날에 의한 분류

① 직선날(Stratght edge) : 일반적으로 많이 사용되는 칼날이다.
② 물결 날(Scalloped edge) : 제과에서 주로 사용하는 칼로 바게트 등 여러 종류의 빵을 쉽게 자를 수 있다.
③ 칼 옆에 홈이 파인 날(Hollowed edge) : 써는 재료가 칼에 달라 붙지 않도록 하기 위해 사용하는 칼로 훈제연어 또는 고기 덩어리를 자를 때 사용한다.

(3) 칼의 종류에 따른 분류

① 주방장의 칼(Chef's knife) : 조리사들이 많이 사용하는 칼
② 빵칼(Bread knife) : 여러 종류의 빵을 자를 때 사용하는 칼
③ 껍질 벗기는 칼(Paring knife) : 채소나 과일의 껍질을 벗길 때 사용하는 칼
④ 고기 써는 칼(Carving knife) : 익힌 큰 고기 덩어리를 자를 때 사용하며 뷔페 등에서 손님 앞에서 고기를 잘라 고객에게 제공할 때 사용하는 칼
⑤ 살 분리용 칼(Bone knife) : 육류나 가금류의 뼈와 살을 분리하는 데 사용하는 칼
⑥ 뼈 절단용 칼(Cleaver knife) : 단단하지 않은 뼈가 있는 식재료를 자를 때 사용하는 칼

⑦ 생선 손질용 칼(Fish knife) : 생선살을 뼈에서 분리하거나 부위별로 자를 때 사용하는 칼

⑧ 다지는 칼(Mezzaluna or Mincing knife) : 파슬리 등 허브를 다질 때 사용하는 칼

⑨ 치즈를 자르는 칼 (Cheese knife) : 여러 종류의 치즈를 자를 때 사용하는 칼

⑩ 훈제연어 자르는 칼(Salmon knife) : 훈제된 생선을 얇게 썰 때 사용하는 칼

2. 칼 잡는 법

① 칼의 양면을 엄지와 검지 사이로 잡는 방법

칼을 사용하는 대부분의 작업 시에 잡는 방법이다. 엄지와 검지를 이용하여 칼의 날을 잡고 사용하는데, 칼날의 중앙부를 많이 사용한다.

② 칼등에 엄지를 올려 잡는 방법

단단한 식재료를 자를 때 사용하는 방법으로, 칼날의 손잡이 바로 앞부분을 이용하여 써는 방법이다. 작업할 때 많은 힘이 들어가므로 실수하면 크게 다칠 수 있어 주의를 기울여 작업해야 한다.

③ 칼등에 검지를 올려 잡는 방법

칼의 끝을 이용하는 작업 시 칼을 잡는 방법으로 식재료에 칼집을 내거나 정교한 작업을 할 때 사용하는 방법이다.

3. 식재료 써는 방법

식재료를 썰 때 다리를 어깨 넓이로 벌리고 고개는 약간 숙여 바른 자세로 썬다.

① 밀어서 썰기 : 한손으로 재료를 잡고 칼을 잡은 손을 밀면서 썰고, 안쪽 옆에서 작업 시 보면 칼잡은 손이 시계 방향으로 원 형태를 그리며 밀어서 작업한다.

② 당겨서 썰기 : 한손으로 재료를 잡고 칼을 잡은 손으로 당기면서 썰고, 안쪽 옆에서 작업 시 보면 칼잡은 손이 시계 반대방향으로 원 형태를 그리며 당겨서 작업한다.

③ 내려 썰기 : 식재료의 양이 적거나 간단한 작업을 할 때 사용하는 방법이다.

④ 터널식 썰기 : 한손으로 재료를 터널모양으로 잡고 써는 방법으로 식재료를 길게 썰 때 사용하는 방법이다.

4. 기본 식재료 썰기

재료썰기는 재료를 다듬어서 먹지 못하는 부분을 제거하고 만들고자 하는 요리에 맞는 규격으로 잘라 조리하기 편하고, 조미료의 침투도 빠르게 하며, 소화흡수에도 용이하게 하는 작업이며 요리에 따라 모양과 크기를 달리하여 작업하고 사용해야 한다.

① 썰기 종류와 규격

썰기의 종류	규격 및 사용용도	
큐브 (Cube)	• 정육면체로 써는 방법 중 가장 큰 썰기로 사방 2cm의 크기로 썬다. • 스튜나 샐러드 조리에 사용	
다이스 (Dice)	• 큐브보다는 작은 정육면체 크기로 사방 1.2cm의 크기로 썬다. • 샐러드나 메인요리의 사이드 요리 등에 사용	
스몰 다이스 (Small dice)	• 다이스의 반 정도의 정육면체로 사방 0.6cm 크기로 썬다. • 샐러드나 볶음 요리 등 다양한 요리에 사용	
브뤼누아즈 (Brunoise)	• 스몰 다이스의 반 정도의 정육면체 크기로 사방 0.3cm로 썬다. • 여러 가지 가니쉬, 수프나 소스의 안에 넣는 재료 등에 사용	
쥘리엔 (Julienne)	• 재료를 얇게 자른 뒤 포개어 놓고 얇고 길게 써는 형태를 말하며 0.3cm 정도 두께로 썬다. • 샐러드, 수프, 소스, 애피타이저, 메인요리, 가니쉬 등에 사용	
파인 쥘리엔 (Fine julienne)	• 쥘리엔 두께의 반인 약 0.15cm로 썬다. • 가니쉬(Garnish)나 식재료의 롤 안에 넣는 속재료로 사용	
시포나드 (Chiffonade)	• 채소를 아주 얇게 써는 것을 말한다. • 샐러드나 메인요리 등의 가니쉬로 이용	
바토네 (Batonnet)	감자튀김(프렌치프라이)의 형태로 써는 방법이다.	
슬라이스 (Slice)	재료를 위에서 작업대와 직각으로 절단하는 형태로 한식 조리의 편 썰기와 같은 형태이다.	
페이잔 (Paysanne)	• 야채에 많이 이용되며 두께 0.3cm로 가로세로 1.2cm 크기의 사각형 모양으로 써는 방법이다. • 야채 수프 등에 사용	
촙 (Chop)	• 식재료를 잘게 칼로 다지는 방법이다. • 양파를 가장 많이 촙하며, 샐러드나 볶음 요리, 소스 등의 기본 재료로 사용	
샤또 (Chateau)	• 길이 5~6cm 정도의 끝은 뭉뚝하고 배가 나온 원통 형태의 모양으로 깎는다. • 당근이나 감자 등의 메인요리 등에 사이드 채소로 많이 사용	
올리베트 (Olivette)	• 샤또보다는 길이가 짧고(4cm 정도) 끝이 뾰쪽하며 올리브 형태로 깎는다. • 사이드 요리의 채소로 주로 사용	

5. 칼 관리

칼은 사용 전후로 무디지 않도록 잘 갈고 위생적으로 관리해야 사고 위험도 줄일 수 있고 일의 능률도 오를 수 있다.

(1) 숫돌의 종류와 사용방법

① 숫돌의 종류 : 숫돌의 입자의 크기를 나타내는 단위를 입도라고 하며 기호는 #로 표기하는데 숫자가 클수록 입자가 작고 미세하다.

숫돌의 종류	숫돌의 입자	특징
400#	굵은 숫돌 (거친 숫돌)	굵은 숫돌로 칼날이 뭉뚝하고 이가 나갔거나 새칼을 갈 때 사용하며 계속 거친 숫돌로 갈면 칼에 요철이 생길 수 있으므로 중간숫돌과 마무리 숫돌을 중간에 함께 사용하는 것이 좋다.
1000#	고운 숫돌 (중간 숫돌)	일반적인 칼을 갈 때 많이 사용하며 굵은 숫돌로 갈고 난 후에 칼날을 부드럽게 정돈하기 위해 사용한다.
4000~6000#	마무리숫돌	마무리 단계에 사용하는 숫돌로 앞단계를 거쳐서 부드러워진 숫돌을 더욱 매끄럽고 광이 나게 하기 위해 사용한다.

② 숫돌의 사용방법 : 숫돌을 사용 전에 물에 담가 충분히 물(10~20분간 공기방울이 생기지 않을 때까지)을 먹인 다음 숫돌 밑에 받침대나 천을 깔고 미끄러지지 않게 고정시킨 후 숫돌의 중앙만 사용하지 말고 전면을 골고루 닿도록 사용하여 중간중간 물을 넣어가며 칼을 갈아준다.

(2) 칼 갈기

칼 가는 방법	특징
사선갈기	칼이 갈리는 면이 넓어 짧은 시간 칼을 갈 수 있지만 칼끝 부분까지 한 번에 갈 수가 없으므로 칼끝 부분을 따로 더 갈아 주어야 한다. 칼날을 엄지로 눌러 각도를 잡고 칼날을 밀고 당기면서 갈아주고 반대쪽도 손을 바꾸어서 같은 방법으로 반복하여 갈아준다.
직각갈기	칼이 잘 들지 않는 부분만 갈 수 있지만 숫돌의 부분 부분 또는 중앙이 패여서 원하는 대로 갈리지 않을 수 있다. 숫돌면과 칼단면의 각도를 15~20도의 각도로 칼을 고정하고 부드럽게 갈아준다. 반대쪽을 안쪽으로 오게 하여 같은 방법으로 갈아준다.

(3) 쇠칼갈이 봉(스틸)를 이용하여 칼 갈기

① 식재료를 써는 중에 칼이 잘 들지 않을 때 사용하지만 마찰열에 의해서 칼날의 변형을 가져오거나 손상될 우려가 있다.

② 칼갈이 봉으로 칼 가는 법 : 봉을 45°정도 기울여 왼손에 잡고 오른손으로 칼을 잡고 반원형을 그리며 칼갈이 봉을 아래쪽에 두고 칼날을 부드럽게 문지른다. 반대쪽은 봉을 위쪽에 두

고 같은 방법으로 문질러 준다. 한쪽 당 3~4회를 넘기지 않도록 하며 마지막에는 위쪽에서 아래쪽으로 내려주면서 문질러 준다.

(4) 칼 갈린 상태 확인 및 세척하기

칼의 갈린 상태를 확인하는 방법은 다음과 같다.

손으로 밀어서 확인하는 방법으로 칼날을 위로 오게 하고 엄지와 검지로 칼날의 끝부분을 살짝 대고 밀어서 까실까실하면 한쪽으로 치우친 것이다. 빛의 반사로 확인하는 방법으로 빛을 등지고 칼날을 위로 향하게 하여 보면 날이 빠지거나 잘 갈리지 않은 부분은 빛이 나고 제대로 잘 갈린 부분은 틈이 없어서 빛이 나지 않는다. 다음으로는 손톱으로 확인하는 방법으로 엄지 손톱에 칼날을 살짝 대어봐서 밀리지 않으면 잘 갈린 것이다. 화장지로 확인하는 방법으로 화장지에 칼날을 문질러서 날이 화장지에 걸리면 날이 넘어간 것이다.

칼갈이가 끝난 칼은 세제로 씻고 물기가 없도록 마른 행주로 칼의 양면을 잘 닦아 보관한다.

04 ▶ 조리기구의 종류와 용도

1. 조리기구의 종류 및 용도

조리기구의 종류와 용도를 알고 적절하게 사용하면 안전하면서 좀더 쉽게 조리 작업을 할 수 있다. 양식조리에서는 조리용 작은 도구들도 다양하고 특수한 모양을 만드는 데 사용되고 있어 보다 능률적으로 작업하고자 여러 종류의 조리용 기계도 사용되고 있다.

[자르거나 가는 용도로 쓰이는 조리기물]

종류	용도
에그 커터 (Egg cutter)	삶은 계란을 자르는 도구로 반으로 자르는 것, 슬라이스로 여러 조각을 내는 것, 반달 모양의 6등분으로 자르는 데 사용하는 도구
제스터 (Zester)	오렌지나 레몬의 색깔 있는 부분만 길게 실처럼 벗기는 도구
베지터블 필러 (Vegetable peeler)	오이, 당근 등의 채소류 껍질을 벗기는 도구
스쿱 (Scoop)	멜론이나 수박 또는 당근 등의 모양을 원형이나 반원형의 형태로 만드는 도구(= 볼 커터(Ball Cutter)라고도 함)

롤 커터 (Roll cutter)	얇은 반죽을 자르거나 피자 등을 자를 때 사용하는 도구
자몽 나이프 (Grafefruit knife)	반으로 자른 자몽을 통째로 돌려가며 과육만 발라내는 도구
그레이터 (Grater)	채소나 치즈 등을 원하는 형태로 가는 도구
여러 종류의 커터 (Assorted cutter)	원하는 커터의 모양대로 식재료를 자르거나 안에 식재료를 채워 형태를 유지하기 위한 도구
만돌린 (Mandoline)	과일이나 야채를 채나 다용도로 썰 때 사용되고, 와플 형태로도 감자 등을 썰 수 있는 도구
푸드 밀 (Food mill)	완전히 익힌 감자나 고구마 등을 잘게 분쇄하기 위한 도구

[물기 제거나 담고 섞는 등의 용도로 쓰이는 조리기물]

종류	용도
시노와 (Chinois)	스톡이나 소스 또는 수프를 고운 형태로 거를 때 사용되는 도구
차이나 캡 (China cap)	걸러진 식재료가 토마토소스 등과 같이 입자가 조금 있기를 원할 때나 삶은 식재료를 거를 때 사용하는 도구
콜랜더 (Colander)	많은 양의 식재료의 물기를 제거할 때나 거를 때 사용되는 도구
스키머 (Skimmer)	뜨거운 것을 조리할 시 스톡이나 소스 안의 식재료를 건져 낼 때 사용되는 도구
믹싱 볼 (Mixing bowl)	식재료를 담거나 섞는 등의 조리 시 사용되는 도구로 크기가 다양함
시트 팬 (Sheet pan)	식재료를 담아 두거나 옮길 때 사용되는 도구로 카트(Cart)에 끼워 많은 양을 옮길 수 있고 크기는 다양함
호텔 팬 (Hotel pan)	음식물을 보관할 때 사용하는 도구로 넓이와 높이가 다양함
래들 (Ladle)	육수나 소스 드레싱 등을 뜰 때 사용하는 도구로 크기와 모양은 다양함(한국에서는 국자라고 함)
스패튤러 (Spatula)	조그만 음식을 옮기거나, 부드러운 재료를 섞을 때, 재료를 깨끗이 긁어 모을 때 등에 사용되는 도구
키친 포크 (Kitchen fork)	음식물을 옮기거나 뜨거운 큰 육류 등을 고객 앞에서 썰 때, 한 손은 카빙 나이프, 한손에는 키친 포크를 잡고 고정시켜 주는 용도 등으로 사용하는 도구

계량컵과 계량스푼 (Measuring cup, Measuring spoon)	식재료의 부피를 계량하는 도구
소스 팬 (Sauce pan)	소스를 데우거나 끓일 때 사용하며, 음식물의 양에 따라 크기를 선택하여 사용할 수 있음
프라이팬 (Fry pan)	크기와 종류는 다양하고 간단하게 소량의 음식을 볶거나 튀기는 등 다용도로 사용됨
버터 스크레이퍼 (Butter scraper)	버터를 모양내서 긁는(얼음물에 담가 놓으면 형태 유지) 도구
미트 텐더라이저 (Meat tenderizer)	스테이크 등을 두드려 모양을 잡거나 육질을 연하게 할 때 사용하는 도구
솔드 스푼 (Soled spoon)	스푼이 길어서 롱 스푼이라고도 하며, 음식물을 볶을 때 섞거나 뜨는 용도로 사용하는 도구
위스크 (Whisk)	크림을 휘핑하거나 계란 등 유동성 액체를 섞을 때 사용하는 도구

[기계류가 있는 조리기물]

종류	용도
블렌더 (Blender)	소스나 드레싱 등 음식물을 곱게 가는 데 사용하는 기물
초퍼 (Chopper)	고기나 야채 등을 갈 때 사용하는 기물
슬라이서 (Slicer)	많은 채소나 육류 또는 큰 음식물을 다양한 두께로 썰 때 사용하는 기물
민서 (Mincer)	고기나 야채를 으깰 때 사용하고, 틀의 구멍이 다른 것을 갈아 끼우면 원하는 형태를 얻을 수 있는 기물
그리들 (Griddle)	윗면이 두꺼운 철판으로 되어 가스나 전기로 작동되고 온도 조절이 용이하여, 여러 종류의 식재료를 볶거나 오븐에 넣기 전의 초벌구이에 이용하는 기물
그릴 (Grill)	가스나 숯의 열원으로 달구어진 무쇠를 이용하여 조리하는 기물로 식재료의 겉 표면의 형태와 향이 좋아짐
샐러맨더 (Salamander)	음식물이 위에서 내리 쬐는 열로 인하여 조리되고, 음식물을 익히거나 색깔을 내거나 뜨겁게 보관할 때에도 사용하는 기물
딥 프라이어 (Deep fryer)	여러 가지 음식물을 튀길 때 사용하는 기물
컨벡션 오븐 (Convection oven)	음식물을 속까지 고르게 익힐 때 사용하고, 컨벡션 오븐은 찌고, 삶고, 굽는 등의 다용도로 사용이 가능한 기물

스팀 케틀 (Steam kettle)	대용량의 음식물을 끓이거나 삶는 데 사용하고, 기계적으로 구부릴 수 있어 편리한 도구
토스터 (Toaster)	샌드위치를 만드는 데 사용하는 빵을 구워 주는 것으로 회전식으로 구워 줌
샌드위치 메이커 (Sandwich maker)	샌드위치를 만들어진 상태로 빵에 그릴 형태의 색을 내거나 데워주는 도구

05 ▶ 식재료 계량방법

1. 계량

주방에는 계량컵, 계량스푼, 저울, 온도계, 시계 등을 반드시 비치하여 정확한 식품 및 조미료의 양, 조리온도와 시간 등을 알아야 편리하다. 식품을 남지 않게 사용하고 항상 같은 맛의 요리를 만들기 위해 재료 분량에 세심한 주의를 기울여야 한다.

(1) 저울

저울은 무게를 측정하는 기구로 사용하기 전에 평평한 곳에 수평이 되도록 놓고 영점을 맞추어 사용해야 한다. 저울의 단위는 g, kg으로 나타낸다.

(2) 계량컵

계량컵은 부피를 측정하는 기구로 우리나라의 경우 1컵은 200ml로 지정하고 있고, 미국 등 외국에서는 1컵을 240ml로 하고 있으니 주의해야 한다.

(3) 계량스푼

계량스푼은 양념류 등의 부피를 측정하는 기구로 큰술(Table spoon-Ts)과 작은술(tea spoon-ts)로 구분한다.

2. 식품별 계량방법

식품별 계량방법의 차이가 있으므로 숙지하여 계량의 오차가 없도록 한다.

(1) 가루식품

① 밀가루 : 밀가루는 체에 두, 세번 친 후 스푼을 이용해서 계량컵에 수북하게 담고 흔들거나 누르지 말고 스페출라로 편평하게 깎아서 잰다.

② 설탕
  - 백설탕 : 덩어리진 것이 없도록 하여 계량컵에 수북히 담고 스페출라로 편평하게 깎아서 잰다.
  - 황설탕과 흑설탕: 컵에 꺼내었을 때 컵의 모양이 유지될 수 있을 정도로 꾹꾹 눌러 담아 컵의 윗면을 스페출라로 편평하게 깎아서 잰다.

(2) 고체식품
버터나 마가린, 쇼트닝 등의 고형지방은 실온에서 부드러워졌을 때 스푼이나 컵에 꼭꼭 눌러 담아 공간이 없게 한 후 위를 편평하게 깎아 잰다.

(3) 액체식품
액체식품은 계량컵이나 계량스푼에 가득 담아서 계량하고 속이 보이는 계량컵을 사용한다.
① 일반적인 액체식품 : 유리와 같은 투명기구를 사용하여 액체를 계량할 때는 액체의 표면 아랫부분을 눈과 수평으로 하여 읽는다.
② 점도가 있는 액체식품 : 엿이나 꿀과 같은 점도가 있는 액체는 컵에 가득 채운 후 위를 편평하게 깎아서 잰다.

(4) 알갱이 상태의 식품
콩류나 쌀, 깨 등의 알갱이 상태의 식품은 계량컵에 가득하게 담고 살짝 흔들어서 빈공간이 없도록 하고 표면이 평면이 되도록 깎아서 잰다.

(5) 농도가 큰 식품
농도가 있는 된장이나 고추장은 계량컵에 꾹꾹 눌러 담고 표면이 평면이 되도록 깎아서 잰다.

> **참고**
> 1컵 = 1Cup = 1C = 물200ml(약 13큰술 + 1작은술)
> 1큰술 = 1Table spoon(테이블 스푼) = 1Ts = 물15ml
> 1작은술 = 1tea spoon(티 스푼) = 1ts = 물 5ml
> 1큰술 = 3작은술
> 1L(리터) → 1,000㎖(밀리리터)
> 0.5L(리터) → 500㎖(밀리리터)
> 1kg(킬로그램) → 1,000g(그램)
> 0.3Kg(킬로그램) → 300g(그램)
> 1oz(온스) → 28.35g(그램)

06 ▶ 조리장의 시설 및 설비 관리

1. 조리장의 기본조건

(1) 조리장 3원칙

조리장을 신축 또는 개조할 경우 다음 세 가지 면을 고려하여 시설하여야 한다.

① **위생** : 식품의 오염을 방지할 수 있으며 채광, 환기, 통풍 등이 잘 되고 배수와 청소가 용이하여야 한다.

② **능률** : 적당한 공간이 있어 식품의 구입, 검수, 저장, 식당 등과의 연결이 쉽고 기구, 기기 등의 배치가 능률적이어야 한다.

③ **경제** : 내구성이 있고 구입이 쉬우며 경제적이어야 한다.

위의 세 가지 중 가장 먼저 고려해야 할 점은 위생이며 다음으로 능률을 고려하여야 한다. 즉, 사람 손이 많이 가지 않더라도 작업할 수 있는 조리장이면서 경제적으로 무리가 없는 조건을 갖춰야 한다.

(2) 조리장위치

① 통풍, 채광 및 급·배수가 용이하고 소음, 악취, 가스, 분진, 공해 등이 없는 곳이어야 한다.

② 변소, 쓰레기통 등에서 오염될 염려가 없을 정도의 거리에 떨어져 있는 곳이 좋다.

③ 물건의 구입 및 반출이 용이하고, 종업원의 출입이 편리한 곳이어야 한다.

④ 음식을 배선하고 운반하기 쉬운 곳이어야 한다.

⑤ 손님에게 피해가 가지 않는 위치여야 한다.

⑥ 비상시 출입문과 통로에 방해되지 않는 장소여야 한다.

(3) 조리장의 면적 및 형태

① 조리장의 면적 : 식당 넓이의 3분의 1 기준으로, 일반급식소(1식당) 0.1m², 학교(아동 1인당) 0.1m², 병원급식시설(침대 1개장) 1.0m², 기숙사(1인당) 0.3m²가 일반적 기준이다.

② 조리장의 폭 : 주방의 평면형에서 폭과 길이의 비율은 폭 1.0, 길이 2.0~2.5의 비율이 능률적이고, 정사각형이나 원형은 동선의 교체가 증가되어 비능률적이다.

2. 조리장 설비

(1) 조리장 건물

① 충분한 내구력이 있는 구조일 것

② 객실과 객석과는 구획의 구분이 분명할 것

③ 바닥과 바닥으로부터 1m까지의 내벽은 타일 등 내수성 자재를 사용한 구조일 것

④ 배수 및 청소가 쉬운 구조일 것

(2) 급수 시설

급수는 수돗물이나 공공시험 기관에서 음용에 적합하다고 인정하는 것만을 사용하고, 우물일 경우에는 화장실로부터 20m, 하수관에서 3m 떨어진 곳에 있는 것을 사용한다. 1인당 급수량은 급식센터인 경우 6~10ℓ/1식, 학교는 4~6ℓ/1식이 필요하다.

(3) 작업대

작업대의 높이는 팔굽보다 낮고 서서 허리를 굽히지 않는 높이로서 신장의 52%(80~85cm)가량이며 55~60cm 너비인 것이 효율적이고 작업대와 뒤 선반과의 간격은 최소한 150cm 이상이어야 한다. 작업동선을 짧게 하기 위한 배치는 준비대(냉장고) – 개수대 – 조리대 – 가열대 – 배선대 순이 이상적이다.

> **참고** 참고
> 작업대 종류
> • ㄷ자형 : 면적이 같을 경우 가장 동선이 짧으며 넓은 조리장에 사용된다.
> • ㄴ자형 : 동선이 짧으며 조리장이 좁은 경우에 사용된다.
> • 병렬형 : 180°의 회전을 요하므로 피로가 빨리 온다.
> • 일렬형 : 작업동선이 길어 비능률적이지만 조리장이 굽은 경우 사용된다.

(4) 냉장 · 냉동고

냉장고는 5℃ 내외의 내부온도를 유지하는 것이 표준이며 보존기간도 2~3일 정도이므로 냉장고에 절대 의존하지 말아야 한다.

냉동고는 0℃ 이하를, 장기저장에는 −40~−20℃를 유지하는 것이 좋다.

(5) 환기 시설

창에 팬을 설치하는 방법과 후드(Hood)를 설치하여 환기를 하는 방법이 있다. 후드의 모양은 환기속도와 주방의 위치에 따라 달라지며 4방형이 가장 효율이 좋다.

(6) 방충 · 방서 시설

창문, 조리장, 출입구, 화장실, 배수구에는 쥐 또는 해충의 침입을 방지할 수 있는 설비를 해야 하며 조리장의 방충망은 30매시 이상이어야 한다.

→ 매시(mesh) : 가로, 세로 1인치(inch) 크기의 구멍 수. 예를 들어 30매시란 가로, 세로 1인치 크기에 구멍이 30개인 것을 말한다.

(7) 화장실

남녀용으로 구분되어 사용하는 데 불편이 없는 구조여야 하며 내수성 자재로 하고 손씻는 시설을 갖추어야 한다.

01 다음 중 조리의 목적과 거리가 먼 것은?

① 유해물을 제거하여 위생상 안전하게 한다.

② 식품의 가열, 연화로 소화가 잘 되게 한다.

③ 식품을 손질하여 더 좋은 식품으로 만들어 식품의 상품가격을 높인다.

④ 향미를 좋게 하고, 외관을 아름답게 하여 식욕을 돋운다.

해설 조리는 위생성, 기호성, 영양성, 저장성 등의 향상을 목적으로 한다.

02 다음 중 습식열 조리방법에 해당되지 않는 것은?

① 삶기(Poaching)

② 볶음(Sauteing)

③ 은근히 끓이기(Simmering)

④ 글레이징(Glazing)

해설 • 건식열 조리방법 : 철판구이(Broiling), 석쇠구이(Griling), 로스팅(Roasting), 굽기(Baking), 그레티네이팅(Gratinating), 볶음(Sauteing), 팬프라잉(Pan-frying), 튀김(Deep-frying), 시어링(Searing)
• 습식열 조리방법 : 삶기(Poaching), 은근히 끓이기(Simmering), 끓이기(Boiling), 데침(Blanching), 증기찜(Steaming), 글레이징(Glazing)
• 복합 조리방법 : 브레이징(Braising), 스튜잉(Stewing), 프왈레(Poeler), 수비드(Sous vide), 도자기 구이(Pot roasting), 압력조리(Pressure cooking), 피치먼트(Parchment) 종이에 싸서 굽기(en papillote)

03 전자오븐 사용에 관한 설명 중 틀린 것은?

① 가열에는 수분이 필요하다.

② 식품의 내부와 외부를 동시에 가열한다.

③ 범랑 냄비는 마이크로파를 대부분 흡수하여 조리가 잘 된다.

④ 마이크로파는 도자기, 유리, 합성수지 등을 투과하므로 식품을 그릇에 담은 채 조리할 수 있다.

해설 범랑제는 금속에 사기를 입힌 그릇이기 때문에 전자파가 반사되어 조리가 안 된다. 전자오븐에 사용할 수 있는 그릇은 파이렉스, 도자기, 내열성 플라스틱 용기, 유리, 종이상자 등이며 투과하여 조리된다.

04 비교적 영양소 손실이 적은 조리방법은?

① 굽기

② 삶기

③ 찌기

④ 튀기기

해설 기름을 이용하여 튀기는 조리는 영양소나 맛의 손실이 가장 적은 조리법이다.

05 다음 설명에 해당하는 썰기 종류로 알맞은 것은?

정육면체로 써는 방법 중 가장 큰 썰기로 사방 2cm의 크기로 썰어서 스튜나 샐러드 조리 등에 사용한다.

① 다이스(Dice)

② 촙(Chop)

③ 큐브(Cube)

④ 샤또Chateau)

해설 • 다이스(Dice) : 큐브보다는 작은 정육면체 크기로 사방 1.2cm의 크기로 썰어 샐러드나 메인요리의 사이드 요리 등에 사용
• 촙(Chop) : 식재료를 잘게 칼로 다지는 방법으로 양파를 가장 많이 촙하며, 샐러드나 볶음 요리, 소스 등의 기본 재료로 사용
• 샤또(Chateau) : 길이 5~6cm 정도의 끝은 뭉뚝하고 배가 나온 원통 형태의 모양으로 깎으며 당근이나 감자 등의 메인요리 등에 사이드 채소로 많이 사용

정답 01 ③ 02 ② 03 ③ 04 ④ 05 ③

06 다음은 우리나라 계량기구의 표준용량을 나타낸 것이다. 틀린 것은?

① 1컵 = 200ml
② 1큰술 = 25ml
③ 1작은술 = 5ml
④ 1국자 = 100ml

해설 1큰술(Ts)=15ml

07 식품계량에 대한 설명 중 맞는 방법으로만 묶인 것은?

> ㉠ 밀가루는 계량컵으로 직접 떠서 계량한다.
> ㉡ 꿀 등 점성이 높은 것은 계량컵을 사용한다.
> ㉢ 흑설탕은 가볍게 흔들어 담아 계량한다.
> ㉣ 마가린은 실온일 때 꼭꼭 눌러 담아 계량한다.

① ㉠, ㉡   ② ㉠, ㉢
③ ㉡, ㉣   ④ ㉢, ㉣

해설 밀가루는 측정 직전에 체로 쳐서 누르지 않고 수저를 이용해 가만히 수북하게 담아 직선주걱으로 깎아 측정하고 흑설탕은 꼭꼭 눌러잰다.

08 다음의 조리방법 중 센불에서 가열한 후에 불을 약하게 줄여서 조리해야 하는 것과 관계가 없는 것은?

① 조림류   ② 튀김류
③ 밥류   ④ 찌개류

해설 튀김류는 센불에서 단시간에 요리하는 특징을 갖고 있다.

09 다음 중 썰기의 목적으로 바르지 않은 것은?

① 불필요한 부분을 제거할 수 있다.

② 표면적이 커져서 열전도율이 높아진다.
③ 조미료의 침투속도가 빨라진다.
④ 조리시간의 단축에는 도움이 안 된다.

해설 썰기를 통해서 조리작업 시간이 단축된다.

10 대량 조리를 위한 식품 구입 시 고려해야 할 사항 중 틀린 것은?

① 값이 싼 대치식품을 구입토록 해야 한다.
② 영양이 풍부한 계절식품을 구입토록 한다.
③ 국의 건더기는 국물의 3분의 1 정도로 한다.
④ 찌개의 건더기는 국물의 3분의 1 정도로 한다.

해설 찌개의 건더기는 국물의 3분의 2가 적당하다.

11 식재료 써는 방법 중 다음은 어떤 방법에 대한 설명인가?

> 한손으로 재료를 잡고 칼을 잡은 손을 밀면서 썰고, 안쪽 옆에서 작업 시 보면 칼잡은 손이 시계 방향으로 원 형태를 그리며 밀어서 작업한다.

① 내려 썰기   ② 밀어서 썰기
③ 당겨서 썰기   ④ 터널식 썰기

해설 식재료 써는 방법
  • 밀어서 썰기 : 한손으로 재료를 잡고 칼을 잡은 손을 밀면서 썰고, 안쪽 옆에서 작업 시 보면 칼잡은 손이 시계 방향으로 원 형태를 그리며 밀어서 작업한다.
  • 당겨서 썰기 : 한손으로 재료를 잡고 칼을 잡은 손으로 당기면서 썰고, 안쪽 옆에서 작업 시 보면 칼 잡은 손이 시계 반대방향으로 원 형태를 그리며 당겨서 작업한다.
  • 내려 썰기 : 식재료의 양이 적거나 간단한 작업을 할 때 사용하는 방법이다.
  • 터널식 썰기 : 한손으로 재료를 터널모양으로 잡고 써는 방법으로 식재료를 길게 썰 때 사용하는 방법이다.

06 ②   07 ③   08 ②   09 ④   10 ④   11 ②

12 칼의 종류에 대한 설명으로 맞지 않는 것은?

① 고기 써는 칼(Carving knife) : 단단하지 않은 뼈가 있는 식재료를 자를 때 사용하는 칼

② 주방장의 칼(Chef's knife) : 조리사들이 많이 사용하는 칼

③ 껍질 벗기는 칼(Paring knife) : 채소나 과일의 껍질을 벗길 때 사용하는 칼

④ 살 분리용 칼(Bone knife) : 육류나 가금류의 뼈와 살을 분리하는 데 사용하는 칼

> 해설
> • 고기 써는 칼(Carving knife) : 익힌 큰 고기 덩어리를 자를 때 사용하며 뷔페 등에서 손님 앞에서 고기를 잘라 고객에게 제공할 때 사용하는 칼
> • 뼈 절단용 칼(Cleaver knife) : 단단하지 않은 뼈가 있는 식재료를 자를 때 사용하는 칼

13 복합 조리 방법 중 재료를 비닐봉지(진공상태)에 담아 고기류는 55~60℃ 정도의 온도의 물 속에서 익히는 조리법은?

① 브레이징(Braising)

② 수비드(Sous vide)

③ 스튜잉(Stewing)

④ 도자기 구이(Pot roasting)

> 해설
> • 브레이징(Braising) : 복합조리의 대표적인 조리 방법으로 재료는 덩어리가 큰 것을 건식열로 먼저 갈색으로 구워 육즙이 나오는 것을 막고 그 이후에 소스나 채소 등을 곁들여 적당한 열로 조리하는데 재료 주변으로 오일을 감싸서 조리되는 동안 건조되는 것을 막아 주며 이때 생기는 육즙은 소스로 사용함
> • 스튜잉(Stewing) : 브레이징이 육류를 큰 덩어리로 조리하기 위해 사용한다면 스튜잉은 작은 덩어리로 썰어서 표면을 색을 낸 다음 습식열로 조리하는 것이 특징임. 브레이징보다는 재료의 크기가 작아서 조리시간이 짧고 소스를 충분히 넣어 재료가 잠길 정도로 하고 조리 완료 시까지 재료들이 건조되는 일이 없도록 함

• 도자기 구이(Pot roasting) : 주로 감자, 고구마, 통닭, 통오리 등을 종이(한지)나 포일(Foil)로 싸고 그 위에 진흙을 발라 600~1,200℃ 오븐이나 가마에 굽는 방법

14 조리도구 중 자르거나, 가는 용도로 쓰이는 기물이 아닌 것은?

① 에그 커터(Egg cutter)

② 스키머(Skimmer)

③ 제스터(Zester)

④ 그레이터(Grater)

> 해설
> 스키머(Skimmer) : 뜨거운 것을 조리할 시 스톡이나 소스 안의 식재료를 건져 낼 때 사용되는 도구

15 칼날이 뭉뚝하고 이가 나갔거나 새 칼을 갈 때 사용하는 숫돌의 종류는?

① 400#   ② 1000#

③ 4000#   ④ 6000#

> 해설
> 숫돌의 입자의 크기를 나타내는 단위를 입도라고 하며 기호는 #로 표기하는데 숫자가 클수록 입자가 작고 미세하다.

숫돌의 종류	숫돌의 입자	특징
400#	굵은 숫돌 (거친 숫돌)	굵은 숫돌로 칼날이 뭉뚝하고 이가 나갔거나 새칼을 갈 때 사용하며 계속 거친 숫돌로 갈면 칼에 요철이 생길 수 있으므로 중간숫돌과 마무리 숫돌을 중간에 함께 사용하는 것이 좋다.
1000#	고운 숫돌 (중간 숫돌)	일반적인 칼을 갈 때 많이 사용하며 굵은 숫돌로 갈고 난 후에 칼날을 부드럽게 정돈하기 위해 사용한다.
4000~ 6000#	마무리 숫돌	마무리단계에 사용하는 숫돌로 앞 단계를 거쳐서 부드러워진 숫돌을 더욱 매끄럽고 광이 나게 하기 위해 사용한다.

> 정답 **12** ① **13** ② **14** ② **15** ①

16 조리용 온도계 중 비접촉식으로 표면의 온도를 잴 수 있는 온도계는 무엇인가?

① 적외선 온도계

② 봉상 액체 온도계

③ 알코올 온도계

④ 육류용 온도계

해설 조리용 온도계의 용도
- 적외선 온도계 : 비접촉식으로 표면의 온도를 잴 수 있음
- 봉상 액체용 온도계 : 튀김용 온도계로 액체의 온도를 잴 수 있음
- 육류용 온도계 : 탐침하여 육류의 내부온도를 측정할 수 있음

17 식품의 염도를 측정할 때 사용하는 기구는 무엇인가?

① 온도계　　　　② 시계

③ 당도계　　　　④ 염도계

해설 염도계는 식품의 염도를 측정하는 데 사용한다.

18 조리실의 계량기구 사용법으로 바르지 않은 것은?

① 계량컵의 경우 우리나라와 일본은 1컵이 200ml이다.

② 김치를 절일 때 염도계 사용으로 평균 15% 정도면 적당하다.

③ 저울은 아무 곳에나 놓고 바늘을 0에 고정하고 정면으로 읽는다.

④ 당도계는 식품의 당도를 측정하는 데 사용한다.

해설 저울은 수평으로 놓고 사용한다.

19 조리기구 중 불꽃이 위에서 아래로 내려오는 기구로 생선구이에 적당한 기구는?

① 샐러맨더

② 번철

③ 조리용레인지

④ 석쇠

해설 샐러맨더(salamander)는 불꽃이 위에서 아래로 내려오는 기구로 생선구이에 적당하다.

20 조리장의 입지조건으로 적당하지 않은 곳은?

① 채광, 환기, 건조, 통풍이 잘 되는 곳

② 양질의 음료수 공급과 배수가 용이한 곳

③ 단층보다 지하층에 위치하여 조용한 곳

④ 쓰레기 처리장과 변소가 멀리 떨어져 있는 곳

해설 조리장이 지하층에 위치하면 통풍, 채광 및 배수 등의 문제점이 발생하므로 좋지 않다.

21 다음은 설비기기의 배치형태 중 어떤 것에 대한 설명인가?

- 대규모 주방에 적합하다.
- 가장 효율적이며 짜임새가 있다.
- 동선의 방해를 받지 않는다.

① ㄷ자형　　　　② 병렬형

③ ㄴ자형　　　　④ 일렬형

해설 ㄷ자형은 같은 면적의 경우 동선이 짧고, 넓은 조리장에 사용된다.

16 ①　17 ④　18 ③　19 ①　20 ③　21 ①

22 조리대를 비치할 때 동선을 줄일 수 있는 효율적인 방법이 아닌 것은?

① 조리대 배치는 오른손잡이를 기준으로 생각할 때 일의 순서에 따라 우측에서 좌측으로 배치한다.

② 조리대에는 조리에 필요한 용구나 기기 등의 설비를 가까이 배치하여야 한다.

③ 십자교차나 같은 길을 통해서 역행하는 것을 피한다.

④ 식기나 조리용구의 세척장소와 보관장소를 가까이 두어 동선을 절약시켜야 한다.

해설 조리대 배치는 오른손잡이를 기준할 때 좌측에서 우측으로 배치하는 것이 동선을 줄일 수 있고 능률적이다.

23 조리용 기계기구의 설비 조건 중 바르지 않은 것은?

① 용도가 많은 것보다 단순한 것을 선택한다.

② 약간의 기술만으로 조직이 가능한 기기를 선택한다.

③ 능률을 올릴 수 있고 재료의 손실을 줄일 수 있는 것이어야 한다.

④ 설비의 종류나 규모를 검토하고 가장 적절한 것을 선택한다.

해설 조리용 기계 · 기구 설비 시 단순한 것을 선택하다 보면 기계 · 기구의 종류가 다양해지고 설비가 복잡하게 된다. 위생적, 능률적, 경제적인 면을 고려해서 선택해야 하므로 사용하기 쉬우면서도 용도가 많은 것이 능률적, 경제적이다.

24 다음은 조리장을 신축할 때 고려해야 할 사항 등이다. 순서로 옳은 것은?

㉠ 위생	㉡ 능률	㉢ 경제

① ㉢ - ㉡ - ㉠

② ㉡ - ㉠ - ㉢

③ ㉠ - ㉡ - ㉢

④ ㉡ - ㉢ - ㉠

해설 조리장을 신축 또는 개축할 때는 위생, 능률, 경제의 3요소를 기본으로 하며, 위생, 능률, 경제의 순으로 고려해야 한다.

25 가장 효율이 좋은 후드(Hood)의 형태는?

① 1방 개방형 ② 2방 개방형

③ 3방 개방형 ④ 4방 개방형

해설 후드(Hood)의 모양은 4방 개방형이 가장 효율적이다.

26 트랩을 설치하는 목적으로 옳은 것은?

① 주방의 바닥 청소를 효과적으로 하기 위해

② 온수 공급을 위해

③ 증기, 음식냄새의 배출을 위해

④ 하수도로부터 올라오는 악취 방지를 위해

해설 트랩(Trap) : 일정량의 물을 고이게 해서 하수구에서 부패가스가 역류하는 것을 방지하는 장치

27 다음 중 조리기기 사용이 잘못된 것은?

① 필러(Peeler) : 감자, 당근의 껍질 벗기기

② 슬라이서(Slicer) : 소고기 갈아내기

③ 세척기 : 조리용기의 세척

④ 믹서(Mixer) : 재료의 혼합

해설 슬라이서는 육류를 저며내는 기계이며, 소고기를 갈아내는 기구는 미트 그라인더(Meat grinder)이다.

정답 22 ① 23 ① 24 ③ 25 ④ 26 ④ 27 ②

식품의 조리원리

01 ▶ 농산물의 조리 및 가공·저장

1. 전분의 변화

(1) 전분(녹말)의 구조

곡류의 탄수화물은 대부분이 전분인데 이 전분의 입자는 아밀로오스(Amylose)와 아밀로펙틴 (Amylopectin)의 함량 비율이 20 : 80이다. 그러나 찰옥수수나 찹쌀, 찰보리 등은 거의 대부분이 아밀로펙틴으로 되어 있다.

(2) 전분의 호화(α화 = 알파화)

① 정의 : 식품에 포함되어 있는 많은 탄수화물은 전분이다. 쌀, 보리, 감자, 좁쌀 등 전분이 주성분으로 된 식품은 반드시 가열하지 않으면 먹지 못한다. 그리고 전분의 날 것은 소화가 잘 되지 않기 때문에 이와 같이 날 것인 상태의 전분을 베타(β) 전분이라 한다. 베타 전분은 전분의 분자가 밀착되어 규칙적으로 정렬되어 있기 때문에 물이나 소화액이 침투하지 못하는 형이다. 이 베타 전분을 물에 끓이면 그 분자에 금이 가서 물분자가 전분 속에 들어가서 팽윤한 상태가 된다. 이 현상을 호화(糊化)라 한다. 다시 가열을 계속하면 생전분의 규칙적인 분자 규칙이 파괴되며 소화가 잘 되는 맛있는 전분이 된다. 이 과정을 '전분의 α화'라 하며 익은 전분을 α전분이라 한다.

$$\text{날 전분(β전분) + 물} \xrightarrow{\text{가열}} \text{익은 전분(α전분)}$$

② 전분의 호화에 영향을 미치는 인자
  ㉠ 가열온도가 높을수록 호화속도가 빨라진다.
  ㉡ 전분의 입자가 크면 빨리 호화된다.
  ㉢ 감자나 고구마 같은 감자류는 곡류의 입자가 커서 소화가 잘 된다.
  ㉣ 전분의 농도가 낮을수록 호화가 커진다.
  ㉤ 전분에 산을 가하면 호화가 잘 안 된다.

(3) 전분의 노화(β화 = 베타화)

소화가 잘 되는 α전분을 실온이나 냉장온도에 방치함으로써 소화되지 않는 β전분으로 되돌아가는 것을 전분의 노화라고 한다.

① 전분이 노화되기 쉬운 조건
  ㉠ 전분의 노화는 아밀로오스(Amylose)의 함량 비율이 높을수록 빠르다. 그러므로 찹쌀로 만든 떡보다 멥쌀로 만든 떡이 노화가 빨리 일어난다.
  ㉡ 수분이 30~60%, 온도가 2~5℃일 때 가장 일어나기 쉽다. 따라서 겨울철에 밥, 떡, 빵 등이 빨리 굳는다.
② 노화 억제방법
  ㉠ α화한 전분을 80℃ 이상에서 급속히 건조시키거나 0℃ 이하에서 급속 냉동하여 수분함량을 15% 이하로 하면 노화를 방지할 수 있다.
  ㉡ 설탕을 다량 함유(첨가)한다.
  ㉢ 환원제나 유화제를 첨가하면 막을 수 있다.

(4) 전분의 호정화(덱스트린화)

전분에 물을 가하지 않고 160℃ 이상으로 가열하면 여러 단계의 가용성 전분을 거쳐 덱스트린 (호정)으로 분해되는데 이것을 전분의 호정화라 한다.

예 미숫가루, 튀밥(뻥튀기)

호정화는 화학적 분해가 일어난 호화된 전분보다 물에 녹기 쉽고, 효소작용도 받기 쉽다.

2. 쌀 조리

(1) 쌀의 수분함량

쌀의 수분함량은 14~15% 정도이며 밥을 지었을 경우의 수분은 65% 정도이다.

(2) 밥짓기

쌀을 씻을 때 비타민 B_1의 손실을 막기 위해 너무 으깨어 씻지 말고 3회 정도 가볍게 씻으며 멥쌀은 30분, 찹쌀은 50분 정도 물에 담가 놓으면 물을 최대로 흡수한다. 물의 분량은 쌀의 종류와 수침 시간에 따라 다르며 잘된 밥의 양은 쌀의 2.5~2.7배 정도가 된다.

(3) 밥 지을 때 평균 열효율

전력 50~65%, 가스 45~55%, 장작 25~45%, 연탄 30~40% 등이다.

(4) 쌀 종류에 따른 물의 분량

쌀의 종류	쌀의 중량에 대한 물의 분량	체적(부피)에 대한 물의 분량
백미(보통)	쌀 중량의 1.5배	쌀 용량의 1.2배
햅쌀	쌀 중량의 1.4배	쌀 용량의 1.1배
찹쌀	쌀 중량의 1.1~1.2배	쌀 용량의 0.9~1배
불린 쌀(침수)	쌀 중량의 1.2배	쌀 용량의 동량(1.0배)

(5) 밥맛의 구성요소

① 밥물은 pH 7~8의 것이 밥맛이 가장 좋고 산성이 높아질수록 밥맛은 나쁘다.
② 약간(0.03%)의 소금을 넣으면 밥맛이 좋아진다.
③ 수확 후 시일이 오래 지나거나 변질하면 밥맛이 나빠진다.
④ 지나치게 건조된 쌀은 밥맛이 나쁘다.
⑤ 쌀의 품종과 재배지역의 토질에 따라 밥맛은 달라진다.
⑥ 쌀의 일반 성분은 밥맛과 거의 관계가 없다.

3. 밀가루 조리

소맥분은 날것으로 쓸모가 없으나 가루로 가공하면 여러 가지 가공형태에 이용되어 맛있는 음식으로 먹을 수 있다. 밀가루의 주성분은 당질이나 단백질의 함량이 많다. 밀가루 단백질의 대부분은 글루텐(Gluten)인데, 이 글루텐의 함량에 따라 밀가루 종류와 용도가 달라진다.

(1) 밀가루 종류와 용도

종류	글루텐 함량	용도
강력분	13% 이상	식빵, 마카로니, 스파게티
중력분	10~13%	국수, 만두피
박력분	10% 이하	케이크, 튀김옷, 카스테라

(2) 글루텐의 형성

밀가루에 물을 조금씩 가하면 점탄성 있는 도후(Dough)가 된다. 이는 밀의 단백질인 글리아딘(Gliadin)과 글루테닌(Glutenin)이 물과 결합하여 글루텐(Gluten)을 형성하기 때문이다. 반죽을 오래 할수록 질기고 점성이 강한 글루텐이 형성되는데, 반죽에서 글리아딘은 탄성을, 글루테닌은 강도를 강하게 한다.

(3) 밀가루 반죽 시 다른 물질이 글루텐에 주는 영향

① **팽창재** : CO_2(탄산가스)를 발생시켜 가볍게 부풀게 한다.

　　㉠ 이스트(효모) : 밀가루의 1~3% 적량, 최적온도 30℃, 반죽온도는 25~30℃일 때 활동이
　　　촉진된다.

　　㉡ 베이킹파우더(B · P) : 밀가루 1C에 1ts이 적당하다.

　　㉢ 중조(중탄산나트륨) : 밀가루 내에는 플라보노이드 색소가 있어 중조(알칼리)를 넣으면
　　　제품이 황색으로 변하는 단점이 있다. 특히 비타민 B_1, B_2의 손실을 가져온다.

② **지방** : 층을 형성하여 음식을 부드럽고 아삭하게 한다(예 파이).

③ **설탕** : 열을 가했을 때 음식의 표면을 착색시켜 보기 좋게 만들지만, 밀가루 반죽에 넣으면
　글루텐을 분해하여 반죽을 구우면 부풀지 못하고 꺼진다.

④ **소금** : 글루텐의 늘어나는 성질이 강해져 잘 끊어지지 않는다.

⑤ **달걀** : 밀가루 반죽의 형태를 형성하는 것을 돕지만 지나치게 많이 사용하면 음식이 질겨진
　다.

　　→ 튀김 반죽을 심하게 젓거나 오래 두고 사용하면 글루텐이 형성되어 튀김옷이 바삭하지
　　　않고 질겨지므로 주의한다.

4. 감자류 조리

　감자류는 수분이 70~80%, 전분이 15~16%, 비타민류의 함량이 비교적 많고, 기타 칼륨과 칼
슘 등의 무기질이 들어 있는 알칼리성 식품이며, 수분함량이 많아 장기저장은 어렵다. 감자류
에는 감자, 고구마, 토란, 마 등이 있으며, 그 종류에 따라 특유의 조리성을 갖고 있다.

(1) 감자

감자는 고구마에 비해 당분과 섬유소가 적어 저장성이 있고 맛이 담백하여 조리에 광범위하게
사용된다. 감자는 전분의 함량에 따라 점질감자와 분질감자로 구분한다.

① **점질감자**

　　㉠ 찌거나 구울 때 부서지지 않고 기름을 써서 볶는 요리에 적당하다.

　　㉡ 조림, 볶음, 샐러드에 적합하다.

② **분질감자**

　　㉠ 굽거나 찌거나 으깨어 먹는 요리에 적당하다.

　　㉡ 매시드 포테이토(Mashed potato), 분이 나게 감자를 삶을 때 적합하다.

　　㉢ 단, 분질종이라도 햇것은 점질에 가깝고, 분이 잘 나지 않는다.

　　→ 매시드 포테이토를 만들 때는 보실보실하고 점성이 없어야 한다. 점성이 없는 매시
　　　포테이토를 만들려면 감자가 뜨거울 때 으깨어야 하며 약한 불 위에 솥을 올려놓고
　　　작업을 하는 것이 바람직하다.

(2) 고구마

감자보다 다량의 비타민 C를 함유하고 있고, 단맛이 강하며 수분이 적고 섬유가 많다. 당분은 1~3% 정도 함유하고 있으며 β−아밀라아제 활성이 강하여 가열 중에 작용하여 전분을 맥아당으로 분해하고 감미를 증대시킨다.

(3) 토란, 마

① 토란 : 주성분은 당질이며 특유의 점질물이 있어, 삶는 물에 유출된 점질물은 열의 전달을 방해하고 조미료의 침투를 나쁘게 하므로 물을 갈아가면서 삶아야 이를 방지할 수 있고 토란의 줄기는 껍질을 벗겨 삶아서 사용하고 말려두었다가 사용하기도 한다.

② 마 : 마의 점질물은 글로불린(Globulin) 등의 단백질과 만난(Mannan)이 결합한 것으로 가열하면 점성이 없어지고, 생것 그대로 조직을 파괴하면 점성을 나타낸다. 마를 생식하는 경우 효소를 많이 함유하고 있어 소화가 잘된다.

5. 두류 및 두제품의 조리

(1) 두류의 분류와 용도

두류는 100g당 약 40g 정도의 단백질을 함유하고 있으며, 대두의 주 단백질은 글리시닌(Glycinin)으로 양질의 단백질이다.

① 대두, 낙화생 : 단백질과 지방함량이 많으며, 식용유지의 원료로 이용되고 대두는 단백질 함량이 40% 정도로 두부제조에 많이 이용된다.

② 팥, 녹두, 강낭콩, 동부 : 단백질과 전분함량이 많으며, 전분을 추출하여 떡이나 과자의 소 · 고물로 이용되고, 전분이 비교적 많아 가열하면 쉽게 무른다.

③ 풋완두, 껍질콩 : 채소의 성질을 가지고 있으며, 비타민 C 함량이 비교적 높아 채소로 취급된다.

(2) 두류의 조리 · 가열에 의한 변화

① 독성물질의 파괴 : 대두와 팥에는 사포닌(Saponin)이라는 용혈 독성분이 있지만 가열 시 파괴된다.

② 단백질 이용률 · 소화율의 증가 : 날콩 속에는 단백질의 소화액인 트립신(Trypsin)의 분비를 억제하는 안티트립신(Antitrypsin)이 들어 있어서 소화가 잘 안 되지만 가열 시 파괴된다.

③ 조리수의 pH와 조리 : 콩의 단백질인 글리시닌은 물에는 녹지 않으나 약염기(pH 7.0) 상태에서는 수용성이 되어 녹는다. 따라서 콩을 삶을 때 식용소다(중조)를 첨가하여 삶으면 콩이 쉽게 무르지만 비타민 B_1(티아민)의 손실이 크다.

(3) 두부의 제조

대두로 만든 두유를 70℃ 정도에서 두부 응고제인 황산칼슘($CaSO_4$) 또는 염화마그네슘

(MgCl₂), 염화칼슘(CaCl₂)을 가하여 응고시킨 것이다.

두부가 풀어지는 현상을 막기 위해서는 0.5% 식염수를 사용하면 두부가 부드러워진다.

6. 채소 및 과일 조리

(1) 채소 · 과일의 구성

채소 및 과일류는 수분을 80~90% 정도 함유하고 다량의 비타민과 나트륨(Na) · 칼슘(Ca) · 칼륨(K) · 마그네슘(Mg) 등의 무기질을 많이 함유하여 알칼리성 식품에 속한다. 채소와 과일류를 같이 섭취하면 혈액이나 체액을 중화시켜 약알칼리성으로 유지시켜 준다.

(2) 조리 시 채소의 변화

① 채소는 보관 중에도 호흡작용에 의해 선도가 떨어지므로 습도가 높고, 어둡고, 온도가 낮은 곳에 보관한다.

② 채소를 씻을 때는 중성세제 0.2%의 용액으로 씻은 다음 흐르는 물에 깨끗이 헹군다. 물로만 씻을 경우는 흐르는 물에 5회 이상 씻어서 사용한다.

③ 채소는 열, 산, 알칼리에 대하여 약하므로 생으로 먹는 것이 가장 좋다. 대체로 조리과정 중에서 비타민의 손실이 많다. 비타민 A는 3%, 비타민 B₁은 5%, 비타민 B₂는 30%, 비타민 C는 50% 정도의 손실률이 있다.

④ 채소를 데칠 때에는 물의 양을 5배 정도로 하여 뚜껑을 연 채 끓는 물에 단시간 데쳐 냉수에 헹구어 놓는다.

⑤ 비타민 A는 알칼리와 열에 강하고 지용성 비타민이므로 기름에 녹아 흡수가 된다. 그러므로 녹황색 채소는 되도록 기름을 이용한 조리법을 사용하는 것이 좋다.

⑥ 죽순, 우엉, 연근 등 흰색 채소는 쌀뜨물이나 식초물에 삶으면 흰색을 유지시키고 단단한 섬유를 연하게 한다.

⑦ 당근에는 비타민 C를 파괴하는 효소인 아스코르비나제(Ascorbinase)가 있어 무와 함께 갈면 무의 비타민 C 손실이 많아진다.

(3) 조리에 의한 색 변화

① 엽록소(클로로필, Chlorophyll)

   ㉠ 녹색 야채에 들어 있는 녹색 색소이다.

   ㉡ 산에 약하므로 식초를 사용하면 누런 갈색이 된다(시금치에 식초를 치면 누렇게 변한다).

   ㉢ 알칼리성분인 중탄산소다 및 황산동으로 처리하면 안정된 녹색을 유지한다.

   ㉣ 녹색 채소를 데칠 때에는 뚜껑을 열고 끓는 물에서 단시간에 조리한다.

② 안토시안(Anthocyan) 색소

　　㉠ 산성에서는 적색(생강을 식초에 절이면 적색으로 변한다), 중성에서는 보라색, 알칼리에서는 청색을 띤다.

　　㉡ 철(Fe) 등의 금속이온과 결합하면 고운 청색을 띤다.

　　㉢ 가지를 삶을 때 백반을 넣으면 안정된 청자색을 보존할 수 있다.

③ 플라보노이드(Flavonoid) 색소

　　㉠ 콩, 밀, 쌀, 감자, 연근 등의 흰색이나 노란색 색소이다.

　　㉡ 산에 안정하나 알칼리와 산화에는 불안정하다.

　　㉢ 산성용액에는 백색으로 변하고, 물에 삶거나 알칼리용액에서는 황색으로 변한다.

④ 카로티노이드(Carotenoid) 색소

　　㉠ 등황색, 녹색 야채에 들어 있는 황색이나 오렌지색 색소이다.

　　㉡ 카로티노이드만 있는 당근은 등황색, 고구마 · 옥수수는 황색 토마토는 빨간색으로 나타난다.

　　㉢ 조리과정이나 조리온도에 크게 영향을 받지 않지만 공기 중의 산소나 산화효소에 의해 쉽게 산화되어 퇴색한다.

(4) 채소 · 과일의 갈변 방지

① 사과 · 배 등의 갈변은 구리나 철로 된 칼의 사용을 피하고 묽은 소금물(1%)에 담가두면 방지할 수 있다.

② 푸른잎 채소를 데칠 때 냄비의 뚜껑을 덮으면 유기산에 의해 갈색으로 변하므로 뚜껑을 열고 끓는 물에 단시간 데치는 것이 좋다.

> **참고**　시금치, 근대, 아욱 등의 푸른 채소는 불미성분인 수산(옥살산)을 함유하고 있어 데칠 때 뚜껑을 열어 휘발시켜야 체내에서 신장결석을 막을 수 있다.

02 ▶ 축산물의 조리 및 가공 · 저장

1. 육류 조리

(1) 육류 성분

근육을 이루는 주성분으로 섬유상 단백질과 결합조직 단백질로 이루어져 있으며 섬유막과 같은 결합조직은 주로 콜라겐(Collagen)으로 이루어지고 엘라스틴(Elastin)은 적다. 콜라겐은 끓이면 물속에서 분해되어 젤라틴으로 변하지만 엘라스틴은 거의 변화되지 않는 물질이다. 육류의 색소는 크게 근육의 미오글로빈과 혈액의 헤모글로빈으로 이루어져 있다. 지방조직은 내장기관의 주위와 피하·복강 내에 분포되어 있는데, 근육 속에 함유되어 있는 지방은 고기를 연하게 하고 맛을 좋게 하므로 고기의 품질을 결정하는 기준이 된다.

(2) 육류의 사후강직과 숙성

동물은 도살하여 방치하면 근육이 단단해지는데 이 현상을 사후강직 또는 사후경직이라 한다. 이 기간이 지나면 근육 내의 단백질 분해효소에 의해 자가소화현상이 일어나면서 고기는 연해지고 풍미도 좋고 소화도 잘되게 되는데, 이 현상이 숙성이다. 육류는 숙성에 의해 품질이 향상된다.

(3) 가열에 의한 고기 변화

① 고기 단백질의 응고, 고기의 수축, 분해
② 중량 보수성 감소
③ 결합 조직의 연화 : 콜라겐 → 젤라틴(75~80℃ 이상)
④ 지방의 융해
⑤ 색의 변화, 풍미의 변화 등이 일어난다.

(4) 고기의 종류와 조리

융점이 높은 지방을 가진 소고기나 양고기는 가열해서 뜨겁게 먹는 요리에 적합하나 융점이 낮은 지방을 가진 돼지고기나 가금류 고기는 식어도 맛이 변하지 않으므로 햄, 소시지와 같은 가열하지 않고 먹을 수 있는 가공품을 제조할수 있다

(5) 고기의 가열 정도와 내부상태

가열 정도	내부온도	내부상태	
Rare	55~65℃	고기의 표면을 불에 살짝 굽는다. 자르면 육즙이 흐르고 내부는 생고기에 가깝다.	
Medium	65~70℃	고기 표면의 색깔은 회갈색이나 내부는 장미색 정도이고, 자르면 육즙이 약간 있다.	
Well-done	70~80℃	고기의 표면과 내부 모두 갈색 정도로 구우며 육즙은 거의 없다.	

(6) 고기 연화법

① 도살 직후 숙성기간을 두어 근육조직을 연화시킨다.
② 고기에 단백질 분해효소를 가해주어 고기를 연하게 할 수 있다.
　　㉠ 파파야 속에 들어있는 파파인(Papain)
　　㉡ 파인애플 속에 들어있는 브로멜린(Bromelin)
　　㉢ 무화과 속에 들어 있는 휘신(Ficin)

ⓔ 배즙에 들어 있는 프로타아제(Protease)

ⓜ 키위에 들어있는 액티니딘(Actinidin)

③ **기계적 방법으로 연화시킨다** : 고기를 결 반대로 썰거나, 두들기거나, 칼집을 넣거나, 갈아주는 방법 등이다.

④ **적당한 가열 조리 방법** : 결체조직이 많은 고기는 장시간 물에 끓이면 콜라겐이 가수분해되어 연해진다.

⑤ **동결** : 고기를 얼리면 고기 속의 수분이 단백질보다 먼저 얼어서 용적이 팽창한다. 이때 용적의 팽창에 따라조직이 파괴되므로 약간의 연화작용이 나타난다.

⑥ **설탕 첨가** : 조리 시 처음에 설탕을 넣으면 단백질을 연화시키는 작용을 하는데 설탕을 먼저 넣고 불고기를 재워 몇 시간 후에 조리하면 연화력이 증대된다.

(7) 육류의 감별법

① **소고기** : 색이 빨갛고 윤택이 나며 얄팍하게 썰었을 때 손으로 찢기 쉬운 것이 좋다. 또한 수분이 충분하게 함유되고 손가락으로 눌렀을 때 탄력성이 있는 것이 좋다. 고기의 빛깔이 너무 빨간 것은 오래되었거나 늙은 고기 또는 노동을 많이 한 고기이므로 질기고 좋지 못하다.

② **돼지고기** : 기름지고 윤기가 있으며 살이 두껍고 살코기의 색이 엷은 것이 좋다. 살코기의 색이 빨간 것은 늙은 돼지고기이다.

(8) 소고기의 부위별 명칭과 사용용도

[소고기의 부위별 명칭]

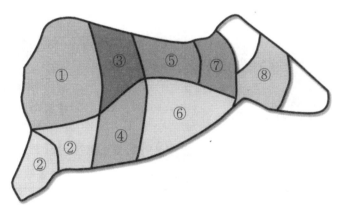

① 어깨살(Chuck)

② 앞다리살(Fore shank and Brisket)

③ 갈비살(Ribs)

④ 양지살(Short plate)

⑤ 뒷등심(Short loin)

⑥ 옆구리살(Flank)

⑦ 아랫등심(Sirloin)

⑧ 엉덩이살(Round)

명칭	부위	특징	사용용도
① 어깨살 (Chuck)	앞다리 위쪽을 포함한 부분	운동량이 많은 부위로 살이 질기고 지방 함량이 적으며 잘 발달된 근육으로 고기의 향이 풍부함	스튜(stew), 스톡(stock) 등
② 앞다리살 (Fore shank and Brisket)	무릎관절 위로부터 어깨 바로 밑 부분까지	도체(도살한 가축의 가죽, 머리, 발목, 내장 따위를 떼어 낸 나머지 몸뚱이)의 약 8%를 차지하고, 질긴 근육살로 콜라겐이 많이 함유되어 습열로 오랫동안 조리하면 콜라겐 화됨	조림, 콘소메 (consomme) 등
③ 갈비살(Ribs)	목살에서 이어지는 등쪽 회장근인 로스부분	고운 육질과 근육이 적음	스테이크(steak), 로스트(roast) 등
④ 양지살 (Short plate)	앞등심을 축으로 바로 아랫부분	도체(도살한 가축의 가죽, 머리, 발목, 내장 따위를 떼어 낸 나머지 몸뚱이)의 약7%를 차지하며 섬유질이 질기며 붉은살 육질에 지방이 켜켜로 포개져 있음	브레이징(braising) 등
⑤ 뒷등심 (Short loin)	뒤쪽 등심	근육의 형태가 마치 눈과 같은 모양을 하고 있어 리브아이(Rib eye)라고 불리며 그 아래쪽으로 안심(Tenderloin)을 포함하고 있으며, 근육을 거의 쓰지 않는 부위로 육질이 부드럽고 지방이 적음	스테이크(steak) 등
⑥ 옆구리살 (Flank)	등심과 연결된 아랫 배쪽 부분	근육이 줄무늬 형태로 늘어져 있으며 육질이 비교적 질긴 편임	수프(Soup) 등
⑦ 아랫등심 (Sirloin)	허리부분과 다리살 부분 주위에서 가장 부드러운 적색살	육질이 연하고 지방도 적당히 포함되어 있음	스테이크(steak), 로스트(roast) 등
⑧ 엉덩이살 (Round)	엉덩이살	근육덩어리가 크게 분포되어 있어 육질이 질긴 편에 속함	브레이징(Braising), 스튜(Stew) 등

2. 달걀 조리

(1) 달걀의 구성

달걀은 껍질 및 난황(노른자) 난백(흰자)으로 구성되어 있으며 난백은 90%가 수분이고 나머지는 거의가 단백질이며, 난황은 약 50%가 고형분이고 단백질 외에 다량의 지방과 인(p)과 철

(Fe)이 들어 있다.

(2) 열 응고성

① 달걀의 응고 온도는 난백이 60~65℃, 난황이 65~70℃이며 설탕이나 국물을 섞으면 응고 되는 온도가 높아진다.

② 달걀은 익는 정도에 따라 끓는 물의 상태에서 7분이면 반숙, 10~15분 정도면 완숙, 15분 이상이 되면 녹변현상이 일어난다. 소화시간은 반숙 → 완숙 → 생달걀 → 달걀프라이 순으로 오래 걸린다.

③ 반숙(1시간 30분), 완숙(2시간 30분), 생달걀(2시간 45분), 달걀프라이(3시간 15분) 가량 지나야 소화흡수된다.

(3) 난백의 기포성

① 원리 : 난백을 잘 휘저으면 공기가 들어가 거품이 일어난다. 이 거품은 잠시 동안 그대로 있고 가열하면 응고되어 고정된다. 이와 같은 성질을 기포성이라 하며 머링게(Meringue), 프리터(Fritter)로써 튀김, 과자, 기타 요리에 사용된다.

② 특성

㉠ 온도 : 난백은 30℃에서 거품이 잘 일어난다. 냉장고에서 바로 꺼낸 달걀보다 실온에 두었던 달걀이 거품을 내는 데 좋다. 만약 냉장고에 두었던 달걀을 사용할 때는 냉장고에서 꺼내 온도를 높여서 거품을 내는 것이 좋다.

㉡ 신선도 : 난백은 점도가 묽은 수양난백과 점도가 큰 농후난백으로서 구성되어 있는데, 신선한 달걀일수록 농후난백이 많고 수양난백이 적다. 수양난백이 많은 달걀, 즉 오래된 달걀은 거품이 잘 일어나나 안정성은 적다.

㉢ 첨가물

• 기름, 우유 : 기포력을 저해한다.

• 설탕 : 거품을 완전히 낸 후 마지막 단계에서 넣어주면 거품이 안정된다.

• 산(오렌지주스, 식초, 레몬즙) : 기포현상을 도와준다.

㉣ 달걀을 넣고 젓는 그릇의 모양은 밑이 좁고 둥근 바닥을 가진 것이 팽팽하게 벌어진 것보다 좋으며, 젓는 속도가 빠를수록 기포력이 크다.

㉤ 달걀의 기포성을 응용한 조리로는 스펀지 케이크, 케이크의 장식, 머랭(난백 + 설탕 + 크림 + 색소) 등이 있다.

→ 달걀흰자를 강하게 저으면 기포(거품)가 생기는데 이것은 흰자에 들어 있는 오보뮤신, 오보글로불린, 콘알부민 등의 단백질이 흰자를 저을 때 들어간 공기를 둘러싸기 때문이다.

(4) 난황의 유화성

① 난황은 기름에 유화되는 것을 촉진한다.

② 난황의 지방유화력은 단백질에 함유되어 있는 레시틴(Lecithin)이 중요한 역할을 하며, 유화를 안정시킨다.

③ 유화성을 이용한 대표적인 음식으로 마요네즈를 들 수 있고 그 외에 프렌치 드레싱, 잣미음, 크림수프, 케이크반죽 등이 있다.

(5) 달걀의 녹변 현상

달걀을 껍질째 삶으면 난백과 난황 사이에 검푸른 색이 생기는 것을 볼 수 있다. 이는 난백의 황화수소(H_2S)가 난황의 철분(Fe)과 결합하여 황화 제1철(유화철. FeS)을 만들기 때문이다.

① 가열온도가 높을수록 반응속도가 빠르다.

② 가열시간이 길수록 녹변 현상이 잘 일어나고 색이 짙다.

③ 신선한 달걀보다는 오래된 달걀일수록 녹변 현상이 잘 일어난다.

④ 삶은 후 즉시 냉수에 넣어 식히면 적게 생기고, 식히지 않으면 많이 생긴다.

(6) 달걀의 신선도 판정 방법

① 비중법 : 물 1cup에 식염 1큰술(6%)을 용해한 물에 달걀을 넣어 가라앉으면 신선한 것이고 위로 뜨면 오래된 것이다.

② 난황계수와 난백계수 측정법

$$㉠ \text{난황계수} = \frac{\text{난황의 높이}}{\text{난황의 직경}} \quad \text{난황계수 : 0.36 이상이면 신선}$$

$$㉡ \text{난백계수} = \frac{\text{난백의 높이}}{\text{난백의 직경}} \quad \text{난백계수 : 0.14 이상이면 신선}$$

→ 오래된 달걀일수록 난황, 난백계수는 작아지고 기실은 커져서 흔들었을 때 소리가 나고 pH는 높아진다.

3. 우유 조리

(1) 우유의 성분

우유의 주성분은 칼슘과 단백질이다. 그중 주 단백질인 카제인(Casein)은 산(Acid)이나 레닌(Rennin)에 의해 응고되는데 이 응고성을 이용하여 치즈를 만든다.

(2) 우유의 조리성

① 조리식품의 색을 희게 하며, 매끄러운 감촉과 유연한 맛, 방향을 준다.

② 미세한 지방구와 카제인 입자가 많이 함유되어 있어 여러 가지 냄새를 흡착한다. 따라서 생선을 굽든가 튀기기 전에 우유에 담가두면 비린내를 없앨 수 있다.

③ 단백질의 겔(Gel) 강도를 높인다(Ca의 염류작용에 의해서).

　　→ 커스터드푸딩

④ 유동성이 있다(커피, 홍차, 밀가루, 설탕, 코코아 등의 식품과 혼합이 잘 된다).

⑤ 우유를 60~65℃로 가열하면 표면에 짧은 피막이 생기는데, 이것은 우유 중의 단백질과 지질, 무기질이 흡착되어 열변성한 것이다. 따라서 우유를 데울 때는 온도에 주의하고 이중 냄비를 사용하여 가볍게 저어가면서 데운다.

⑥ 토마토 수프를 만들거나 딸기나 밀감에 우유를 넣으면 산 응고현상을 볼 수 있는데, 깨끗한 토마토 수프를 만들려면 토마토를 가열하여 산을 휘발시킨 후 데운 우유를 넣고 만든다.

⑦ 우유의 당질인 유당은 열에 약하여 갈변 반응을 쉽게 일으킨다. 따라서 빵, 케이크, 과자류의 표면을 갈색으로 하는 데 이용된다.

(3) 유제품의 종류

① 버터 : 우유의 지방분을 모아 가열 살균한 후 젖산균을 넣어 발효시키고 소금으로 간을 한 것으로, 비타민 A, D, 카로틴 등이 풍부하고 소화흡수가 잘 된다.

② 크림 : 우유를 장시간 방치하여 생긴 황백색의 지방층을 거두어 만든 것으로, 지방함량에 따라 커피크림(Coffee cream)과 휘핑크림(Whipping cream)으로 구분한다. 커피크림은 지방분이 18% 이상으로 주로 커피용으로 쓰이며 휘핑크림은 지방분이 36% 이상인 포립용 크림으로 사용한다.

③ 치즈 : 우유 단백질을 레닌으로 응고시킨 것으로 우유보다 단백질과 칼슘이 풍부하다.

④ 분유 : 우유의 수분을 제거하여 분말상태로 한 것으로, 전지분유, 탈지분유, 가당분유, 조제분유 등이 있다.

⑤ 연유(농축유, Condensed milk) : 우유에 16%의 설탕을 첨가하여 약 1/3의 부피로 농축시킨 가당연유와 우유를 그대로 1/3의 부피로 농축시킨 무당연유가 있다.

⑥ 요구르트 : 탈지유를 1/2로 농축시켜 8%의 설탕에 넣고 가열, 살균한 후 젖산 발효시킨 것으로 정장작용을 한다.

⑦ 탈지유 : 우유에서 지방을 뺀 것이다.

4. 젤라틴

① 동물의 가죽이나 뼈에 다량 존재하는 단백질인 콜라겐(Collagen)의 가수분해로 생긴 물질이다.

② 조리에 사용하는 젤라틴 젤리의 농도는 3~4%이며, 13℃ 이상의 온도에서는 응고하기 어려우므로 10℃ 이하나 냉장고 또는 얼음을 이용하는 것이 좋다.

③ 젤라틴을 이용한 음식 : 젤리, 족편, 머시멜로(Marshmallow), 아이스크림 및 기타 얼린 후식 등에 유화제로 쓰인다.

1. 생선 성분

① **단백질** : 섬유상 단백질은 생선의 근섬유의 주체를 형성하는 단백질로서 미오신(Myosin), 액틴(Actin), 액토미오신(Actomyosin)으로 되어 있으며, 전체 단백질의 약 70%를 차지하고 소금에 녹는 성질이 있어 어묵의 형성에 이용된다.

② **지방** : 생선의 지방은 약 80%가 불포화지방산이고 나머지 약 20%는 포화지방산으로 되어 있다.

   ㉠ 포화지방산 : 분자 내에 이중결합이 없는 것으로 쇠기름, 돼지기름, 버터 등이 있다. 주로 동물성 식품이 존재하며 심장병, 동맥경화, 비만의 원인이 되고 있다.

   ㉡ 불포화지방산 : 지방산을 구성하는 탄소와 탄소의 결합이 이중결합이 있을 때 불포화지방산이라 하며 식품성 기름인 콩기름, 면실유, 낙화생유, 참기름, 어육, 옥수수유 등에 많다. 수소 첨가에 따라 포화지방산이 될 수 있으며(경화유 : 쇼트닝, 마가린) 저급 지방산으로 올레산, 리놀렌산, 리놀레산, 아라키돈산이 있다.

2. 어류 특징

① 어류는 서식하는 물의 성질에 따라 담수어와 해수어로 구분되며, 물의 온도가 낮고 깊은 곳에 사는 생선은 물의 온도가 높고 얕은 곳에 사는 생선보다 맛과 질이 우수하다.

② 어류는 지방분이 적고 살코기가 흰 백색어류(가자미, 도미, 민어, 광어 등)와 지방분이 많고 살코기가 붉은 적색어류(꽁치, 고등어, 청어 등)가 있다.

③ 적색어류는 백색어류보다 자가소화가 빨리 오고, 담수어(강에 사는 것)는 해수어(바다에 사는 것)보다 낮은 온도에서 자가소화가 일어난다.

④ 어류는 사후강직 시 맛이 있고 이후 자가소화와 부패가 일어난다.

⑤ 생선은 산란기 직전의 것이 가장 살이 찌고 지방도 많으며 맛이 좋다. 그러나 산란기에는 저장된 영양분이 빠져나가고 몸이 마르기 시작하고 지방도 줄어 맛이 없게 된다.

3. 어패류 조리법

① 생선구이 시 소금구이의 경우 생선 중량의 2~3%를 뿌리면 탈수도 일어나지 않고 간도 적절하다.

② 생선 조림 시 결합조직이 적으므로 물이나 양념장이 끓을 때 넣어야 생선의 원형을 유지하고 영양손실을 줄일 수 있으며 처음 가열할 때 수분간은 뚜껑을 열어 비린내를 휘발시킨다. 가열시간이 너무 길어지면 양념간장의 염분에 의한 삼투압으로 어육에서 탈수작용이 일어나 굳어지면 맛이 없다.

③ 생선 튀김 시 튀김옷은 박력분을 사용하고 180℃에서 2~3분간 튀기는 것이 좋다.

④ 전유어는 생선의 비린 냄새 제거에 효과적인 조리이다.

⑤ 오징어와 같이 결체조직이 치밀한 것은 오징어 안쪽에 칼금을 넣어 모양을 살리고 소화도 용이하도록 한다.

⑥ 어묵은 어류의 단백질인 미오신이 소금에 용해되는 성질을 이용하여 만든다.

> **참고** 조개류는 물을 넣어 가열하면 호박산(Succinic acid)에 의해 독특하고 시원한 맛을 낸다.

4. 어취의 제거

① 생선의 비린내는 어체 내에 있는 트리메틸아민 옥사이드(Trimethylamine oxide, TMAO)가 환원되어 트리메틸아민(Trimethylamine, TMA)으로 되면서 나는 냄새이다.

② 생선을 조릴 때 처음 수분간은 뚜껑을 열어 비린내를 휘발시킨다.

③ 물에 씻기 : 생선의 선도가 저하되면 TMA의 양이 증가하며 어느 정도 물로 씻으면 녹아 나와 냄새를 줄일 수 있다.

④ 간장, 된장, 고추장 등의 장류를 첨가한다.

⑤ 생강, 파, 마늘, 겨자, 고추냉이, 술 등의 향신료를 강하게 사용한다.

⑥ 식초, 레몬즙 등의 산 첨가(TMA 외 휘발성, 염기성 물질을 산이 중화시킬 수 있다)

⑦ 우유에 미리 담가두었다가 조리하면 우유에 단백질인 카제인이 트리메틸아민을 흡착하여 비린내를 약하게 한다.

5. 한천(우뭇가사리)

① 우뭇가사리 등의 홍조류를 삶아서 얻은 액을 냉각시켜 엉기게 한 것이 우무인데 주성분은 탄수화물인 아가로오즈와 아가로펙틴이다. 이것을 잘라서 동결·건조한 것이 한천이다.

② 영양가가 없고 체내에서 소화되지 않으나 물을 흡착하여 팽창함으로써 장의 연동운동을 높여 변비를 예방한다.

③ 한천은 물에 담그면 흡수·팽윤하며, 팽윤한 한천을 가열하면 쉽게 녹는다. 농도가 낮을수록 빨리 녹고 2% 이상이면 녹기 힘들다.

④ 용해된 한천액을 냉각시키면 점도가 증가하여 유동성을 잃고 겔화된다. 한천의 응고온도는 28~35℃이며, 조리에 사용하는 한천농도는 0.5~3% 정도이다.

⑤ 한천에 설탕을 첨가하면 점성과 탄성이 증가하고, 투명감도 증가한다. 또한 설탕 농도가 높을수록 겔의 농도가 증가된다.

⑥ 한천을 이용한 음식 : 양갱, 과자, 양장피의 원료로 사용된다.

04 ▶ 유지 및 유지 가공품

1. 유지의 성분

유지는 형태적으로 액체인 것을 유(油 : 대두유, 면실유, 참기름 등), 고체인 것을 지(脂 : 쇠기름, 돼지기름, 버터 등)라 하며 가수분해되면 지방산과 글리세롤로 된다.

2. 유지의 발연점

기름을 가열하면 일정한 온도에 열분해를 일으켜 지방산과 글리세롤로 분리되어 연기가 나기 시작하는데 이때의 온도를 발연점 또는 열분해 온도라 한다. 발연점에 도달한 경우는 청백색의 연기와 함께 지극성 취기가 발생하는데 이는 기름 분해에 의해 아크롤레인(Acrolein)이 생성되기 때문이다. 발연점이 높은 식물성 기름이 튀김에 적당하다.

> **참고** 아크롤레인 : 발연점 이상에서 청백색이 연기와 함께 자극성 취기가 발생하며, 기름에 거품이 나며, 기름이 분해되면서 생성되는 물질이다.

3. 발연점에 영향을 주는 요인

① **유리지방산 함량이 높을수록** : 유리지방산의 함량이 높은 기름은 발연점이 낮다.
② **그릇의 표면적이 넓을수록** : 같은 기름이라도 기름을 담은 그릇이 넓으면 발연점이 낮아진다. 그러므로 기름으로 조리하는 그릇은 되도록 좁은 것을 사용한다.
③ **기름 이외의 이물질이 많을수록** : 기름이 아닌 다른 물질이 기름에 섞여 있으면 기름의 발연점이 낮아진다.
④ **여러 번 반복 사용할수록** : 발연점은 떨어져서 튀김하기에 부적당하다.

> **참고** **각종 유지의 발연점**
> 면실유(230℃), 올리브유(175℃), 버터(208℃), 낙화생유(160℃), 라아드(190℃)

4. 유화성의 이용

기름과 물은 그 자체로서는 섞여지지 않으나 중개하는 매개체인 유화제가 있으면 유화액이 된다. 유화액에는 물속에 기름이 분산된 수중유적형(우유 · 아이스크림 · 마요네즈 등)과 기름에 물이 분산된 유중수적형(버터 · 마가린 등)의 두 가지 형이 있다.

참고 유화제란 한 분자 내에 친수성과 친유성을 함께 가지고 유화액의 형성에 도움을 주는 물질로서, 난황의 인지질(레시틴)이 가장 좋다.

5. 연화

밀가루 반죽에 지방을 넣으면 지방이 글루텐 표면을 둘러싸서 글루텐이 길고 복잡하게 연결되는 것을 방해하여 음식이 부드럽고 연해지는데 이를 연화(쇼트닝화)라고 한다. 이때 지방의 양이 너무 많으면 글루텐이 거의 형성되지 못하여 튀길 때 풀어지거나 구울 때 부서지기 쉽다.

6. 산패

유지나 유지함량이 많은 식품은 장기간 저장하거나 가열을 반복하면 공기 중의 효소 · 광선 · 미생물 · 수분 · 금속 · 온도 등에 의해 산화되며 맛과 영양소가 저하되고 악취를 내며 신맛을 가진다. 산패를 막으려면 공기와의 접촉을 적게 하고 냉암한 곳에 저장하며, 사용한 기름은 새 기름과 섞지 말아야 한다.

05 ▶ 냉동식품의 조리

미생물은 10℃ 이하면 생육이 억제되고 0℃ 이하에서는 거의 작용을 하지 못한다. 이러한 원리를 응용하여 저장한 식품이 냉장 및 냉동식품이다. 냉장식품은 얼리지 않고 저온에서 저장한 것이며 냉동식품은 식품을 0℃ 이하로 얼려서 저장한 것이다.

1. 냉동 방법

냉동품의 저장은 −15℃ 이하의 저온에서 주로 축산물과 수산물의 장기 저장에 이용되며 냉동에 의한 식품의 품질저하를 막기 위해 물의 결정을 미세하게 하려면 급속동결법이 필요하며, 일반적으로는 −40℃ 이하에서 동결시키고, 간혹 액체질소를 사용하여 −194℃에서 급속동결 시키기도 한다.

2. 해동 방법

① **육류, 어류** : 높은 온도에서 해동하면 조직이 상해서 드립(Drip)이 많이 나오므로 냉장고나 흐르는 냉수에서 필름에 싼 채 해동하는 것이 좋다. 가장 좋은 방법은 냉장고 내에서 저온 해동시켜 즉시 조리하는 것이다.

② **야채류** : 야채는 냉동 전에 가열처리를 하므로 조리 시 단시간에 조리한다. 삶을 때는 끓는
물에 냉동채소를 넣고 2~3분간 끓여 해동과 조리를 동시에 한다. 그 밖에 찌거나 볶을 때
에도 동결된 채로 조리한다.

③ **조리 냉동식품** : 플라스틱 필름으로 싼 것은 끓는 물에서 그대로 약 10분간 끓이고, 알루미
늄에 넣은 것은 오븐에서 약 20분간 덥힌다.

④ **튀김류** : 빵가루를 묻힌 것은 동결상태 그대로 다소 높은 온도의 기름에 튀겨도 되나, 미리
튀겨져 있는 것은 오븐에서 15~20분간 덥힌다.

⑤ **빵 및 과자류** : 자연 해동시키거나 오븐에 덥혀 해동시킨다.

⑥ **과일류** : 해동은 먹기 직전에 하며 포장된 채로 냉장고나 실온의 유수(흐르는 물)에서 하며
열탕은 사용하지 않는다. 주스로 할 경우 동결된 상태에서 그대로 믹서에 넣거나 가공하며
생식용은 반동결상태에서 먹는다.

06 ▶ 조미료와 향신료

1. 향신료

특수한 향기와 맛이 있고 미각, 후각을 자극하여 식욕을 촉진시키는 효력이 있으나 사용하는
양이 많으면 소화기관에 자극을 주어 바람직하지 않다.

① **후추** : 후추의 매운맛과 특수한 성분은 캐비신(Chavicine)이라는 물질에 기인하며, 육류의
누린 냄새와 생선의 비린내를 없애는 데 많이 쓰인다. 흰 후추는 검은 후추에 비해 매운맛과
향이 약하고 음식의 색을 희게 살려야 하는 생선요리나 닭고기 요리 등에 주로 사용된다.

② **고추** : 고추의 매운맛 성분은 캡사이신(Capsaicin)이라는 물질에 기인하며 소화의 촉진제
역할을 한다.

③ **겨자** : 겨자의 특수성분은 시니그린(Sinigrin)이라는 물질로 매운맛과 특유의 향을 지닌다.
이 겨자의 매운맛 성분인 시니그린을 분해시키는 효소인 미로시나제(Myrosinase)는 40℃
정도에서 매운맛을 내기 때문에 따뜻한 곳에서 발효를 시키는 것이 좋다.

④ **생강** : 생강의 매운맛과 특수성분은 진저롤(Gingerol), 쇼가올(Shogaol), 진저론
(Zingerone) 등에 의하며 돼지고기요리나 생선요리, 닭고기 요리의 누린내, 비린내를 없애
는 데 많이 사용되며 살균효과도 있어 생선회를 먹을 때 곁들이기도 한다.

⑤ **마늘** : 마늘의 매운 성분은 알리신(Allicin)이라는 물질에 기인하며 살균력과 함께 비타민
B_1의 흡수를 돕는 역할이 있다.

⑥ **파** : 매운맛은 황화아릴로서 휘발성 자극의 방향과 매운맛을 갖고 있다.

⑦ 기타 : 계피, 월계수잎, 정향, 박하, 카레 등 지역과 식습관, 요리법에 따라 그 종류가 다양하게 쓰인다.

2. 조미료

모든 식품의 맛, 향기, 색에 풍미를 가해주는 물질로 다음과 같은 것들이 있다.

① 조미료(맛난 맛) : 멸치, 화학조미료, 된장
② 감미료(단맛) : 설탕, 엿, 인공 감미료
③ 함미료(짠맛) : 식염, 간장
④ 산미료(신맛) : 양조초, 빙초산
⑤ 고미료(쓴맛) : 홉
⑥ 신미료(매운맛) : 고추, 후추, 겨자

01 밥을 지을 때 쌀의 전분이 빨리 α화 하려면?

① 쌀의 정백도가 낮을수록 좋다.

② 수침시간이 짧은 것일수록 좋다.

③ 가열온도가 높을수록 좋다.

④ 수소이온 농도가 낮을수록 좋다.

해설 전분의 호화는 쌀의 정백도(도정률)가 높을수록, pH가 높을수록, 가열온도가 높을수록, 수분이 증가할수록 촉진된다.

02 β−전분이 가열에 의해 α−전분으로 되는 현상을 무엇이라 하는가?

① 호화현상

② 호정화현상

③ 산화현상

④ 노화현상

해설
• 호화(α−) : 전분에 물을 넣고 고온으로 가열하여 익히는 것
• 노화(β−) : 호화된 전분을 상온으로 방치하면 β−전분으로 되돌아가는 현상
• 호정화 : 전분을 고온에서 물기없이 익히는 것

03 전분의 호정화란?

① 당류를 고온에서 물을 넣고 계속 가열함으로써 생성되는 물질

② 전분에 물을 첨가시켜 가열하면 20~30℃에서 팽창하고, 계속 가열하면 팽창하여 길어지는 상태

③ 전분에 물을 가하지 않고 160℃ 이상으로 가열하면 여러 단계의 가용성 전분을 거쳐 변화하는 물질

④ 당이 소화효소에 의해 분해된 물질

해설 전분에 물을 가하지 않고 160℃ 이상으로 가열하면 여러 단계의 가용성 전분을 거쳐 덱스트린(호정)으로 분해되는데, 이것을 전분의 호정화라 한다.
예 미숫가루, 튀밥(뻥튀기)

04 증기로 가열하면 찹쌀가루가 멥쌀가루보다 더 끈기있는 것을 볼 수 있는데 어떤 성분 함량이 많아서인가?

① 자당

② 글루텐

③ 아밀로오스

④ 아밀로펙틴

해설 전분은 아밀로오스와 아밀로펙틴으로 구성되어 있는데, 멥쌀은 아밀로오스가 대부분이고 찹쌀은 아밀로펙틴으로 구성되어 있다. 아밀로펙틴의 비율이 높을수록 끈기가 더 있다.

05 전분의 노화억제 방법이 아닌 것은?

① 0℃에서 보존

② 수분함량 15% 이하 유지

③ 유화제 첨가

④ 설탕의 첨가

해설 노화억제 방법
0℃ 이하로 냉동시키거나 수분함량을 15% 이하로 조절하여 유화제 또는 설탕을 첨가하면 된다.

06 백미와 물의 가장 알맞은 배합율은?

① 쌀 중량의 1.2배, 부피의 1.5배

② 쌀 중량의 1.4배, 부피의 1.1배

③ 쌀 중량의 1.5배, 부피의 1.2배

④ 쌀 중량의 1.9배, 부피의 1.8배

정답 01 ③ 02 ① 03 ③ 04 ④ 05 ① 06 ③

해설

쌀의 종류	쌀 중량에 대한 물의 분량	체적(부피)에 대한 물의 분량
백미(보통)	쌀 중량의 1.5배	쌀 용량의 1.2배
햅쌀	쌀 중량의 1.4배	쌀 용량의 1.1배
찹쌀	쌀 중량의 1.1~1.2배	쌀 용량의 0.9~1배
불린 쌀(침수)	쌀 중량의 1.2배	쌀 용량의 동량(1.0배)

07 쌀을 심하게 으깨어 여러 번 씻으면 어떤 비타민의 손실이 큰가?

① 티아민
② 아스코르브산
③ 카로틴
④ 토코페롤

해설 쌀을 씻어 밥을 짓는 과정에서 약 50% 이상의 비타민 B_1의 손실이 있게 된다. 따라서 쌀을 씻을 때 B_1의 손실을 줄이기 위해 가볍게 3회 정도 씻는다. 티아민은 비타민 B_1의 화학명이다.

08 밀가루에 물을 넣어 반죽을 하면 끈기가 생겨 반죽이 부드럽고 질겨지게 되는데, 어떤 성분이 생성된 것인가?

① 글루텐
② 글리아딘
③ 글루테닌
④ 글리시닌

해설 밀가루에 들어 있는 단백질인 글리아딘과 글루테닌은 물을 넣어 반죽하면 끈기가 강한 특수한 성질을 가진 글루텐이란 단백질로 만들어진다.

09 밀가루 종류에 따른 글루텐 함량과 용도가 옳은 것은?

① 강력분(13% 이상) : 식빵, 마카로니
② 중력분(10~13%) : 케이크, 튀김, 쿠키
③ 박력분(10% 이하) : 면류
④ 경질밀(20% 이상) : 식빵, 당면

해설 밀가루의 종류와 용도
• 강력분 : 글루텐 함량이 13% 이상으로 식빵, 마

카로니 등을 만든다.
• 중력분 : 글루텐 함량이 10~13%로 국수 등 면류를 만든다.
• 박력분 : 글루텐 함량이 10% 이하로 튀김옷, 케이크, 쿠키 등을 만든다.

10 근대, 시금치, 아욱과 같은 푸른잎 채소를 데쳐 낼 때의 올바른 방법은?

① 뚜껑을 열고 끓는 물에 단시간 데쳐 헹군다.
② 저온에서 뚜껑을 덮고 서서히 데쳐 헹군다.
③ 끓는 물에 뚜껑을 덮고 데쳐 헹군다.
④ 70℃ 정도의 물에서 뚜껑을 열고 데쳐 헹군다.

해설 시금치, 근대, 아욱 등의 녹색채소를 데칠 때는 수산을 제거하기 위해 뚜껑을 열고 단시간에 데쳐 찬물에 헹군다.

11 채소를 아삭아삭하고 싱싱하게 서빙하려 할 때, 다음 중 가장 합리적인 처리 방법은?

① 물에 오래 담가 둔다.
② 먹기 직전에 씻는다.
③ 깨끗이 씻은 후 물에 5시간쯤 담가둔다.
④ 조리하기 2시간쯤 전에 씻은 후 물기를 빼고 그릇에 담아 뚜껑을 덮고 냉장고에 넣어둔다.

해설 채소를 아삭아삭하게 먹으려면 조리하기 2시간쯤 전에 씻어서 물기를 빼고 그릇에 담아서 뚜껑을 덮어 냉장고에 넣어두면 된다. 물에 오래 담가두면 수용성 비타민의 손실이 오고, 먹기 직전에 씻으면 싱싱하지 못하므로 ①, ②, ③은 바람직하지 못하다.

07 ①　08 ①　09 ①　10 ①　11 ④

12 다음은 식품들의 조리방법을 설명한 것이다. 옳지 않은 것은?

① 무채는 소금을 뿌렸다가 물기를 꼭 짜서 무친다.

② 마른 호박은 더운 물에 씻어 불려서 먹는다.

③ 표고버섯은 더운 물에 담갔다가 꼭지를 떼고 볶는다.

④ 시금치는 데친 후 냉수에 씻어 무친다.

해설 무에 많이 함유되어 있는 비타민 C의 손실을 적게 하기 위해 소금에 절이지 않고 바로 양념을 해서 먹는 것이 좋다.

13 다음은 녹색채소 조리 시 중조를 가하면 나타나는 결과를 설명한 것이다. 틀린 것은?

① 비타민 C가 파괴된다.

② 조직이 연화된다.

③ 진한 녹색을 띤다.

④ 녹갈색으로 변한다.

해설 녹색채소 조리 시 중조(소다)를 넣으면 색이 선명해지지만 조직이 연화되고 비타민 C의 파괴를 가져온다.

14 흰색 채소의 흰색을 그대로 유지할 수 있는 조리방법은?

① 약간의 소다를 넣고 삶는다.

② 약간의 식초물을 넣고 삶는다.

③ 채소를 데친 직후 냉수에 헹군다.

④ 채소를 물에 담가 두었다가 삶는다.

해설 • 흰색 채소에 함유된 플라보노이드(Flavonoid) 계통의 색소는 산에서 백색을 유지하고 알칼리에서 황색이 된다.
• 따라서 연근이나 우엉은 껍질을 벗긴 후 식초물에 담그면 색깔이 변하지 않는다.

15 다음 중 감자를 삶아서 으깨는 방법으로 옳은 것은?

① 감자가 덜 익었을 때 으깬다.

② 우유를 넣고 으깬다.

③ 감자가 뜨거울 때 으깬다.

④ 감자가 차가워졌을 때 으깬다.

해설 감자의 온도가 내려가면 끈기가 생겨 으깨기가 어렵다. 보실보실하고 점성이 없이 으깨려면 감자가 뜨거울 때 으깨야 한다.

16 대두에는 어떤 성분이 있어 소화액인 트립신의 분비를 저해하는가?

① 레닌

② 안티트립신

③ 아비딘

④ 청산배당제

해설 날콩 속에는 단백질의 소화액인 트립신의 분비를 억제하는 안티트립신이 들어 있어서 소화가 잘 안되지만 가열 시 파괴된다.

17 다음 중 중소수를 넣어 콩을 삶을 때 가장 문제가 되는 것은?

① 조리수가 많이 필요하다.

② 콩이 잘 무르지 않는다.

③ 비타민 B_1의 파괴가 촉진된다.

④ 조리시간이 길어진다.

해설 콩을 삶을 때 식용소다(중조)를 첨가하여 삶으면 콩이 빨리 무르지만 비타민 B_1(티아민)이 손실되는 단점이 있다.

18 두부 응고제가 아닌 것은?

① 염화마그네슘($MgC1_2$)

② 황산칼슘($CaSO_4$)

③ 염화칼슘($CaC1_2$)

④ 탄산칼륨($K2CO_2$)

해설 두부 응고제 : 염화마그네슘, 염화칼슘, 황산칼슘

 정답 12 ① 13 ④ 14 ② 15 ③ 16 ② 17 ③ 18 ④

19 소의 부위 중 스테이크를 하기에 적당하지 않은 부위는?

① 갈비살(Ribs)

② 뒷등심(Short loin)

③ 양지살 (Short plate)

④ 아랫등심(Sirloin)

> 해설 양지살은 섬유질이 질기며 붉은살 육질에 지방이 켜켜이 포개져 있어 스테이크용으로 적합하지 않다.

20 다음은 소고기의 어느 부위에 대한 설명인가?

> 운동량이 많은 부위로 살이 질기고 지방 함량이 적으며 잘 발달된 근육으로 고기의 향이 풍부하여 스튜(stew)나 스톡(stock) 등에 사용함

① 앞다리살(Fore shank and Brisket)

② 어깨살(Chuck)

③ 갈비살(Ribs)

④ 엉덩이살(Round)

> 해설 어깨살은 앞다리 위쪽을 포함한 부분으로 운동량이 많아 살이 질기고 지방함량이 적으며 근육이 잘 발달되어 있다.

21 다음은 동물성 식품의 부패 경로이다. 올바른 순서는?

① 사후강직 → 자가소화 → 부패

② 사후강직 → 부패 → 자가소화

③ 자가소화 → 사후강직 → 부패

④ 자가소화 → 부패 → 사후강직

> 해설 동물은 도살된 후 조직이 단단해지는 사후강직현상이 일어나고 시간이 지나면 근육 자체의 효소에 의해 자기소화 현상이 일어나면서 고기가 연해지고 풍미도 좋고 소화도 잘 되는데 이 현상이 숙성이다. 숙성이 지나치면 부패된다.

22 육류를 물에 넣고 끓이면 고기가 연하게 되는 이유는?

① 조직 중의 콜라겐이 젤라틴으로 변해 용출되기 때문에

② 조직 중의 미오신이 젤라틴으로 변해 용출되기 때문에

③ 조직 중의 콜라겐이 알부민으로 변해 용출되기 때문에

④ 조직 중의 미오신이 알부민으로 변해 용출되기 때문에

> 해설 가열에 의한 고기의 변화 중 결체조직의 변화로 조직 중의 콜라겐이 젤라틴화(지방의 융해)되면서 고기가 연해진다.

23 육류의 연화작용에 관계되지 않은 것은?

① 파인애플　　　　② 무화과

③ 파파야　　　　　④ 레닌

> 해설 레닌은 단백질을 응고시키는 효소이다.
> 육류의 연화작용을 하는 과일 : 파인애플(브로멜린), 무화과(휘신), 파파야(파파인), 배즙

24 육온도계는 주로 어디에 사용하는가?

① 육류의 사후경직을 알아보기 위해

② 육류의 숙성을 알아보기 위해

③ 육류의 신선도를 알아보기 위해

④ 육류의 익은 정도를 알기 위해

> 해설 육온도계는 스테이크(Steak) 등의 익은 정도를 알아보기 위해 살 중심부에 꽂아 잠시 후에 판정한다.

---

19 ③　20 ②　21 ①　22 ①　23 ④　24 ④

25 어류 지방의 불포화지방산과 포화지방산에 대한 일반적인 비율로 옳은 것은? (불포화지방산 : 포화지방산)

① 80 : 20
② 60 : 40
③ 40 : 60
④ 20 : 80

해설 생선의 지방은 불포화지방산 약 80%와 포화지방산 약 20%로 구성되어 있다.

26 새우, 게, 가재의 색깔이 변하는 시기는?

① 익혔을 때
② 술 종류를 부었을 때
③ 겨울철 물에 넣었을 때
④ 도마 위에 놓을 때

해설 새우, 게, 가재 등을 가열하여 익혔을 때 단백질에서 유리된 아스타산틴(Astaxanthin)이 적색을 띠게 된다.

27 어패류 조리에 대한 설명으로 옳지 않은 것은?

① 패류의 근육은 생선보다 더 연하여 쉽게 상하므로 살아 있을 때 조리하는 것이 좋다.
② 어류는 결체조직이 많으므로 습열조리를 이용하여 오랫동안 익히는 것이 좋다.
③ 패류를 조리할 때는 낮은 온도에서 서서히 익혀 단백질의 급격한 온도변화를 피하도록 한다.
④ 어류를 덜 익히면 맛도 좋지 않고 기생충의 위험도 있으므로 완전히 익혀야 한다.

해설 어류는 육류에 비해 결체조직이 적으므로 습열조리보다는 건열법을 많이 이용한다.

28 신선한 생선을 판별하는 방법으로 잘못된 것은?

① 비늘이 잘 떨어지며 광택이 있는 것
② 손가락으로 누르면 탄력성이 있는 것
③ 아가미의 빛깔이 선홍색인 것
④ 눈알이 밖으로 돌출된 것

해설 생선의 신선도 판별법
• 눈이 투명하고, 튀어나온 듯 긴장되어 있고 아가미는 선홍색이어야 한다.
• 신선도가 높은 것은 비늘이 잘 떨어지지 않으며 광택이 있다.
• 손가락으로 눌러보아서 탄력성이 있다.

29 튀김용 기름으로 적당한 조건은?

① 발연점이 높은 것이 좋다.
② 융점이 낮은 것이 좋다.
③ 융점이 높은 것이 좋다.
④ 동물성 기름이 좋다.

해설 튀김기름은 발연점이 낮으면 튀김을 했을 때 기름이 많이 흡수되므로 발연점이 높은 것이 좋다. 즉 발연점이 높은 식물성 기름이 튀김에 적당하다.

30 유지의 발연점에 영향을 미치는 요인이 아닌 것은?

① 유리지방산 함량
② 용해도
③ 노출된 기름의 면적
④ 외부에서 들어온 미세한 입자상 물질들의 존재

해설 노출된 유지의 표면적이 넓을수록, 유리지방산의 함량이 많을수록, 외부에서 혼입된 이물질이 많을수록 유지의 발연점은 낮아진다.

정답 25 ① 26 ① 27 ② 28 ① 29 ① 30 ②

31 기름을 높은 온도로 가열하면 생기는 자극적인 냄새는?

① 유리지방산의 냄새

② 지방의 산패취

③ 아미노산의 탄화취

④ 아크롤레인(Acrolein)의 냄새

해설 유지의 온도가 상승하여 지방이 분해되어 푸른 연기가 나기 시작하는 시점을 발연점이라 하며 글리세롤이 분해되어 검푸른 연기를 내는데 이것은 아크롤레인으로 점막을 해치고 식욕을 잃게 한다.

32 식물성 액상유를 경화처리한 고체기름은?

① 버터

② 라드

③ 쇼트닝

④ 마요네즈

해설 경화유란 불포화지방이 많은 액체유지에 니켈을 촉매로 해 수소를 첨가하여 고체화한 것을 말하며 마가린과 쇼트닝이 있다.

33 유화된 식품이 아닌 것은?

① 버터

② 마가린

③ 마요네즈

④ 햄

해설 유화액에는 물속에 기름이 분산된 수중유적형(마요네즈, 아이스크림, 우유)과 기름에 물이 분산된 유중수적형(버터, 마가린)이 있다.

34 마요네즈를 만드는 데 적당한 재료는?

① 계란, 버터, 식초, 겨자, 소금

② 계란, 식용유, 식초, 소금, 설탕, 겨자

③ 계란, 식용유, 식초, 설탕, 우유

④ 계란, 마가린, 식초, 소금, 설탕, 겨자

해설 마요네즈는 난황, 식용유, 식초, 소금, 설탕, 양겨자, 흰후추를 넣고 유화성을 이용해 만든다.

35 머랭을 만들고자 할 때 설탕 첨가는 어느 단계에서 하는 것이 가장 효과적인가?

① 거품이 생기려고 할 때

② 처음 젓기 시작할 때

③ 충분히 거품이 생겼을 때

④ 아무 때나 무방하다.

해설 소금 및 설탕은 기포력을 약화시키므로 거품이 충분히 난 후에 첨가하도록 한다.

36 일반적으로 달걀의 기포형성력을 방해하지 않는 것은?

① 기름

② 우유

③ 달걀 노른자

④ 레몬즙

해설 소량의 산은 기포력을 도와주며 기름, 우유, 달걀 노른자는 기포력을 저해한다. 설탕은 거품을 완전히 낸 후 마지막 단계에서 넣어 주면 거품이 안정된다.

37 우유를 데울 때 가장 옳은 방법은?

① 이중냄비에 넣고 젓지 않고 데운다.

② 냄비에 담고 끓기 시작할 때까지 강한 불에서 데운다.

③ 이중냄비에 넣고 저으면서 데운다.

④ 냄비에 담고 약한 불에서 젓지 않고 데운다.

해설 우유를 가열하면 지방과 단백질이 엉겨서 표면에 하얀 피막이 생기고, 냄비 밑바닥에 락토알부민이 응고하며 또한 적당히 캐러멜화되어 눌어 타기 쉬우므로 냄비에 담아서 바로 끓이지 말고 이중냄비에 넣고 저어가면서 데우는 것이 좋다.

31 ④   32 ③   33 ④   34 ②   35 ③   36 ④   37 ③

38 휘핑크림(Whipping cream)이란 무엇인가?

① 슈크림과 과자 속에 넣는 속크림

② 유지방률 36% 이상인 Heavy cream

③ 부패된 크림

④ 아이스크림의 일종

해설 우유에서 유지방만을 분리한 것을 크림이라 하며 휘핑크림(Whipping cream)이란 지방 함량이 36% 이상인 Heavy cream을 말하고, 라이트 크림(Light cream)이란 지방 함량이 18% 이상인 크림을 말한다.

39 양갱 제조에서 팥소를 굳히는 작용을 하는 재료는?

① 한천   ② 갈분

③ 젤라틴   ④ 밀가루

해설 삶은 팥을 으깨어 여기에 설탕, 한천을 녹인 물을 부어 굳히면 양갱이 만들어지며, 한천은 젤라틴보다 응고력이 강해 양갱 등의 식물성 식품의 응고제로 이용된다.

40 한천은 다음 중 어디에 속하는가?

① 단백질

② 지방

③ 탄수화물

④ 무기질

해설 한천은 우뭇가사리와 같은 홍조류의 세포 성분으로 갈락토오스(Galactose)로 된 다당류이다.

41 식품의 냉장효과를 바르게 설명한 것은?

① 식품의 오염세균을 사멸시킨다.

② 식품의 동결로 세균을 사멸시킨다.

③ 식품을 장기간 보관할 수 있다.

④ 식품의 부패세균의 생육을 억제할 수 있다.

해설 식품의 냉장효과는 부패세균의 생육을 억제할 뿐이며 사멸시키지는 않는다. 그러므로 식품을 장기간

보관할 수 없으며, 단기간 보관에 주로 사용된다.

42 냉동생선을 해동하는 방법으로 영양 손실이 가장 적은 것은?

① 18~22℃의 실온에 방치한다.

② 40℃의 미지근한 물에 담근다.

③ 5~6℃ 냉장고 속에서 해동한다.

④ 비닐봉지에 넣어서 물속에 담가 둔다.

해설 시간이 있다면 냉동식품은 냉장고에서 서서히 해동하는 것이 가장 바람직하다.

43 다음은 향신료에 함유된 주요성분이다. 바르게 연결된 것은?

① 생강 : 알리신(Allicin)

② 겨자 : 캐비신(Chavicine)

③ 마늘 : 진저론(Zingerone)

④ 고추 : 캡사이신(Capsicin)

해설 ① 생강의 매운맛 성분은 진저론(Zingerone), 쇼가올(Shaogaol)이며, 육류의 누린내와 생선의 비린내를 없애는 데 효과적이다.
② 겨자의 매운맛은 시니그린(Sinigrin) 성분이 분해되어 생긴다.
③ 마늘의 매운맛 성분은 알리신(Allicin)이다.

44 다음은 조리에 있어서 후춧가루의 작용에 관하여 설명한 것이다. 틀린 것은?

① 생선의 비린내 제거

② 식욕 증진

③ 생선의 근육형태 변화 방지

④ 육류의 누린내 제거

해설 후추의 매운맛을 내는 독특한 향은 캐비신(Chavicine)으로 식욕 증진과 생선의 비린내 및 육류의 누린내 제거에 효과가 있다.

정답 38 ② 39 ① 40 ③ 41 ④ 42 ③ 43 ④ 44 ③

01 ▶ 서양 음식의 문화와 배경

1. 서양 음식의 문화와 배경

서양요리라고 하면 미국 요리만을 생각하는 경우가 있으나 미국, 캐나다 등의 북미대륙을 비롯하여 프랑스, 이탈리아, 영국, 독일 등의 유럽에서 전해진 서구의 음식을 총칭하는 말로서 서양요리의 발전사를 이해하기 위해서는 프랑스요리의 발전과정을 살펴볼 필요가 있다.

1550년 이탈리아 메데치가의 공주가 프랑스의 국왕 앙리 2세에게 시집오면서 여러 명의 조리사를 거느리고 온 데서부터 프랑스요리가 시작되었다. 이탈리아 요리사들에 의해 이탈리아 요리가 프랑스에 전파되었으며 프랑스 요리사들은 이들로부터 조리기술을 배웠다.

프랑스 요리는 역사와 함께 조리법이 발달하여 오면서 예술미를 바탕으로 발전해 왔다. 루이 14세 때부터 더욱 활발하게 발달하여 20세기 이후에는 서양요리의 중심이 되어 다양한 소스와 와인들을 사용해 다른 나라에 비해 맛이 뛰어나고 독특하게 발달하였다.

2. 나라별 특징

나라	특징
미국	• 다양한 인종과 문화로 음식문화도 다양함 • 육류의 소비에 비해 채소류의 소비가 적은 편임 • 인스턴트식품, 반조리, 가공식품 등이 발달했음 • 대표 음식 : 햄버거, 핫도그 등
프랑스	• 조리법이 다양하고 예술적임 • 낙농업의 발달로 발효 가공식품이 발달함(치즈, 버터, 생크림 등) • 제과 · 제빵의 기술이 앞서감–바게트, 브리오슈, 마카롱 등 • 프랑스의 푸아그라는 세계 3대 진미 중 하나 임 • 대표 음식 : 바게트, 브리오슈, 마카롱, 치즈 등
이탈리아	• 채소의 섭취가 많고 올리브를 주로 사용함 • 저장식품이 발달하였음 – 엔초비, 살라미 등 • 엔초비 : 멸치류의 작은 물고기로 절여서 발효시킨 젓갈 • 살라미 : 소시지에 강한 양념을 하여 건조한 것 • 대표 음식 : 파스타, 젤라토(아이스크림), 크로켓, 아란치니(주먹밥) 등

영국	• 소고기를 이용한 요리가 발달하였음 • 티타임이 하나의 식문화로 인식이 되는데 이때 쿠키, 스콘, 샌드위치 등을 곁들임 • 대표 음식 : 로스트비프, 피시앤칩스 등
독일	• 아침 식사나 브런치를 중요시함 • 독일식 김치인 사워크라우트(양배추 독일식 김치)를 소시지나 육류 요리와 함께 제공함 • 감자와 빵을 주식으로 스튜나 수프를 곁들임

참고 ■ **세계 3대 진미**
  – 푸아그라(식용을 위해 살을 찌운 거위나 오리의 간. 또는 그것으로 만든 요리)
  – 캐비아(철갑상어알을 소금에 절인 식품)
  – 트러플(송로(松露)버섯이라고도 부름)

■ **세계 3대 수프**
  – 프랑스의 부이야베스(생선과 여러 향신재료를 넣고 끓임)
  – 중국의 샥스핀(상어의 지느러미를 말린 것)
  – 태국의 똠얌꿍(새우 샐러드탕 – 얌이 타이식 샐러드의 일종으로 여기에 쓰이는 향신료들이 쓰여서 지어진 이름)

1. 메뉴의 형태

정식메뉴 (Full course Menu)	• Set Menu라고도 부름 • 제공할 식사의 종류와 순서가 미리 정해지고 이에 맞는 서비스를 제공함 • 코스요리 메뉴 　– 5 Course 　　Appetizer(전채) → Soup(수프) → Main Dish(주요리) → Dessert(후식) → Beverage(음료) 　– 7 Course 　　Appetizer(전채) → Soup(수프) → Fish(생선요리) → Main Dish(주요리) → Salad(샐러드) → Dessert(후식) → Beverage(음료) 　– 9 Course 　　Appetizer(전채) → Soup(수프) → Fish(생선요리) → Sherbet(샤벳) → Main Dish(주요리) → Salad(샐러드) → Dessert(후식) → Beverage(음료) → Pralines(초코릿류, 생과자) 　– 12 Course 　　Cold Appetizer(찬 전채) → Soup(수프) → Warm Appetizer(더운 전채) → Fish(생선요리) → Sherbet(샤벳) → Main Dish(주요리) → Salad(샐러드) → Dessert(후식) → Fresh or Compote Fruit(조림 또는 생과일) → Cheese(치즈) → Beverage(음료) →Pralines(초코릿류, 생과자) 　– 16 Course 　　12코스에서 주요리를 찬 주요리, 더운 주요리로 그리고 가금 요리 코스로 나누고, 주요리 다음에 채소요리를 별도로 제공하고, 후식을 더운 후식과 찬 후식으로 나누어 16코스로 제공함 • 정식 메뉴의 장점 　– 메뉴 작성이 용이하다. 　– 조리과정이 일정하여 노력과 인건비가 적게 든다. 　– 고객의 입장에서 선택이 용이하다. 　– 서비스가 단조로워 단시간에 많은 고객을 서비스할 수 있다. 　– 원가와 인건비 감소로 판매가격이 저렴하다. 　– 매상고가 높고 재고가 감소한다.
일품요리 (A la Carte Menu: Standard Menu)	• 정식 메뉴의 순서로 되어 있으며 코스별로 여러 가지 종류를 나열해 놓고 손님이 알맞게 음식을 고르고 자유롭게 코스를 선택할 수 있는 요리로 정식과 같은 순서는 무시될 수 있음 • 일품요리의 시초는 프랑스혁명 이후에 식당이 생기고 아무렇게나 수프를 끓여서 판매하던 것이 진보되어 고기, 채소 등을 넣고 끓여서 제공하게 되었다. 그 명칭이 Restaurant라고 불리게 되었으며 이것이 일품요리를 만들어 제공하는 시초가 되었음
연회 메뉴 (Banquet Menu)	정식 그리고 뷔페, 다과를 겸하는 칵테일, 티 뷔페, 스텐딩 뷔페 등 여러 사람이 한 공간에 모여 연회(축제, 기념일 등)를 할 때와 같이 많은 사람에게 요리를 제공하는데 용이하도록 구성된 메뉴임

뷔페 메뉴	• 뷔페란 여러 가지 종류의 음식을 많은 양을 만들어 제공하는 형태로 손님의 취향에 따라 음식을 골라 먹을 수 있도록 하는 음식의 제공방식임 • 여러 가지 고급음식들을 먹을 수 있는 장점이 있는 반면 격조 있는 서비스를 기대하기는 어려운 점이 있음 • 음식을 주문하여 만들 때까지 기다릴 필요가 없어 식사 시간을 절약할 수 있음

2. 메뉴의 종류

메뉴의 종류		
아침메뉴 (Breakfast Menu)	아메리칸 브렉퍼스트 (American Breakfast)	주스, 시리얼, 햄 또는 소시지 또는 베이컨과 달걀, 토스트, 커피 또는 티
	콘티넨탈 브렉퍼스트 (Continental Breakfast)	주스, 토스트, 커피 또는 티
	비엔나 브렉퍼스트 (Vienna Breakfast)	스위트 롤 또는 데니쉬 페이스트리, 삶은 달걀, 커피와 우유
	잉글리시 브렉퍼스트 (English Breakfast)	주스, 시리얼, 생선, 토스트, 커피 또는 티
	브렉퍼스트 뷔페 (Breakfast Buffet)	조식 뷔페로 비즈니스맨을 위해 최근 많이 제공되고 있음
브런치 (Brunch Menu)	아침 겸 점심으로 하는 식사로 전통적으로 아침 식사에 인기 있는 음식이 제공되고 있으나 육류, 생선, 달걀, 과일, 빵 등이 다양하게 차려지고 있음	
정찬 (Lunch Menu)	정식메뉴, 일품메뉴, 뷔페 등이 제공될 수 있음	
만찬 (Dinner Menu)	• 하루 중 가장 비중을 두는 식사 • 점심 메뉴보다 다양하면서 고급스럽고 가격대가 높으며 실내 장식, 고급스러운 분위기가 제공됨	
스낵메뉴 (Snack Menu)	아침과 점심, 점심과 저녁 사이, 저녁 식사 후 간단히 먹는 메뉴로 케이크, 소시지, 샌드위치, 주스, 아이스크림, 치즈, 커피, 차 등이 포함됨	
심야 만찬메뉴 (Midnight Supper Menu)	• 늦은 저녁 식사 또는 밤참 • 축제 행사가 있는 늦은 저녁에 먹는 4~5가지의 순서로 짜인 메뉴로 소화가 쉽게 되는 것으로 제공함	

3. 메뉴의 계획과 작성 방법

(1) 메뉴 계획 시 기본요건

① 고객의 욕구 성향을 파악

② 원가의 수익성(원가의 적정선을 계획함)

③ 식자재 구입 및 조달 과정 : 구입이 가능한 품목과 재고량을 활용하며, 구매자에게 시장정보를 받아 계획)

④ 조리기구 및 식당의 수용능력 고려

⑤ 메뉴 구성에 따른 기본 조리법 선정

⑥ 영양상으로 균형 있는 식사 구성

⑦ 판매 메뉴의 통계, 분석에 따른 상품을 분석

(2) 메뉴 작성 시 기본 원칙

① 같은 재료를 중복하여 사용하지 않기

② 같은 색의 요리를 반복시키지 않기

③ 소스를 중복해서 사용하지 않기

④ 조리방법의 중복을 피하기

⑤ 요리제공의 순서는 경식(輕食)에서 중식(中食)순으로 하기

⑥ 요리와 곁들여 지는 재료(Garniture)와의 배합과 배색에 유의

⑦ 계절, 용도별 성격, 특산물 등을 고려하여 작성

⑧ 메뉴 표기 시 각국의 고유문자를 사용하나, 양식의 경우 불어 표기를 원칙으로 하기

⑨ 저녁메뉴는 너무 무거운 요리는 삼가기

⑩ 균형 잡힌 메뉴를 구성하기

03 ▶ 서양음식의 특징 및 용어

1. 서양요리의 에티켓

식탁예법	• 복장은 정장을 원칙으로 하고 예약과 시간을 지킨다. • 핸드백과 소지품은 테이블에 올리지 않도록 한다. • 냅킨은 손님이 다 앉으면 무릎 위에 두 번 접어진 데까지 펴서 접힌 부분이 몸쪽으로 오게 무릎 위에 얹는 것이 좋고 식사 중 입에 묻은 것을 살짝 닦거나 핑거볼에 씻은 손가락 등을 닦는 데 사용한다. • 식사 도중에 자리를 잠시 비울 때는 냅킨은 자연스럽게 접어서 의자 위에 놓으며 식사가 끝나면 가볍게 접어서 테이블 왼쪽에 놓아둔다. • 다른 손님의 식사 테이블을 가리키며 주문하는 것은 실례가 된다. • 적당한 가격의 메뉴를 선택한다(고급식당에서는 중급 가격 선으로 주문하기). • 식사 중에는 지나치게 움직이지 않도록 한다. • 웨이터가 제일 먼저 빼주는 의자는 상석이며 의자에 앉을 때는 의자가 밀려서 흔들리지 않도록 조용히 앉는다. • 테이블과 몸 간격은 15~20cm 정도가 적당하며 식사를 하는 중에 의자를 끌어당기지 않는다.

식탁에서의 예절	• 식사 시에는 얼굴 또는 머리 등을 만지거나 다리를 포개는 것은 삼간다. • 식탁에 놓여 있는 나이프와 포크는 바깥쪽에서 안쪽으로 순서대로 사용하며 왼손에는 포크를 오른손에는 나이프를 잡고 사용한다. • 식사 도중에 포크와 나이프를 접시에 내려놓을 때는 여덟 팔자(八)로 접시 위에 놓고 다 먹은 후에는 나이프와 포크를 나란히 접시 오른쪽 아래로 비스듬히 놓는다. • 냅킨을 수건으로 사용해서는 안 되며 식기를 움직여서도 안 된다. • 바닥에 떨어뜨린 포크나 나이프는 줍지 않고 웨이터가 처리하도록 하는 것이 예의이고 손에 든 포크와 나이프는 바로 세우지 않는다.
식전주 (Aperitif)	• 식사 전 식욕 촉진 주를 마시는데 차게 해서 마시는 술은 술잔의 다리를 잡는다. • 주로 쉐리와인(Sherry wine)과 드라이버무스(Dry vermouth)를 사용한다. • 칵테일을 재청할 때는 먼저 마신 것과 같은 것으로 청한다.
전채, 수프, 빵	• 제일 바깥쪽의 오드블 포크와 나이프로 식사를 하며 식사가 끝나면 포크가 앞쪽에 나이프가 뒤로 가게 해서 접시 위에 가지런히 놓으면 웨이터가 접시 채 모두 가져간다. • 오드블은 조금만 먹고 요리가 나오는 대로 바로 먹는다. • 카나페, 샐러리 등은 손으로 집어서 먹는 것이 오려 보기가 좋다. • 생굴은 굴용 포크를 사용하여 떼어먹는다. • 수프는 앞에서 먼 쪽으로 밀 듯이 하여 떠서 소리를 내지 않고 먹는다. • 손잡이가 달린 수프 컵은 들어서 마셔도 된다. • 빵은 수프를 먹은 후에 먹는 데 나이프와 포크를 사용하지 않는다.
와인	• 와인 선택 시 생산지, 수확연도, 양조장의 이름, 요리와의 조화로움을 고려한다. • 와인 운반 시나 따를 때 병 안에 침전물이 일어나지 않도록 조심히 따른다. • 와인의 테이스팅은 남성이 하며 적색와인은 공기와 결합해 마신다. • 와인을 마실 때는 반드시 냅킨으로 입을 닦아 준다. • 샴페인은 많이 마시지 않는다.
생선요리	• 생선요리에 곁들여 나온 레몬을 짜는 방법–오른손 엄지와 검지로 레몬을 잡고 즙이 튀지 않도록 왼손으로 앞을 가린 다음 짠다. • 생선이 뼈째 나왔을 때는 생선의 한쪽 면을 다 먹고 생선을 뒤집지 말고 뼈를 발라 접시 옆에 놓고 그다음 먹도록 한다. 여기에는 백포도주가 제공된다. • 갑각류는 갑각류 포크와 나이프를 이용한다. • 달팽이요리는 갑각류 포크와 나이프를 이용한다. • 소스가 나올 때까지 요리에 손을 대지 않고 기다린다. • 연한 소스와 진한 소스를 치는 방법이 다르며 진한 소스는 발라서 먹는다.
고기요리	• 스테이크는 굽는 정도에 따라 Rare(레어), Medium Rare(미디엄 레어), Medium(미디엄), 그리고 완전히 익히는 Welldone(웰던)이 있다. • 붉은 포도주가 나오며 고기는 미리 썰어 놓으면 육즙이 빠져 맛이 없으므로 한입 크기로 세로로 잘라서 먹는다. • 로스트치킨(Rost Chicken)은 손으로 먹어도 무방하다.
면요리	스파게티는 스푼과 포크로 시계방향으로 말아서 먹는다.

채소와 샐러드	• 콩류: 콩 종류를 포크로 뜰 때는 빵을 이용해도 좋고 포크의 등으로 눌러서 부수어 먹어도 좋다. • 옥수수: 꼬챙이에 꽂혀 있는 옥수수는 손으로 먹는다. • 베이크드 포테이토(Baked Potato)의 껍질은 먹어도 된다.
디저트와 커피	• 단맛과 풍미가 있는 케이크, 아이스크림, 파이, 푸딩 등이 있고 먹고 난 후 과일로 입을 개운하게 한다. • 과일을 먹고 난 후 손끝을 가볍게 씻기 위한 물그릇이 나오는데 이것을 핑거볼이라 하며 손가락을 씻을 때는 두 손을 사용했다 해도 한쪽씩 가볍게 씻고 냅킨으로 닦는다. • 디저트용 스푼과 포크를 이용한다.

2. 테이블 세팅(Table seting)

(1) 정식차림

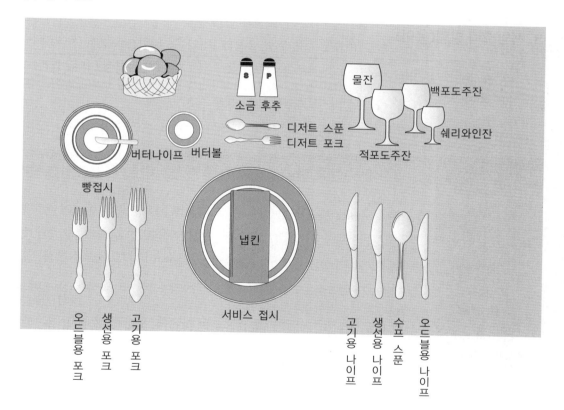

(2) 식사 순서

서양음식은 맛과 영양, 소화의 용이성과 눈으로 즐기는 색상의 조화 등 꾸준히 발전해 왔는데 대표적 서양요리의 하나인 프랑스요리는 완전한 풀코스(Full Course)인 12단계로 나뉘어 제공되지만, 최근에 와서는 간략하게 정리되어 가는 추세로 다음과 같은 구성으로 공식적인 연회에 많이 사용되고 있다.

① 에피타이저: 오드블(Appertizer−〈Hors D'oeuver〉)

② 수프(Soup)

③ 생선요리(Fish)

④ 주요리: 앙트레 −메인(Main Entrée−〈Entrée〉)

⑤ 샐러드(Salad)

⑥ 디저트(Dessert)

⑦ 커피(Coffee)

> **참고** − 전채요리를 불어로 오드블(hors d'oeuver)이라고 한다. 'hors'는 "앞(前)"의 의미이고, d'oeuver는
>   식사라는 뜻이다. 즉 식전요리 또는 전채요리이다.
> − 앙트레는(entrée) 식당이나 만찬에서 주요리, 또는 주요리 앞에 나오는 요리를 말한다.

3. 서양조리 방법(용어)

콩디망 (Condiment)	• 요리에 사용되는 여러 가지 양념을 섞은 것 • 음식의 맛을 내는 데 쓰는 재료를 일컬으며 단맛, 짠맛, 신맛, 쓴맛, 매운맛, 떫은맛, 감칠맛 등으로 독특한 맛이 나도록 음식 전체의 맛을 조절하는 작용을 함
그라탱 (Gratin)	조미한 소스로 무친 고기와 채소에 치즈와 빵가루를 뿌린 다음 오븐에서 겉이 노릇하게 구워낸 요리
갈라틴 (Galantine)	닭고기나 송아지 고기를 뼈를 발라내고 다진 양념을 넣어 랩이나 면보로 말아 육수에 삶아 차게 굳힌 음식
로스트 (Roast)	육류를 큰 덩어리째 오븐에 구운 요리
훈제 (Smoked)	• 소금에 절인 고기를 연기에 익혀 말리면서 그 연기의 성분이 흡수되게 한 식품 • 독특한 풍미가 있고 방부성이 있어 오래 저장할 수 있음
테린 (Terrine)	• 잘게 썬 고기·생선 등을 그릇에 담아 단단히 다져지게 한 뒤, 차게 식힌 다음 얇게 썰어 전채 요리로 내는 음식
세비체 (Ceviche)	• 페루 전통 음식의 하나로 익히지 않은 생선살이나 새우 살 따위에 해초, 양파 등을 넣고 레몬즙에 절여 먹음

식생활 문화 연습문제

01 서양음식에 대한 설명으로 옳지 않은 것은?

① 미국음식만을 서양음식이라 말한다.

② 영국은 소고기를 이용한 요리가 발달하였다.

③ 독일 소시지 요리는 사워크라우트와 곁들여 먹는다.

④ 프랑스는 낙농업의 발달로 치즈를 많이 사용한다.

해설 서양음식은 북미대륙과 유럽의 음식을 말한다.

02 나라별 대표 음식에 대한 설명으로 옳지 않은 것은?

① 이탈리아 : 피자, 젤라토, 파스타

② 독일 : 소시지, 사워크라우트

③ 프랑스 : 피자, 파스타, 젤라토

④ 영국 : 로스트비프, 피시앤칩스

해설 프랑스는 바게트, 브리오슈, 마카롱, 치즈가 유명하다.

03 세계 3대 진미 중 송로버섯이라고 불리는 것은?

① 캐비아

② 푸아그라

③ 송이버섯

④ 트러플

해설 송로(松露)버섯이라고 부르는 트러플(Truffle)은 프랑스와 이탈리아사람들이 제일 좋아하는 버섯이다.

04 메뉴의 형태 중 정식, 뷔페, 다과를 겸하며 축제, 기념일처럼 특별한 목적에 따라 용이하도록 구성된 것은?

① 일품요리(A la Carte Menu: Standard Menu)

② 정식 메뉴 (Full course Menu)

③ 뷔페 메뉴

④ 연회 메뉴(Banquet Menu)

해설 연회 메뉴는 축제, 기념일처럼 특별한 목적에 따라 요리의 제공 순서나 숫자가 고정되어 있다.

05 아메리칸 브렉퍼스트(American Breakfast)에 제공되지 않는 것은?

① 파스타

② 주스

③ 시리얼

④ 달걀

해설 아메리칸 브렉퍼스트에는 주스, 시리얼, 햄 또는 소세지, 베이컨, 달걀, 토스트, 커피, 티 등이 제공된다.

06 메뉴 계획 시 기본요건에 들지 않는 것은?

① 메뉴 구성에 따른 기본 조리법 선정

② 단가가 저렴한 재료로 구성

③ 고객의 요구 성향을 파악하여 구성

④ 조리기구 및 식당의 수용능력 고려

해설 저렴한 식자재보다는 원가의 적정선을 파악하여 영양상으로 균형 있는 식사로 구성한다.

정답 01 ① 02 ③ 03 ④ 04 ④ 05 ① 06 ②

07 메뉴의 작성 시 기본 원칙에 어긋나는 것은?

① 계절, 용도별 성격, 특산물 등을 고려하여 작성한다.

② 같은 색의 요리를 반복시키지 않는다.

③ 소스는 중복하여 사용해도 무방하다.

④ 가니쉬와의 배합과 배색에 유의하여 구성한다.

해설 같은 소스는 중복하여 사용하지 않는다.

08 서양요리의 식탁예절로 맞지 않는 것은?

① 포크와 나이프는 안쪽에서 바깥쪽으로 순서대로 사용한다.

② 주로 쉐리와인(Sherry wine)을 식전주로 사용한다.

③ 바닥에 떨어뜨린 포크와 나이프는 줍지 않는다.

④ 수프는 앞에서 먼 쪽으로 밀듯이 떠서 먹는다.

해설 식탁에 놓여 있는 나이프와 포크는 바깥쪽에서 안쪽으로 순서대로 사용한다.

09 서양요리의 식사 순서 중 다음에 들어가는 요리는?

> 에피타이저 : 오드블(Appertizer-〈Hors D'oeuver〉) → 수프(Soup) → ( ) → 주요리 : 앙트레 메인(Main Entré e-〈Entrée〉) → 샐러드(Salad) → 디저트(Dessert) → 커피(Coffee)

① 샤벳   ② 생선요리

③ 파스타   ④ 치즈

해설 주요리 앞에 생선요리(Fish)가 제공된다.

10 양식의 조리 방법설명으로 바르지 않은 것은?

① 세비체는 육류를 덩어리째 오븐에 굽는 방법이다.

② 콩디망은 요리에 사용되는 여러 가지 양념을 섞은 것이다.

③ 훈제는 소금에 절인 고기를 연기에 익혀 말리면서 그 연기의 성분이 흡수되게 하는 방법이다.

④ 테린은 잘게 썬 고기·생선 등을 그릇에 담아 단단히 다져지게 한 뒤, 차게 식힌 다음 얇게 썰어 전채 요리로 내는 음식이다.

해설 세비체는 페루 전통 음식의 하나로 익히지 않은 생선살이나 새우 살 따위에 해초, 양파 등을 넣고 레몬즙에 절여 먹는 방법이다.

11 메뉴의 종류 중 늦은 시간에 먹는 것으로 소화가 쉽게 되는 것으로 제공해야 하는 것은?

① 심야 만찬메뉴

② 정찬

③ 브런치

④ 만찬

해설 심야 만찬은 축제 행사가 있는 늦은 시간에 먹는 것으로 소화가 쉬운 것을 제공한다.

정답 07 ③   08 ①   09 ②   10 ③   11 ①

PART
6

양식 조리

양식 스톡 조리

01 ▶ 스톡재료 준비

스톡(stock)은 서양요리의 기본으로 소고기, 닭고기, 생선, 야채와 같은 재료 본래의 맛을 낸 국물로 수프와 소스의 맛을 결정하는 가장 중요한 조리과정 중의 하나이다. 스톡은 화이트 스톡과 브라운 스톡으로 구분되며 주제가 흰색이면 화이트 스톡을, 주제가 브라운이면 브라운 스톡을 사용한다.

1. 스톡의재료

① 부케가르니(Bouquet garni)

ㄱ 허브와 향미 채소를 실로 묶은 것으로 부케가르니는 일반적으로 통후추, 월계수잎, 타임, 파슬리 줄기와 마늘을 의미하며 오랫동안 조리하면서 향을 추출하기 위해 통째로 사용한다.

ㄴ 부케가르니를 만들 때 작은 것을 안쪽으로 큰 것은 바깥쪽으로 하여 실로 묶으며 여분의 실은 손잡이 부분에 묶어 두면 조리 후에 건져내기 쉽다.

ㄷ 샤세 데피스(Sachet d'epices)는 부케가르니와 재료가 비슷하지만, 부케가르니보다 좀 더 작은 조각의 향신료들을 소창에 싸서 사용하고 대량 조리 시는 스테인 다시 통을 사용하기도 한다.

② 미르포아(Mirepoix)

ㄱ 미르포아는 스톡에 향과 향기를 강화하기 위한 양파, 당근, 샐러리의 혼합물로 보편적으로 양파 50%, 당근 25%, 샐러리 25%의 비율로 사용한다.

ㄴ 브라운스톡의 색을 위하여 양파의 껍질도 사용하며 당근과 샐러리의 껍질도 향 때문에 중요한 재료이다.

ㄷ 미르포아의 크기는 소고기 스톡은 2.5~5cm, 닭, 생선, 야채육수는 1.2cm로 자르며 스톡의 조리시간이 짧으면 작게, 오랜 시간이 소요되면 크게 자른다.

ㄹ 흰색육수를 위해서 당근 대신 무, 버섯, 대파로 대체하기도 한다.

③ 뼈(bone)

ㄱ 소뼈와 송아지 뼈(Beef and veal bones)

• 소와 송아지 뼈는 가장 많이 쓰이고 다양한 용도를 가지는데 근육과 뼈를 연결하는 힘살(Collagen)과 연골(cartilage bone)이 많이 포함되어 있고 이 콜라겐은 조리과정 중 물과 함께 젤라틴으로 변하여 완성된 스톡은 풍부한 단백질과 무기질을 함유하게

된다.

- 스톡을 생산하는 데 좋은 부분은 등뼈(Back bone), 목뼈(Neck bone), 정강뼈(Shank bone) 순이다.
- 8~10cm의 작은 조각으로 잘라야 조리하는 동안 젤라틴과 영양 가치를 빠르고 완전히 추출해 낼 수 있으며, 6~8시간의 조리시간이 소요된다.

ⓒ 닭 뼈(Chicken bone) : 닭 뼈는 다른 뼈에 비해 가격조건이 좋아 자주 쓰이며 목뼈와 등 뼈가 스톡을 생산하기에 좋은데 어느 부위를 사용해도 무방하며 뼈만으로 풍부한 스톡 을 생산하기 어려우면 닭 전체를 사용하기도 하며, 5~6시간 이내에 스톡이 완성된다.

ⓒ 생선 뼈(Fish bone)

- 스톡에 적합한 생선은 흰살 생선으로 넙치와 가자미 등이며 독특한 향과 기름을 많이 함유한 연어, 참치 등은 적합하지 못하다.
- 생선뼈는 자른 후 피와 불순물 제거를 위해서 찬물에 담갔다가 사용한다.

ⓔ 기타 잡뼈(Other bones)

- 기타 양(Lamb), 칠면조(Turkey), 가금류(Game), 햄 뼈(Ham bone) 등을 사용하여 화이트(White) 또는 브라운 스톡(Brown stock)을 만들 수 있다.
- 기타 잡뼈들은 향이나 맛의 특징이 뚜렷해서 되도록 단독으로 사용하며 혼합하여 사용하는 것을 피하고, 불가피한 경우는 한정된 요리에만 사용한다.
- 허브(Herb)와 스파이스(Spice)를 곁들여 특정 냄새를 줄일 수 있다.

2. 스톡의 종류와 특성

스톡은 색에 의해 화이트 스톡과 브라운 스톡으로 나뉘며 두 스톡의 큰 차이점은 오븐을 이용하여 갈색으로 구워서 사용했는지의 여부이다. 생선 스톡의 경우 미르포아 사용 시 당근은 제외한다.

① 화이트 스톡(White stock)

ⓐ 닭이나 송아지, 소 등의 뼈와 미르포아, 부케가르니를 넣어 끓이며 다른 요리에 색 변화를 주지 않기 위해 색을 내지 않는다.

ⓑ 종류 : 화이트 비프스톡(White beef stock), 화이트 피시스톡(White fish stock), 화이트 치킨스톡(White chicken stock), 화이트 베지터블 스톡(White vegetable stock)

② 브라운 스톡(Brown stock)

ⓐ 화이트스톡과 같은 뼈와 채소를 사용하지만 차이점은 높은 열에서 캐러멜화한다는 것과 토마토 페이스트와 같은 토마토 부산물이 첨가되고 물과 함께 낮은 불에서 오랜 시간 우려내 짙은 갈색과 함께 더 강한 육즙 향이 난다는 것이다.

ⓑ 종류 : 브라운 비프스톡(Brown beef stock), 브라운 빌스톡(Brown veal stock), 브라운

게임스톡(Brown game stock), 브라운 치킨스톡(Brown chicken stock)

③ **생선 스톡(Fish Stock)**

    ㉠ 생선뼈나 갑각류의 껍질과 미르포아, 부케가르니를 넣어 색을 내지 않고 은근히 끓이는 데, 1시간 이내의 짧은 시간에 조리한다.

    ㉡ 생선 퓌메(Fish Fumet) : 생선 스톡에 레몬주스나 화이트와인을 첨가하고 간을 하여 생선 스톡보다 더 강한 향을 가진다.

④ **쿠르부용(Court bouillon)**

    ㉠ 야채와 부케가르니, 식초, 와인 등의 산성액체를 넣어 은근하게 끓여서 만들며 이렇게 만든 쿠르부용은 생선이나 야채를 삶아 내기[포칭(poaching)] 위한 매개체로 사용한다.

    ㉡ 나지(Nage) : 생선뼈나 갑각류(가재 등)의 껍데기를 쿠르부용에 넣어 끓이는 것

02 ▶ 스톡조리

1. 스톡 조리 시 주의 사항

① **찬물에서 시작하기**

    ㉠ 재료의 맛과 향 등을 잘 용해시키기 위해 반드시 찬물로 시작하며 재료가 충분히 잠길 정도로 물을 부어 시작한다.

    ㉡ 뜨거운 물로 시작하게 되면 불순물이 빨리 굳어지고 뼛속 맛있는 맛이 우러나지 못하며 혼탁해진다.

    ㉢ 스톡을 끓이는 중에 물이 줄어들면 보충해 주고 뼈가 물 밖으로 나오면 산소와의 접촉으로 검게 되고 스톡 생산에 영향을 주므로 주의한다.

② **센 불에서 시작하여 약한 불로 조리**

    ㉠ 스톡이 끓기 시작하면 불을 줄여서 90℃를 유지하게 은근하게 끓여야 뼛속 맛과 향이 우러나고 스톡을 맑게 생산할 수 있다.

    ㉡ 센 불로 조리 시 내용물의 움직임이 빨라져서 기름기가 물과 함께 엉켜 혼탁해진다.

③ **거품 및 불순물 걷어내기**

    ㉠ 불순물은 처음 끓어오르기 시작할 때가 가장 많으며 거품과 함께 스키머(skimmer)로 제거해 주면 되고 일정한 시간을 두고 떠오르는 불순물은 계속 제거해준다.

    ㉡ 스톡 포트(stock pot) 주위에 붙어 있는 기름띠는 젖은 타올로 닦아내면 더 깨끗한 스톡을 생산할 수 있다.

④ 간을 하지 않기

    ㉠ 스톡은 간을 하지 않는데 용도에 따라 소량이 될 때까지 졸여서 사용해야 하므로 소금 간을 미리 하면 대단히 짠맛이 날 수 있다.

    ㉡ 스톡을 사용하는 조리단계에서 소금을 첨가하면 더 적절한 맛을 낼 수 있다.

2. 스톡의 조리법

① 화이트스톡 조리하기

    ㉠ 재료 준비

- 닭 뼈는 찬물에 담가 준비 핏물을 제거한다.
- 양파, 샐러리, 무, 대파, 버섯을 1.2cm로 잘라 화이트 미르포아를 준비한다.
- 통후추, 타임, 마늘, 월계수 잎, 파슬리 줄기를 실로 묶어 부케가르니를 준비한다.

    ㉡ 조리

- 찬물에 핏물을 뺀 뼈를 끓는 물에 데쳐서 불순물과 핏물을 제거한다.
- 찬물에 준비된 뼈, 화이트 미르포아, 부케가르니를 넣고 센 불로 끓인다.
- 6~8시간 정도 지속적으로 은근하게 끓인다[시머링(Simmering) 하기].
- 불순물이 떠오르면 스키머로 제거[스키밍(Skimming)]한다.

② 브라운스톡 조리하기

    ㉠ 재료 준비

- 소뼈는 찬물에 담가 핏물을 제거한다.
- 미르포아(Mirepoix)는 3×3cm로 썰고, 토마토는 껍질과 씨를 제거한 후 슬라이스한다.
- 통후추(Black whole pepper), 파슬리(Parsley), 월계수 잎(Bay leave), 정향(Clove)으로 향신료 주머니(Sachet d'epices, 샤세 데피스)를 만든다.

    ㉡ 조리

- 팬에 버터를 넣고 소뼈를 갈색이 나도록 구워준다(뼈를 조리한 팬에 물이나 화이트 와인으로 디글레이징(Deglazing)한 액체를 첨가하면 스톡에 향과 색을 부여할 수 있다).
- 팬에 식용유를 넣고, 미르포아와 토마토를 갈색이 나게 조리한다(뼈와 미르포아가 타면 스톡이 쓴맛이 날 수 있으므로 주의한다).
- 스톡 포트(Stock pot)에 조리된 뼈(bone)와 미르포아(Mirepoix) 그리고 향신료 주머니(Sachetd'epices, 샤세 데피스)를 넣고 끓인다.
- 스톡이 끓어오르면 불을 줄여서 시머링(Simmering, 은근히 끓이기)한다.
- 불순물이 떠오르면 스키머로 제거[스키밍(Skimming : 거품이나 기름기를 걷어내는 것)]한다.

③ 피시 스톡 조리하기
　㉠ 재료 준비
　　• 생선뼈는 찬물에 담가 피와 불순물을 제거한다.
　　• 양파, 샐러리, 무, 대파, 버섯을 1.2cm로 잘라 화이트 미르포아를 준비한다.
　　• 통후추, 타임, 마늘, 월계수 잎, 파슬리 줄기를 실로 묶어 부케가르니를 준비한다.
　㉡ 조리
　　• 스톡 포트에 오일을 넣고 미르포아(Mirepoix)와 생선 뼈(Fish bone)를 넣고 부드러워
　　　질 때까지 1~2분가량 약한 불에서 스웨팅(Sweating : 낮은 불에서 요리하는 방법)한
　　　다.
　　• 물을 넣고, 디글레이징(Deglazing)을 한다(디글레이징(Deglazing) : 조리 후 바닥에
　　　눌어붙은 것이 남아 있는 팬에 소량의 육수나 물, 와인 등을 붓고 나무 주걱으로 바닥
　　　에 눌어붙은 것을 살살 긁어내는 것).
　　• 부케가르니(Bouquet garni)를 넣고 뚜껑을 연 채 30~40분간 시머링(Simmering : 은
　　　근히 끓이기)한다. 조리시간이 길어지면 스톡이 탁해진다.
　　• 불순물이 떠오르면 스키머로 제거[스키밍(Skimming : 거품이나 기름기를 걷어내는
　　　것)]한다.
④ **쿠르브용 조리하기**
　㉠ 재료 준비
　　• 양파, 당근, 샐러리를 1.2cm로 잘라 미르포아를 준비한다.
　　• 통후추, 타임, 마늘, 월계수 잎, 파슬리 줄기를 실로 묶어 부케가르니를 준비한다.
　㉡ 조리
　　• 모든 재료를 넣고 끓인다(미르포아, 부케가르니, 식초, 레몬).
　　• 45분 정도 시머링(Simmering : 은근히 끓이기) 한다.
　　• 불순물이 떠오르면 스키머로 제거[스키밍(Skimming : 거품이나 기름기를 걷어내는
　　　것)]한다.

03 ▶ 스톡 완성

1. 스톡 거르기

① 스톡 조리에 사용된 뼈와 채소 등이 부서지지 않게 분리한다.

② 스톡 표면 위의 기름을 국자나 흡수지를 이용하여 걷어낸다.

③ 원뿔체(china cap)에 소창을 씌워 통과시켜 맑게 걸러낸다.

2. 스톡 냉각시키기

① 스톡은 거른 후 빨리 식히는 것이 안전한데 열전달이 빠른 금속기물에 옮겨 얼음을 넣은 냉수에 식힌다. 이때 물 순환을 용이하게 하기 위해 용기와 바닥 사이에 볼록한 쇠로 된 망을 깔아준다.

② 냉각되는 동안에도 한 번씩 저어주면 빨리 냉각된다.

③ 스톡은 2단계로 냉각시키는데 첫 번째는 21℃로 2시간 이내로 냉각, 두 번째 단계는 추가로 4시간 동안 5℃ 이하로 냉각시키는 것이 안전하다.

3. 스톡 보관하기

① 냉각된 스톡은 잔존하는 기름기가 표면에 굳어있게 되는데 슬로티드 스푼(slotted spoon : 액체와 고형물을 분리할 때 사용)과 같은 기구로 떠내어 기름을 제거한다. 뚜껑이 있는 용기에 담아 용기 뚜껑에 만든 날짜와 시간을 기록한다.

② 냉장보관스톡은 3~4일 이내에 사용하고, 냉동 보관된 스톡은 5~6개월 보관이 가능하다.

4. 스톡의 품질평가 기준

스톡의 질은 본체(body), 향(flavor), 투명도(clarity), 색(color) 등 4가지 특성으로 판단한다.

문제점	원인	개선 방법
맑지 못하다.	조리 시 불조절의 실패와 이물질	찬물에서 스톡조리 시작(시머링), 소창을 사용하여 걸러냄
향이 적다.	충분히 조리되지 않고 뼈와 물과의 불균형	뼈를 추가로 넣음, 조리시간을 늘림
색상이 옅다.	뼈와 미르포아가 충분히 태워지지 않음	뼈와 미르포아를 짙은 갈색으로 태움
무게감이 없다.	뼈와 물과의 불균형	뼈를 추가로 넣음
짜다.	조리하는 동안 소금을 넣음	스톡을 다시 조리하기 (소금 사용금지)

01 스톡에 대한 설명으로 바르지 못한 것은?

① 서양요리의 기본으로 소고기만을 이용하여 끓인다.

② 수프와 소스의 맛을 결정하는 중요한 조리 과정 중의 하나이다.

③ 화이트 스톡과 브라운 스톡으로 구분한다.

④ 주재가 흰색이면 화이트스톡을 사용한다.

해설 스톡은 서양요리의 기본으로 소고기, 닭고기, 생선, 채소와 같은 재료 본래의 맛을 낸 국물이다.

02 스톡(stock)에 사용하는 재료가 아닌 것은?

① 부케가르니(Bouquet garni)

② 미르포아(Mirepoix)

③ 우유(milk)

④ 뼈(bone)

해설 스톡의 재료로는 부케가르니, 미르포아, 뼈가 사용된다.

03 스톡에 사용하는 뼈(bone) 중 가격 조건이 좋아 자주 쓰이는 것은?

① 소뼈

② 송아지 뼈

③ 생선뼈

④ 닭 뼈

해설 닭 뼈는 다른 뼈에 비해 가격조건이 좋아 자주 쓰인다.

04 다음 중 부케가르니(Bouquet garni)를 만드는 재료에 사용되지 않는 것은?

① 월계수 잎

② 통후추

③ 파슬리 줄기

④ 오레가노

해설 부케가르니(Bouquet garni)는 허브와 향미 채소를 실로 묶은 것으로 일반적으로 통후추, 월계수 잎, 타임, 파슬리 줄기와 마늘을 의미하며 오랫동안 조리하면서 향을 추출하기 위해 통째로 사용한다.

05 부케가르니보다 좀 더 작은 조각의 향신료들을 소창에 싸서 사용하고 대량 조리 시는 스테인 다시 통을 사용하기도 하는 것은?

① 미르포아(Mirepoix)

② 샤세 데피스(Sachet d'epices)

③ 허브(Herb)

④ 스파이스(Spice)

해설 샤세 데피스(Sachet d'epices)는 부케가르니와 재료가 비슷하지만, 부케가르니보다 좀 더 작은 조각의 향신료들을 소창에 싸서 사용하고 대량 조리 시는 스테인 다시 통을 사용하기도 한다.

06 스톡의 종류 중 높은 열을 이용한 캐러멜화와 관계가 가장 깊은 것은?

① 화이트 스톡　　② 브라운 스톡

③ 생선 퓌메　　　④ 생선 스톡

해설 브라운 스톡(Brown stock)
화이트스톡과 같은 뼈와 야채를 사용하지만 차이점은 높은 열에서 캐러멜화한다는 것과 토마토 페이스트와 같은 토마토 부산물이 첨가되고 물과 함께 낮은 불에서 오랜 시간 우려내 짙은 갈색과 함께 더 강한 육즙 향이 난다는 것이다.

정답 01 ① 　02 ③ 　03 ④ 　04 ④ 　05 ② 　06 ②

07 스톡 조리 시의 주의 사항으로 바르지 않은 것은?

① 스톡은 조리 마지막에 소금 간을 연하게 한다.

② 찬물에서부터 끓여 재료의 맛이 잘 용해되게 한다.

③ 끓기 시작하면 불을 줄여서 90℃를 유지하게 은근하게 끓여야 맛과 향이 우러난다.

④ 떠오르는 불순물은 계속적으로 제거해 준다.

해설 스톡조리 시 간을 하지 않는데 용도에 따라 소량이 될 때까지 졸여서 사용해야 하므로 소금 간을 미리 하면 대단히 짠맛이 날 수 있다.

08 다음 중 피시 스톡 조리하기 방법으로 바르지 않은 것은?

① 생선뼈는 찬물에 담가 피와 불순물을 제거한다.

② 양파, 샐러리, 무, 대파, 버섯을 1.2cm로 잘라 화이트 미르포아를 준비한다.

③ 미르포아(Mirepoix)와 생선 뼈(Fish bone)를 넣고 5분 이상 강한 불에서 끓인다.

④ 부케가르니(Bouquet garni)를 넣고 뚜껑을 연 채 30~40분간 시머링(Simmering)한다.

해설 피시 스톡 조리 시 스톡 포트에 오일을 넣고 미르포아(Mirepoix)와 생선 뼈(Fish bone)를 넣고 부드러워질 때까지 1~2분가량 약한 불에서 스웨팅(Sweating, 낮은 불에서 요리하는 방법)한 후 물을 넣고, 디글레이징(Deglazing, 조리 후 바닥에 눌어붙은 것이 남아 있는 팬에 소량의 육수나 물, 와인 등을 붓고 나무 주걱으로 바닥에 눌어붙은 것을 살살 긁어내는 것)하고 부케가르니(Bouquet garni)를 넣고 뚜껑을 연 채 30~40분간 시머링(Simmering, 은근히 끓이기)한다.

09 스톡에 사용되는 조리법으로 은근하게 끓이는 방법인 조리법은?

① 보일링(Boiling)

② 시머링(Simmering)

③ 글레이징(Glazing)

④ 스티밍(Steaming)

해설
• 보일링(Boiling) : 끓이기 방법으로 습식열을 이용한 조리법 중 대표적인 것으로 일반적으로 100℃ 이상을 유지하며 많은 양의 재료를 액체 속에서 익히기 위한 목적으로 사용한다.
• 시머링(Simmering) : 은근히 끓이기 방법으로 낮은 불에서 재료가 흐트러지지 않도록 은은하게 끓여 85~96℃ 사이에서 비교적 높은 열을 유지하며 내용물이 계속적으로 대류현상을 유지하며 조리되도록 하는 방법이다.
• 글레이징(Glazing) : 채소류, 육류, 생선류와 가금류를 버터, 설탕, 꿀, 과일즙, 육즙 등에 졸여서 윤기나게 코팅시키는 방법이다.
• 스티밍(Steaming) : 수증기의 열을 이용한 조리법으로 수증기의 압력이 가해질 수 있도록 공간을 폐쇄한 다음 조리하여야 한다.

10 브라운 스톡의 재료 준비에 대한 설명으로 바르지 못한 것은?

① 화이트스톡과 같은 뼈와 채소를 사용하지만 차이점은 높은 열에서 캐러멜화한다는 것이다.

② 토마토 페이스트는 볶지 않고 사용한다.

③ 낮은 불에서 오랜 시간 우려내 짙은 갈색과 함께 더 강한 육즙 향이 난다.

④ 종류로는 브라운 비프스톡, 브라운 빌스톡, 브라운 게임스톡, 브라운 치킨스톡이 있다.

해설 토마토 페이스트는 신맛이 나므로 볶아서 사용하고 따로 볶아서 브라운 스톡 조리 시 부케가르니와 같이 넣어 주는 것이지만 시간 절약상 미르포아를 조리 후 토마토 페이스트도 같이 볶아서 사용하기도 한다.

07 ①　08 ③　09 ②　10 ②

11 스톡 조리 후 거르기 위한 조리 도구로 알맞은 것은?

① 제스터(Zester)

② 차이나 캡(China cap)

③ 스키머(Skimmer)

④ 스페출라(Spatula)

> **해설** · 제스터(Zester) : 오렌지나 레몬의 색깔 있는 부분만 길게 실처럼 벗기는 도구
> · 차이나 캡(China cap) : 걸러진 식재료가 토마토 소스 등과 같이 입자가 조금 있기를 원할 때나 삶은 식재료를 거를 때 사용하는 도구
> · 스키머(Skimmer) : 뜨거운 것을 조리할 시 스톡이나 소스 안의 식재료를 건져 낼 때 사용되는 도구
> · 스페출라(Spatula) : 조그만 음식을 옮기거나, 부드러운 재료를 섞을 때, 재료를 깨끗이 긁어모을 때 등에 사용되는 도구

12 스톡 완성 후 냉각시키기에 대한 설명으로 바르지 못한 것은?

① 냉각 상태가 양호해야 스톡 변화가 지연되고 안전하게 보관할 수 있다.

② 금속용기에 담아 얼음을 넣은 냉수에 식힌다.

③ 스톡은 플라스틱에 담아 식히는 것이 가장 시간이 절감된다.

④ 냉각되는 중에도 스톡을 한 번씩 저어주어 좀 더 빨리 냉각되도록 한다.

> **해설** 스톡을 식힐 때 열전달이 빠른 금속기물을 사용하는 것이 플라스틱이나 다른 재질보다 시간이 절감되고, 박테리아 증식 기회를 줄인다.

13 스톡보관에 대한 설명이다. 바르지 못한 것은?

① 냉장한 스톡은 2주가량 두고 사용 가능하다.

② 스톡을 담은 용기 뚜껑에는 만든 날짜와 시간을 기록한다.

③ 냉동 보관된 스톡은 5~6개월까지 보관이 가능하다.

④ 냉각된 스톡에 잔존하는 표면에 굳은 기름을 슬로티드 스푼(slotted spoon)과 같은 기구로 떠내어 제거한다.

> **해설** 냉장 보관 스톡은 3~4일 내에 사용하도록 한다.

14 완성된 스톡의 품질 평가 시 색상이 맑지 못한 원인으로 맞는 것은?

① 스톡 조리 시 불 조절의 실패와 이물질

② 뼈와 물과의 불균형

③ 뼈와 미르포아가 충분히 태워지지 않음

④ 뼈를 갈색으로 태우지 않았음

> **해설** 스톡의 색상이 맑지 못한 이유는 이물질과 불 조절의 실패로 찬물에서 서서히 끓여주고 소창을 사용하여 걸러낸다.

Chapter 02 양식 전채 조리

전채요리는 식사의 첫 코스에 나오는 요리로서 식욕을 촉진시키는 요리이다. 영국 및 미국에서는 에피타이저(Appetizer)라고 하고 프랑스에서는 오르되브르(Hors d'oeuvre)라고 하는데 Hors는 "앞"을 의미하고 oeuvre는 "식사"를 뜻하여 식전에 나오는 모든 요리의 총칭을 말한다.

01 ▶ 전채재료 준비

1. 전채요리의 분류 및 종류

명칭	종류	특징
플레인(Plain)	햄 카나페, 생굴, 캐비아, 올리브, 토마토, 렐리시, 살라미, 소시지, 새우카나페, 안초비, 각종 치즈, 과일, 거위 간, 연어 등	형태와 맛이 유지된 것
드레스트(Dressed)	과일 주스, 칵테일, 육류카나페, 게살카나페, 소시지 말이, 구운 굴, 스터프트 에그 등	조리사의 아이디어와 기술로 가공된 것

① **오르되브르(Hors d'oeuvre)** : 오르되브르의 어원은 러시아에서 관습적으로 식당 옆 찬장에 과자나 생선 등 그 외의 요리를 작게 만들어 진열해 놓았는데 식사를 위해 식탁에 앉기 전 독한 리큐르 술을 마시면서 찬장에 있는 요리를 먹었다. 그 찬장의 이름이 자쿠스키(Zakuski)로 지금의 러시아식 전채(前菜, 채소, 생선 등)를 뜻한다. 이러한 풍습이 유럽에 전래되어 지금의 오르되브르(Hors d'oeuvre)의 원조가 되었다.

② **칵테일(Cocktail)** : 보통 해산물을 주재료로 사용하거나 과일을 많이 이용하며 크기를 작게 만들어 모양도 예쁘고 맛도 좋으며 차갑게 제공한다.

③ **카나페(Canape)** : 빵을 작게 자르거나 크래커 등을 이용하여 한입 크기로 다양하게 만들 수 있다.

④ **렐리시(Relishes)** : 샐러리, 무, 등을 스틱형으로 이쁘게 다듬어 마요네즈 등과 같은 소스를 곁들여 준다.

2. 전채요리 양념의 종류와 특성

① **소금** : 천일염과 정제염, 맛소금으로 나눌 수 있으며 천일염이 음식의 풍미를 증진시키는데 가장 좋다.

② 식초 : 과일, 곡류의 알코올을 발효시켜 양조한 것과 과일의 신맛을 이용한 것과 합성한 것 등이 있으며 신맛은 침샘을 자극하여 소화액 분비를 촉진시켜 식욕을 증진시킨다.

③ 올리브오일 : 올리브나무 열매를 압착과정을 거쳐 추출한 것으로 식용유 중에 최고급품으로 사용되고 있으며 다음과 같이 분류한다.

ㄱ. 엑스트라 버진 올리브유(Extra virgin olive oil) : 압착과정을 한번 거친 것으로 최상급으로 치며 산도의 조건(1%), 질, 향, 맛이 제일 우수하여 음식의 향을 내거나 조미료로 사용한다.

ㄴ. 버진 올리브유(Virgin olive oil) : 엑스트라 버진 올리브유와 같이 압착 과정을 거쳐 추출한 것으로 엑스트라버진 등급을 받지 못한 것으로 맛과 향이 다소 떨어지는 차이가 있다. 엑스트라 버진 올리브보다 산도(1~1.5%)가 높다.

ㄷ. 퓨어 올리브유(Pure virgin olive oil) : 올리브 열매로부터 3~4번째 나오는 오일로 혼합되어 사용도 하며 산도가 2% 이상이고 가격이 저렴해서 많이 사용되고 있다.

3. 전채에 사용되는 재료의 특성

전채의 재료로는 육류, 가금류, 어패류, 채소류, 치즈 등이 사용된다.

① 육류의 특성 : 전채에 사용되는 육류는 부드러운 안심과 등심부위를 사용하는 것이 좋고 생고기를 염지해서 말린 이탈리아의 파마햄(Parma ham)이나 소고기를 양념해서 말린 에어드라이 비프(Air dry beef) 등은 얇게 썰어 제공한다. 간이나 송아지 목젖 등을 이용하기도 한다.

② 가금류의 특성 : 전채에 사용되는 가금류는 오리, 거위, 닭, 간, 메추리, 꿩 등이 이용되며 가금류의 경우는 로스트, 테린, 훈제, 갈라틴 같은 조립방법을 사용하여 조리한다.

③ 생선류의 특성 : 어패류는 전채요리에 많이 사용되는데 바다생선, 민물생선, 극피동물(성게와 해삼류), 갑각류, 연체동물이 있다. 사용되는 조리법으로는 생것에 양념하는 타르타르(Tartar), 훈제(Smoked), 세비체(Ceviche, 해산물을 회처럼 얇게 잘라 레몬즙이나 라임즙에 재운 후 차갑게 먹는 중남미 지역의 대표적인 음식)와 쿠르부용(court bouillon, 야채와 부케가르니, 식초, 와인 등의 산성액체를 넣어 은근하게 끓여서 만듦)에 살짝 삶아서 콩디망(Condiments, 여러 가지 양념을 섞은 것)으로 양념해서 사용하기도 한다.

④ 채소류의 특성 : 전채에 많이 사용되는 채소로는 양상추와 당근, 샐러리, 양파, 로메인 상추 등이며 향이 많이 나고 강한 채소는 요리의 특성에 맞게 사용해야 한다.

4. 전채에 필요한 조리도구

불을 사용하지 않는 음식이 많아 냉장고와 같이 신선도를 유지할 수 있는 장비가 필요하며 모양을 내거나, 얇게 자르기 등을 위해서 짤 주머니, 달걀 절단기 등이 필요하다.

① 짤 주머니(Pastry bag) : 생크림이나 양념된 속 재료를 넣어서 모양을 짜주는 용도이며 스터 프드 에그(Stuffed egg)를 만들 때 사용한다.
② 달걀 절단기(Egg slicer) : 삶은 달걀의 껍질을 벗긴 후 일정한 모양으로 써는 조리도구로 삶 은 달걀을 이용해서 카나페를 만들 때 사용한다.

02 ▶ 전채요리 조리

1. 전채요리의 조리특징

① 신맛과 짠맛이 적당히 있어야 함 : 침샘을 자극해서 다음 요리를 먹고 싶게끔 하기 위해 적당 한 신맛과 짠맛이 있어야 한다.
② 주요리보다 소량으로 만들어야 함 : 크기를 작게 하여 소량으로 만들어 다음 요리에 대한 기 대감을 갖게 한다.
③ 예술성이 뛰어나야 함 : 식사의 시작을 알리는 전채요리는 조리사의 아이디어와 예술 감각 을 동원하여 색채, 맛이 어우러진 예술작품을 만들어야 한다.
④ 계절감, 지역별 식재료 사용이 다양해야 함 : 계절에 맞는 식재료와 지역별 식재료를 사용하 여 다양함을 추구해야 한다.
⑤ 주요리에 사용되는 재료와 반복된 조리법을 사용하지 않음 : 전채요리는 주요리와의 재료, 조 리법이 겹치지 않고 영양적으로 균형이 잡히도록 준비한다.

(2) 전채요리의 조리방법

조리법	특징
데침(Blanching)	식품을 물이나 기름에 넣고 단시간에 또는 천천히 데쳐내는 조리법으로 식품의 10배의 물이나 기름양으로 한다.
포칭(Poaching)	물, 스톡, 쿠르부용(Court bouillon, 야채와 부케가르니, 식초, 와인 등의 산성액체를 넣어 은근하게 끓여서 만듦)에 식품을 잠기게 하여 뚜껑을 덮지 않고 끓는 점 바로 아래의 온 도에서(70~80℃) 삶는 방법으로 액체의 향미를 끓이고 있는 음식에 약간 스며들게 하 면서 음식에 섬세한 풍미를 준다.
삶기(Boiling)	식품을 찬물이나 끓는 물에 넣고 비등점 가까이에서 끓이는 방법이다.
튀김(Deep fat frying)	영양 손실이 적은 조리법으로 튀김온도는 160~170℃가 적당하다.
볶음(Saute)	기름과 버터를 팬에 조금 넣고 식품을 고온에서 볶아내는 방법이다.
굽기(Baking)	오븐에서 식품을 건조열로 굽는 방법이다.

석쇠에 굽기(Grilling)	직접 열을 이용한 조리법으로 석쇠에 재료를 구워서 줄무늬를 내고 오븐에 익힌다.
그라탱(Gratin)	식품에 치즈, 크림, 혹은 달걀 등을 올려 샐러맨더(Salamander)에 넣고 윗면이 황금색이 나게 조리하는 방법이다.

03 ▶ 전채요리 완성

1. 전채요리 접시 담기

① 접시(Plate)의 종류 및 핑거볼

접시의 종류	특징	
원형접시	• 기본적인 접시로 완전함. 부드럽고 친밀감으로 인해 진부한 느낌을 받을 수 있음 • 무늬의 색상, 테두리에 따라 다양함을 연출할 수 있음	
삼각형 접시	• 날카롭고 빠른 이미지를 가지고 있음 • 코믹한 분위기의 요리에 사용하기도 함	
사각형 접시	• 안정되고 세련된 느낌을 줌 • 모던하고 개성이 강하고 독특한 이미지를 표현할 때 사용함	
타원형 접시	여성적인 기품과 우아함, 원만한 느낌을 줌	
마름모형 접시	• 정돈되고 안정된 느낌을 줌 • 이미지가 변해 움직임과 속도감을 줌	
핑거볼 (Finger bowl)	• 식후에 손가락을 씻는 그릇으로 꽃잎이나 레몬조각을 띄워 놓음 • 핑거푸드(Finger food)나 과일 등을 손으로 먹을 경우 손을 씻을 수 있도록 식탁 왼쪽에 놓음 • 음료수로 착각해서 먹는 경우가 있으니 주의함	

② **전채요리 접시 담기** : 접시에 전채요리를 담을 때 필요한 요소는 모양, 균형, 색상, 향, 크기, 질감으로 접시에 담을 때 다음 사항을 고려해서 담는다.

    ㉠ 고객의 편리성이 우선 고려되어야 한다.

    ㉡ 재료별 특성을 이해하고 적당한 공간을 두고 담는다.

    ㉢ 접시의 내원을 벗어나지 않게 담는다.

    ㉣ 일정한 간격과 질서를 두고 담는다.

    ㉤ 소스는 많이 뿌리지 않고 적당하게 뿌린다.

    ㉥ 가니쉬(Garnish)는 요리 재료의 중복을 피해서 담는다.

Ⓢ 주요리보다 양과 크기가 크거나 많지 않게 한다.
ⓞ 색깔과 맛, 풍미, 온도에 유의하여 담는다.
③ 전채요리에 적합한 콩디망(Condiments, 조미료나 양념) 제공하기 : 콩디망은 전채요리에 어울리는 양념이나 조미료, 향신료 등을 말하며 어떻게 제공할 것인지 선정해야 한다. 첫 번째 전채요리에 양념, 조미료, 향신료로 사용, 둘째는 전채요리에 뿌려서 제공, 셋째는 작은 접시에 따로 제공 등 요리의 특성에 따라 콩디망을 선택하여 제공한다.

[전채요리에 사용되는 콩디망의 종류]

콩디망의 종류	특징
오일 앤 비네그레트 (Oil vinaigrette)	• 기본적으로 오일과 식초를 3 : 1의 비율로 섞고 소금, 후추로 간을 해서 만들며 여기에 허브를 다져 넣으면 허브 비네그레트가 된다. • 해산물이나 채소 요리에 어울림
베지터블 비네그레트 (Vegetable vinaigrette)	• 양파, 홍 피망, 청 피망, 노란 파프리카, 마늘, 파슬리 등을 작은 주사위 모양으로 자르고 오일과 식초를 3 : 1의 비율로 섞어 소금과 후추로 간해서 사용한다. • 해산물 요리에 많이 사용됨
토마토 살사 (Tomato salsa)	토마토를 작은 주사위 모양으로 잘라 다진 양파, 올리브유, 적포도주 식초, 파슬리 다진 것을 섞고 소금과 후추로 간을 해서 만든다.
마요네즈 (Mayonnaise)	• 마요르카 섬의 마욘에서 유래된 것으로 마욘풍 소스라는 뜻이며 정제된 식물성 유지와 달걀노른자를 유화시켜 반고체 식품으로 만든 소스이다. • 채소와 같이 먹거나 무쳐서 사용함
발사믹 소스 (Balsamic sauce)	포도주 식초의 일종인 발사믹 식초를 반으로 졸여 올리브유와 소금, 후추로 간을 해서 사용한다.

01 전채요리를 플레인(Plain)과 드레스트(Dressed)로 구분하는데 플레인의 종류에 속하지 않는 것은?

① 햄 까나페
② 칵테일
③ 새우카나페
④ 생굴

해설 전채요리의 분류

명칭	종류	특징
플레인 (Plain)	햄 카나페, 생굴, 캐비아, 올리브, 토마토, 렐리시, 살라미, 소시지, 새우카나페, 안초비, 각종 치즈, 과일, 거위 간, 연어 등	형태와 맛이 유지된 것
드레스트 (Dressed)	과일 주스, 칵테일, 육류카나페, 게살카나페, 소시지 말이, 구운 굴, 스터프트 에그 등	조리사의 아이디어와 기술로 가공된 것

02 전채요리 중 샐러리나 무 등을 스틱형으로 다듬어서 마요네즈 소스를 곁들이는 요리는 무엇인가?

① 렐리시(Relishes)
② 칵테일(Cocktail)
③ 카나페(Canape)
④ 콩디망(Condiments)

해설 • 렐리시(Relishes) : 샐러리, 무, 등을 스틱형으로 예쁘게 다듬어 마요네즈 등과 같은 소스를 곁들여 준다.
• 칵테일(Cocktail) : 보통 해산물을 주재료로 사용하거나 과일을 많이 이용하며 크기를 작게 만들어 모양도 예쁘고 맛도 좋으며 차갑게 제공한다.
• 카나페(Canape) : 빵을 작게 자르거나 크래커 등을 이용하여 한입 크기로 다양하게 만들 수 있다.
• 콩디망(Condiments) : 전채요리에 어울리는 양념이나 조미료, 향신료 등을 말한다.

03 전채요리에 사용되는 재료의 특성으로 바르지 못한 것은?

① 육류는 부드러운 안심과 등심 부위를 사용하는 것이 좋다.
② 가금류는 오리, 거위, 닭, 메추리, 꿩 등이 이용된다.
③ 어패류는 바다생선, 민물생선, 극피동물(성게와 해삼류), 갑각류, 연체동물 등이 사용된다.
④ 채소류는 무조건 향이 많이 나고 강한 채소 위주로 사용한다.

해설 채소는 양상추, 당근, 샐러리, 양파, 로메인 상추 등이 많이 사용되며 향이 많이 나고 강한 채소는 요리의 특성에 맞게 사용해야 한다.

04 전채요리에 많이 사용되는 올리브오일 중 엑스트라 버진 올리브유에 대한 설명으로 맞는 것은?

① 올리브 열매로부터 3~4번째 나오는 오일로 혼합되어 사용한다.
② 산도의 조건이 2% 이상이다.
③ 압착과정을 한 번 거친 것으로 최상급으로 친다.
④ 맛과 향이 다소 떨어지지만 가격이 저렴해서 많이 사용된다.

해설 엑스트라 버진 올리브유(Extra virgin olive oil) : 압착과정을 한번 거친 것으로 최상급으로 치며 산도의 조건(1%), 질, 향, 맛이 제일 우수하여 음식의 향을 내거나 조미료로 사용한다.

정답 01 ② 02 ① 03 ④ 04 ③

05 전채요리에 사용되는 도구 중 다음의 설명에 해당하는 것은?

생크림이나 양념된 속 재료를 넣어서 모양을 짜주는 용도이며 스터프드 에그(Stuffed egg)를 만들 때 사용한다.

① 에그 슬라이서(Egg slicer)
② 스페출라(Spatula)
③ 그레이터(Grater)
④ 페이스트리 백(Pastry bag)

해설 페이스트리 백(Pastry bag) : 짤 주머니라고도 하며 생크림이나 양념된 속재료를 넣어서 모양을 짜주는 용도이며 스터프드 에그(Stuffed egg)를 만들 때 사용한다.

06 전채요리의 조리특징으로 틀린 것은?

① 침샘을 자극해서 다음 요리를 먹고 싶게끔 하기 위해 적당한 신맛과 짠맛이 있어야 한다.
② 주요리에 사용되는 재료와 반복된 조리법을 되도록 사용한다.
③ 크기를 작게 하여 소량으로 만들어 다음 요리에 대한 기대감을 가지게 한다.
④ 계절에 맞는 식재료와 지역별 식재료를 사용하여 다양함을 추구해야 한다.

해설 전채요리는 주요리와의 재료, 조리법이 겹치지 않고 영양적으로 균형이 잡히도록 준비한다.

07 전채요리에 사용되는 조리법 중 다음의 특징을 갖는 조리법은?

물, 스톡, 쿠르부용(Court bouillon : 야채와 부케가르니, 식초, 와인 등의 산성액체를 넣어 은근하게 끓여서 만듦)에 식품을 잠기게 하여 뚜껑을 덮지 않고 끓는 점 바로 아래의 온도(70~80℃)에서 삶는 방법으로 액체의 향미를 끓이고 있는 음식에 약간 스며들게 하면서 음식에 섬세한 풍미를 준다.

① 소테(Saute)
② 베이킹(Baking)
③ 포칭(Poaching)
④ 그라탱(Gratin)

해설 • 소테 : 기름과 버터를 팬에 조금 넣고 식품을 고온에서 볶아내는 방법
• 베이킹 : 오븐에서 식품을 건조열로 굽는 방법
• 그라탱 : 식품에 치즈, 크림, 혹은 달걀 등을 올려 샐러맨더에 구워내는 방법

08 다음 설명에 맞는 그릇의 종류는?

식후에 손가락을 씻는 그릇으로 꽃잎이나 레몬조각을 띄워 놓음

① 핑거볼(Finger bowl)
② 샐러드 그릇
③ 타원형 접시
④ 아이스크림 그릇

해설 핑거볼(Finger bowl)은 식후에 손가락을 씻는 그릇으로 꽃잎이나 레몬조각을 띄워 놓고 핑거 푸드(Finger food)나 과일 등을 손으로 먹을 경우 손을 씻을 수 있도록 식탁 왼쪽에 놓는데 음료수로 착각해서 먹는 경우가 있으니 주의한다.

09 전채요리의 접시 담기에 대한 설명으로 바르지 않은 것은?

① 고객의 편리성이 우선 고려되어야 한다.
② 소스는 되도록 넉넉히 뿌려 맛을 더 한다.
③ 접시의 내원을 벗어나지 않게 담는다.
④ 주요리보다 양과 크기가 크거나 많지 않게 한다.

해설 전채요리 접시 담기의 고려사항
- 고객의 편리성이 우선 고려되어야 한다.
- 재료별 특성을 이해하고 적당한 공간을 두고 담는다.
- 접시의 내원을 벗어나지 않게 담는다.
- 일정한 간격과 질서를 두고 담는다.
- 소스는 많이 뿌리지 않고 적당하게 뿌린다.
- 가니쉬(Garnish)는 요리 재료의 중복을 피해서 담는다.
- 주요리보다 양과 크기가 크거나 많지 않게 한다.
- 색깔과 맛, 풍미, 온도에 유의하여 담는다.

10 전채요리에 사용되는 콩디망(Condiments)은 무엇을 말하는가?

① 전채요리의 조리방법의 한 종류이다.
② 오르되브르(Hors d'oeuvre)와 같은 말이다.
③ 전채요리 중의 하나이다.
④ 전채요리에 어울리는 양념이나 조미료, 향신료 등을 말한다.

해설 콩디망은 전채요리에 어울리는 양념이나 조미료, 향신료 등을 말하며 발사믹 소스, 토마토 살사, 베지터블 비네그레트, 오일 앤 비네그레트, 마요네즈와 같은 소스류 등을 사용한다.

11 전채 요리 접시에 담기 중 여성적인 기품과 세련된 느낌을 주는 접시는 무엇인가?

① 타원형 접시
② 사각형 접시
③ 삼각형 접시
④ 원형접시

해설

접시의 종류	특징
원형접시	• 기본적인 접시로 완전함, 부드럽고 친밀감으로 인해 진부한 느낌을 받을 수 있음 • 무늬의 색상, 테두리에 따라 다양함을 연출할 수 있음
삼각형 접시	• 날카롭고 빠른 이미지를 가지고 있음 • 코믹한 분위기의 요리에 사용하기도 함
사각형 접시	• 안정되고 세련된 느낌을 줌 • 모던하고 개성이 강하고 독특한 이미지를 표현할 때 사용함
타원형 접시	여성적인 기품과 우아함, 원만한 느낌을 줌
마름모형 접시	• 정돈되고 안정된 느낌을 줌 • 이미지가 변해 움직임과 속도감을 줌
핑거볼 (Finger bowl)	• 식후에 손가락을 씻는 그릇으로 꽃잎이나 레몬조각을 띄워 놓음 • 핑거푸드(Finger food)나 과일 등을 손으로 먹을 경우 손을 씻을 수 있도록 식탁 왼쪽에 놓음 • 음료수로 착각해서 먹는 경우가 있으니 주의함

정답 09 ② 10 ④ 11 ①

양식 샌드위치 조리

샌드위치는 얇게 썬 빵 사이에 채소나 육류, 치즈류, 달걀 등을 넣어 만든 요리로 영국에서 유래 되었는데 처음에는 가벼운 한 끼 식사로 시작하였으나 현재는 품격 있고 영양 가득한 샌드위치를 만들고 있다.

01 ▶ 샌드위치 재료 준비

1. 샌드위치의 분류

[샌드위치의 분류와 특징]

분류	종류	특징
온도에 따른 분류	핫 샌드위치	빵의 사이에 뜨거운 속 재료인 고기 패티, 어패류 패티, 그릴 야채 등이 주재료가 되게 만든 샌드위치
	콜드 샌드위치	빵 사이에 차가운 속 재료가 주재료가 되게 만든 샌드위치
형태에 따른 분류	오픈 샌드위치	• 얇게 썬 빵 위에 재료들을 얹고 위에 얹는 빵을 올리지 않고 오픈해 둔 샌드위치 • 오픈샌드위치, 브루스케타(Brustchetta), 카나페(Canape) 등
	클로즈드 샌드위치	얇게 썬 빵 위에 속 재료를 놓고 위에서 빵을 덮는 형태의 샌드위치
	핑거 샌드위치	일반 식빵을 클로즈드 샌드위치로 만들어 손가락 모양으로 길게 3~6 등분으로 썬 샌드위치
	롤 샌드위치	• 빵을 넓고 길게 잘라 재료(크림치즈, 게살, 훈제연어, 참치)를 넣고 둥글게 말아 썰어 제공하는 형태의 샌드위치 • 또르티야, 딸기롤 샌드위치, 단호박 롤샌드위치, 게살 롤샌드위치 등

2. 샌드위치의 구성

샌드위치를 구성하는 요소는 5가지로 구성요소와 특징은 다음과 같다.

[샌드위치의 구성요소와 특징]

구성요소	특징	
빵(Bread)	• 단맛이 덜하며 썰었을 때 단면이 깨끗하게 썰리는 조직을 가지고 있는 것이 적당함 • 거친 빵보다는 부드러운 빵(거친 빵보다 쉽게 눅눅해지지 않고, 상하는 속도가 느림)이 주로 사용됨 • 샌드위치에 적당한 식빵의 두께는 1.2~1.3cm, 오픈 샌드위치의 경우 바게트빵은 1.5cm 정도가 적당함 • 빵의 종류 : 식빵(White pan bread), 포카치아(Focaccia), 바게트(Barquette), 햄버거 번(Hamburger buns), 피타(Pita), 치아바타(Ciabatta), 피자도우(Pizza dough), 난(Nan bread), 크루아상(Croissant), 베이글(Bagel) 등	
스프레드(Spread)	스프레드의 역할 – 코팅제 : 빵이 눅눅해지는 것을 방지 – 접착제 : 빵과 속재료가 흐트러지는 것을 방지 – 맛의 향상 : 개성 있는 맛을 내며, 전체적으로 맛이 어우러지게 함 – 감촉 : 촉촉한 감촉을 위해 사용함	
주재료(Main Ingredients)로서의 속재료(Filling)	• 핫 샌드위치 : 뜨거운 빵과 뜨거운 속재료를 이용함 • 콜드 샌드위치 : 상온의 빵과 차가운 속재료를 이용함	
부재료(Vegetables & herb)로서의 가니쉬(Garnish)	가니쉬는 야채류, 과일과 싹류를 이용해 보기 좋게 하여 상품성 있게 함	
양념(Condiment)	샌드위치에 사용하는 소스 혹은 드레싱으로 재료의 맛이 개성 있게 표현될 수 있게 하는 역할을 함	

3. 샌드위치 스프레드의 종류

샌드위치의 속 재료에서 나오는 수분으로부터 빵이 눅눅해지는 것을 방지하기 위해 사용하는 방수코팅제 역할을 하는 소스를 스프레드라고 한다.

① 샌드위치 스프레드의 종류

분류	종류	특징	
단순 스프레드	단순 스프레드	• 스프레드 재료 본래의 맛과 질감을 가진 샌드위치를 만들 수 있음 • 종류 : 마요네즈, 잼, 버터, 머스터드, 크림치즈, 리코타치즈, 발사믹 크림, 땅콩버터 등	
복합 스프레드 (두 가지 이상을 혼합하여 만듦으로 특별한 맛을 제공함)	버터 또는 마요네즈를 기본으로 한 복합 스프레드	• 머스터드 스프레드(머스터드 + 버터 또는 마요네즈) • 안초비 스프레드(안초비 + 버터 또는 마요네즈) • 견과류 버터 스프레드(견과류 촙 + 버터 또는 마요네즈) • 사우어크림 스프레드(딜 촙 + 사워크림 + 마요네즈) • 그린 페퍼 스프레드(그린페퍼 촙 +파슬리 촙 + 마요네즈) • 레몬 버터 스프레드(레몬즙 + 버터)	

복합 스프레드 (두가지 이상을 혼합하여 만듦으로 특별한 맛을 제공함)	유제품을 기본으로 한 복합 스프레드	• 허브 크림치즈 스프레드(허브 촙 + 크림치즈) • 사워크림 스프레드(딜 촙 + 사워크림)
	올리브 오일을 기본으로 한 복합 스프레드	• 바질 페이스트 스프레드(바질 퓌레 + 올리브오일) • 타페나드(올리브, 안초비, 케이퍼, 올리브오일로 만든 페이스트)
	기타	• 스프레드를 샌드위치 속에 함께 넣어 버무리는 경우 • 마요네즈 드레싱을 곁들인 참치 • 오렌지 · 망고 퓌레 스프레드 • 아보카도 퓌레 스프레드

4. 샌드위치 가니쉬 준비

샌드위치에 주재료 다음으로 중요한 것이 다양한 부재료로 가니쉬는 야채류, 과일과 싹류를 이용해 보기 좋게 하여 상품성 있게 하고 양념은 샌드위치에 사용하는 소스 혹은 드레싱으로 재료의 맛이 개성 있게 표현될 수 있게 하는 역할을 한다.

① **부재료로서의 가니쉬**

　㉠ 채소류 : 양상추, 로메인 상추, 치커리, 라디치오, 양배추, 루꼴라, 토마토, 오이, 당근 등

　㉡ 싹류 : 적채 싹, 알파파, 브로콜리 싹, 메밀 싹 등

　㉢ 과일류 : 파인애플, 사과, 바나나, 아보카도, 오렌지, 망고, 메론 등

② **양념**

　㉠ 습한 양념 : 올리브류(그린올리브, 칼라마타 올리브, 블랙올리브), 피클류(오이피클, 양파피클, 할라피뇨), 렐리시류(과일 렐리시, 허브 렐리시, 야채 렐리시)

　㉡ 건조한 양념 : 소금, 후추, 스파이스 믹스, 카이엔 페퍼, 케이준 스파이스, 허브 솔트, 갈릭 파우더, 올스파이스

02 ▶ 샌드위치 조리

샌드위치의 조리는 5단계로 세분할 수 있으며 이렇게 5단계로 조리를 하면 다양한 샌드위치를 만들 수 있다.

① **첫 번째** : 빵 종류의 선택

② **두 번째** : 스프레드의 선택

③ **세 번째** : 속 재료의 선택

④ **네 번째** : 빵과 스프레드와 속 재료에 어울리는 가니쉬 선택

⑤ 다섯 번째 : 샌드위치 세팅 및 맛과 모양에 어울리는 곁들임 세팅

[샌드위치 종류에 따른 속 재료와 가니쉬 조리과정]

조리과정 샌드위치 의 종류	빵	스프레드	속재료	가니쉬	양념류
핫 샌드위치	빵류	단순 스프레드	따뜻한 단순 속재료	따뜻한 과채류	피클류, 튀김류, 소스류
		복합 스프레드	따뜻한 복합 속재료	신선한 채소	
콜드 샌드위치	빵류	단순 스프레드	신선한 단순 속재료	조리된 차가운 과채류	피클류, 튀김류, 소스류
		복합 스프레드	신선한 복합 속재료	신신한 채소	

03 ▶ 샌드위치 완성

완성된 샌드위치는 다양한 썰기 방법으로 썰어서 색과 모양 그리고 여백을 살려서 접시에 담고 적합한 양념을 제공한다.

1. 샌드위치 요리 플레이팅 시 고려사항
① 재료 자체가 가지고 있는 고유의 색감과 질감을 잘 표현하기
② 전체적으로 심플하고 청결하며 깔끔하게 담아내기
③ 요리의 알맞은 양을 균형감 있게 담아내기
④ 고객이 먹기 편하도록 플레이팅하기
⑤ 요리에 맞게 음식과 접시 온도에 신경 쓰기
⑥ 색 재료의 조합으로 다양한 맛과 향이 공존하도록 플레이팅하기

2. 플레이팅에 필요한 요소
주재료와 곁들임 재료의 위치 선정과 식사하는 사람의 편리성, 음식의 외관과 원가를 고려, 재료 및 접시의 크기 등을 고려하여 플레이팅을 한다.
① 접시 선택
  ㉠ 접시의 모양 선택 : 원형, 정사각형, 직사각형, 타원형, 삼각형, 오각형 등
  ㉡ 접시의 형태 선택 : 테두리가 있는 것과 테두리가 없는 것, 깊이 파인 것과 파이지 않은 것 등

ⓒ 접시의 크기 선택 : 일반적으로 육류 요리의 경우 12인치를 사용하지만 최근 기준이 없어지고 있음

　② 양념류(Condiments, 콩디망) 담기 : 요리에 잘 어울리도록 접시에 가니쉬를 올리는데 음식을 돋보이고, 시각적, 미각적인 조화가 이루어지도록 선택하여 올린다.

3. 샌드위치 썰기

샌드위치는 완성품의 특성에 맞게 다음 10가지 방법 중에 선택하여 썰기를 한다.

　① 샌드위치 썰기의 종류 : 삼각 3쪽 썰기, 사다리꼴 3쪽 썰기, 사선 썰기, 삼각 2쪽 썰기, 삼각 4쪽 썰기, 사각모양 4쪽 썰기, 사각모양 2쪽 썰기, 사각모양 3쪽 썰기, 사선 4쪽 썰기, 사선 3쪽 썰기 등

4. 샌드위치 담기, 세팅하기

샌드위치는 용도에 맞게 담아서 샌드위치, 양념류(Condiments, 콩디망), 포크, 나이프, 접시를 이용하여 시각적으로 보기 좋게 세팅한다.

01 샌드위치의 형태에 따른 분류가 아닌 것은?

① 오픈 샌드위치　　② 핫 샌드위치

③ 핑거 샌드위치　　④ 롤 샌드위치

해설 샌드위치의 분류와 특징

분류	종류	특징
온도에 따른 분류	핫 샌드위치	빵의 사이에 뜨거운 속재료인 고기 패티, 어패류 패티, 그릴 채소 등이 주재료가 되게 만든 샌드위치
	콜드 샌드위치	빵 사이에 차가운 속재료가 주재료가 되게 만든 샌드위치
형태에 따른 분류	오픈 샌드위치	• 얇게 썬 빵 위에 재료들을 얹고 위에 얹는 빵을 올리지 않고 오픈해 둔 샌드위치 • 오픈 샌드위치, 브루스케타(Brus-tchetta), 카나페(Canape) 등
	클로즈드 샌드위치	얇게 썬 빵 위에 속재료를 놓고 위에서 빵을 덮는 형태의 샌드위치
	핑거 샌드위치	일반 식빵을 클로즈드 샌드위치를 만들어 손가락 모양으로 길게 3~6등분으로 썬 샌드위치
	롤 샌드위치	• 빵을 넓고 길게 잘라 재료(크림치즈, 게살, 훈제연어, 참치)를 넣고 동글게 말아 썰어 제공하는 형태의 샌드위치 • 또르티야, 딸기롤 샌드위치, 단호박롤 샌드위치, 게살롤 샌드위치 등

02 다음의 특징을 갖는 샌드위치의 종류는 무엇인가?

> 빵 사이에 차가운 속재료가 주재료가 되게 만든 샌드위치

① 롤 샌드위치　　② 오픈 샌드위치

③ 핑거 샌드위치　　④ 콜드 샌드위치

해설 01번 해설 참고

03 샌드위치의 구성요소 중 빵의 특징으로 맞지 않는 것은?

① 빵은 단맛이 돌며 깨끗하게 썰리는 조직을 가지고 있어야 한다.

② 거친 빵보다는 부드러운 빵(거친 빵보다 쉽게 눅눅해지지 않고, 상하는 속도가 느림)이 주로 사용된다.

③ 샌드위치에 적당한 식빵의 두께는 1.2~1.3cm이다.

④ 오픈 샌드위치의 경우 바게트빵은 1.5cm 정도가 적당하다.

해설 빵은 단맛이 덜하며 썰었을 때 단면이 깨끗하게 썰리는 조직을 가지고 있는 것이 적당하다.

04 식빵에서의 스프레드(Spread)의 역할로 거리가 먼 것은?

① 코팅제

② 팽창제

③ 접착제

④ 맛의 향상

해설 스프레드의 역할
  • 코팅제 : 빵이 눅눅해지는 것을 방지
  • 접착제 : 빵과 속 재료가 흐트러지는 것을 방지
  • 맛의 향상 : 개성 있는 맛을 내며, 전체적으로 맛이 어우러지게 함
  • 감촉 : 촉촉한 감촉을 위해 사용함

정답 01 ② 　 02 ④ 　 03 ① 　 04 ②

05 샌드위치의 구성요소들에 대한 설명으로 바르지 않은 것은?

① 빵은 거친 빵보다는 부드러운 빵이 주로 사용된다.

② 스프레드는 전체적인 맛이 어우러져야 한다.

③ 주재료로서의 속재료 중 핫 샌드위치는 뜨거운 빵과 차가운 속재료를 이용한다.

④ 샌드위치에 사용하는 양념은 소스 혹은 드레싱을 의미한다.

해설 핫 샌드위치 : 뜨거운 빵과 뜨거운 속재료를 이용함

06 샌드위치 조리의 5단계 중 다음의 괄호 안에 들어갈 단계는 무엇인가?

> 빵 종류의 선택 → (㉠)의 선택 →
> (㉡)의 선택 → (㉢) 선택 → 샌드위치
> 세팅 및 곁들임 세팅

① ㉠ 가니쉬 – ㉡ 속재료 – ㉢ 스프레드

② ㉠ 스프레드 – ㉡ 가니쉬 – ㉢ 속재료

③ ㉠ 스프레드 – ㉡ 속재료 – ㉢ 가니쉬

④ ㉠ 속재료 – ㉡ 스프레드 – ㉢ 가니쉬

해설 샌드위치의 조리 과정
- 첫 번째 : 빵 종류의 선택
- 두 번째 : 스프레드의 선택
- 세 번째 : 속재료의 선택
- 네 번째 : 빵과 스프레드와 속재료에 어울리는 가니쉬 선택
- 다섯 번째 : 샌드위치 세팅 및 맛과 모양에 어울리는 곁들임 세팅

07 샌드위치 요리 플레이팅 시 고려사항으로 바르지 않은 것은?

① 전체적으로 화려한 느낌이 들도록 가니쉬를 한다.

② 고객이 먹기 편하도록 플레이팅한다.

③ 요리에 맞게 음식과 접시 온도에 신경을 쓴다.

④ 요리의 알맞은 양을 균형감 있게 담아낸다.

해설 전체적으로 심플하고 청결하며 깔끔하게 담아낸다.

05 ③ 06 ③ 07 ①

Chapter 04 양식 샐러드 조리

샐러드의 기원은 그리스 시대부터 이어졌는데 채소류에 소금을 뿌려 먹었던 데서 출발하였고 점차 발전하여 현재는 다양한 종류의 샐러드와 드레싱, 기름과 식초가 형성되었다. 샐러드는 주요리가 제공되기 전에 신선한 채소나 과일을 그 자체로 즐기거나 여러 가지 재료를 혼합하여 드레싱과 함께 섞어 제공하는 요리이다.

01 ▶ 샐러드 재료 준비

1. 샐러드의 기본 구성

샐러드는 다음의 바탕, 본채, 드레싱, 가니쉬 4개로 구성되어 있는데 그 특징은 다음과 같다.

[샐러드의 구성요소와 특징]

구성요소	특징
바탕(Base)	• 잎상추, 로메인 상추와 같은 샐러드 채소로 구성 • 그릇을 채워주는 역할과 사용된 본체와의 색 대비를 이루는 것
본체(Body)	샐러드의 종류는 사용된 재료의 종류에 따라 결정되며 본체는 좋은 샐러드를 만들기 위해 법칙을 준수하여 요리해야 함
드레싱(Dressing)	• 일반적으로 모든 종류의 샐러드와 함께 차려내며, 샐러드의 성공 여부에 매우 중요한 역할을 함 • 맛을 증진시키고 가치를 돋보이고 소화를 도움
가니쉬(Garnish)	• 완성된 제품을 아름답게 보이게 함 • 형태를 개선하고 맛을 증진시킴

2. 샐러드의 분류

[샐러드의 분류와 특징]

샐러드의 분류	특징
순수 샐러드	• 고전적인 순수 샐러드는 한 가지 채소로만 이루어진 샐러드를 지칭했음 • 현대의 순수 샐러드는 여러 가지 채소를 배합하여 영양, 맛, 색상 등 서로 조화를 이루도록 함 • 주로 잎채소를 생으로 사용하고 재료를 단순히 구성함 • 곁들임 요리나 세트메뉴에 코스용 샐러드로 사용함
혼합 샐러드	• 각종 식재료, 향신료, 소금, 후추 등으로 혼합되어 양념, 조미료 등을 첨가하지 않고 그대로 제공할 수 있는 완전한 상태로 만들어진 것을 말함 • 2~3가지 이상의 재료를 사용하며 생으로 또는 익혀서 만듦 • 애피타이저나 뷔페에 사용함
더운 샐러드	• 프랑스말로 살라드 티에드(salades tiedes)라고 부름 • 중간 불이나 낮은 불에서 드레싱을 데워 샐러드 재료와 버무려 만듦
그린 샐러드	• 흔히 부르는 가든 샐러드(Garden Salad)가 여기에 속함 • 한 가지 또는 그 이상의 샐러드를 드레싱과 곁들이는 형태로 만듦

3. 샐러드용 채소 손질

① 채소 세척(Clean) : 충분한 물에(흐르는 물에 헹궈 내는 게 더 효과적임) 채소에 묻은 흙이나 모래를 깨끗이 씻어 내고 3~5℃ 정도의 차가운 물에 30분 정도 담가놓는다. 어린잎같이 여린 채소 등은 잎이 상할 수 있으므로 차가운 물보다 상온의 물에 담근다. 부드러운 잎을 가진 채소와 허브, 꽃은 묻은 흙을 털어 내기 위해 세척 시 조심스럽게 물에 넣었다가 꺼내는 동작을 반복한다. 세척하는 물에 흙이나 모래가 없을 정도로 자주 갈아 준다.

② 채소 정선(Cutting) : 샐러드의 용도에 맞게 손으로 뜯든지 칼로 잘라서 정선하거나 근래에 와서는 채소가 가진 모양을 그대로 살려서 정선을 최소화하는 경우도 있다. 되도록 한입 크기로 정선하고, 부드럽게 먹기 위해 겉잎보다는 속잎을 사용하고 줄기보다는 잎을 사용한다. 전통적인 방법으로는 채소의 갈변을 방지하기 위해 손으로 채소를 뜯어서 했지만 근래에는 칼은 고 탄소 스테인리스강을 사용하다 보니 채소의 갈변이 생기지 않는다.

③ 채소의 수분 제거(Dry) : 채소가 살아났으면 건져서 스피너를 이용하여 수분을 제거하는데 수분이 없어야 드레싱이 채소에 잘 달라붙어 있고 보관 시에도 오래 저장할 수 있다.

④ 채소를 용기에 보관하기(Store) : 넓은 통에 젖은 행주를 깔고 채소를 무게에 눌리지 않도록 2/3만 채워 담은 후 위에 다시 젖은 행주를 덮어서 보관한다. 많은 채소 보관 시에는 통을 여러 개로 분산해서 보관하도록 한다.

4. 샐러드용 기본 재료군

① 육류(Meat)

　㉠ 소고기, 돼지고기, 양고기를 주로 사용한다.

　㉡ 소고기는 부드러운 안심이나 등심, 특수부위인 차돌박이, 육가공품인 햄이나 베이컨도 많이 사용한다.

　㉢ 돼지고기는 지방과 살이 적절히 들어간 삼겹살을 많이 사용한다.

　㉣ 양고기는 등심이나 갈빗살을 많이 사용한다.

② 해산물류(Seafood)

　㉠ 생선류, 어패류, 갑각류, 연체 류 등 다양하게 사용한다.

　㉡ 생선류에는 흰살생선인 광어, 농어, 도미, 우럭 등을, 붉은살생선에는 참치, 연어(훈제연어를 더 많이 사용)를 주로 사용한다.

　㉢ 어패류는 가리비, 홍합, 바지락, 대합, 중합, 모시조개가 많이 사용된다.

　㉣ 갑각류에는 바닷가재, 새우가 많이 사용된다.

　㉤ 연체류로는 문어, 낙지, 주꾸미, 오징어, 한치가 주로 사용된다.

③ 채소류(Vegetable)

　㉠ 엽채류 : 채소의 잎을 먹는 엽채류로는 엽상추, 로메인 상추, 시금치, 파슬리, 각종 배추류 등 샐러드의 기본이 되는 채소류이며 비타민과 무기질이 풍부하다.

　㉡ 근채류 : 식물의 뿌리를 먹는 근채류로는 샐러리 뿌리, 무, 양파, 생강, 야콘, 당근, 우엉, 사탕무, 연근, 고구마 등이 사용되며 일반적으로 잠재 에너지를 뿌리에 많이 저장하고 있다.

　㉢ 과채류 : 과일이지만 채소로 구분되는 과채류로는 오이, 가지, 호박, 토마토, 고추, 오크라, 피망 등이 사용된다.

　㉣ 종실류 : 씨 부분을 먹는 종실류로는 완두콩과 같은 두류와 곡류가 있다.

　㉤ 화채류 : 채소의 꽃을 식용으로 하는 화채류로는 오이꽃, 호박꽃, 유채꽃, 장미꽃이 있고, 채소로는 브로콜리와 콜리플라워(꽃 양배추)가 있다.

　㉥ 새싹 및 새순류 : 새싹은 자란지 얼마 안 된 식물의 싹으로 영양가가 일반 채소의 6~7배 많고 새순은 싹에서 조금 더 자란 형태로 외관상 다 자란 잎과 비슷한 모양을 가진다.

　㉦ 허브류 : 잎이나 줄기가 식용과 약용으로 또는 향과 향미로 이용될 수 있는 모든 식물을 말하며 푸른 풀을 의미하는 라틴어의 'Herba'에서 유래되었다. 바질과 타임, 처비, 실란트로, 차이브, 딜, 애플민트, 로즈메리, 파슬 등이 자주 사용된다.

④ 가금류(Poultry)

　㉠ 닭고기는 다양한 조리법으로 많이 사용되며 특히 닭 가슴살과 닭다리 살이 다이어트 음식으로 자주 사용된다.

　㉡ 오리 가슴살은 생것보다 훈제를 많이 사용한다.

5. 드레싱

드레싱은 샐러드의 맛을 향상시키고 소화를 돕기 위한 액체 형태의 소스로 재료를 끓이지 않고 혼합하여 만든 것이므로 냉소스로 분류한다.

① 드레싱의 **사용목적**

ㄱ 차가운 온도의 드레싱은 샐러드의 맛을 한층 더 증가시킴

ㄴ 맛이 강한 샐러드를 부드럽게 해줌

ㄷ 음식 섭취 시 입에서 즐기는 질감을 높여 줌

ㄹ 드레싱의 신맛은 소화를 촉진시킴

ㅁ 상큼한 맛으로 식욕을 촉진시킴

② 드레싱의 종류 : 드레싱은 3가지로 크게 분류하는데 그 종류는 첫째 차가운 유화 소스류, 둘째 유제품 기초 소스류, 셋째 살사&쿨리&퓌레 소스류 등이다.

[드레싱의 분류와 특징]

분류	종류	특징
차가운 유화소스류	비네그레트(Vinaigrettes)	• 오일과 식초를 3 : 1로 하여 소금, 후추를 넣고 빠르게 섞어 일시적으로 섞이면서 유화되는 드레싱 • 식초의 종류에 따라 레드와인 비네그레트, 발사믹 비네그레트, 셔리와인 비네그레트 등이 있음
	마요네즈(Mayonnaise)	• 난황에 오일, 머스터드, 소금, 식초, 설탕을 넣고 잘 섞어 유화작용에 의해 분리되지 않게 만든 드레싱 • 부드럽고, 걸쭉한 농도가 잘 나오므로 많이 사용됨 • 대표적인 드레싱으로 사우전아일랜드 드레싱 등이 있음
유제품 기초 소스류		• 주재료는 우유, 생크림, 치즈 등의 유제품으로 만듦 • 신맛보다는 크림이나 치즈의 맛을 느낄 수 있게 만듦 • 샐러드 드레싱 혹은 디핑 소스(Dipping sauce)로 이용됨 • 허브와 크림치즈와 우유를 섞어 만든 허브 크림드레싱이 대표적임 • 보편적으로 드레싱 색이 아이보리 이거나 희거나 하여 과일이나 허브, 채소의 쿨리나 퓌레의 색을 그대로 입힐 수 있음
살사&쿨리 &퓌레 소스류	살사류(Salsa)	• 살사는 익혀지지 않은 과일 혹은 채소로 만들어짐 • 소스제조 시 향을 첨가하기 위해 감귤류의 주스, 식초, 포도주 같은 산을 넣어 줌 • 살사는 신선한 재료로 만든 멕시칸 토마토살사와 익혀진 재료로 만드는 처트니, 렐리시, 콤포트 등으로 나뉨
	쿨리와 퓌레 (Coulie & Puree)	• 쿨리 : 퓌레 혹은 용액의 형태로 잘 졸여지고 많이 농축된 맛을 가진 음식으로 현대의 쿨리는 소스와 같은 농도에 날것이나 요리된 과일이나 채소로, 달콤한 형태의 맛과 모양으로 만들어지고 있음 • 퓌레 : 과일이나 채소가 블렌더나 프로세서에 의해 갈아진 형태로 다시 걸러진 부드러운 질감의 액체형태 음식을 말함

③ 드레싱의 기본재료

[드레싱의 기본재료와 특징]

재료	특징
오일 (Oil)	• 샐러드 주재료와 궁합이 맞는 오일을 사용함 • 오일의 종류 : 올리브오일, 옥수수기름, 카놀라유(겨자과에 속하는 1~2년생 초본인 유채의 꽃씨로부터 압착·추출한 기름), 포도씨유, 호두기름, 땅콩기름, 면실유(목화씨를 쪄서 압착하여 얻은 기름), 헤이즐넛 오일, 바질오일, 아몬드오일, 코코넛오일, 아르간 오일(아르가니아 나무의 열매 씨에서 추출한 오일), 아보카드오일 등 • 올리브오일이 주로 사용되며 산도가 가장 좋은 엑스트라버진 올리브 오일이 가장 많이 사용됨
식초 (Vinegar)	• 식초의 맛에 의해 드레싱의 맛이 결정될 정도로 절대적 역할을 함 • 종류 : 사이다 식초, 발사믹식초, 와인식초, 셰리식초, 레몬식초, 현미식초, 라스베리식초 등
달걀노른자 (Egg Yolk)	• 마요네즈나 다른 드레싱의 유화제로 사용됨 • 신선한 달걀을 사용해야 하고 그렇지 않은 달걀은 유화가 되지 않고 풀려버리는 "유분리" 현상이 생길 수 있음
소금 (Salt)	천일염을 사용하며 MSG가 첨가된 소금은 드레싱 맛에 영향을 줄 수 있으므로 되도록 순수한 소금을 사용함
후추 (Pepper)	• 매운맛을 내기도 하며 모든 음식에 빠져서는 안 되는 중요한 재료임 • 오일이나 달걀의 비린 맛을 잡아 줄 수 있음
설탕 (Sugar)	단맛을 내는데 최고의 재료이지만 근래 당을 적게 먹는 추세로 설탕보다는 올리고당, 꿀, 포도당, 메이플 시럽 등이 대체 재료로 사용됨
레몬 (Lemon)	식초로 보편적으로 신맛을 내고 드레싱 완성 마지막에 생 레몬즙을 짜서 넣으면 상큼한 드레싱이 완성됨

02 ▶ 샐러드 조리

1. 유화드레싱의 원리

유지는 물에는 녹지 않지만 혼합하면서 저어주거나 또는 친수성기와 친유성기(소수성)를 갖고 있는 유화제와 함께하여 유화 액을 이루는데 이 성질을 이용하여 만든 마요네즈는 난황이 유화제로 작용하여 식물성유와 식초, 난황으로 만들며, 소금, 후추, 겨자를 첨가하는데 맛 외에도 유화 액을 안정시키는 데 도움이 된다.

2. 유화드레싱 조리방법

① 비네 그레트 만들기

ㄱ 믹싱 볼에 머스터드, 소금, 후추, 허브 등을 넣고 식초를 조금씩 부어가며 거품기로 빠르게 저어준다.

ㄴ 천천히 오일을 부어가며 크림 상태가 되게 저어 준다.

ㄷ 크림 같은 질감이 아니라 물처럼 농도가 묽어지면 유화에 실패한 것으로 폐기하고 새로 만들어야 한다.

② 마요네즈 만들기

ㄱ 믹싱 볼에 달걀노른자와 머스터드, 소금, 후추를 넣고 거품기로 빠르게 섞어 준다.

ㄴ 위 재료가 섞이면 기름을 조금씩 넣어가며 마요네즈를 만든다.

ㄷ 되직한 농도가 나오면 식초를 조금씩 부어가며 농도를 조절해준다.

ㄹ 농도는 소프트 피크(Soft peak : 외관상으로는 윤기가 흐르며, 저었을 때 리본이 그려져서 그대로 약 15초간 머무는 정도의 점성) 정도가 되어야 한다.

③ 유화드레싱 유 분리 현상과 복원 방법

ㄱ 유분리 현상의 원인

• 초기에 기름을 너무 많은 양을 빨리 넣었을 때

• 달걀노른자에 비해서 기름이 많았을 때

• 기름의 온도가 너무 낮아 유화 액 형성이 완전하지 못할 때

• 젓는 속도와 방법이 부적당했을 때

• 고온에 저장하여 물과 기름의 팽창계수가 다를 때

ㄴ 유분리 복원 방법

• 첫 번째 방법 : 새로운 달걀노른자를 거품이 일 정도로 저어준 후 유분리된 마요네즈를 조금씩 부어가면서 다시 드레싱을 만든다.

• 두 번째 방법 : 잘 형성된 마요네즈에 분리된 마요네즈를 조금씩 넣어서 재생시킨다.

3. 식재료별 조리방법

재료	조리법	조리법 설명
소고기 (안심, 등심, 갈빗살, 채끝, 치마살 등/ 부드러운 부위)	그릴링(Gilling)과 브로일링 (Broiling)	• 숯불, 가스, 전기에 직화로 지방이나 기름 없이 150~250℃로 굽는 방법 • 스테이크 조리법으로 쓰이며 차콜(Charcoal)이라고도 함 • 비프샐러드에 많이 사용함
	로스팅 (Roasting)	• 큰 덩어리(갈비심 등) 고기에 오일이나 지방, 머스터드를 발라서 팬에 담아 140~200℃ 열로 조리하는 방법 • 로스팅한 고기는 식혀서 얇게 슬라이스 머신으로 밀어서 샐러드나 샌드위치 재료로 사용함 • 로스팅으로 구운 소고기 요리를 로스트비프(Roast Beef)라 함

소고기 (안심, 등심, 갈빗살, 채끝, 치마살 등/ 부드러운 부위)	소팅(Sauteing)	• 고기를 작게 잘라 팬에 기름을 두르고 160~240℃ 고온에서 살짝 볶는 방법 • 소스는 팬에서 디글레이징(Deglazing)하여 만듦(디글레이징(Deglazing) : 조리 후 바닥에 눌어붙은 것이 남아 있는 팬에 소량의 육수나 물, 와인 등을 붓고 나무 주걱으로 바닥에 눌어붙은 것을 살살 긁어내는 것) • 주재료가 갈색이 나면 오븐으로 옮겨서 마저 익힘 • 조리 시 재료를 팬에 꽉 차지 않게 하고 낮은 온도에서 재료를 넣지 말고, 조리 시 뚜껑을 덮지 말고 소스 속에서 주재료를 익히지 않음
	브레이징 (Braising)	• 복합조리방법으로 부피가 큰 고기를 요리할 때 사용하며 고기를 로스팅 팬에 색을 내고 그 팬에 디글레이징(Deglazing)한 다음 육수나 와인을 부어 180℃ 오븐에 넣어 조리하는 방법 • 조리과정에서 응집된 액체는 풍미가 뛰어남
	스튜잉(Stewing)	복합조리방법으로 브레이징은 큰 덩어리의 고기를 통째로 요리하고 나온 육수를 별도로 체에 걸러 소스로 사용하지만, 스튜잉은 작게 자른 고기를 사용하고 소스와 같이 양념해서 조리함
돼지고기 (안심,등심, 뒷다리살 등/ 기름이 적은 부위)	디프 프라잉 (Deep Frying)	• 재료가 기름에 잠기도록 하여 160~180℃ 온도에 조리하는 방법 • 수분이 많은 채소는 저온에서 생선류, 육류의 순으로 고온에서 익힘 • 재료의 향미를 바삭한 코팅 속에 보존시켜 주는 조리법임
	스터 프라잉 (Stir-Frying)	• 소팅과 조리법이 비슷하나 웍(Wok)이란 팬에서 작은 크기로 썬 고기류나 채소류를 수분이 빠지지 않도록 고온(250℃ 이상)에서 계속 움직이면서 조리하는 방법 • 볶음 요리에 주로 사용되며 중식요리의 대표적 조리법임
해산물	보일링/끓이기 (Boiling)	• 물이나, 육수 등의 액체에 넣고 끓이는 방법 • 모든 해산물에 가능한 조리법으로 보편적으로 사용하는 방법 • 조리하는 액체를 끓는 점까지 올려서 재료를 넣고 온도를 유지하며 조리하기
	포칭/삶기 (Poaching)	• 비등점 이하의 온도 65~85℃에서 끓는 물에 데치는 방법 • 낮은 온도에서 조리하므로 단백질 식품이 건조하고 딱딱해지는 것을 방지하고 부드러움을 살리는 장점이 있음 • 질겨지기 쉬운 어패류와 관자류, 살이 연한 흰살생선의 조리에 적합함 • 포칭과 시머링의 조리법의 차이는 같은 삶는 법이지만 시머링은 85~93℃로 포칭보다는 온도가 높고 포칭은 거품이 생기지 않게 끓이고 시머링은 거품이 생기되 98℃를 넘지 않게 끓임

해산물	스티밍/증기찜 (Steaming)	• 수증기의 대류열에 의해 식품이 조리되는 방법 • 밀폐된 용기에 스팀으로 조리가 되어서 조리용액이 식품에 닿지 않아 향미나 수분 손실이 적음 • 부피가 큰 생선이나 갑각류(대게, 바닷가재) 조리에 적합하고 적 정 온도는 200~220℃임
	팬프라이 (Pan Frying)	• 소테보다 낮은 온도인 170℃ 정도에서 프라잉을 시작하여 중간 이상의 온도에서 뚜껑을 연 채로 조리하는 방법 • 붉은생선이나 흰살생선에 주로 사용함
채소	데치기(Blanching)	• 적은 양의 재료를 많은 양의 물이나 기름에 짧은 시간에 데쳐내 는 조리 방법 • 거의 모든 채소에 가능하고 살이 연한 연체류(오징어, 한치, 문 어, 낙지 등)의 조리에 적합함
곡물	시머링/ 은근히 끓이기 (Simmering)	• 85~93℃의 온도에서 은근히 끓이는 조리방법으로 대류현상을 이용하며 재료가 흐트러지지 않도록 조심스럽게 끓임 • 곡류의 경우 오랜 시간 부서지지 않게 익혀야 하므로 시머링이 적합함

03 ▶ 샐러드요리 완성

1. 샐러드와 드레싱의 조화

[샐러드 종류에 따른 드레싱과의 조화]

심플 샐러드(단순 샐러드)	컴파운드 샐러드(복합 샐러드)
• 다양한 엽채류(잎채소류)를 먹기 좋게 잘라서 다양 한 콩디망을 올리고 드레싱을 끼얹음 • 드레싱을 버무리지 않고 먹기 직전에 바로 채소 위 에 올림 • 아삭한 채소와 드레싱 본연의 맛을 살림 • 드레싱을 선택할 수 있는 장점이 있음	• 경채류, 근채류, 과채류 화채류 등의 채소를 먹기 좋 게 잘라서 대부분 익혀 다양한 콩디망과 같이 조리사 가 만든 드레싱에 버무려 제공함 • 채소와 버무려져 있어서 드레싱을 선택할 수 없음 • 복합샐러드 조리 시의 규칙 　－ 재료 간의 궁합을 맞추기 　－ 색과 맛이 겹치지 않도록 하기 　－ 재료 간의 맛의 상승작용을 고려하기 　－ 접시 플레이팅 시 질감과 색감을 맞춰 담기

2. 샐러드 완성 시 주의사항

샐러드의 가장 중요한 부분은 채소로 부재료들이 맛이 있어도 채소의 신선도가 떨어진다면 재맛을 즐길 수 없다. 샐러드에 사용할 채소는 하루 전에 정선해서 랩으로 밀봉하여 냉장고에 보관하여 사용한다.

① 채소를 담을 때 주의 사항

　　㉠ 채소의 물기를 반드시 제거하고 담기

　　㉡ 주재료와 부재료의 크기를 생각하고 부재료가 주재료를 가리지 않도록 하기

　　㉢ 주재료와 부재료의 모양, 색상, 식감은 항상 다르게 준비하기

　　㉣ 드레싱의 양은 샐러드의 양보다 많지 않게 담기

　　㉤ 드레싱의 농도가 너무 묽지 않게 하기

　　㉥ 드레싱은 제공할 때 뿌리기(미리 뿌리지 않기)

　　㉦ 샐러드를 미리 만들면 반드시 덮개를 씌워 채소가 마르는 일이 없도록 하기

　　㉧ 가니쉬의 중복사용을 피하기

3. 플레이팅

요리의 맛과 색, 모양 등을 조화롭게 배열하여 접시에 담는 것으로 고객에게 제공되기 전에 예술성을 발휘하여 품질을 향상시키는 수단으로 요리의 최종 작업을 의미한다.

① 플레이팅의 구성요소

　　㉠ 플레이트 콘셉트

　　　• 전통적인 방법 : 6시 방향에 주요리가 있고 12시를 중심으로 좌우대칭으로 안정감과 편안함을 주는 방법으로 접시 정 가운데를 중심으로 퍼져있는 형태로 웃는 얼굴처럼 보여 Piggy's smile이라 불린다.

　　　• 비전통적인 방법 : 음식을 구성과 분산을 통해 적절히 분산시키는 방법으로 원칙을 준수하면서 조화와 멋을 살려 담는다.

　　㉡ 플레이팅 구성요소

[플레이팅의 구성요소와 특징]

구성요소	특징	
통일성(Unity)	접시에 담을 때 중심 부분에 음식을 균형 있게 담기	
초점(Focal point)	메인과 가니쉬가 상하 대칭 또는 좌우대칭을 나타내면서 정확한 초점이 있어야 함	
흐름(Flow)	접시에 담긴 음식은 통일성과 초점들이 잘 나타내어지면 움직임이 있는 것과 같은 흐름이 연상되어야 함	

균형(Balance)	복잡함과 단순함의 균형과 색의 균형(강렬하지 않은 3~5가지 색의 균형), 조리 방법의 균형(다양한 조리법의 균형), 음식 혹은 재료의 균형(동일한 형태의 음식 사용의 균형), 질감과 향미의 균형(비슷한 질감의 음식 사용의 균형)이 있어야 함
색(Color)	색은 신선함, 품질, 조리된 상태를 반영하여 판단기준이 되며 자연스러운 색을 연출함
가니쉬(Garnish)	요리가 가지고 있는 맛, 향과 조화를 이뤄야 하며 보기에도 좋아야 함

② 플레이팅의 기본 원칙

　㉠ 접시의 내원을 벗어나지 않기

　㉡ 고객의 편리성에 초점을 두어 담기

　㉢ 재료별 특성을 이해하고 일정한 공간을 두어 담기

　㉣ 획일적이지 않게 질서와 간격을 두어 담기

　㉤ 불필요한 가니쉬를 배제하고 주요리와 같은 수로 담기

　㉥ 소스의 사용으로 음식의 색상이나 모양이 버려지지 않게 유의해서 담기

　㉦ 가니쉬는 복잡하고 만들기 힘든 것은 피하고 간단하면서 깔끔하게 담기

01 샐러드의 분류 중 다음의 특징을 가지고 있는 것은 무엇인가?

> • 흔히 부르는 가든 샐러드 (Garden Salad)가 여기에 속함
> • 한 가지 또는 그 이상의 샐러드를 드레싱과 곁들이는 형태로 만듦

① 혼합 샐러드　　② 순수 샐러드
③ 그린 샐러드　　④ 더운 샐러드

해설 그린 샐러드는 가든 샐러드라고도 하며 한 가지 또는 그 이상의 샐러드를 드레싱과 곁들이는 형태임

02 샐러드의 구성요소 중 맛을 증진시키고 가치를 돋우며 소화를 돕는 것은 무엇인가?

① 바탕(Base)
② 본체(Body)
③ 드레싱(Dressing)
④ 가니쉬(Garnish)

해설 드레싱은 샐러드의 성공 여부에 중요한 역할을 하며 맛을 증진시키고 가치를 돋보이며 소화를 돕는다.

03 샐러드에 사용할 채소 세척에 대한 설명으로 알맞지 않은 것은?

① 충분한 물에 흙이나 모래를 씻어낸다.
② 씻은 채소는 3~5℃ 정도의 차가운 물에 30분 정도 담가 놓는다.
③ 허브와 꽃은 조심스럽게 물에 넣었다가 꺼내는 동작을 반복한다.
④ 어린잎같이 여린 채소는 차가운 물에 헹군다.

해설 어린잎같이 여린 채소 등은 잎이 상할 수 있으므로 차가운 물보다 상온의 물에 담근다.

04 샐러드 채소 손질 및 보관에 관한 설명으로 바르지 않은 것은?

① 많은 채소를 용기에 보관 시 분산하지 않고 한 통에 모두 담아 보관한다.
② 흐르는 물에 헹궈 씻는다.
③ 드레싱이 채소에 잘 달라붙을 수 있도록 수분이 없어야 한다.
④ 샐러드의 용도에 맞게 손으로 뜯던지 칼로 정선한다.

해설 채소를 용기에 보관할 때는 넓은 통에 젖은 행주를 깔고 채소를 무게에 눌리지 않도록 2/3만 채워 담은 후 위에 다시 젖은 행주를 덮어서 보관한다. 많은 채소 보관 시에는 통을 여러 개로 분산해서 보관하도록 한다.

05 샐러드의 드레싱에 대한 설명으로 바르지 않은 것은?

① 맛이 강한 샐러드를 부드럽게 해준다.
② 드레싱의 맛은 단맛이 강해야 식욕을 촉진시킨다.
③ 차가운 온도의 드레싱은 샐러드의 맛을 한층 더 증가시킨다.
④ 음식 섭취 시 입에서 즐기는 질감을 높여 준다.

해설 드레싱의 신맛과 상큼한 맛은 소화와 식욕을 촉진시킨다.

정답 **01** ③　**02** ③　**03** ④　**04** ①　**05** ②

06 마요네즈 제조 시 유분리 현상의 원인으로 바르지 않은 것은?

① 초기에 많은 양의 기름을 빨리 넣을 때
② 기름의 온도가 너무 낮아 유화액 형성이 완전하지 못할 때
③ 고온에 저장하여 물과 기름의 팽창계수가 다를 때
④ 달걀노른자에 비해 기름이 적었을 때

해설 달걀노른자에 비해서 기름이 많았을 때 유분리 현상이 일어날 수 있다.

07 마요네즈의 유분리 복원 방법으로 옳은 것은?

① 식초를 넣어 준 후 다시 기름을 조금씩 넣어 준다.
② 새로운 달걀노른자에 분리된 마요네즈를 조금씩 넣어 만든다.
③ 분리된 마요네즈에 겨자와 설탕을 넣고 다시 잘 저어준다.
④ 기름을 천천히 더 넣고 한쪽 방향으로 세게 저어 준다.

해설 유분리 복원 방법
• 첫 번째 방법 : 새로운 달걀노른자를 거품이 일 정도로 저어준 후 유분리된 마요네즈를 조금씩 부어가면서 다시 드레싱을 만든다.
• 두 번째 방법 : 잘 형성된 마요네즈에 분리된 마요네즈를 조금씩 넣어서 재생시킨다.

08 조리방법 중 큰 덩어리 고기를 팬에 담아 140～200℃의 열로 조리하여 식혀서 슬라이스 머신으로 밀어 샐러드나 샌드위치의 재료로 사용하는 방법은?

① 로스팅(Roasting)
② 소팅(Sauteing)
③ 보일링/끓이기(Boiling)
④ 포칭(Poaching)

해설 • 소팅(Sauteing) : 고기를 작게 잘라 팬에 기름을

두르고 160～240℃의 고온에서 살짝 볶는 방법
• 보일링/끓이기(Boiling) : 물이나, 육수 등의 액체에 넣고 끓이는 방법
• 포칭(Poaching) : 비등점 이하의 온도 65～85℃에서 끓는 물에 데치는 방법

09 심플 샐러드(단순 샐러드)의 특징으로 바르지 않은 것은?

① 채소와 버무려져 있어서 드레싱을 선택할 수 없다.
② 아삭한 채소와 드레싱 본연의 맛을 살린다.
③ 다양한 콩디망을 올리고 드레싱을 끼얹는다.
④ 드레싱을 버무리지 않고 먹기 직전에 바로 채소 위에 올린다.

해설 채소와 버무려져 있어서 드레싱을 선택할 수 없는 것은 컴파운드 샐러드(복합 샐러드)의 특징이며 심플 샐러드는 드레싱을 택할 수 있는 장점이 있다.

10 샐러드를 담을 때의 주의 사항으로 바르지 않은 것은?

① 채소의 물기를 반드시 제거하고 담는다.
② 드레싱의 농도가 너무 묽지 않게 한다.
③ 드레싱의 양은 샐러드의 양보다 많게 잡는다.
④ 가니쉬의 중복 사용을 피한다.

해설 드레싱의 양은 샐러드의 양보다 많지 않게 담도록 한다.

Chapter 05 양식 조식 조리

양식조리에서 조식(Breakfast)은 아침식사를 의미하며 전날 저녁 식사 이후 장시간을 지나서 처음으로 먹는 음식으로 위에 부담을 주지 않으면서 영양이 풍부한 달걀(Egg)요리나 빵(Bread)류, 시리얼(Cereal) 등이 이용된다.

조식의 종류는 각종 주스류와 조식용 빵과 커피나 홍차로 구성된 유럽식 아침식사(Continental breakfast)와 달걀요리와 감자요리, 햄, 베이컨, 소시지가 고객의 취향에 따라 제공되는 미국식 아침식사(American breakfast), 빵과 주스 등 미국식 조찬과 같이 제공되나 달걀과 감자요리에 생선 요리나 육류요리가 제공되며 조식요리 중 무겁게 느껴지는 영국식 아침식사(English breakfast)가 있다.

01 ▶ 달걀요리 조리

1. 달걀의 품질과 선별법

① 달걀의 품질 : 달걀은 무게에 따라서 왕란, 대란, 중란, 소란으로 구분하고 품질은 축산물품질평가원에서 세척한 달걀에 대해서 외관검사, 투광 및 할란 판정(달걀을 깨서 내용물을 검사한 후 등급을 평가하는 일)을 거쳐 1^+, 1, 2, 3등급으로 구분한다.

㉠ 달걀의 등급표시 : 축산물품질평가원에서 달걀의 등급조회서비스를 이용해 등급정보, 농장정보, 판정일, 브랜드, 집하장 등 생산정보를 조회할 수 있다.

[달걀 품질표시]

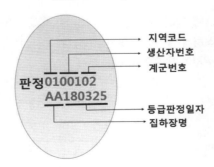

② 달걀의 선별법

선별법	내용
투시법	어두운 곳에서 달걀에 광선을 비추면 난각은 광선을 투과하므로 난각의 크기, 난황의 색, 크기, 이물질 혼입, 혈란 등을 보고 선별하는 방법이다.
비중법	선도가 좋은 달걀의 비중은 1.08~1.09로 시간이 지남에 따라 기공을 통해 수분이 증발하여 비중이 가벼워진다. 6%의 소금물에 담가서 가라앉는 달걀은 신선한 달걀이고 위로 뜨는 것은 선도가 떨어지는 달걀이다.
할란 판정	달걀을 깨서 보았을 때 흰자와 노른자의 높이가 높고, 퍼지는 지름이 작을수록 선도가 좋은 달걀이다. • 신선한 달걀의 난백계수 : 0.14~0.17 • 신선한 달걀의 난황계수 : 0.36~0.44(달걀이 오래될수록 난황계수가 작아짐)

2. 달걀요리의 종류

달걀요리는 습식열을 이용한 요리방법과 건식열을 이용한 방법으로 구분하며, 부재료로 달걀이 들어간 요리로 구분할 수 있다.

분류	종류		특징
습식열을 이용한 달걀요리	포치드 에그(Poached egg)		달걀을 작은 그릇에 미리 깨서 놓고 90℃ 정도의 비등점 아래 뜨거운 물에 식초를 넣고 달걀을 넣어 익히는 방법이다.
	보일드 에그 (Boiled egg) – 삶은 달걀이라고 하며 100℃ 이상의 끓는 물에 달걀을 넣어 익히는 정도를 달리함	코들드 에그 (Coddled egg)	100℃ 끓는 물에 30초 정도 살짝 삶은 달걀이다.
		반숙 달걀 (Soft boiled egg)	100℃ 끓는 물에 3~4분간 삶아 노른자가 1/3 정도 익은 달걀이다.
		중반숙 달걀 (Medium boiled egg)	100℃ 끓는 물에 5~7분간 삶아 노른자가 반 정도 익은 달걀이다.
		완숙 달걀 (Hard boiled egg)	100℃ 끓는 물에 10~14분간 삶아 노른자가 완전히 익은 달걀이다.
건식열을 이용한 달걀요리	달걀 프라이 – 프라이팬을 이용해 달걀을 조리하는 방법으로 뒤집기와 노른자의 익은 상태에 따라서 분류함	서니 사이드 업 (Sunny side up)	팬에 버터나 식용유를 두르고 달걀의 한쪽 면만 익히는 조리법으로 노른자위가 떠오르는 태양과 같다고 해서 붙여진 이름이다.

건식열을 이용한 달걀요리	달걀 프라이 – 프라이팬을 이용해 달걀을 조리하는 방법으로 뒤집기와 노른자의 익은 상태에 따라서 분류함	오버 이지 (Over easy egg)	팬에 버터나 식용유를 두르고 달걀의 양쪽 면을 살짝 익히는 조리법으로 흰자가 반쯤 익었을 때 노른자가 터지지 않도록 뒤집어 흰자를 익히며 노른자가 터지지 않도록 한다.
		오버 미디엄 (Over medium egg)	팬에 버터나 식용유를 두르고 오버 이지와 같은 방법으로 조리하며, 달걀노른자가 반 정도 익도록 조리하는 방법이다.
		오버 하드 (Over hard egg)	팬에 버터나 식용유를 두르고 달걀을 넣어 양쪽으로 완전히 익히는 조리법이다.
	스크램블 에그(Scrambled egg)		팬에 버터나 식용유를 두르고 달걀(흰자와 노른자를 풀어준 것)을 넣어 빠르게 휘저어 만든 요리이다.
	오믈렛(Omelet)		팬에 버터나 식용유를 두르고 달걀(흰자와 노른자를 풀어준 것)을 넣어 빠르게 휘저어 스크램블 에그를 만들다가 프라이팬을 이용하여 럭비공 모양으로 만든 달걀 요리로 속에 들어가는 재료에 따라 치즈오믈렛, 스패니시 오믈렛 등이 있다.
	에그 베네딕틴(Egg benedictine)		구운 잉글리시 머핀에 햄, 포치드 에그(Poached egg)를 얹고 홀랜다이즈 소스(Hollandaise sauce)를 올린 미국의 대표적 달걀요리이다.

3. 달걀조리에 필요한 조리도구

조리도구	특징	
프라이팬 (Fry pan)	팬에 달라붙지 않도록 코팅이 우수한 팬이 좋다.	
거품기 (Whisk wire whip)	스크램블 에그나 오믈렛 등을 준비할 때 사용하며 재료를 혼합할 때 사용한다.	
믹싱 볼 (Mixing bowl)	둥근 볼처럼 생겨서 재료를 준비하거나 섞을 때 사용한다.	
국자(Ladle)	액체로 된 재료를 떠서 담을 때 사용한다.	
고운체 (Meas skimmer)	소스나 육수를 거를 때 사용한다.	
소스냄비 (Sauce pan)	소스를 끓일 때 사용하며, 달걀요리에서는 달걀을 삶을 때 사용하며 손잡이가 1개인 것을 주로 사용한다.	
나무젓가락 (Wooden chopsticks)	대나무로 된 젓가락으로 30cm 이상으로 스크램블 에그나 오믈렛을 만들 때 사용한다.	

4. 달걀요리 조리하기

요리명	조리법 및 주의점
포치드 에그 (Poached egg)	• 포치드 에그는 껍질을 제거한 달걀을 끓는 물에 넣고 가열하는 조리법으로 열량이 낮고 부드럽다. 1인분에 보통 2개의 포치드 에그를 멜바 토스트 위에 제공한다. • 달걀노른자가 터지지 않아야 하고 너무 익지 않도록 해야 한다. 센불에서 조리하면 달걀흰자가 퍼져 뭉쳐지지 않으므로 주의한다. • 멜바 토스트(Melba toast) : 식빵을 얇게(두께 2cm, 가로 3cm, 세로 5cm) 썰어 오븐에 150℃ 8분간 바삭하게 굽거나 팬에서 낮은 온도로 굽는다. • 해시 브라운 감자(Hash brown potato) : 감자를 삶아서(약 20분) 물기를 제거하고 오븐에 5분 정도 말려준 후 껍질을 제거하고 채를 썰거나 중간 크기의 주사위 모양으로 썰어서 팬에 버터와 감자를 넣고 소금, 후추로 간을 한 후 갈색으로 굽는다. • 달걀을 작은 그릇에 깨서 담고 끓는 물에 소금과 식초를 넣고 90℃의 물에 달걀을 조심스럽게 넣어 흰자를 모아주고 3~5분간 가열하여 흰자를 익히고 노른자를 반 정도 익혀 구멍 뚫린 스푼으로 건져서 찬물(포치드 에그를 건져서 반드시 찬물에 담가야 식초 맛이 없어진다)에 담갔다가 건져 키친타올로 옮겨 물기를 제거한다. • 접시에 해시 브라운 감자를 위 중앙에 담고 중앙에 멜바 토스트를 놓고 위에 포치드 에그를 올린다. • 햄, 베이컨, 소시지를 고객의 기호에 따라 한 가지를 선택해서 담는다.
삶은 달걀 (Boiled egg)	• 삶은 달걀은 냄비에 달걀이 완전히 잠길 만큼의 물을 넣고 끓여 삶는 것이 일반적이고 반숙은 물이 끓을 때 달걀을 넣는다. 달걀이 터지지 않도록 조심해서 넣고, 센불에서 삶지 않도록 하며 타이머를 이용해서 시간을 정확히 맞추도록 한다. • 1인분에 보통 2개의 삶은 달걀을 달걀 스탠드 위에 제공한다. • 달걀은 삶기 전 미지근한 물에 담가 놓는다. • 코들드 에그(Coddled egg) : 물이 끓기 시작하면 달걀을 넣고 30초간 삶는다. • 반숙 달걀(Soft-boiled egg) : 물이 끓기 시작하면 달걀을 넣고 3~4분간 삶는다. • 중반숙 달걀(Medium-boiled egg) : 물이 끓기 시작하면 달걀을 넣고 5~7분간 삶는다. • 완숙 달걀(Hard-boiled egg) : 물이 끓기 시작하면 달걀을 넣고 10~14분간 삶는다. • 달걀이 삶아지면 찬물에 담근다. • 접시에 해시 브라운 감자를 위 중앙에 담고 접시 중앙에 에그 스탠드를 놓고, 삶은 달걀을 위에 올려준다. • 햄, 베이커, 소시지를 고객의 기호에 따라 한 가지를 선택해서 담는다.
달걀프라이 (Fried egg)	• 달걀은 온도에 민감하므로 불 조절에 주의해서 달걀프라이를 만들어야 한다. • 서니사이드 업은 달걀노른자가 깨지지 않도록 주의해야 한다. • 달걀을 노른자가 깨지지 않도록 깨서 볼에 준비한다. • 프라이팬은 120℃ 정도로 가열하고 버터 또는 정제 버터, 식용유, 올리브유 등으로 코팅하여 달걀을 넣고 조리법에 따라 익힌다. • 서니 사이드 업(Sunny side up) : 달걀을 한쪽 면만 익히는데, 떠오르는 태양과 같다고 해서 서니 사이드 업이라 한다. • 오버 이지(Over easy) : 달걀 양쪽 면을 살짝 익히고, 달걀흰자가 익었을 때 뒤집어 20~30초간 흰자의 표면만 익힌다. • 오버 미듐(Over medium) : 오버 이지보다 많이 익힌 것으로 달걀흰자가 익었을 때 뒤집어 1분 정도 가열하여 달걀노른자의 절반만 익힌다.

달걀프라이 (Fried egg)	• 오버 하드(Over hard) : 달걀의 흰자와 노른자를 완전히 익힌다. 달걀의 흰자를 완전히 익힌 다음 뒤집어 완전히 익히거나 노른자를 깨뜨린 후 뒤집어서 익힌다. • 접시에 해시 브라운 감자를 위 중앙에 담고 달걀프라이를 담는다. • 햄, 베이컨, 소시지를 고객의 기호에 따라 한 가지를 선택해서 담고 토마토와 이태리 파슬리로 장식한다.
스크램블 에그 (Scramble egg)	• 달걀을 부드럽게 만들어야 하며, 너무 많이 익히면 단단해지므로 주의해야 한다. • 여러 가지 부재료를 넣어서 만들 수 있다. • 믹싱볼에 달걀을 깨서 넣고 거품기로 노른자와 흰자를 푼 다음 체에 거르고 생크림, 소금, 후추로 간하여 혼합한다. • 팬을 120℃ 정도로 가열하고 버터 또는 정제 버터, 식용유, 올리브유 등을 넣고 코팅한 후 달걀물을 넣고 휘저어 가며 부드럽게 뭉쳐지면 불을 끈다. 너무 익히면 달걀에서 수분이 나와 단단해지므로 주의한다. • 접시에 해시 브라운 감자를 위 중앙에 담고 스크램블 에그를 담는다. • 햄, 베이컨, 소시지를 고객의 기호에 따라 한 가지를 선택해서 담고 토마토와 이태리 파슬리로 장식한다.

오믈렛(Omelet)	• 달걀이 완전히 익기 전에 모양을 만들어야 한다.
	• 부재료에 따라 여러 가지 오믈렛을 응용할 수 있다.
	• 믹싱볼에 달걀을 깨서 넣고 거품기로 노른자와 흰자를 푼 다음 채에 거르고 생크림, 소금, 후추로 간하여 혼합한다.
	• 팬을 120℃ 정도로 가열하고 버터 또는 정제 버터, 식용유, 올리브유 등을 넣고 코팅한 후 달걀 물을 넣고 나무젓가락으로 휘젓는다.
	• 부재료를 달걀 물 중앙에 넣어 준다.
	  − 치즈 오믈렛(Cheese omelet) : 슬라이스 치즈를 0.5cm 사각으로 썰어서 넣는다.
	  − 스파니시 오믈렛(Spanish omelet) : 양파, 버섯 피망, 베이컨, 토마토를 0.5cm× 0.5cm로 잘라 볶은 다음, 토마토페이스트를 넣고 볶아 오믈렛에 넣는다.
	  − 버섯 오믈렛(Mushroom omelet) : 버섯을 작은 주사위 모양으로 잘라 버터에 볶은 다음 넣는다.
	  − 토마토 오믈렛(Tomato omelet) : 토마토를 끓는 물에 삶아 껍질을 벗겨 씨를 제거하고 작은 주사위 모양으로 잘라(Concasser) 오믈렛에 넣는다.
	• 부재료를 넣은 후 럭비공 모양으로 만든다. 팬을 들어 올려 달걀을 앞쪽으로 몰고, 팬의 기울기를 이용하여 손목으로 스냅을 주어 럭비공 모양으로 만든다.
	• 접시에 해시 브라운 감자를 위 중앙에 담고 오믈렛을 접시 중앙에 담는다.
	• 토마토와 이태리 파슬리로 장식한다.

에그 베네딕틴 (Egg benedictine)	• 포치드 에그가 너무 익지 않도록 주의한다. • 포치즈 에그(Poached egg)를 만든다. 달걀을 깨서 볼에 담고 냄비에 충분한 물을 담고 소금과 식초를 넣고 조심스럽게 달걀 1개씩을 넣어 모양을 잡아 3분 정도 익힌 다음 얼음물에 넣어 열기를 식히고 키친타올에 올려 물기를 제거한다. 햄은 모양틀을 이용하여 잉글리시 머핀 크기와 비슷하게 잘라 버터에 살짝 굽고 시금치는 소금물에 데치고 양파는 다져서 팬에 버터를 넣고 양파를 볶다가 시금치를 넣고 소금, 후추로 간한다. 잉글리시 머핀은 팬에 버터를 넣고 약불에서 바삭하게 굽는다.

| | 에그 베네딕틴
(Egg benedictine) | • 홀랜다이즈 소스(Hollandaise sauce) 만들기 : 버터는 중탕해서 정제버터를 만들고 허브 에센스(다진 양파, 으깬 통후추, 월계수잎, 타라곤, 식초, 화이트 와인, 물을 넣고 1/2로 졸인다)를 만든다. 달걀노른자 2개를 스테인리스 믹싱볼에 담고 달걀노른자에 허브 에센스를 넣고 거품기로 저으면서 중탕으로 80% 익혀주고 불에서 내려 정제버터를 조금씩 넣으면서 유화시키고 레몬즙과 파슬리가루, 소금, 후추로 간을 한다.
• 접시에 해시 브라운 감자를 위 중앙에 담고 구운 잉글리시 머핀에 버터를 바르고 햄, 시금치를 올리고 포치드 에그를 위에 올린다. 홀랜다이즈 소스를 뿌린 다음 샐러맨더로 색을 낸다.
• 토마토와 이태리 파슬리로 장식한다. |

02 ▶ 조찬용 빵류 조리

아침 식사용 빵은 일반적으로 식빵(Toast bread)이 가장 많이 사용되고 그 외에 크루아상(Croissant), 데니시 페이스트리(Danish pastry), 보리빵(Rey bread), 프렌치 브레드(French bread) 등이 사용되고 프렌치 토스트(French toast), 핫케이크(Hot cake), 와플(Waffle) 같은 조리용 빵 등이 있다.

1. 아침 식사용 빵의 종류

제과 · 제빵 부서에서 만들어져 제공되는 빵의 종류와 조리 과정을 통해 만들어지는 조리용 빵으로 구분할 수 있다.

구분	종류	특징
아침식사용 빵	토스트 브레드 (Toast bread)	식빵을 0.7~1cm 두께로 얇게 썰어서 구운 빵으로 버터나 잼을 발라 먹음
	데니시 페이스트리 (Danish pastry)	덴마크의 대표적인 빵으로 다량의 유지를 중간에 층층이 끼워 만든 페이스트리 반죽에 잼, 과일, 커스터드 등의 속을 채워 구운 빵
	크루아상(Croissant)	크루아상은 프랑스어로 초승달을 의미하며 버터를 켜켜이 넣어 만든 페이스트리 반죽을 초승달 모양으로 만든 프랑스의 대표적인 페이스트리임
	베이글(Bagel)	밀가루, 이스트, 물, 소금으로 반죽해서 가운데 구멍이 뚫린 모양으로 만들어 발효시켜 끓는 물에 익혀 오븐에 한번 구워냄
	잉글리시 머핀 (English muffin)	영국에서 아침식사에 먹는 달지 않고 납작한 빵으로 샌드위치용으로도 사용됨

아침식사용 빵	프렌치 브레드 (French bread, bagutte)	프랑스의 대표적이며 주식인 빵으로 밀가루, 이스트, 물, 소금만으로 만들며 모양은 가늘고 길쭉한 몽둥이 모양으로 바삭바삭한 식감이 특징임
	호밀 빵(Rye bread)	독일의 전통 빵으로 호밀이 주원료로 속이 꽉 차있고 향이 강하며 섬유소가 많아 건강 빵으로 사용됨
	브리오슈(Brioche)	프랑스의 전통 빵으로 밀가루, 버터, 이스트, 설탕 등으로 달콤하게 만들며 아침 식사용으로 사용됨
	스위트 롤(Sweet roll)	영국에서 처음 만들어졌으며 건포도, 향신료, 시럽 등의 재료를 겉에 입히지 않은 모든 롤 빵을 의미하며 일반적으로 롤 사이에는 계핏가루를 넣음
	하드 롤(Hard roll)	껍질은 바삭하고 속은 부드러운 빵으로 주로 강력분으로 반죽을 만들고, 속을 파내고 채소나 파스타를 넣어 만들기도 함
	소프트 롤(Soft roll)	모닝 롤이라고도 부르며 둥글게 만든 빵으로 하드롤보다 설탕, 유지가 많이 들어가고, 달걀을 첨가하여 속이 매우 부드러움
아침식사 조리용 빵	프렌치토스트 (French toast)	건조해진 빵을 활용하기 위해 만들어진 조리법으로 아침식사로 많이 사용되고 프랑스에서는 팽 페르뒤(Pain perdu) 라고 부르며 못쓰게 된 빵이란 뜻을 가진다. 달걀물에 계핏가루, 설탕, 우유를 넣고 섞은 후 빵을 담가 팬에 버터를 두르고 구워서 잼과 시럽을 곁들임
	팬케이크(Pancake)	핫케이크라고도 하며 뜨거울 때 먹으면 맛이 있다. 밀가루, 달걀, 물 등으로 만들어 프라이팬에 구어 버터와 메이플 시럽을 뿌려 먹음
	와플(Waffle)	아침식사, 브런치, 디저트로 인기가 있으며 서양과자의 일종으로 벌집모양으로 바삭한 맛을 가지고 있다. 종류는 두 가지로 첫 번째 미국식 와플은 베이킹파우더를 넣어 반죽하고 설탕을 많이 넣어 달게 먹고, 두 번째 벨기에식 와플은 이스트를 넣어 발효시킨 반죽에 달걀흰자를 거품 내어 반죽해서 구워 먹는다. 반죽 자체는 달지 않아 과일이나 휘핑크림을 얹어서 먹음

2. 조찬용 빵의 곁들임

조찬용 빵과 함께 버터, 오렌지 마멀레이드, 잼 등이 제공되며 팬케이크에는 메이플 시럽이나 꿀 등이 함께 제공된다.

종류	특징	
딸기 잼 (Strawberry jam)	다량의 당분을 함유하고 있으며 딸기의 70~80%의 설탕을 넣고 조려서 젤리화 또는 시럽화한 것으로 빵 등에 제공됨	
블루베리 잼 (Strawberry jam)	다량의 설탕과 식초 또는 레몬주스를 블루베리에 넣고 조려서 젤리화한 것으로 토스트 빵 등에 바르거나 찍어 먹음	

오렌지 마멀레이드 (Orange marmalade)	오렌지에 설탕과 물을 넣고 끓여서 만들었으며 영국식은 쓴맛이, 미국식은 달콤한 맛이 나는데 아침식사에 구운 빵과 함께 제공됨
버터 (Butter)	우유의 유지방을 분리하여 크림을 만들고 응고시켜 만든 유제품으로 평균 지방이 81%로 아침 식사에 제공되는 빵에 제공됨
메이플 시럽 (Maple syrup)	설탕 단풍나무에서 생산된 수액으로 만든 시럽으로 팬케이크나 와플에 주로 발라서 먹음
꿀 (Honey)	천연 감미료로 꿀의 80%가량이 탄수화물이며 단백질과 무기질로 구성되어 있고 팬케이크 등에 제공됨

3. 조찬용 빵류에 사용되는 조리도구

조리도구	특징
토스터(Toaster)	전기를 이용하여 식빵이나 빵을 굽는 기구로 일반적으로 가정용은 2개의 식빵을 구울 수 있지만 업소용은 로터리 형태로 돌아가면서 굽는다.
가스 그릴(Gas grill)	팬케이크나 채소를 볶을 때 사용되며 가스를 이용하여 넓은 번철로 되어 있어 대량 요리가 가능하다.
프라이팬(Frypan)	팬케이크를 굽거나 부재료를 조리할 때 사용하며 기름을 두르고 볶거나 굽는 도구로 사용 된다.
스패튤라(Grill spatula)	뜨거운 음식을 뒤집거나 옮길 때 사용된다.
와플 머신 (Waffle machine)	전기를 이용하며 요철 모양의 와플을 만들 때 사용되는 기구로 둥근 모양, 사각 모양 등 다양한 모양이 있다.

03 ▶ 시리얼류 조리

시리얼(Cereals) 아침식사 대용으로 먹는 가공식품으로 쌀, 밀, 귀리, 옥수수, 기장 등으로 영양소를 풍부하게 함유하고 있고 소화가 잘되는 장점을 가지고 있다. 로마 신화에 등장하는 농업의 여신 케레스(Ceres)에서 유래되었으며 일반적으로 곡물을 물이나 우유, 음료에 적셔 죽처럼 부드럽게 해서 먹는다.

시리얼은 차갑게 먹는 시리얼과 뜨겁게 먹은 시리얼로 나눌 수 있다.

1. 시리얼의 분류

분류	종류	특징	
차가운 시리얼 (Cold cereals)	콘플레이크 (Cornflakes)	옥수수를 구워서 얇게 으깨어 만든 것으로 1906년 초기에 환자들의 건강식으로 만든 식품이었다.	
	올 브랜 (All bran)	밀기울을 으깨어 가공한 것으로 천연 밀기울은 섬유질을 함유하고 있어 소화를 돕는다.	
	라이스 크리스피 (Rice crispy)	쌀을 바삭하게 튀긴 것으로 간편히 먹을 수 있다.	
	레이진 브렌 (Raisin bran)	구운 밀기울 조각에 달콤한 건포도를 넣은 것으로 섬유소와 비타민, 미네랄을 함유하고 있다.	
	쉬레디드 휘트 (Shredded wheat)	밀을 조각내고 으깨서 사각형 모양으로 만든 비스킷 형태이다.	
	버처 뮤즐리 (Bircher muesli)	오트밀(귀리)을 기본으로 견과류 등을 넣은 것으로 스위스의 내과 의사가 자신의 병원환자들을 위해 개발한 음식으로 생과일과 채소가 들어간 음식으로 오트밀과 견과류, 과일 등을 우유나 플레인 요구르트에 넣고 냉장고에 하루 보관한 다음 먹는다.	
더운 시리얼 (Hot cereals)	오트밀 (Oatmeal)	귀리를 볶은 다음 거칠게 부수거나 납작하게 누른 식품으로 육수나 우유를 넣고 죽처럼 조리해서 먹는다. 식이 섬유소가 풍부하며 스코틀랜드에서 오래전부터 이용해 왔다.	

2. 시리얼의 부재료

시리얼은 조리할 필요가 없어서 아침 식사로 인기가 높은데 영양소는 곡물이 주로 탄수화물이며, 우유나 부재료들로 부족한 영양소를 보충하는데 부재료로 생과일, 건조과일, 견과류 등이 사용된다.

① 생과일(Fresh fruits) : 비타민과 무기질을 포함하고 있으며 과육과 과즙이 풍부하며 단맛과 향이 우수하다. 바나나, 딸기, 사과 등이 주로 사용된다.

② 건조과일(Dry fruits) : 과일을 건조시키면 수분이 줄고 식이섬유, 탄수화물, 지방, 단백질, 무기질 등의 함량이 높아지고 고유의 맛과 향이 깊어지며 보관이 쉬워진다. 블루베리, 건포도, 건살구 등이 사용된다.

③ 견과류(Nut) : 먹을 수 있는 부분을 단단하고 마른 껍질이 감싸고 있는 과일류를 견과류라고 하며 각종영양소가 풍부하게 들어 있다. 호두나 아몬드, 은행, 마카다미아 너트 등이 사용된다.

3. 시리얼에 사용되는 조리도구

조리도구	특징
믹싱 볼 (Mixing bowl)	손잡이가 없는 둥근 그릇으로 재료를 준비하고 혼합할 때 사용한다.
스토브 (Stove)	가스를 열원으로 사용하며 소스 냄비나 프라이팬을 가열하여 음식물을 조리하는 장비로 조리에 가장 기본이 되는 기구이다.
소스 냄비 (Sauce pot)	소스를 끓일 때 사용하며, 오트밀을 만들 때 사용하는 조리도구로 손잡이가 길게 1개가 있는 것을 주로 사용한다.
나무 스페출라 (Wooden spatula)	뜨거운 음식을 뒤집거나 옮길 때 사용하는 조리 도구이다.
국자 (Ladle)	액체 재료를 담을 때 사용하는 조리 도구이다.

4. 시리얼의 조리법

종류	조리법 및 주의점
오트밀(Oatmeal)	• 오트밀은 시간이 지나면 걸쭉해지므로 농도에 주의하면서 만든다. • 고객의 기호에 따라 설탕 또는 건포도 등과 같이 제공한다. • 냄비에 오트밀과 물을 넣고 약한 불에서 끓여준 후 오트밀이 퍼지면 우유를 조금씩 넣어가면서 농도를 맞추고 소금 간을 한다. • 시리얼 볼을 따뜻하게 준비하여 오트밀을 담고 고객의 기호에 따라 건포도 등을 올려 완성한다.
버처 뮤즐리 (Bircher muesli)	• 버처 뮤즐리는 여러 가공식품으로 생산된다. • 과일, 견과류, 건조과일을 시기에 따라 조금씩 바꾸어 제공한다. • 냉장고에 하루 정도 보관하기 때문에 신선도에 각별히 주의해야 한다. • 오트밀을 우유에 섞어서 10분 정도 불려주고, 호두, 헤이즐넛을 굵게 다져서 준비한다. 사과, 파인애플, 복숭아는 0.6×0.6×0.2cm 정사각형으로 자르고 건살구, 블루베리는 작은 주사위 모양으로 자른다. 위 재료들과 설탕, 휘핑크림을 섞어 냉장고에서 6시간 정도 불려서 사용한다. • 중앙이 오목한 시리얼 접시에 냉장고에 넣어둔 버처 뮤즐리를 꺼내어 담는다.

그래놀라(Granola)	• 오트밀과 견과류를 먼저 구운 다음, 건조 과일은 나중에 넣어야 건조 과일이 딱딱해지지 않는다. • 그래놀라가 오븐에서 타지 않도록 주의해서 굽는다. • 유산지에 오트밀을 넓게 펴 담고 165℃로 예열된 오븐에 20분간 타지 않게 굽고 다른 팬에 호두, 슬라이스 아몬드를 넣고 15분간 굽는다. 호두와 건 크랜베리는 작은 주사위 모양으로 썬다. ⓐ 믹싱볼에 메이플 시럽, 물, 설탕, 올리브오일, 꿀을 동량으로 섞어서 준비한다. 오트밀과 견과류, 코코넛을 섞어 ⓐ에 넣고 180℃ 오븐에서 갈색으로 구워준다. 건조 과일을 넣고 조그만 조각으로 뭉치도록 손으로 잡아 주고 식혀서 완성한다. • 중앙이 오목한 시리얼 접시에 그래놀라를 담고 우유와 같이 제공한다.
여러 가지 시리얼 (Assorted cereal)	• 여러 가지 시리얼을 이용하여 만들 수 있으며 견과류, 건조과일, 생과일류와 곁들여 제공한다. • 시리얼은 우유나 플레인 요구르트와 같이 제공한다. • 여러 가지 시리얼을 준비하여 중앙이 오목한 시리얼 접시에 시리얼을 담고 위에 생과일을 담아 준다. 우유 또는 요구르트를 담아 완성한다.

01 다음에서 설명하는 달걀요리로 알맞은 것은?

달걀을 작은 그릇에 미리 깨서 놓고 90℃ 정도의 비등점 아래 뜨거운 물에 식초를 넣고 달걀을 넣어 익히는 방법

① 코들드 에그(Coddled egg)
② 포치드 에그(Poached egg)
③ 서니 사이드 업(Sunny side up)
④ 스크램블 에그(Scrambled egg)

해설 • 코들드 에그(Coddled egg) : 100℃ 끓는 물에 30 초 정도 살짝 삶은 달걀이다.
• 서니 사이드 업(Sunny side up) : 팬에 버터나 식 용유를 두고 달걀의 한쪽 면만 익히는 조리법 으로 노른자위가 떠오르는 태양과 같다고 해서 붙여진 이름이다.
• 스크램블 에그(Scrambled egg) : 팬에 버터나 식 용유를 두고 달걀(흰자와 노른자를 풀어준 것) 을 넣어 빠르게 휘저어 만든 요리이다.

02 다음 중 건식열을 이용한 달걀요리에 해당하지 않는 것은?

① 스크램블 에그(Scrambled egg)
② 오믈렛(Omelet)
③ 에그프라이(Fried egg)
④ 포치드 에그(Poached egg)

해설 • 습식열을 이용한 달걀요리 : 포치드 에그 (Poached egg), 보일드 에그(Boiled egg)
• 건식열을 이용한 달걀요리 : 달걀 프라이(Fried egg), 스크램블 에그(Scrambled egg), 오믈렛 (Omelet), 에그 베네딕틴(Egg benedictine)

03 달걀 프라이(Fried egg) 중 다음 설명에 해당하는 명칭은 무엇인가?

달걀의 양쪽 면을 살짝 익히는 조리법 으로 흰자가 반쯤 익었을 때 노른자가 터 지지 않도록 뒤집어 흰자를 익히며 노른 자가 터지지 않도록 한다.

① 오버 이지(Over easy egg)
② 오버 미디엄(Over medium egg)
③ 오버 하드(Over hard egg)
④ 서니 사이드 업(Sunny side up)

해설 • 오버 미디엄 : 오버 이지와 같은 방법으로 조리하 며 달걀노른자가 반 정도 익도록 조리
• 오버 하드 : 달걀의 양쪽면을 완전히 익도록 조리
• 서니 사이드 업 : 달걀의 한쪽면만 익히는 조리

04 보일드 에그(Boiled egg) 조리 중 반숙 달걀 (Soft boiled egg)을 삶을 때 100℃에서 몇 분 정도 삶으면 적당한가?

① 30초   ② 3~4분
③ 5~7분   ④ 10~14분

해설

코들드 에그 (Coddled egg)	100℃ 끓는 물에 30초 정도 살짝 삶은 달걀이다.
반숙 달걀 (Soft boiled egg)	100℃ 끓는 물에 3~4분간 삶아 노른자가 1/3 정도 익은 달걀이다.
중반숙 달걀 (Medium boiled egg)	100℃ 끓는 물에 5~7분간 삶아 노른자가 반 정도 익은 달걀이다.
완숙 달걀 (Hard boiled egg)	100℃ 끓는 물에 10~14분간 삶아 노른자가 완전히 익은 달걀이다.

정답 01 ②   02 ④   03 ①   04 ②

05 다음 설명에 해당하는 달걀요리는 무엇인가?

> 구운 잉글리시 머핀에 햄, 포치드 에그
> (Poached egg)를 얹고 홀랜다이즈 소스
> (Hollandaise sauce)를 올린 미국의 대표
> 적 달걀요리이다.

① 스크램블 에그(Scrambled egg)
② 오믈렛(Omelet)
③ 에그 베네딕틴(Egg benedictine)
④ 보일드 에그 (Boiled egg)

해설 • 스크램블 에그 : 팬에 버터나 식용유를 두르고
달걀(흰자와 노른자를 풀어준 것)을 넣어 빠르게
휘저어 만든 요리이다.
• 오믈렛 : 팬에 버터나 식용유를 두르고 달걀(흰
자와 노른자를 풀어준 것)을 넣어 빠르게 휘저어
스크램블 에그를 만들다가 프라이팬을 이용하여
럭비공 모양으로 만든 달걀요리로 속에 들어가
는 재료에 따라 치즈오믈렛, 스패니시 오믈렛 등
이 있다
• 보일드 에그 : 삶은 달걀이라고 하며 100℃ 이상의
끓는 물에 달걀을 넣어 익히는 정도를 달리한다.

06 아침식사용 빵으로 자주 사용되며, 다음 설명에
해당하는 빵의 이름은 무엇인가?

> 프랑스어로 초승달을 의미하며 버터를 켜
> 켜이 넣어 만든 페이스트리 반죽을 초승
> 달 모양으로 만든 프랑스의 대표적인 페
> 이스트리임

① 데니시 페이스트리(Danish pastry)
② 브리오슈(Brioche)
③ 크루아상(Croissant)
④ 하드 롤(Hard roll)

해설 아침식사용 빵의 종류에 대한 설명
• 데니시 페이스트리(Danish pastry) : 덴마크의 대
표적인 빵으로 다량의 유지를 중간에 층층이 끼
워 만든 페이스트리 반죽에 잼, 과일, 커스터드
등의 속을 채워 구운 빵

• 브리오슈(Brioche) : 프랑스의 전통 빵으로 밀가
루, 버터, 이스트, 설탕 등으로 달콤하게 만들며
아침 식사용으로 사용됨
• 하드 롤(Hard roll) : 껍질은 바삭하고 속은 부드러
운 빵으로 주로 강력분으로 반죽을 만들고, 속을
파내고 채소나 파스타를 넣어 만들기도 함

07 아침식사 조리용 빵에 해당되지 않는 것은?

① 프렌치토스트(French toast)
② 팬케이크(Pancake)
③ 와플(Waffle)
④ 잉글리시 머핀(English muffin)

해설 • 아침식사 조리용 빵의 종류 : 프렌치토스트, 팬케
이크, 와플
• 아침식사용 빵의 종류 : 토스트 브레드, 데니시
페이스트리, 크루와상, 베이글, 잉글리시 머핀,
프렌치 브레드, 호밀 빵, 브로오슈, 스위트롤, 하
드롤, 소프트롤

08 다음 설명에 해당하는 조찬용 빵으로 알맞은 것
은?

> 뜨거울 때 먹으면 맛이 있으며 밀가루,
> 달걀, 물 등으로 만들어 프라이팬에 구어
> 버터와 메이플 시럽을 뿌려 먹음

① 팬케이크(Pancake)
② 프렌치토스트(French toast)
③ 와플(Waffle)
④ 프렌치 브레드(French bread : bagutte)

해설 • 프렌치토스트(French toast) : 건조해진 빵을 활
용하기 위해 만들어진 조리법으로 아침식사
로 많이 사용되고 프랑스에서는 팽 페르뒤(Pain
perdu) 라고 부르며 못쓰게 된 빵이란 뜻을 가진
다. 달걀 물에 계핏가루, 설탕, 우유를 넣고 섞은
후 빵을 담가 팬에 버터를 두르고 구워서 잼과
시럽을 곁들인다.
• 와플(Waffle) : 아침식사, 브런치, 디저트로 인기
가 있으며 서양과자의 일종으로 벌집 모양으로
바삭한 맛을 가지고 있다. 종류는 두 가지로 첫
번째 미국식 와플은 베이킹파우더를 넣어 반죽

정답 **05** ③ **06** ③ **07** ④ **08** ①

하고 설탕을 많이 넣어 달게 먹고, 두 번째 벨기에식 와플은 이스트를 넣어 발효시킨 반죽에 달걀흰자를 거품 내어 반죽해서 구워 먹는다. 반죽 자체는 달지 않아 과일이나 휘핑크림을 얹어서 먹는다.

- 프렌치 브레드(French bread, bagutte) : 프랑스의 대표적이며 주식인 빵으로 밀가루, 이스트, 물, 소금만으로 만들며 모양은 가늘고 길쭉한 몽둥이 모양으로 바삭바삭한 식감이 특징이다.

09 조찬용 빵의 곁들임 중 설탕 단풍나무에서 생산된 수액으로 만들었으며 팬케이크나 와플에 주로 발라서 먹는 것은?

① 꿀(Honey)

② 메이플 시럽(Maple syrup)

③ 오렌지 마멀레이드(Orange marmalade)

④ 꿀(Honey)

해설 조찬용 빵의 곁들임으로 딸기 잼, 블루베리 잼, 오렌지 마멀레이드, 버터, 메이플 시럽, 꿀 등이 제공되며 메이플 시럽은 설탕 단풍나무에서 생산된 수액으로 만든 시럽으로 팬케이크나 와플에 주로 발라서 먹는다.

10 시리얼의 분류 중 더운 시리얼에 해당되는 것은?

① 라이스 크리스피(Rice crispy)

② 콘플레이크(Cornflakes)

③ 오트밀(Oatmeal)

④ 버처 뮤즐리(Bircher muesli)

해설 시리얼의 분류
- 더운 시리얼 : 오트밀
- 차가운 시리얼 : 콘플레이크, 올 브랜, 라이스 크리스피, 레이진 브렌, 쉬레디드 휘트, 버처 뮤즐리

11 더운 시리얼로 사용되며 귀리를 볶은 다음 거칠게 부수거나 납작하게 누른 식품은?

① 올 브랜(All bran)

② 쉬레디드 휘트(Shredded wheat)

③ 오트밀(Oatmeal)

④ 콘플레이크(Cornflakes)

해설
- 올 브랜(All bran) : 밀기울을 으깨어 가공한 것으로 천연 밀기울은 섬유질을 함유하고 있어 소화를 돕는다.
- 쉬레디드 휘트(Shredded wheat) : 밀을 조각내고 으깨서 사각형 모양으로 만든 비스킷 형태이다.
- 콘플레이크(Cornflakes) : 옥수수를 구워서 얇게 으깨어 만든 것으로 1906년 초기에 환자들의 건강식으로 만든 식품이었다.

09 ②   10 ③   11 ③

Chapter 06 양식 수프 조리

수프는 스톡(stock)을 기본으로 하여 만든 국물 요리로 19세기 초까지만 하여도 콩소메와 같은 국물을 토대로 해서 채소와 곡류 등을 넣고 걸쭉하게 만드는 포타주(Potage)는 하나의 요리였으나 이후 점차 의미가 축소되어 오늘날에는 주요리(Main Dish)를 먹기 전 취하는 코스의 메뉴로 변화되었다.

01 ▶ 수프재료 준비

1. 수프의 구성요소

① **육수(Stock)** : 생선, 소고기, 닭고기, 채소와 같은 식재료의 맛을 낸 국물로 수프의 맛을 좌우하는 가장 기본이 되는 요소이다. 수프가 가지고 있는 본래의 맛을 낼 수 있게 해야 한다.

② **루(Roux) 등의 농후제** : 수프의 농도를 조절하는 농후제를 리에종(Liaison)이라고도 하며 가장 일반적으로 사용하는 것이 루(Roux)이다. 밀가루를 색이 나지 않게 볶은 화이트 루(White Roux)를 기본으로 사용하며 그 외에 농후제의 일종으로는 전분 성분을 지닌 채소를 비롯하여 버터, 뵈르 마니에(Beurre manie), 달걀노른자, 크림, 쌀 등이 있다.

③ **곁들임(Garnish)** : 수프의 맛을 증가시켜주는 역할을 하는 것이 곁들임(Garnish) 재료로 곁들임은 수프에 해당하는 재료를 사용하여 조화가 잘 이루어져야 하는데 육류나 가금류, 생선류, 채소나 향신료를 적절한 양을 사용하고, 적당한 크기로 자른 다음 제공하는 것이 일반적이다. 곁들임에 사용하는 재료는 다양한데 토마토 콩카세(Tomato consasse), 크루통(Crouton), 파슬리, 달걀요리, 덤블링(Dumpling), 휘핑크림(Whipping cream) 등이 있다.

④ **허브와 향신료** : 허브와 향신료는 조리 시 사용하여 식품의 풍미를 더해주고 식욕을 촉진시키며 방부작용과 산화 방지 등의 식품 보존성을 증가시키며 소화기능을 도와주는 역할을 한다. 허브(Herb)는 식물의 잎, 줄기, 꽃, 뿌리 등이 이용되며 사람들의 생활에 도움이 되고 향기가 있는 식물을 총칭하고, 향신료(Herb)는 방향성과 자극성을 지닌 식물의 종자와 열매, 뿌리, 줄기, 나무껍질 등에서 얻어지는 재료들을 말한다. 통째로 또는 가루로 만들어 사용하면 향신료라고 하며, 신선한 형태로 사용하거나 말린 상태를 허브라고 한다.

(2) 수프의 종류

[수프의 종류 및 분류]

수프(Soup) 포타쥬(Potage)	농도 (Concentration)	맑은 수프 (Clear Soup)	콘소메 수프 (Consomme Soup)
		진한 수프 (Tick Soup)	크림 수프류 (Cream Soup)
			퓨레 수프류 (Puree Soup)
			비스큐 수프류 (Bisque Soup)
	온도 (Temperature)	뜨거운 수프 (Hot Soup)	대부분의 진한 수프나 맑은 수프
		차가운 수프 (Cold Soup)	차가운 콘소메 수프 (Cold Consomme Soup)
			가스파쵸 (Gazpacho Soup)
			차가운 오이 수프 (Cold Cucumber Soup)
	재료 (Ingredient)	고기수프 (Beef Soup)	보르시지 수프 (Borsch Soup)
			굴라쉬 수프 (Goulash Soup)
		채소수프 (Vegetable Soup)	미네스트로니 수프 (Mionestrone Soup)
		생선수프 (Fish Soup)	부야베스 수프 (Bouillabaisse Soup)
	지역 (Region)	국가적 (National Soup)	헝가리안 굴라쉬 수프 (Hingarian Goulash Soup)
		지역적 (Regional Soup)	체다치즈 수프 (Cheddar Cheese Soup)

① 맑은 수프(Clear soups) : 대부분의 맑은 수프는 그 자체로 포만감을 주기보다는 다른 요리와 함께 제공되는데, 그 국물에 맛이 스며들어 맛을 느낄 수 있게 하며 수프는 색깔이 깔끔하고 투명한 색을 지닌다. 수프에 이물질이나 다른 향이 들어가면 좋지 않은 결과를 초래하므로 조리 과정에서 주의가 필요하다. 채소 향을 뽑아낸 수프에는 오이를 가늘게 썰거나 당근을 살짝 브런칭하여 사용하면 좋고, 프랑스 양파 수프와 같이 소고기의 맛이 진하면 그레이어 치즈(Gruyere cheese)를 쿠루통과 함께 제공하는 것이 전통화되어 있다.

② 크림과 퓌레 수프(Cream and pureed soups) : 맛이 부드럽고 감촉이 좋아 사람들에게 가장 대중적으로 알려져 있는 수프의 일종으로 우리나라의 전통요리인 죽과 비슷하며 크림수프는 주재료 자체로 농도를 내거나 또는 다른 재료를 이용하여 농도를 조절하는 방법을 사용한다. 리에종(Liaison) 즉 농도를 내는 재료는 주재료의 맛을 최대한 보존하면서 농도를 조절할 수 있는 것이 가장 이상적이다.

③ 비스크 수프(Bisque soups) : 새우나 바닷가재 등의 갑각류 껍질을 으깨어 채소와 함께 충분히 우러나도록 끓인 수프로 마지막에 크림을 넣어 주는데 재료를 과하게 첨가하면 맛이 변하므로 주의한다.

④ 차가운 수프(Cold Soups) : 스패니시 수프인 가스파초는 차가운 수프로 오이, 토마토, 양파, 피망, 빵가루에 올리브유와 마늘을 곁들여 얼음과 함께 제공하는 차가운 수프이다. 가스파초는 아라비아에서 전해졌으며 원래의 의미는 "물에 불린 빵(Soaked bread)"으로 그것이 발전되어 다른 재료들을 포함하여 먹기 좋게 수프의 형식을 빌린 것이다. 지금에 와서는 차가운 수프를 만드는 데 있어서 이러한 빵의 종류를 넣기보다는 과일과 신선한 채소를 퓌레(Puree)로 만들어 크림이나 다른 가니쉬(곁들임)를 곁들이는 방법을 많이 사용하고 있다.

3 수프에 사용되는 채소 썰기 방법

수프에 사용하는 식재료의 써는 형태와 모양, 크기에 따라서 완성된 요리의 시각적 효과도 높일 수 있고 재료의 익는 정도와 균일한 맛을 가질 수 있다.

채소 썰기 명칭		써는 법
막대모양으로 썰기 (Cutting stick)	쥘리엔느(Julienne)	0.3×0.3×2.5~5cm 막대 모양으로 써는 방법
	알리메트(Allumette)	0.32×0.32×2.5~5cm 막대 모양으로 써는 방법
	바토네(Batonnet)	0.64×0.64×5~6.4cm 크기의 막대 모양으로 써는 방법
	퐁뇌프(Pont-neuf)	1.27×1.27×7.6cm 크기의 막대 모양으로 써는 방법
	쉬포나드(Chiffonade)	실처럼 가늘게 채 써는 방법(허브나 채소의 얇은 잎을 둥글게 말아서 써는 방법)

주사위 모양 썰기 (Dice)	브뤼누아즈(Brunoise)	가로와 세로 0.3cm 정육면체 모양으로 써는 방법
	큐브(Cube)	가로와 세로 1.5cm 정육면체 모양으로 써는 방법
	다이스 스몰(Dice Small)	0.6×0.6×0.6cm 정육면체 모양으로 써는 방법
	다이스 미디엄(Dice Medium)	1.2×1.2×1.2cm
	콩카세(Concassere)	0.5cm의 정육면체 모양으로 써는 방법
얇게 썰기 (Slice)	론델(Rodelles)	둥글고 얇게 써는 방법
	디아고날(Diagonals)	어슷하게 써는 방법
기타 모양으로 썰기	샤토(Chateau)	5cm 길이의 타원형 모양으로 써는 방법
	에멩세(Emincer)	얇게 저며 써는 방법(양파, 버섯 등)
	아세(Hacher)	잘게 다지는 방법(양파, 당근, 고기)
	민스(Mince)	채소나 고기를 잘게 다지는 방법
	올리베트(Olivette)	올리브 모양으로 써는 방법
	파리지엔(Parisienne)	둥글게 모양을 내어 뜬 것

4 수프 밑 준비

수프 밑 준비	조리법
감자 퓌레 (Potato puree)	• 대파채와 양파채를 팬에 버터를 두르고 볶은 후 감자를 0.5cm로 썰어서 함께 볶아 화이트 와인을 넣고 졸여주고 치킨스톡을 넣고 감자가 익을 때까지 끓여서 믹서기에 곱게 갈아 감자 퓌레를 만든다. • 수프의 농도 조절 매체로 사용하며 감자 외에 단호박, 완두콩 등 전분이 많이 함유된 채소를 이용한다.
어니언 브륄레 (Onion brule)	• 양파를 0.5cm 두께로 두툼하게 잘라 팬의 온도를 높인 후 뜨겁게 달궈서 표면을 검게 태워 색을 내어 어니언 브륄레를 만든다. • 연한 갈색을 필요로 하는 스톡이나 콩소메 수프에 주로 사용한다.
어니언 페이스트 (Onion paste)	• 얇게 채썬 양파를 올리브유에 볶아 색이 나기 시작하면 다진마늘을 넣고 더 볶으면서 색이 나기 시작하여 화이트 와인을 조금씩 첨가하면서 신맛이 없어지고 붉은 갈색이 되도록 볶아 완성한다. • 어니언 페이스트는 프렌치 양파 수프에 주로 사용한다. • 옅은 보리차 색깔을 낸 어니언 페이스트는 비프콩소메 수프나 브라운 그래비 소스에 사용한다. • 진한 갈색의 어니언 페이스트는 프렌치 어니언 수프에 사용한다. • 가장 진한 갈색의 어니언 페이스트는 브라운 스톡에 사용한다.

1 농도(Concentration)에 의한 수프조리

분류			특징
맑은 수프 (Clear soup) : 맑은 스톡을 사용하며 농축하지 않음	콩소메 (Consomme)		소고기, 닭, 생선을 이용함
	맑은 채소 수프 (Clear vegetable soup)		미네스트롱(Minestrone)
진한 수프 (Thick soup) : 농후제를 사용한 걸쭉한 상태의 수프	크림(Cream)	베샤멜 (Bechamel)	화이트 루(White roux)에 우유를 넣고 만든 약간 묽은 수프
		벨루테 (Veloute)	블론드 루(Blond roux)에 닭 육수를 넣고 만든 것을 기본으로 함
	포타주 (Potage)		일반적으로 콩을 사용하며 리에종(Liaison)을 사 용하지 않고 재료 자체의 녹말 성분을 이용하여 걸쭉하게 만든 수프를 의미함
	퓌레 (Puree)		야채를 잘게 분쇄한 것을 퓌레(Puree)라 하며, 부용(Bouillon)과 결합하여 수프를 만든다. 크림 을 사용하지 않음
	차우더 (Chowder)		게살, 감자, 우유를 이용한 크림수프
	비스크 (Bisque)		갑각류를 이용한 부드러운 수프로 크림의 맛과 농도를 조절함

2 온도(Temperature)에 의한 수프 조리

① 가스파초(Gazpacho) : 다양한 채소(토마토, 오이, 양파, 피망, 토마토주스 등)로 만든 차가운 수프의 하나로 믹서에 채소를 갈아 체에 걸러 빵가루, 마늘, 올리브유, 식초 또는 레몬주스를 넣어 간을 하여 걸쭉하게 만들어 먹는 수프이다.

② 비시스와즈(Vichyssoise) : 차가운 수프의 일종으로 감자를 삶아 체에 내린 퓌레와 대파 흰부분을 함께 볶아 육수 또는 물을 넣고 끓인 다음 크림, 소금, 후추 간을 하고 차게 식혀서 먹는 수프이다.

3 재료(Ingredient)에 의한 수프 조리

① 고기를 주로 사용하는 고기수프(Beef soup)
② 채소를 주로 사용하는 채소 수프(Vegetable soup)

③ 생선을 사용하는 생선수프(Fish soup)

4 지역(Region)에 따른 수프 조리

전통적으로 내려오는 국가적, 지역적 수프로 그 기원이 되는 국가에서 불리는 명칭을 수프의 명칭으로 메뉴에 기재한다.

수프의 명칭	특징
부야베스 (Bouillabaisse)	• 남부 프랑스 지방에서 시작된 수프 • 바닷가재, 채소, 갑각류 등 여러 가지 생선과 생선 스톡, 올리브유를 넣고 끓인 생선수프
헝가리안 굴라시 수프 (Hungarian goulash soup)	• 헝가리식 소고기 야채의 스튜(Stew) • 파프리카 고추로 진하게 양념하여 매콤한 맛이 특징
미네스트로네 (italian minestrone)	• 이탈리아의 대표적인 야채수프 • 각종 채소와 베이컨(Bacon), 파스타(Pasta)를 넣고 끓인 수프
옥스테일 수프 (Ox-tail soup)	• 영국의 수프 • 소꼬리(Ox-tail)와 베이컨(Bacon), 토마토 퓌레(Tomato Puree) 등을 넣고 끓인 수프
보르스치 수프 (Borscht soup)	• 러시아와 폴란드식 수프 • 비트를 이용하여 만든 수프 • 차게 하거나 뜨겁게 먹을 수 있으며 반드시 생크림으로 장식함

03 ▶ 수프요리 완성

1 수프 조리와 마무리하기

① 대부분의 수프는 육수를 사용하여 서서히 끓인다.

② 콩소메와 같은 맑은 수프는 서서히 끓여서 향과 맛을 최상으로 끌어 올린다.

③ 루(Roux)를 사용하는 수프는 바닥에 눌지 않도록 서서히 저어가며 끓여야 최상의 맛과 질감, 모양을 얻을 수 있고 찌꺼기나 거품을 계속 제거해 준다.

④ 향신료는 수프의 풍미와 맛을 더한다.

⑤ 미르포아(mirepoix)는 모든 수프에 반드시 사용하는 것은 아니지만, 종류에 따라 사용하기도 하고 가니쉬에도 이용된다.

⑥ 완성된 수프를 보관할 때는 냉동고나 냉장고에 보관한 다음 필요한 만큼씩 데워서 사용한다.

2 수프요리 담기의 고려사항

① 재료 자체의 고유의 색상과 질감을 잘 표현한다.
② 청결하고 깔끔하게 담고 전체적으로 보기 좋아야 한다.
③ 양은 균형감 있게 알맞게 담는다.
④ 고객이 편하게 먹을 수 있게 플레이팅(접시 꾸미기)이 이루어져야 한다.
⑤ 음식과 접시의 온도는 요리에 맞게 신경 써야 한다.
⑥ 식재료의 조합으로 다양한 향과 맛이 공존하게 담는다.

3 수프의 가니쉬(Garnish)

① 가니쉬의 역할
  ㉠ 수프의 맛을 더하여 주는 역할
  ㉡ 맛과 영양, 풍미를 증가시키고 씹는 느낌을 줌
  ㉢ 그릇에 담은 후 모양을 살려주는 역할
  ㉣ 곁들임 채소는 일정한 모양으로 잘라서 살짝 데치거나 튀겨서 사용함
  ㉤ 단맛(당근, 양파, 샐러리, 파슬리, 대파, 퀀넬 등)이 있는 것이 좋음
② 가니쉬의 종류

가니쉬의 종류	특징	
수프에 첨가되는 형태 (Garnish)	• 맑은 수프에 속하는 콩소메에는 필수적으로 가니쉬가 들어감 • 콩소메의 경우 채소, 국수, 달걀지단, 버섯, 라비올리 등으로 다양하게 넣음 • 진한 수프에 첨가되는 가니쉬의 형태는 그 자체 내용물이 가니쉬로 보이는 형태의 것을 의미함	
수프에 어울리는 형태 (Toopping)	크림수프의 경우 수프의 농도가 진하기 때문에 위에 띄워 주는 가니쉬인 크루통, 파슬리, 차이브, 휘핑크림 등과 같은 가벼운 재료를 사용함	
수프에 따로 제공되는 형태 (Accompanish)	• 수프의 형태에 따라 첨가하지 않고 따로 제공될 수 있음 • 고객의 취향에 맞춰 빵이나 달걀, 토마토 콩카세 등의 가니쉬를 제공함	

Chapter 06 양식 수프 조리 연습문제

01 수프의 구성 요소 중 수프의 맛을 좌우하는 가장 기본이 되는 요소는 무엇인가?

① 허브와 향신료
② 곁들임(Garnish)
③ 농후제
④ 육수(Stock)

> **해설** 육수(Stock)는 생선, 소고기, 닭고기, 채소와 같은 식재료의 맛을 낸 국물이다. 수프의 맛을 좌우하는 가장 기본이 되는 요소로 수프가 가지고 있는 본래의 맛을 낼 수 있게 해야 한다.

02 수프의 구성 요소 중 수프의 농도를 조절하는 농후제는 무엇인가?

① 리에종(Liaison)
② 향신료(Herb)
③ 크루통(Crouton)
④ 휘핑크림(Whipping Cream)

> **해설** 수프의 농도를 조절하는 농후제를 리에종(Liaison)이라고도 하며 가장 일반적으로 사용하는 것이 루(Roux)이며 밀가루를 색이 나지 않게 볶은 화이트 루(White Roux)를 기본으로 사용하며 그 외에 농후제의 일종으로는 전분 성분을 지닌 채소를 비롯하여 버터, 뵈르 마니에(Beurre Manie), 달걀노른자, 크림, 쌀 등이 있다.

03 다음 중 갑각류 껍질을 으깨어 채소와 함께 충분히 우러나도록 끓인 수프는 무엇인가?

① 비스크 수프(Bisque Soups)
② 크림과 퓌레 수프(Cream and Pureed Soups)
③ 맑은 수프(Clear Soups)
④ 가스파쵸(Gazpacho Soup)

> **해설** 비스크 수프(Bisque soups) : 새우나 바닷가재 등의

갑각류 껍질을 으깨어 채소와 함께 충분히 우러나도록 끓인 수프로 마지막에 크림을 넣어 주는데 재료를 과하게 첨가하면 맛이 변하므로 주의한다.

04 다음 중 채소 썰기에 대한 설명으로 바르지 않은 것은?

① 콩카세(Concassere) : 0.5cm의 정육면체 모양으로 써는 방법
② 디아고날(Diagonals) : 둥글고 얇게 써는 방법
③ 올리베트(Olivette) : 올리브 모양으로 써는 방법
④ 큐브(Cube) : 가로와 세로 1.5cm 정육면체 모양으로 써는 방법

> **해설** • 디아고날(Diagonals) : 어슷하게 써는 방법
> • 론델(Rodelles) : 둥글고 얇게 써는 방법

05 리에종(Liaison)을 사용하지 않고 재료 자체의 녹말 성분을 이용하여 걸쭉하게 만든 수프를 의미하는 것은?

① 차우더(Chowder)
② 퓌레(Puree)
③ 포타주(Potage)
④ 비스크(Bisque)

> **해설** 포타주(Potage)는 일반적으로 콩을 사용하며 리에종(Liaison)을 사용하지 않고 재료 자체의 녹말 성분을 이용하여 걸쭉하게 만든 수프를 의미함
> • 차우더(Chowder) : 게살, 감자, 우유를 이용한 크림수프
> • 퓌레(Puree) : 채소를 잘게 분쇄한 것을 퓌레(Puree)라 하며, 부용(Bouillon)과 결합하여 수프를 만든다. 크림을 사용하지 않음
> • 비스크(Bisque) : 갑각류를 이용한 부드러운 수프로 크림의 맛과 농도를 조절함

정답 01 ④ 02 ① 03 ① 04 ② 05 ③

06 차가운 수프의 하나로 채소를 갈아서 빵가루, 마늘, 올리브유, 식초 등을 넣어 걸쭉하게 먹는 수프는?

① 비시스와즈(Vichyssoise)

② 차우더(Chowder)

③ 베샤멜(Bechamel)

④ 가시파초(Gazpacho)

해설 가시파초(Gazpacho)는 다양한 채소(토마토, 오이, 양파, 피망, 토마토주스 등)로 만든 차가운 수프의 하나로 믹서에 채소를 갈아 체에 걸러 빵가루, 마늘, 올리브유, 식초 또는 레몬주스를 넣어 간을 하여 걸쭉하게 만들어 먹는 수프이다.
- 비시스와즈(Vichyssoise) : 차가운 수프의 일종으로 감자를 삶아 체에 내린 퓌레와 대파 흰 부분을 함께 볶아 육수 또는 물을 넣고 끓인 다음 크림, 소금, 후추 간을 하고 차게 식혀서 먹는 수프
- 차우더(Chowder) : 게살, 감자, 우유를 이용한 크림수프
- 베샤멜(Bechamel) : 화이트 루(White Roux)에 우유를 넣고 만든 약간 묽은 수프

07 수프의 가니쉬 역할로 바르지 않은 것은?

① 수프의 맛을 더하여 주는 역할

② 맛과 영양, 풍미를 증가시키고 씹는 느낌을 줌

③ 그릇에 담은 후 모양을 살려주는 역할

④ 곁들임 채소는 일정한 모양으로 잘라서 날것인 생으로 사용함

해설 곁들임 채소는 일정한 모양으로 잘라서 살짝 데치거나 튀겨서 사용함

08 수프요리 담기의 고려사항으로 바르지 않은 것은?

① 재료 자체의 고유의 색상과 질감을 잘 표현한다.

② 청결하고 깔끔하게 담고 전체적으로 보기 좋아야 한다.

③ 모든 수프에 따뜻한 그릇을 준비하여 담는다.

④ 양은 균형감 있게 알맞게 담는다.

해설 음식과 접시의 온도는 요리에 맞게 신경 써야 한다.

09 이탈리아의 대표적인 채소수프로 각종 채소와 베이컨(Bacon), 파스타(Pasta)를 넣고 끓인 수프는 무엇인가?

① 옥스테일 수프(Ox-tail soup)

② 미네스트로네(italian minestrone)

③ 보르스치 수프(Borscht soup)

④ 헝가리안 굴라시 수프(Hungarian goulash soup)

해설
- 옥스테일 수프(Ox-tail soup) : 영국의 수프로 소꼬리(Ox-tail)와 베이컨(Bacon), 토마토퓌레(Tomato Puree) 등을 넣고 끓인 수프
- 보르스치 수프(Borscht soup) : 러시아와 폴란드 식 수프로 비트를 이용하여 만든 수프. 차게 하거나 뜨겁게 먹을 수 있으며 반드시 생크림으로 장식함
- 헝가리안 굴라시 수프(Hungarian goulash soup) : 헝가리 식 소고기 야채의 스튜(Stew)로 파프리카 고추로 진하게 양념하여 매콤한 맛이 특징

10 수프의 조리에 대한 설명으로 바르지 않은 것은?

① 콩소메와 같은 맑은 수프는 서서히 끓여서 향과 맛을 최상으로 끌어 올린다.

② 향신료는 수프의 풍미와 맛을 더한다.

③ 루(Roux)를 사용하는 수프는 한 번 정도 저어 주고 뚜껑을 덮어 젓지 않고 끓여 준다.

④ 대부분의 수프는 육수를 사용하여 서서히 끓인다.

해설 루(Roux)를 사용하는 수프는 바닥에 눌지 않도록 서서히 저어가며 끓여야 최상의 맛과 질감, 모양을 얻을 수 있고 찌꺼기나 거품을 계속 제거해 준다.

Chapter 07 양식 육류 조리

육류는 단백질이 주성분인 짐승의 고기로 소고기, 돼지고기, 양고기 등의 수육류와 닭고기, 오리고기, 거위, 칠면조고기 등의 가금류가 있고 그 외에 토끼고기, 염소고기, 사슴고기 등을 식육으로 이용하기도 한다.

01 ▶ 육류재료 준비

1. 육류의 종류

육류의 종류	특징
소고기 (Beef)	• 잘 비육(소 · 돼지 · 닭 등식용으로 이용할 가축을 살찌게 키우는 일)된 소의 고기는 선홍색이며 근섬유의 결이 잘고 탄력이 크며 마블링이 좋음 • 살을 찌운 소는 지방이 연하고 황색을 띰 • 늙은 소나 황소의 고기는 암적색이고 지방은 황색을 띠며 마블링의 양이 적음
송아지 고기 (Veal)	• 담적색이고 지방이 섞여 있지 않으며 근섬유는 가늘고 수분이 많아 연하지만 육즙이 적어 풍미는 덜함 • 연하여 숙성할 필요는 없으나 변패되기 쉽고 보존성이 짧음 • 서양에서는 고급요리에 사용되지만, 국내에서는 사용이 적고 일부 호텔에서 사용되고 있음
돼지고기 (Pork)	• 암수의 구별 없이 7개월에서 1년의 어린 돼지고기를 식육으로 사용함 • 일반적으로 담홍색, 회적색, 암적색을 띰 • 지방함량이 많아 육질이 연하고 근섬유는 가늚 • 지방은 순백색이고 고기 사이에 적절하게 분포되어 있으며, 두꺼운 지방 층을 형성함
양고기 (Lamb)	• 램(Lamb)은 생후 12개월 이하의 어린 양고기이고 그 이상은 머튼(Mutton)이라 구분함 • 근육섬유가 가늘고 점조성이 풍부하여 우수하지만, 지방이 많고 부티르산이 많아 특유의 누린내가 있어 향신료를 이용하여 조리함 • 어린 양고기는 육질이 연하고 부드러우며 냄새가 없음
닭고기 (Chicken)	• 용도에 따라 육용종, 난용종, 육란 겸용종으로 구분 • 연령과 부위에 따라 육질이 다름 • 소고기에 비해 육색소인 미오글로빈의 함량이 적어 색이 연하고 지방 함량이 적어 맛이 담백함 • 근섬유의 길이가 짧고 두께가 얇아 연하고, 다른 육류에 비하여 지방 함량이 낮고 단백질 함량이 높음 • 닭가슴살은 지질이 0.4%로 지방함량이 거의 없고, 단백질 함량은 23.3%로 풍부하여 다이어트식으로 많이 사용되나, 닭다리에 비해 철, 구리, 아연, 칼륨은 적게 함유하고 있음

오리고기 (Duck)	• 부드럽고 풍미가 있어 건강 기호식품으로 소비되고 있음 • 불포화지방산을 많이 함유하고 있고, 혈액순환을 돕고, 콜레스테롤의 억제와 독성물질의 해독 능력, 고혈압, 중풍 등 성인병 예방에 효과가 있음 • 단백질이 풍부하고 불포화지방산이 다른 육류에 비하여 많으며, 칼슘, 철, 칼륨, 티아민, 리보플라빈을 다량 함유하고 있음
거위고기 (Goose)	• 야생 기러기를 길들여 식육용으로 개량함 • 서양요리에 많이 사용되며 특유의 누린내가 있고 선홍색을 띰 • 지방이 적어 다이어트에 효과적이며 강알칼리성으로 인체에 필요한 지방산인 리놀산이나 리놀레산을 함유하고 있음 • 거위 간에는 양질의 단백질, 지질, 비타민A, 비타민E, 철, 구리, 코발트, 망간, 인, 칼슘 등 빈혈이나 스테미나 증강에 필요한 성분이 풍부함 • 서양요리에서는 세계 3대 진미라 하여 캐비아, 송로버섯, 거위 간을 고급요리에 사용함
칠면조고기 (Turkey)	• 미국, 멕시코에서 주로 많이 사육되고 육질이 부드럽고 독특한 향이 있으며 닭고기보다 맛이 좋음 • 소화율이 높고 통째로 굽는 요리를 많이 함 • 크리스마스, 추수감사제 및 결혼식에 많이 사용됨 • 다른 육류에 비해 단백질 함량이 높고 저칼로리 식품임

2. 육류의 마리네이드

① 육류요리를 하기 전에 질긴 고기를 부드럽게 하고 누린내를 제거하며 간이 배도록 하기 위해 향미를 낸 액체나 고체를 이용하여 절이는데 이 과정을 마리네이드(Marinade, 밑간)라 한다.

② 마리네이드를 하면 육류에 향미와 수분을 주어 맛이 좋아지고, 액체나 마른 재료로 할 수 있다.

③ 액체로는 식용유, 올리브유, 레몬주스, 식초, 와인, 과일 간 것, 향신료 등을 섞어서 만든다.

④ 식초와 레몬주스는 질긴 고기를 연하게 만드는 작용을 한다.

3. 부재료와 소스

육류요리에는 소스가 사용되고 곁들임으로 곡류, 서류, 두류, 채소류, 버섯류, 과일 등을 사용한다.

4. 향신료

① **향신료의 역할** : 향신료는 식품에 향신(양념), 향미성분이 있는 꽃, 종자, 과실, 싹, 나무껍질, 뿌리, 잎 등에서 얻어지는 재료로 신선한 상태나 건조하여 통으로 사용하거나 분말로 사용하며 육류나 생선의 잡내를 감소시키고, 신선하고 상큼함을 부여한다. 식품의 향과 맛을 향상시키고, 방부작용과 산화방지, 보존성 증가, 식욕을 돋우며, 소화흡수를 도와 신진대사를 촉진한다.

② 사용용도에 따른 분류

분류	특징
향초계 (Herb)	• 생잎을 사용하여 잡냄새를 제거하거나, 외관상 신선하고 장식적인 요소로 사용 • 로즈메리, 바질, 세이지, 파슬리, 타임 등
종자계 (Seed)	• 과실이나, 씨앗을 건조시켜 사용 • 육류에 많이 사용하며 브레이징이나 스튜에 첨가하며 제과류에 사용 • 캐러웨이 시드, 샐러리 시드, 큐민 시드 등
향신계 (Spice)	• 특유의 강한 맛과 매운맛을 이용하는 것 • 후추, 너트메그(육두구), 마늘, 겨자, 양겨자, 산초 등
착색계 (Coloring)	• 특유의 향은 있지만 맛과 향이 강하지 않아 음식에 색을 주는 향신료로 사용 • 파프리카, 샤프란, 터메릭 등

③ 사용 부위에 따른 분류

분류	특징
잎 (Leaves)	• 향신료의 잎을 사용함 • 바질, 세이지, 처빌, 타임, 코리안더, 민트, 오레가노, 마조람, 파슬리, 스테비아, 타라곤, 세몬 밤, 로즈메리, 라벤더, 월계수 잎, 딜 등
씨앗 (Seed)	• 씨앗을 건조시켜 사용함 • 너트메그, 케리웨이 씨, 큐민, 코리안더 씨, 머스터드 씨, 딜 씨, 훼넬 씨, 아니스 씨, 흰 후추, 양귀비 씨, 메이스 등
열매 (Fruit)	• 과실을 말려서 사용함 • 검은 후추, 파프리카, 카다몬, 주니퍼 베리, 카옌페퍼, 올스파이스, 스타 아니스(팔각), 바닐라 등
꽃 (Flower)	• 꽃을 사용함 • 샤프론, 정향, 케이퍼 등
줄기와 껍질 (Stalk and skin)	• 줄기 또는 껍질을 신선한 상태 또는 말려서 사용함 • 레몬그라스, 차이브, 계피 등
뿌리 (Root)	• 뿌리를 사용함 • 터메릭, 겨자(고추냉이), 생강, 마늘, 호스래디시 등

5. 육류 재료 준비

부위별 특성을 파악하여 적절한 조리법을 선택하는데 안심과 등심같이 운동량이 적은 부위는 그릴링, 브로일링, 로스팅 등 건열 조리법을 주로 사용하고 지방이 적고 근육이 많고 결합조직이 많이 포함되어 질긴 부위는 브레이징, 슈튜잉과 같은 습열 조리법을 사용한다.

① 육류의 종류별 메뉴에 맞는 부위 선정

　ⓐ 소고기

　　• 안심, 등심, 갈비 부위는 스테이크로 주로 사용함
　　• 나머지 부위는 브레이징이나 보일링 등의 조리법
　　• 질긴 부위나 손질 후 남은 고기는 갈아서 패티로 사용하거나 소시지를 만들어 사용

[소고기의 부위별 특징과 조리법]

부위명	특징	조리법과 용도
목살 (Chuck)	지방이 적고 결합 조직이 많아 육질이 질김	• 스튜, 브레이징 • 미트볼, 햄버거 패티
등심 (Loin)	근육 결이 가늘고 지방이 있어 맛이 좋음	• 그릴링, 브로일링, 로스팅 • 스테이크
안심 (Tenderloin)	지방이 적고 부드럽고 연함	• 그릴링, 브로일링 • 스테이크
양지 (Brisket)	섬유가 섞여 질김	• 스튜, 브레이징, 보일링 • 미트볼,햄버거패티, 콘비프
우둔 (Round)	지방이 적으며 맛이 좋음	• 그릴링, 브로일링, 로스팅 • 스테이크
갈비 (Rib)	마블링이 좋으며 약간 질기며 맛이 좋음	• 그릴링, 브로일링, 로스팅 • 스테이크
채끝살 (Striploin)	지방이 적당히 있어 맛이 좋음	• 그릴링, 브로일링, 로스팅 • 스테이크

　ⓑ 돼지고기

　　• 안심, 등심, 갈비는 스테이크로 주로 사용함
　　• 삼겹살은 베이컨으로 가공하고, 나머지 부위는 갈아서 패티나 소시지로 만들어 사용함

[돼지고기의 부위별 특징과 조리법]

부위명	특징	조리법과 용도
어깨살 (Shoulder)	어깨 부분의 살로, 근육 사이에 지방이 있어서 맛이 진함	• 브레이징, 로스팅 • 패티, 소시지
등심(Loin)	살이 풍부하고 두꺼운 지방층이 덮여 있어 연하고 결이 섬세함	• 로스팅, 프라이잉 • 스테이크

안심 (Tenderloin)	지방이 약간 있어 맛이 부드럽고 갈비 안쪽에 있어 맛이 좋음	• 로스팅, 프라잉 • 스테이크
갈비 (Rib)	근육 내 지방이 소량 함유, 맛이 좋음	• 브로일링, 로스팅 • 바비큐, 스테이크
다리 (Leg)	육색이 짙고 지방이 적음	• 로스팅, 스튜잉 • 꼬치, 바비큐
삼겹살 (Belly)	복부에 위치 근육과 지방이 있어 풍미가 좋음	• 로스팅, 브레이징, 그릴링 • 바비큐, 베이컨

ⓒ 양고기
- 갈비 부위는 스테이크로 주로 사용함
- 다릿살 등 기타 부위는 브레이징, 로스팅을 하거나 잘게 조각을 내어 스튜로 사용함

[양고기의 부위별 특징과 조리법]

부위명	특징	조리법과 용도
어깨살 (Shoulder)	어깨 부분의 살로, 근육 사이에 지방이 있어서 맛이 진함	• 스튜잉, 브레이징, 로스팅 • 패티, 무사카, 꼬치
등심(Loin)	살이 풍부하고 두꺼운 지방층이 덮여 있어 연하고 결이 섬세함	• 로스팅, 프라잉 • 스테이크
안심 (Tenderloin)	지방이 약간 있어 맛이 부드럽고 갈비 안쪽에 있어 맛이 좋음	• 로스팅, 프라잉 • 스테이크
갈비 (Rib)	근육 내 지방이 소량 함유	• 브로일링, 로스팅 • 스테이크
다리 (Leg)	지방이 적고 육질이 쫄깃함	• 로스팅, 브레이징, 스튜잉 • 카레, 꼬치
삼겹살 (Belly)	복부에 위치 근육과 지방이 있어 풍미가 좋음	• 로스팅, 브레이징, 그릴링 • 바비큐, 베이컨

ⓓ 닭고기
- 가금류는 통째로 로스팅하여 사용하거나 부위별로 잘라내서 가슴살은 스테이크용, 다릿살은 스튜나 브레이징으로 사용
- 모든 뼈를 발라내어 넓게 펴고 내용물을 채워 오븐에 굽거나 보일링하여 사용하기도 함

[닭고기의 부위별 특징과 조리법]

부위명	특징	조리법과 용도
가슴살 (Breast)	지방이 적고 단백질 함량이 높으며 칼로리가 낮고 맛이 담백함	• 포칭, 프라잉 • 샐러드, 커틀릿
날개살 (Wing)	지방과 콜라겐이 많아 부드럽고 맛이 좋음	• 그릴, 프라잉, 스모킹 • 핑거푸드
안심 (Tenderloin)	가슴살 안쪽에 있으며 담백하고 지방이 매우 적음	• 그릴링, 프라잉 • 핑거푸드, 샐러드
다릿살 (Leg)	가슴살 안쪽에 있으며 담백하고 지방이 매우 적음	• 그릴링, 프라잉, 스모킹 • 커틀릿, 샐러드

② 요리에 알맞는 부재료와 소스 준비

　㉠ 채소 요리 준비
- 탄수화물 : 육류요리의 종류에 따라 감자류, 쌀, 두류, 파스타, 밀가루 가공품 등을 이용하여 요리에 알맞은 조리법으로 준비한다.
- 비타민과 미네랄 : 엽채류, 근채류, 인경채류, 과채류, 화채류, 버섯류, 과일류 등이 사용되며 요리에 따라 적절히 선택하여 준비한다.

　㉡ 소스준비
- 단순한 요리에는 단순한 소스 사용
- 색이 안 좋은 요리에는 화려한 소스 사용
- 싱거운 요리에는 강한 소스 사용
- 팍팍한 요리에는 수분이 많고 부드러운 소스 사용

③ **향신료 준비** : 향신료 선택 시 요리의 맛을 살리고 향을 더하며 자극적인 맛, 색, 보존과 저장성 등을 고려하며 열매나 씨앗을 말린 것은 장시간 조리해야 하고, 다져진 향신료는 맛이 빨리 우러나오므로 가열 후 나중에 첨가하는 등 조리방법과 요리에 따라 잘 선택한다.

6. 육류재료 전처리하기

① **육류, 가금류 손질법**

　㉠ 소고기 손질요령
- 소 안심 손질법
  - 안심의 날개 가장자리부터 지방, 힘줄을 제거한다.
  - 윗면에 붙은 힘줄을 머리 쪽부터 제거한다.
  - 뒤집은 후 밑에 붙어 있는 지방을 제거한다.
  - 머리 부분부터 힘줄을 제거한다.

- 깨끗하게 힘줄과 지방을 제거한다.
- 용도와 메뉴에 맞게 자른다.
- 소 등심 손질법
  - 두꺼운 부분의 가장자리의 지방과 힘줄을 제거한다.
  - 가로로 1/3 지점까지 칼집을 넣고 지방과 힘줄을 제거한다.
  - 얇은 쪽 가장자리 부분의 지방을 제거한다.
  - 약간의 지방을 남기고 겉면의 두꺼운 지방을 제거한다.
  - 깨끗하게 지방을 제거한다.
  - 용도와 메뉴에 맞게 자른다.

ⓛ 양 갈비 손질요령
  - 뼈를 일정한 크기로 자른다.
  - 본 나이프를 이용하여 갈비 등 쪽 부분에 칼집을 넣는다.
  - 등 쪽 갈비 부분의 지방을 제거한다.
  - 안쪽 갈비 부분의 지방을 제거한다.
  - 갈비뼈 사이의 지방을 제거한다.
  - 용도와 메뉴에 맞게 자른다.

ⓒ 닭고기 손질요령(통째로 뼈 제거)
  - 다리와 날개를 꺾고 닭 가슴살 중앙에서 칼집을 넣는다.
  - 날개 살과 가슴살을 연결하는 힘줄을 제거한다.
  - 가슴뼈와 살을 분리한다.
  - 날개 살과 다리살의 뼈를 제거한다.
  - 다리뼈와 물렁뼈를 제거한다.
  - 모든 뼈를 제거한다.

② 로스팅(Roasting)할 재료 끈을 사용하여 감쌀 수 있도록 묶는 법
  ⓐ 돼지고기 묶는 법 : 조리용 면실을 이용하여 가장자리 끝부분을 묶어 준다. 왼손으로 실을 잡고 오른손으로 실타래를 넣어 약 2~3cm 간격으로 묶는다. 뒤집어 반복한 후 끝부분을 매듭을 지어 묶어 준다.
  ⓑ 닭고기 묶는 법 : 깨끗이 씻은 닭의 내장을 제거하고 지방을 제거한 후, 미르포아와 향신료를 섞어 채우고 조리용 면실로 양다리를 묶은 후 허벅지와 가슴살을 지나 뒤집어 날개를 감싸고 등을 지나 다리에서 매듭을 지어 묶는다.

③ 마리네이드(Marinade) 방법
  ⓐ 소고기 마리네이드 방법 : 올리브유, 겨자, 파프리카가루, 다진 마늘, 향신료(로즈메리, 타임), 소금, 후추를 준비하여 올리브유와 소금, 후추 향신료를 고기에 발라주고 겨자,

파프리카 가루, 다진 마늘을 섞어 발라 준다. 마리네이드를 할 때 소금 간에 유의하며 골고루 묻을 수 있도록 마사지를 하며 발라 준다.

    ⓛ 닭고기 마리네이드 방법 : 올리브유, 파프리카 파우더, 겨자, 다진 마늘, 향신료(로즈메리, 타임), 소금, 후추를 섞어 붓으로 닭고기에 발라준다. 마리네이드를 할 때 소금 간에 유의하며 골고루 묻을 수 있도록 마사지를 하며 발라 준다.

02 ▶ 육류 조리

1. 육류 조리 방법

양식의 육류의 조리방법으로는 건열식 조리방법과 습열식 조리방법, 복합조리방법, 기타조리방법 등이 있다.

① 건열식 조리 방법(Dry heat cooking)

조리방법	특징	열전달매체와 조리기구
석쇠 구이 (Broiling)	• 윗불 구이(Over heat) 방식 • 열원이 위에 있어 불 밑에서 음식을 넣어 익히는 방법 • 브로일러를 충분히 예열하고 재료를 놓아야 눌어붙지 않고 손상되지 않음 • 재료가 타지 않도록 석쇠 온도에 주의해야 함	• 공기(Air) • 석쇠(Over heat broiler, Salamander, Rotisserie)
그릴 구이 (Grilling)	• 아랫불 구이 방식(Under heat) • 열원이 아래 있으며, 직접 불로 굽는 방법 • 숯불 사용 시 훈연의 향이 좋고 석쇠온도 조절을 통하여 줄무늬가 나도록 구울 수 있음 • 석쇠를 달군 후에 재료를 얹어야 눌어붙지 않고 재료가 손상되지 않음 • 재료가 타지 않도록 온도조절에 주의해야 함	• 공기(Air) • 그릴(Grill)
로스팅 (Roasting)	• 육류나 가금류를 통째로 오븐에 굽는 방법 • 150~220℃의 온도에 향신료나 버터, 오일 등을 바른 재료를 넣어 구움 • 굽는 요령은 처음에는 높은 온도에서 시작하여 색이 나면 온도를 낮추어 장시간 구운 것일수록 연하고 육즙의 손실이 적어 맛있음	• 공기(Air) • 오븐(Oven)
베이킹 (Baking)	• 대류열을 이용한 오븐구이 • 육류 외에 빵, 타르트, 파이, 케이크 등의 제과, 제빵에 이용 • 감자요리, 파스타, 생선, 햄 등의 요리에 이용	• 공기(Air) • 오븐(Oven)

소테 (Sauteing)	• 소테 팬이나 프라이팬에 소량의 버터나 기름을 넣고 160~240℃에서 단시간 조리하는 방법 • 가장 많이 사용되는 조리법 • 영양소의 손실을 줄일 수 있고 육류나 채소 등의 육즙 손상을 방지할 수 있음	• 기름(Fat) • 조리용 난로(Stove)
팬 프라잉 (Pan frying)	• 재료의 수분과 육즙의 유출을 막고 영양분의 손실을 최소화할 수 있음 • 팬 프라잉 튀김방법은 적은 양의 기름으로 170~200℃의 온도에서 튀기는 방법으로 채소는 141~151℃, 육류, 가금류 등의 커틀릿은 125~135℃가 적당함	• 기름(Fat) • 조리용 난로(Stove)
튀김 (Deep fat frying)	• 기름을 이용하여 튀겨내는 방법 • 재료의 수분과 육즙의 유출을 막고 영양분의 손실을 최소화할 수 있음 • 딥 팻 프라잉 튀김 방법(Deep fat frying)은 140~190℃의 온도에서 튀기는 방법으로 반죽을 입혀 튀기는 스위밍(Swimming) 방법과 그냥 튀기는 바스켓(Basket) 방법이 있음	• 기름(Fat) • 튀김기(Deep-fryer)
Gratinating (그레티네이팅)	• 조리한 재료 위에 버터, 치즈, 크림, 소스, 크러스트(Crust), 설탕 등을 올려 샐러맨더(Salamander), 브로일러(Broiler), 오븐 등에서 뜨거운 열을 가해 색깔을 내주는 방법 • 육류, 가금류, 감자, 채소, 생선, 파스타요리 등에 사용함	• 공기 • 샐러맨더(Salamander), 브로일러(broiler), 오븐 (Oven)
Searing (시어링)	• 팬에 센 불로 육류나 가금류를 짧은 시간에 겉만 누렇게 지지는 방법 • 오븐에 넣기 전에 사용함	• 기름(Fat) • 조리용 난로(Stove)

② 습열식 조리 방법(Moist heat cooking)

조리방법	특징	열전달 매체와 조리기구
Poaching (포칭)	• 비등점 이하 65~92℃의 온도에서 액체(물, 스톡, 와인 등) 등에 육류, 가금류, 달걀, 생선, 채소 등을 잠깐 넣어 익히는 것 • 단백질의 유실방지 및 재료가 건조해지거나 딱딱해지는 것을 방지할 수 있음 • 포칭의 종류 　– 샐로 포칭(Shallow Poaching) : 물이나 액체를 적게 넣고 조리하는 법으로 생선이나 가금류 밑에 다진 양파나 샬롯을 깔고 물이나 액체 등을 내용물의 반으로 넣어 조리함 　– 서브머지 포칭(Submerge Poaching) : 물이나 액체 등을 많이 넣어 조리하는 법으로 육류, 달걀, 가금류, 해산물 등에 물이나 액체 등을 많은 양을 넣고 서서히 익혀 조리함	• 물, 액체(Water, Liquid) • 조리용 난로(Stove, Steam kettle)

Boiling (삶기, 끓이기)	• 물이나 육수 등의 액체에 재료를 끓이거나 삶는 방법 • 생선과 채소는 국물을 적게 넣고 끓이고 건조한 재료는 액체를 많이 넣고 조리함 • 육수를 얻기 위한 육류나 감자, 무, 당근 등의 채소는 찬물에서 시작해서 끓임 • 스파게티나 국수 등은 끓는 물에 시작해서 조리함	• 물, 액체 (Water, Liquid) • 조리용 난로 (Stove, Steam kettle)
Simmering (시머링)	• 액체를 60~90℃의 아주 뜨겁지 않고 식지 않을 정도의 약한 불에서 조리함 • 소스나 스톡을 끓일 때 사용함	• 물, 액체 (Water, Liquid) • 조리용 난로 (Stove, Steam kettle)
Steaming (증기찜)	• 물을 끓여 수증기의 대류작용을 이용하여 조리함 • 물에 삶는 것 보다 재료의 형태가 유지되고 영양 손실이 적으며 풍미와 색채유지에 좋은 조리법 • 육류, 가금류, 생선, 갑각류, 야채류 등에 사용함	• 수증기(Steam) • 조리용 난로 (Stove, Steamer)
Blanching (데치기)	• 많은 양의 끓는 물이나 기름에 재료를 짧게 데쳐 찬물에 식히는 조리법 • 끓는 물에 데친 후 찬물에 식히고, 끓는 기름에 데치는 경우는 130℃ 정도의 온도에 데쳐주면 재료의 조직이 부드러워지고 피 등의 불순물을 제거할 수 있음 • 육류나 가금류의 표면 단백질 응고로 영양 성분의 손실을 줄일 수 있는 조리법	• 물, 액체 (Water, Liquid), 기름(Fat) • 조리용 난로 (Stove, Steam kettle)
Glazing (글레이징)	• 버터나 과일의 즙, 육즙 등과 꿀, 설탕을 졸여서 재료에 입혀 코팅시키는 조리법 • 육류, 가금류, 당근, 감자, 야채 등에 윤기가 흐르게 조리하는 방법	• 물, 액체 (Water, Liquid) • 조리용 난로 (Stove, Steam kettle)

③ **복합 조리방법(Combination cooking)** : 건열식 조리방법과 습열식 조리방법을 모두 이용하여 조리하는 것으로 질긴 부위나 맛이 덜한 부위를 조리할 때 사용되며, 맛이나 영양가의 손실을 줄일 수 있다. 일반적으로 겉면에 색을 내는 조리방법에는 건열식 조리방법을 사용하고 마무리 조리하는 과정에서는 습열식 조리 방법을 사용한다.

조리방법	특징	열전달매체와 조리기구
브레이징 (Braising)	• 팬에서 색을 낸 고기에 볶은 채소, 소스, 굽는 과정에서 흘러나온 육즙 등을 브레이징 팬에 넣은 다음 뚜껑을 덮고 천천히 조리하는 방법 • 150~180℃의 온도에서 천천히 장시간 끓여서 조리하며 온도가 너무 높으면 육질이 길겨진다. 주로 질긴 육류나 가금류를 조리할 때 사용함 • 표면이 마르지 않게 수시로 뒤집어 주거나 소스를 끼얹어 줌 • 완성된 고기는 꺼내고 육즙을 체에 걸러 버터를 넣고 몬테(Monte)하여 간을 한 후 소스로 사용함	• 기름, 액체 • 조리용 난로, 오븐, 스킬렛 (Stove, Oven, Skillet)
스튜 (Stewing)	육류, 가금류, 미르포아, 감자 등을 약 2~3cm 크기로 썰어, 달군 팬에 기름을 넣고 색을 내어 볶은 후 그래비 소스(Gravy sauce)나 브라운 스톡(Brown Stock)을 넣어 110~140℃의 온도에 끓여서 조리하는 방법	• 기름, 액체 • 조리용 난로, 오븐, 스킬렛 (Stove, Oven, Skillet)

④ 기타 조리 방법

조리방법	특징
수비드 (Sous vide)	• 수비드는 프랑스어로 진공저온, 영어로는 Under vacuum이라고 함 • 완전밀폐와 가열 처리가 가능한 위생 플라스틱 비닐 속 재료와 부가적인 조미료나 양념을 넣은 상태로 진공 포장한 후 일반적인 조리 온도보다 상대적으로 낮은 온도(55~65℃)에서 장시간 조리함 • 맛과 향, 수분, 질감, 영양소를 보존하며 조리하는 방법 • 균일한 열전달과 시간의 고려가 중요하며, 자칫 식중독이 오히려 증식할 수도 있으므로 주의가 필요한 조리법 • 육류의 주성분 단백질이 온도에 의해 수축되는데 수비드의 핵심원리는 이 온도에 따라 단백질의 수축을 조절하는 것으로 단백질이 변성하는 시작 온도를 알아내어 적당한 온도와 시간의 조절로 질겨지는 것을 막을 수 있음

2 사이드 가니쉬 조리

① 곡류

  ㉠ 곡류의 특징과 조리법

   • 쌀(Rice)

     – 특징 : 찹쌀과 멥쌀로 구분되며 주성분은 탄수화물이며 덱스트린, 섬유소 등 함유

     – 조리법 : 보일링, 프라잉

   • 보리 (Barley)

     – 특징 : 쌀보리와 겉보리로 구분되며 탄수화물로 전분이 대부분이며, 호르데인 단백질 10% 정도와 칼슘, 인, 철, 무기질과 비타민 B 복합체가 풍부함

- 조리법 : 리소토, 보일링
- 밀(Wheat)
  - 특징 : 탄수화물로 75% 이상이 전분으로 구성되어 있으며, 7~16%의 단백질, 지질 2% 함유, 반죽하여 파스타를 만들어 활용함
  - 조리법 : 보일링
- 귀리(Oat)
  - 특징 : 증기로 가열하여 눌러 오트밀로 가공사용 하며 단백질과 지질함량이 가장 많고 칼슘, 인, 철분 등의 무기질과 비타민B군이 함유되어 있음
  - 조리법 : 스티밍
- 메밀(Buckwheat)
  - 특징 : 밀보다 단백질이 우수, 필수 아미노산인 트립토판, 트레오닌, 리신과 티아민, 리보플래빈 등의 비타민 함유, 밀가루와 섞어 사용함
  - 조리법 : 보일링
- 조(Buckwheat)
  - 크기가 작고 탄수화물로 전분이며, 루이신, 트립토판 등 단백질을 많이 함유, 칼슘과 비타민B군이 많고 소화율이 높음
  - 조리법 : 보일링, 포칭
- 기장(Hog Millet)
  - 특징 : 조보다 성숙이 빠르고 탄수화물은 주로 전분이며, 단백질, 지질, 비타민 함량이 높음
  - 조리법 : 보일링
- 수수(Sorghum) : 단백질은 글루테린이며 타닌을 함유하고 있어 소화율이 떨어지고 떫은 맛이 있음
- 옥수수(Corn)
  - 특징 : 탄수화물로 주로 전분이며 단백질은 제인으로 리신, 트립토판 함량이 적고 트레오닌 함량이 많음
  - 조리법 : 보일링

② 서류
  ㉠ 서류의 특징과 조리법
  - 감자(Potato)
    - 특징 : 알칼리성 식품으로 비타민 C, 칼슘, 칼륨 함량이 많고, 수분 81%, 당질 14%, 단백질 3%, 탄수화물은 전분이며 소화가 빠름
    - 조리법 : 보일링, 베이킹, 소테잉, 그릴링, 프라잉

- 고구마(Sweet Potato)
  - 특징 : 성인병을 예방하는 식물성 섬유 다량 함유, 각종 비타민과 미네랄이 풍부하고 수분 66.3%, 당질 30.3%, 단백질 1.4% 함유
  - 조리법 : 보일링, 베이킹, 소테잉, 그릴링, 프라잉
- 토란(Taro)
  - 특징 : 수분 80%, 주성분이 전분이고 무기질은 칼륨이 많음. 대부분 전분으로, 갈락탄, 펙트산, 덱스트린 함유
  - 조리법 : 보일링, 베이킹, 프라잉
- 마(Yam)
  - 특징 : 전분 20%, 서당이 3%, 단백질 3.5%, 디아스타아제 0.4%, 비타민 B_1, 비타민 C 함유, 소화 촉진
  - 조리법 : 보일링, 스티밍

③ 두류
　㉠ 두류의 특징과 조리법
- 대두(Soy bean)
  - 특징 : 단백질 40%, 지방 18~22%, 탄수화물 22~29% 함유하고 있으며 소화율은 낮으나 두부 등으로 가공하면 소화율이 높아짐. 콩나물이나 기름으로 가공하여 사용
  - 조리법 : 보일링, 브레이징, 스튜잉
- 팥(Red Bean)
  - 특징 : 당질 64%, 단백질 20%, 지방 0.1% 함유, 전분함량이 높음
  - 조리법 : 보일링, 브레이징, 스튜잉
- 녹두(Mung Bean)
  - 특징 : 탄수화물 57%, 단백질 20~25% 함유, 전분 34% 함유
  - 조리법 : 보일링, 브레이징
- 강낭콩(Kidney Bean)
  - 특징 : 당질 54%, 단백질 21% 함유, 많은 양의 전분으로 구성
  - 조리법 : 보일링, 브레이징
- 완두(Green Pea)
  - 특징 : 당질 54.4%, 단백질 21.7% 함유, 비타민 C 함유
  - 조리법 : 보일링, 브레이징
- 땅콩(Peanut)
  - 특징 : 탄수화물 20~30%, 단백질 35%, 지방 45% 함유, 비타민 B군 함유, 식용유, 버터 등에 이용

– 조리법 : 보일링, 소테잉

④ **채소류**

㉠ 채소는 독특한 풍미와 다양한 색깔로 식욕을 증진시키며 수분이 80~90%를 차지한다. 엽채류는 주로 잎을, 근채류는 뿌리를, 인경채류는 식물의 줄기를, 과채류는 식물의 열매를, 화채류는 식물의 꽃을 이용한다.

㉡ 채소류의 분류와 종류

- 엽채류(사용부위 : 잎) : 배추, 양배추, 상추, 양상추, 시금치, 청경채, 케일, 물냉이, 치커리, 엔다이브, 파슬리, 겨자잎 등
- 근채류(사용부위 : 뿌리) : 무, 당근, 마늘, 양파, 생강, 연근, 우엉, 도라지, 더덕, 비트, 순무, 파스닙, 야콘, 고추냉이, 샬롯 등
- 인경채류(사용부위 : 줄기) : 파, 부추, 미나리, 고사리, 아스파라거스, 샐러리, 죽순, 콜라비, 두릅, 달래 등
- 과채류(사용부위 : 열매) : 오이, 가지, 고추, 호박, 애호박, 토마토, 아보카도, 오크라 등
- 화채류(사용부위 : 꽃) : 브로콜리, 콜리플라워, 아티초크 등

⑤ **버섯류**

㉠ 전 세계적으로 200여 종의 버섯이 식용 가능하며 엽록소가 없어 다른 생물에 기생해야 살 수 있는 식물로 곰팡이와 같은 종류로 담자균류에 속한다.

㉡ 버섯류의 종류와 특징 및 조리법

- 표고버섯(Shiitake)
  - 특징 : 비타민D를 많이 함유하며, 비타민 B_1과 B_2 다량 함유, 무기질 칼륨(K)과 인(P) 다량 함유
  - 조리법 : 포칭, 소테잉, 그릴링
- 송이버섯 (Pine Mushroom)
  - 특징 : 소나무 숲에서 자생, 비타민 B_1, B_2, D, C, 니아신 등 함유. 위암, 직장암 발생을 억제하는 항암작용
  - 조리법 : 포칭, 소테잉, 그릴링
- 양송이버섯 (Mushroom)
  - 특징 : 단백질 함량이 표고버섯보다 2.5배 많고 무기질 함량이 높음. 비타민 B_1, B_2, 니아신, 에르고스테롤 등 함유
  - 조리법 : 포칭, 소테잉, 그릴링
- 느타리버섯 (Oyster Mushroom)
  - 특징 : 송이과에 속하며 굴 껍데기와 유사하다고 하여 Oyster Mushroom이라 함
  - 조리법 : 포칭, 소테잉, 그릴링

- 목이버섯 (black mushroom, Juda's ear)
  - 특징 : 활엽수에 자생하며 철분, 베타카로틴, 식이섬유 함유. 칼로리가 낮고 칼륨 풍부, 흰목이버섯과 흑목이버섯
  - 조리법 : 포칭, 소테잉
- 팽이버섯 (Enoki Mushroom)
  - 특징 : 팽나무의 고목에서 자람, 아미노산과 비타민 다량 함유, 혈압 조절, 암과 성인병 예방 효과
  - 조리법 : 포칭, 소테잉

⑥ 과일류
  ㉠ 수분이 80% 이상이고 당분과 유기산을 함유하고 있으며 비타민과 무기질이 풍부한 알칼리성 식품
  ㉡ 과일류의 분류와 특징
  - 인과류와 준 인과류
    - 꽃받이가 성장 발육한 것
    - 사과, 배 등
  - 핵과류
    - 자방(씨방)이 발달하여 과육이 된 것으로 한가운데 핵층이 있고, 안에 종자가 있음
    - 복숭아, 매실, 살구 등
  - 장과류
    - 중과피와 내과피가 유연하고 과즙이 많은 육질로 구성되어 있음
    - 포도, 달릭, 무화과 등
  - 견과류
    - 종실을 식용으로 하는 것
    - 밤, 호두 등

3 소스의 분류

① 소스류는 색깔로 구분하여 베샤멜, 벨루테, 브라운, 토마토, 홀란데이즈 등 5가지 모체 소스로 나뉜다.
② 소스의 분류(색으로 구분)
  ㉠ 베샤멜 소스(Bechamel sauce) : 파생 소스로는 크림소스(Cream sauce), 모네이 소스(Mornay sauce), 낭투아 소스(Nantua sauce) 등이 있음
  ㉡ 벨루테 소스(Veloute sauce) : 파생 소스로는 베르시 소스(Bercy sauce), 카디널 소스(Cardinal sauce), 노르망디 소스(Normandy sauce), 오로라 소스(Aurora sauce), 호스래디시(Horseradish sauce), 버섯 소스(Mushroom sauce), 헝가리안 소스(Hungarian

sauce), 아이보리 소스(Ivory sauce), 알부페라 소스(Albufera sauce) 등이 있음

ⓒ 브라운소스(Brown sauce) : 에스파뇰 소스(Espagnole sauce)라고도 부른다. 파생 소스로는 샤토브리앙 소스(Chateaubriand sauce), 마데이라 소스(Madeira sauce), 포트 소스, 레드 와인 소스(Red wine sauce), 버섯 소스(Mushroom sauce), 트러플 소스(Perigueux sauce) 등이 있음

ⓓ 토마토소스(Tomato sauce) : 파생 소스로는 프랑스식 토마토소스(Creole tomato sauce), 밀라노식 토마토소스(Milanese tomato sauce), 이탈리안 미트소스(Bolognese sauce) 등이 있음

ⓔ 홀란데이즈 소스(Hollandaise sauce) : 파생 소스로는 베어네이즈 소스(Bearnaise sauce), 쇼롱 소스(Choron sauce), 샹티이 소스(Chantilly sauce), 포요트 소스(Foyot sauce), 말타이즈 소스(Maltaise sauce) 등이 있음

4 육류의 익힘 정도

돼지고기나 송아지고기처럼 다 익혀 먹는 경우는 내부온도가 68℃ 이상 높게 하고, 소고기와 양고기처럼 익힘 정도를 조절하여 먹는 경우는 온도를 조절하여 굽는다.

굽는 요령은 고기 속의 육즙이 빠져 나가지 않도록 팬을 달구어서 육류를 놓고 겉면을 익혀 색을 낸 후 익힌다.

고기의 익힘 정도는 레어(Rare), 미디엄 레어(Medium rare), 미디엄(Medium), 미디엄 웰던(Medium well-done), 웰던(well-done) 등 5가지의 단계로 이루어진다.

04 ▶ 육류요리 완성

1. 육류요리 플레이팅의 기초

① 플레이팅의 원칙

ㄱ 재료 자체가 가지고 있는 고유의 색감과 질감을 잘 표현한다

ㄴ 전체적으로 심플하고 청결하며 깔끔하게 담아야 한다.

ㄷ 요리의 알맞은 양을 균형감 있게 담아야 한다.

ㄹ 고객이 먹기 편하게 플레이팅이 이루어져야 한다.

ㅁ 요리에 맞게 음식과 접시 온도에 신경 써야 한다.

ㅂ 식재료의 조합으로 인한 다양한 맛과 향이 공존하도록 플레이팅을 한다.

② 플레이팅의 구성요소 : 육류 요리 플레이팅 구성을 위해서 5가지의 요소가 필요하며 모든 재료가 조화와 균형을 이루게 플레이팅을 구성해야 한다.

    ⊙ 단백질 파트 : 육류, 가금류 등

    ⓒ 탄수화물 파트 : 감자, 쌀, 파스타 등

    ⓒ 비타민 파트 : 브로콜리, 콜리플라워, 아스파라거스 등

    ⓔ 소스 파트 : 육류와 조화를 이루는 소스(모체소스, 응용소스 등)

    ⓜ 가니쉬 파트 : 향신료, 튀김 등

2. 가니쉬(Garnish)

완성된 음식을 더욱 돋보이게 하는 장식으로 색을 좋게 하고 식욕을 돋우며 식용 가능한 재료를 이용하여 시각적인 효과와 미각을 상승시킬 재료를 이용한다. 요리에 따라 음식 위에 올리거나 아래나 둘레에 얹어 장식하고 눈에 너무 띄거나 음식의 맛을 변형해서는 안 된다. 가니쉬의 종류는 신선한 잎이나 기타 튀김 등을 이용하여 장식하기도 한다.

3. 육류, 가금류 플레이팅 하기

플레이팅 시 고려할 점으로는 주재료와 곁들임 재료의 위치 선정, 식사하는 사람의 편리성, 음식의 외관과 원가를 고려, 재료의 크기 등이다. 음식을 담을 때 일반적으로 탄수화물, 채소요리, 육류, 소스, 가니쉬 순서로 플레이팅이 이루어진다.

① 접시 선택

    ⊙ 접시의 모양을 선택 : 원형, 정사각형, 직사각형, 타원형, 삼각형, 오각형 등

    ⓒ 접시의 형태를 선택 : 테두리가 있는 것과 없는 것, 깊이 파인 것과 파이지 않은 것 등

    ⓒ 접시의 크기 선택 : 일반적으로 육류요리에 경우 12인치를 사용하고, 최근 그 기준이 없어지고 있음

② 곁들임 재료 담기

    ⊙ 탄수화물 요리 담기 : 감자요리, 파스타, 쌀을 이용한 리소트 등 담기

    ⓒ 채소요리 담기 : 황색 – 당근, 단호박, 노란파프리카 등 / 녹색 – 아스파라거스, 애호박, 시금치, 청경채, 브로콜리 등 / 적색 – 토마토, 적색파프리카 등 / 흰색 – 양파, 샬롯, 콜리플라워, 버섯 등

③ 육류, 가금류 담기 : 단백질을 다량 함유하고 있는 육류요리를 접시에 담기

④ 소스뿌리기

    ⊙ 육류와 가금류의 종류, 부위를 고려하여 소스를 선택하여 뿌림

    ⓒ 전체적으로 색이 어두우면 밝은 계통의 소스를 뿌리면 시각적인 효과를 얻을 수 있음

⑤ 가니쉬 올리기 : 음식을 돋보이며 시각적인 효과와 미각적인 조화가 이루어지도록 선택하기

01 통째로 굽는 요리 및 크리스마스, 추수감사제 및 결혼식에 많이 사용되고 다른 육류에 비해 단백질 함량이 높고 저칼로리 식품인 육류는?

① 닭고기(Chicken)

② 거위고기(Goose)

③ 칠면조고기(Turkey)

④ 오리고기(Duck)

해설 칠면조고기(Turkey)
- 미국, 멕시코에서 주로 많이 사육되고 육질이 부드럽고 독특한 향이 있으며 닭고기보다 맛이 좋음
- 소화율이 높고 통째로 굽는 요리를 많이 함
- 크리스마스, 추수감사제 및 결혼식에 많이 사용됨
- 다른 육류에 비해 단백질 함량이 높고 저칼로리 식품임

02 육류의 마리네이드(Marinade)에 대한 설명으로 바르지 않은 것은?

① 질긴 고기를 부드럽게 해준다.

② 누린내를 제거하며 간이 배도록 한다.

③ 식용유, 올리브유, 레몬주스, 식초, 와인, 과일 간 것, 향신료 등을 섞어서 만든다.

④ 식초와 레몬주스는 고기에 향을 주기 위해서 사용한다.

해설 육류의 마리네이드(Marinade)에 사용하는 식초와 레몬주스는 질긴 고기를 연하게 만드는 작용을 한다.

03 향신료 중 특유의 강한 맛과 매운맛을 이용하는 것이 아닌 것은?

① 너트메그

② 산초

③ 샐러리 시드

④ 후추

해설
- 향초계 : 생잎을 사용 – 로즈메리, 바질, 세이지, 파슬리, 타임 등
- 종자계 : 과실이나 씨앗을 건조시켜 사용 – 캐러웨이 시드, 샐러리 시드, 큐민 시드 등
- 향신계 : 특유의 강한 맛과 매운맛을 이용 – 후추, 너트메그(육두구), 마늘, 겨자, 양겨자, 산초 등
- 착색계 : 음식에 색을 주는 향신료로 사용 – 파프리카, 샤프란, 터메릭 등

04 향신료의 사용 부위에 다른 분류로 잎(Leaves)은 사용하는 것이 아닌 것은?

① 호스래디시

② 파슬리

③ 라벤더

④ 딜

해설 향신료의 사용 부위에 따른 분류

분류	특징
잎 (Leaves)	• 향신료의 잎을 사용함 • 바질, 세이지, 처빌, 타임, 코리안더, 민트, 오레가노, 마조람, 파슬리, 스테비아, 타라곤, 세몬 밤, 로즈메리, 라벤더, 월계수 잎, 딜 등
씨앗 (Seed)	• 씨앗을 건조시켜 사용함 • 너트메그, 케리웨이 씨, 큐민, 코리안더 씨, 머스터드 씨, 딜 씨, 휀넬 씨, 아니스 씨, 흰 후추, 양귀비 씨, 메이스 등

정답 **01** ③ **02** ④ **03** ③ **04** ①

열매 (Fruit)	• 과실을 말려서 사용함 • 검은 후추, 파프리카, 카다몬, 주니퍼 베리, 카옌페퍼, 올스파이스, 스타 아 니스(팔각), 바닐라 등
꽃(Flower)	• 꽃을 사용함 • 샤프론, 정향, 케이퍼 등
줄기와 껍질 (Stalk and skin)	• 줄기 또는 껍질을 신선한 상태 또는 말려서 사용함 • 레몬그라스, 차이브, 계피 등
뿌리 (Root)	• 뿌리를 사용함 • 터메릭, 겨자(고추냉이), 생강, 마늘, 호 스래디시 등

05 육류조리에 대한 설명으로 바르지 못한 것은?

① 안심과 등심같이 운동량이 적은 부위는 그릴링, 브로일링, 로스팅 등의 조리법 이 사용된다.

② 지방이 적고 근육이 많고 결합조직이 많 이 포함되어 있는 부위는 건열 조리법이 적합하다.

③ 마리네이드(Marinade)에 사용되는 식 초와 레몬주스는 질긴 고기를 연하게 만 드는 작용을 한다.

④ 육류요리의 곁들임으로 곡류, 서류, 두 류, 채소류, 버섯류, 과일 등을 사용한 다.

해설 안심과 등심같이 운동량이 적은 부위는 그릴링, 브 로일링, 로스팅 등 건열 조리법을 주로 사용하고 지 방이 적고 근육이 많고 결합조직이 많이 포함되어 질긴 부위는 브레이징, 슈튜잉과 같은 습열 조리법 을 사용한다.

06 육류조리에 사용하는 소스의 준비로 바르지 않 은 것은?

① 색이 안 좋은 요리에는 화려한 소스 사 용

② 단순한 요리에는 단순한 소스 사용

③ 팍팍한 요리에는 수분이 많고 부드러운 소스 사용

④ 싱거운 요리에는 싱거운 소스 사용

해설 소스 준비 시 싱거운 요리에는 강한 소스를 사용한 다.

07 육류의 사이드 가니쉬 곡류조리 중 다음 설명에 해당되는 것은?

증기로 가열하여 눌러 오트밀로 가공 사 용하며 단백질과 지질함량이 가장 많고 칼슘, 인, 철분 등의 무기질과 비타민 B 군이 함유되어 있음

① 귀리(Oat)

② 밀(Wheat)

③ 조(Buckwheat)

④ 옥수수(Corn)

해설 • 밀(Wheat) : 탄수화물로 75% 이상이 전분으로 구 성되어 있으며, 7~16%의 단백질, 지질 2% 함유, 반죽하여 파스타를 만들어 활용함
• 조(Buckwheat) : 크기가 작고 탄수화물로 전분이 며, 루이신, 트립토판 등 단백질을 많이 함유, 칼 슘과 비타민 B군이 많고 소화율이 높음
• 옥수수(Corn) : 탄수화물로 주로 전분이며 단백 질은 제인으로 리신, 트립토판 함량이 적고 트레 오닌 함량이 많음

05 ② 06 ④ 07 ①

08 육류의 사이드 가니쉬 서류 조리 중 다음 설명에 해당되는 것은?

알칼리성 식품으로 비타민 C, 칼슘, 칼륨 함량이 많고, 수분 81%, 당질 14%, 단백질 3%, 탄수화물은 전분이며 소화가 빠름

① 고구마(Sweet Potato)
② 토란(Taro)
③ 감자(Potato)
④ 마(Yam)

해설 • 고구마(Sweet Potato) : 성인병을 예방하는 식물성 섬유 다량 함유, 각종 비타민과 미네랄이 풍부하고 수분 66.3%, 당질 30.3%, 단백질 1.4% 함유
• 토란(Taro) : 수분 80%, 주성분이 전분이고 무기질은 칼륨이 많음. 대부분 전분으로, 갈락탄, 펙트산, 덱스트린 함유
• 마(Yam) : 전분 20%, 서당이 3%, 단백질 3.5%, 디아스타아제 0.4%, 비타민 B₁, 비타민 C 함유, 소화 촉진

09 육류의 사이드 가니쉬 두류 조리 중 다음 설명에 해당되는 것은?

탄수화물 20~30%, 단백질 35%, 지방 45% 함유, 비타민 B군 함유하고 있으며 식용유, 버터 등에 이용된다.

① 완두(Green Pea)
② 땅콩(Peanut)
③ 대두(Soy bean)
④ 강낭콩(Kidney Bean)

해설 • 완두(Green Pea) : 당질 54.4%, 단백질 21.7% 함유, 비타민 C 함유
• 대두(Soy bean) : 단백질 40%, 지방 18~22%, 탄수화물 22~29% 함유하고 있으며 소화율은 낮으나 두부 등으로 가공하면 소화율이 높아짐
• 강낭콩(Kidney Bean) : 당질 54%, 단백질 21% 함유, 많은 양의 전분으로 구성

10 육류의 사이드 가니쉬 버섯류 조리 중 다음 설명에 해당되는 것은?

송이과에 속하며 굴 껍데기와 유사하다고 하여 Oyster Mushroom이라 부른다.

① 송이버섯
② 양송이버섯
③ 팽이버섯
④ 느타리버섯

해설 • 송이버섯(Pine Mushroom) : 소나무 숲에서 자생, 비타민 B₁, B₂, D, C, 니아신 등 함유. 위암, 직장암 발생을 억제하는 항암작용
• 양송이버섯(Mushroom) : 단백질 함량이 표고버섯보다 2.5배 많고 무기질 함량이 높음. 비타민 B₁, B₂, 니아신, 에르고스테롤 등 함유
• 팽이버섯(Enoki Mushroom) : 팽나무의 고목에서 자람, 아미노산과 비타민 다량 함유, 혈압 조절, 암과 성인병 예방 효과
• 표고버섯(Shiitake) : 비타민D를 많이 함유하며, 비타민 B₁과 B₂ 다량 함유, 무기질 칼륨(K)과 인(P) 다량 함유
• 목이버섯(black mushroom, Juda's ear) : 활엽수에 자생하며 철분, 베타카로틴, 식이섬유 함유. 칼로리가 낮고 칼륨 풍부, 흰목이버섯과 흑목이버섯

11 다음 중 육류에 사용되는 조리법 중 복합 조리 방법에 해당되는 것은?

① 스튜(Stewing), 소테(Sauteing)
② 브레이징(Braising), 스튜(Stewing)
③ 소테(Sauteing), 시머링(Simmering)
④ 브렌칭(Blanching), 포칭(Poaching)

해설 복합조리방법
• 브레이징(Braising) : 팬에서 색을 낸 고기에 볶은 채소, 소스, 굽는 과정에서 흘러나온 육즙 등을 브레이징 팬에 넣은 다음 뚜껑을 덮고 천천히 조리하는 방법
• 스튜(Stewing) : 육류, 가금류, 미르포아, 감자 등을 약 2~3cm 크기로 썰어, 달군 팬에 기름을 넣고 색을 내어 볶은 후 그래비소스(Gravy sauce)나 브라운 스톡(Brown Stock)을 넣어 110~140℃

의 온도에 끓여서 조리하는 방법

건열식 조리방법 : 소테(Sauteing)

습열식 조리방법 : 시머링(Simmering), 브렌칭
(Blanching), 포칭(Poaching)

12 소스류를 색깔로 구분하였을 때 5가지 모체소스에 해당되지 않는 것은?

① 베샤멜 소스(Bechamel sauce)

② 브라운소스(Brown sauce)

③ 타르타르소스(tartar sauce)

④ 홀란데이즈소스(Hollandaise sauce)

해설 소스류는 색깔로 구분하여 베샤멜, 벨루테, 브라운, 토마토, 홀란데이즈 등 5가지 모체 소스로 나뉜다.

13 육류의 익힘 정도에 대한 설명으로 바르지 않은 것은?

① 돼지고기나 송아지고기처럼 다 익혀 먹는 경우는 내부온도가 50℃ 이상 높게 한다.

② 굽는 요령은 고기 속의 육즙이 빠져나가지 않도록 팬을 달구어서 육류를 놓고 겉면을 익혀 색을 낸 후 익힌다.

③ 소고기와 양고기처럼 익힘 정도를 조절하여 먹는 경우는 온도를 조절하여 굽는다.

④ 익힘 정도는 레어(Rare), 미디엄 레어(Medium rare), 미디엄(Medium), 미디엄 웰던(Medium well-done), 웰던(well-done)으로 이루어진다.

해설 돼지고기나 송아지고기처럼 다 익혀 먹는 경우는 내부온도가 68℃ 이상 높게 하고, 소고기와 양고기처럼 익힘 정도를 조절하여 먹는 경우는 온도를 조절하여 굽는다.

14 육류요리 플레이팅을 위한 설명으로 바르지 않은 것은?

① 일반적으로 육류요리의 경우 12인치를 사용하지만, 최근 그 기준이 없어지고 있다.

② 일반적으로 가니쉬, 채소요리, 육류, 소스, 탄수화물 순서로 플레이팅이 이루어진다.

③ 5가지의 요소가 필요하며 모든 재료가 조화와 균형을 이루게 플레이팅을 구성해야 한다.

④ 가니쉬는 음식을 돋보이며 시각적인 효과와 미각적인 조화가 이루어지도록 선택한다.

해설 음식을 담을 때 일반적으로 탄수화물, 채소요리, 육류, 소스, 가니쉬 순서로 플레이팅이 이루어진다.

12 ③ 13 ① 14 ②

양식 파스타 조리

파스타는 'impastare(반죽하다)'에서 나온 말로 여러 가지 곡식들을 재료로 만든 반죽 또는 면을 말하며 탄수화물, 단백질, 미네랄 등을 고루 갖춘 세계적으로 유명세를 타고 있는 건강식 중의 하나이다.

01 ▶ 파스타재료 준비

1. 파스타와 밀

밀은 특성에 따라 일반 밀과 듀럼 밀로 분류되고 단백질의 정도에 따라 강력, 중력, 박력으로 나뉜다.

[밀의 종류와 특성]

밀의 종류	특성
일반 밀 (연질 소맥)	• 우리가 흔하게 접하는 밀 • 옅은 노란색을 띔 • 가루로 만들어져 빵과 케이크, 페이스트리 등 오븐요리에 사용함 • 빵을 굽기에 알맞은 성질을 가지고 있음
듀럼 밀 (경질 소맥)	• 파스타 제조에 사용 • 제분하면 연질 밀가루보다 다소 거친 느낌이 드는 노란색을 띠고 세몰리나(semolina)라는 모래알 같은 가루가 만들어짐 • 글루텐 함량이 연질밀보다 많아 점성과 탄성이 높아 파스타를 만들기에 적당함 • 글루텐의 점탄성이 파스타를 찰기 있게 하고 여러 가지 모양의 파스타를 만들 수 있음 • 당근에 포함된 카로티노이드 색소가 많이 포함되어 있어 듀럼 밀로 만든 파스타는 밝은 호박색을 가짐

2. 파스타의 종류

[파스타의 종류]

파스타의 종류	특성
건조 파스타	• 경질 소맥인 듀럼 밀을 거칠게 제분한 세몰리나를 주로 사용함 • 면의 형태를 만든 후 건조시켜 사용함 • 경우에 따라 세몰리나와 밀가루를 섞어서 사용하기도 함 • 짧은 파스타와 긴 파스타로 나뉘며 짧은 파스타는 여러 가지 다양한 모양을 만들 수 있고, 긴 파스타는 우리의 국수와 비슷한 역할을 함
생면 파스타	• 세몰리나에 밀가루를 섞어 사용하거나, 밀가루만을 사용해서 만듦 • 신선하고 부드러운 식감을 가지고 있으며, 다른 재료의 혼합에 따라 다양한 색의 표현이 가능함 • 영양적인 면에서 생면 파스타의 사용이 대중화되고 있음 • 강력분과 달걀을 이용하여 만들고 노른자는 파스타의 색상과 맛을 풍부하게 하고 반죽의 질감을 좋게 하며 흰자는 반죽을 단단하게 뭉치게 해줌

3. 생면 파스타의 종류

[생면 파스타의 종류]

종류	특징
오레키에테 (Orecchiette)	• '작은 귀'라는 의미로, 귀처럼 오목한 데서 유래 • 원통으로 자른 반죽을 엄지손가락으로 눌러 모양을 내거나 날카롭지 않은 칼 같은 도구로 모양을 냄 • 소스가 잘 입혀지도록 안쪽 면에 주름이 잡혀야 함 • 부서지지 않고 휴대가 쉬워 뱃사람들이 많이 이용했음
탈리아텔레 (Tagliatelle)	• 이탈리아 중북부 지역인 파르메산 치즈로 유명한 에밀리아-로마냐 주에서 주로 이용됨 • 적당한 길이와 넓적한 형태로 소스가 잘 묻는 장점이 있음 • 쉽게 부서지는 단점으로 둥글고 새집처럼 말려서 보관하기 쉽게 사용함 • 소고기와 돼지고기로 만든 진한 소스를 사용함
탈리올리니 (Tagliolini)	• '자르다'라는 의미가 있으며 면 제조 시 달걀과 다양한 채소를 넣어 만듦 • 탈리아텔레보다는 좁고 스파게티보다는 두꺼움 • 이탈리아 중북부 리구리아 지방에서 전통적으로 사용함 • 소스는 크림, 치즈, 후추 등을 주로 사용함
파르팔레 (Farfalle)	• 나비넥타이 모양 혹은 나비가 날개를 편 모양을 가지고 있음 • 이탈리아 중북부 에밀리아-로마냐 지역에서 유래되었음 • 면을 충분히 말려서 사용하는 것이 좋음 • 부재료로 닭고기와 시금치를 사용함 • 크림소스, 토마토소스와도 잘 어울림

토르텔리니 (tortellini)	• 각각의 도우(Dough)에 내용물을 넣고 반지모양으로 만든 것이 특징임 • 소를 채운 파스카로 이탈리아의 중북부인 에밀리아–로마냐 지방에서 주로 이용됨 • 속을 채우는 재료는 다양하나 일반적으로 버터나 치즈를 사용함 • 맑고 진한 묽은 수프에 사용하기도 하고 크림을 첨가하기도 함
라비올리 (ravioli)	• 두 개의 면 사이에 치즈나 시금치, 고기, 다양한 채소 등으로 속을 채운 만두와 비슷한 형태를 가지고 있음 • 주로 사각형 모양을 기본 모양으로 반달, 원형 등 다양한 모양을 만들 수 있음

4. 파스타에 필요한 소스

[파스타에 필요한 소스]

종류	특징	
조개 육수	• 갑각류의 풍미를 살리거나 기본적인 해산물 파스타 요리에 사용하는 육수로 바지락, 모시조개, 홍합 등을 사용함 • 30분 이내로 끓여야 맛이 변하지 않음 • 농축된 육수는 올리브유에 유화시켜 소스 대신 사용하기도 함	
토마토 소스	• 최상의 토마토로 적당한 당도와 진하게 농축된 감칠맛을 가진 것을 고르며 제철이 아닌 경우에는 가공한 토마토도 무방함 • 믹서기에 갈아서 사용하는 것보다는 으깬 후 끓이는 방법을 선호하고 여러 가지 다른 재료를 추가할 수 있음	
볼레네즈 소스 (라구 소스)	• 이탈리아식 미트소스로 돼지고기, 소고기, 채소와 토마토를 오래 농축하여 진한 맛이 날 때까지 끓여서 만듦 • 마지막에 치즈, 크림, 버터, 올리브유 등을 이용해 부드러운 맛을 냄	
화이트 크림소스	• 밀가루와 버터, 우유를 주재료로 만든 화이트소스로 버터와 밀가루를 고소하게 색이 나지 않게 화이트 루를 만들어 사용함 • 우유를 데우고 화이트 루가 덩어리지지 않게 서서히 부어 풀어 주고 끓임 • 치즈와 크림 등을 첨가하여 파생소스를 만들기도 함	
바질 페스토 소스	• 이탈리아 리구리아를 대표하는 바질을 주재료로 사용한 소스임 • 전통적인 제노바 스타일의 소스는 대리석으로 된 절구를 사용하지만, 믹서기에 갈거나 도마 위에서 다져서 만들기도 함 • 바질을 끓는 소금물에 데쳐서 사용하면 페스토가 보관하면서 산화되거나 색이 변하는 것을 지연시킬 수 있음 • 전통적인 소스는 양젖을 이용한 치즈를 주로 사용함	

02 ▶ 파스타 조리

1. 파스타 삶기

① 파스타는 씹히는 정도가 느껴질 정도로 삶는 것이 보통이며 적당히 삶아 원하는 식감을 얻는 것이 중요함

② 알덴테(al dente)는 파스타를 삶는 정도를 의미하며, 입안에서 느껴지는 알맞은 상태를 나타냄

③ 냄비로 파스타 양의 10배 정도로 깊이가 있는 냄비가 알맞고 1리터 내외의 물에 파스타의 양은 100g 정도가 알맞음

④ 소금의 첨가는 파스타의 풍미를 살려주고 밀 단백질에 영향을 주어 파스타면에 탄력을 줌

⑤ 물이 끓으면 소금 농도는 1% 정도로 맞추고 파스타가 서로 달라붙지 않도록 분산시켜 넣어주고 잘 저어주며 삶는 시간은 파스타가 소스와 함께 버무려지는 시간까지 계산해야 함

⑥ 파스타면을 삶은 면수는 농도를 잡아주고 올리브유가 분리되지 않고 유화될 수 있도록 함

⑦ 면은 삶은 후 바로 사용해야 하고 잠시 후 사용할 경우에는 빠르게 열기와 습기를 빼주어야 함

⑧ 삶아진 파스타 겉면에 수증기가 증발하면서 남아 있는 전분 성분이 소스와 어우러져 파스타의 품질을 좋게 함

⑨ 파스타는 면의 특성에 따라 삶는 정도가 다르므로 주의를 요함

2. 파스타에 따른 소스 선택법

다양한 모양과 형태를 가지고 있어서 특징에 어울리는 소스를 선택하는 것이 중요한데 샐러드를 만들기도 하고 오븐을 이용한 파스타를 만들기도 한다. 소스는 파스타의 풍미를 살려주고 질을 높여주는데 소스의 선택과 만드는 방법에 따라 다양함을 추구할 수 있다.

파스타의 부재료로 사용되는 올리브유, 소금, 토마토, 치즈 등은 소스의 특징을 살리는 중요한 역할을 하며 맛과 향을 보충해 주며 파스타의 품질을 결정짓는다.

파스타 소스는 전통을 추구하기도 하고 현대적인 감각으로 재해석되기도 한다. 파스타의 길이와 모양은 특정한 소스를 사용하여 개성을 추구할 수 있고 길이가 짧은 파스타는 소스와의 조화가 강조되는 추세이다.

3. 소를 채운 파스타의 특징

다양한 형태를 가지고 있으며 재료 또한 다양한데 일반적으로 사용되는 치즈와 채소로 소를 채운 파스타의 소는 소스와의 어울림을 강조한다. 형태는 만두 형태와 라자냐처럼 면과 소를 층층이 쌓아 올린 형태 등 두 가지가 주를 이룬다. 만두 형태의 파스타는 수프의 고명으로 쓰

이기도 하고 라자냐(Lasagna) 같은 형태의 파스타는 소스에 버무리기 어려워 주로 오븐을 사용한다.

4. 파스타의 형태와 소스와의 조화

① 길고 가는 파스타 : 가벼운 토마토소스나 올리브유를 이용한 소스

② 길고 넓적한 파스타 : 면의 표면적이 넓어서 면에 잘 달라붙는 진한 소스가 어울리며 파르미지아노 레지아노 치즈, 프로슈토, 버터 등과 잘 어울림

③ 짧은 파스타 : 가벼운 소스나 진한 소스 모두 잘 어울리고 우리나라보다 이탈리아에서 더 선호하는 경향이 있음

④ 짧고 작은 파스타 : 샐러드의 재료나 수프의 고명으로 많이 사용됨

5. 파스타에 필요한 기본 부재료

[파스타에 필요한 기본 부재료]

종류	특징	
올리브오일	• 열전도가 느리기 때문에 장시간 요리할 수 있는 요리에 적합하고 허브와 스파이스를 첨가하여 사용하기도 함 • 드레싱과 소스에 사용하고 빵을 찍어 먹거나 음식의 촉촉함을 유지함 • 파스타에는 담백한 향미와 농도 감을 위해 반드시 엑스트라 버진 오일을 사용해야 함 • 버터와 올리브오일을 혼합하여 생선을 구울 때나 차가운 요리에 이용하여 풍부한 맛을 냄	
후추	• 고기, 생선요리의 냄새나 비린 맛을 제거하는 효과가 있고 음식의 변질을 막는 항균작용을 함 • 매운맛을 내는 피페린 성분이 음식의 대사 작용을 촉진시키고 적절히 사용하면 소금을 줄일 수 있음 • 후추 가는 도구에 통후추를 넣고 갈면 신선한 맛을 느낄 수 있음 • 검은색 후추, 흰색후추, 푸른 후추, 핑크색 후추 등 쓰임에 따라 다양함	
소금	• 음식을 염장하거나 보존하거나 맛을 향상시키기 위해 사용하고 천일염인 굵은 소금을 염장 또는 파스타를 삶는 물의 염도를 내는 데 사용함 • 가는 소금은 요리의 간을 하는데 표준이 되고 조리 시 표준 레시피를 작성하는 데 도움이 됨 • 삼투압, 갈변방지, 단백질 응고 촉진, 발효조정 등의 효과 음식을 만드는 데 사용됨 • 가공 소금으로 향초와 여러 가지 식재료, 꽃 등을 넣어 음식의 풍미를 살리기도 함	
토마토	• 이탈리아 요리를 대표하는 이미지가 되었음 • 18세기경부터 토마토 파스타에 사용되었음 • 소금과 바질을 넣은 토마토소스는 이탈리아 남부 지방부터 시작하였고 파스타와 토마토가 만나면서 이탈리아 요리는 다양해졌으며 식생활에도 커다란 변화가 일어났음 • 항산화, 항암, 성인병 예방에 중요한 식품임 • 산마르치아노 토마토는 일반 토마토에 비해 감칠맛이 높아 파스타요리에 적합한데 이탈리아 나폴리 근처의 베수비오 산에서 재배됨 • 오븐에 말려서 파스타, 샐러드, 피자 등에 사용함	

치즈	• 이탈리아의 치즈는 지방적 특징을 가지고 있으며 소, 양, 염소, 들소 젖과 각 지방 고유의 기후와 생태 환경에 따라 치즈의 성질을 구분함 • 고르곤졸라, 파르미지아노 레지아노와 같은 상표는 원산지 통제 명칭 등을 사용하여 고유한 지역에서 만든 치즈에만 명칭을 사용할 수 있음 • 파르미지아노 레지아노 치즈 : 팔마산 치즈 또는 파르미지아노 치즈라고도 하며 이탈리아 에밀리아 로마냐 주의 파르마가 원산지로 1년 이상 숙성되어야 하며, 고급제품은 4년 정도 숙성시키는데 엄격한 통제된 가운데 만들어지고 조각내어 식후에 먹거나 소를 채운 파스타에 갈아 넣어 풍미를 살리거나 볼로네제 소스 위에 뿌려 먹는 등 파스타의 풍미를 살리는 데 이용됨 • 그라나 빠다노 치즈 : 파르미지아노 레지아노 치즈와 비슷한 유형의 치즈로 소젖으로 만들어지는 압축가공 치즈로 파르미지아노 치즈보다 역사는 짧지만 독특한 제조 방법과 고품질의 맛을 가지고 있고 이탈리아 북부지역에서 많이 사용됨

허브와
스파이스
	• 신선한 허브와 말려서 사용하는 스파이스는 파스타의 풍미와 맛을 이끌어 내는 재료임
	• 대표적인 허브
	  – 바질 : 대표적인 허브
	  – 오레가노 : 상쾌한 맛을 살림
	  – 이탈리안 파슬리 : 특별한 향을 선사하고 장식의 효과
	  – 세이지 : 자극적인 맛이 있고 지방이 많은 음식에 어울림
	  – 처빌 : 부드러운 맛과 장식용
	  – 타임 : 약간의 산미와 씁쓸한 특유의 향을 지니고 있음
	  – 차이브 : 실파와 비슷함
	  – 로즈마리 : 마리네이드와 구이에 사용되는 자극적인 향을 지님
	  – 딜 : 생선과 피클 등에 쓰임
	  – 루꼴라 : 부드러운 매운맛과 톡 쏘는 향을 가짐
	• 대표적인 스파이스
	  – 넛맥 : 달콤하고 독특한 향을 선사
	  – 사프랑 : 색을 살려주고 풍미를 더해 줌
	  – 페페론치노 : 매운맛을 냄

03 ▶ 파스타요리 완성

1. 파스타의 완성

① 파스타의 완성을 위해서는 소스의 선택이 중요함

② 탈리아텔레 같은 넓적한 면은 치즈와 크림 등이 들어간 진한 소스가 어울림

③ 파스타에 사용하는 버터와 치즈의 역할은 부드러운 질감을 줌

④ 소스가 많이 묻을 수 있는 짧은 파스타의 경우 진한 질감을 가진 소스를 사용함

⑤ 생면 파스타의 경우 부드러운 질감을 주기 위해 버터와 치즈를 많이 사용함

⑥ 건조 파스타의 경우 고기와 채소를 이용한 소스를 주로 이용함

⑦ 소를 채운 파스타의 경우 소에 이미 일정한 수분과 맛이 결정되어 있으므로 수프 또는 가벼운 소스를 이용함

2. 파스타 완성하기

① 삶아진 파스타는 풍미와 질감을 살리기 위해 소스와 어우러져 바로 제공되어야 함

② 대형 행사의 경우 시간 절약을 위해 미리 삶아서 식혀 놓은 뒤 데워서 사용하는 경우도 있음

③ 오일만 사용하여 맛을 내는 파스타는 육수가 파스타 요리의 맛을 결정짓게 됨

④ 조개나 해산물을 이용한 육수는 요리의 향과 맛을 살리기 위함이 주된 목적이므로 센불에 오랫동안 끓이지 않는 것이 중요함

⑤ 토마토소스의 경우 씨 부분이 믹서에 갈리면 신맛이 나기 때문에 손으로 으깨는 것이 좋고 토마토에 포함되어 있는 수분을 고려하여 충분히 졸여 주거나 수분을 첨가해 주어야 함

⑥ 베이컨을 사용한 볼로네제 소스의 경우 다진 채소와 다진 고기, 와인, 토마토를 주재료로 육수를 충분히 넣어 뭉근하게 오래 끓여 주어야 제맛이 남

⑦ 화이트크림을 이용 할 경우에는 눋거나 타지 않도록 고루 저어야 함

⑧ 바질 페스토 소스의 경우 변색을 방지하기 위해 소금물에 데쳐서 사용하거나 조리과정에 너무 뜨거운 환경에 오래 방치하지 않도록 함

⑨ 올리브 오일과 면을 삶은 면수(전분이 녹아 있는 물)를 파스타를 완성하는 데 사용하여 소스가 분리되는 것을 방지하거나 농도 조절도 되고 파스타의 수분을 유지하는 데 도움이 됨

⑩ 기존의 파스타 소스 외에 새로운 소스를 적용해 보는 것도 파스타 요리를 발전시키는 방법 중 하나임

⑪ 콩이나 견과류를 사용하는 것은 씹히는 맛을 주거나 고소함을 주기 위함으로 특색 있는 파스타가 될 수 있음

⑫ 원통형의 파스타나 홈이 파인 파스타는 홈이나 구멍으로 소스가 들어가 씹을 때 촉촉함을 느끼게 함

⑬ 소스와 파스타를 버무리는 경우가 대부분인데 소스 위에 면을 올려 소스와 파스타 각각의 질감을 얻는 경우도 있음

⑭ 파스타의 형태가 굵고 단단한 경우 수분이 많이 필요하며 양념이 잘 어우러져야 함

⑮ 이탈리아의 파스타의 특징

　㉠ 북부 : 유제품과 고기, 버섯, 치즈 등을 주로 사용하고 베이컨과 콩류의 맛이 어우러진 파스타, 에밀리아 조라냐 지역의 질 좋은 고기로 만든 파스타, 진한 맛의 치즈와 크림으

로 만든 파스타, 면의 표면적이 넓어 소스가 잘 묻어 풍부한 맛의 파스타, 야생버섯으로
맛을 낸 파스타를 즐겨 먹음
  ㉡ 남부 : 해산물과 토마토, 가지, 진한 향신료를 주로 사용하며, 낙지에 토마토소스와 레몬
  즙으로 맛을 낸 파스타, 홍합이나 정어리로 맛을 낸 파스타, 가지로 감싼 파스타, 살라미
  와 많은 양의 고추가 들어간 파스타를 즐겨 먹음

3. 파스타의 종류별 완성하기

[파스타의 종류별 완성하기]

종류	완성하기
브로콜리와 바질 페스토를 곁들인 오레키에테	• 오레키에테 파스타는 쫄깃한 질감이 특징으로 1인분 기준 반죽 100g 정도 를 제공함 • 브로콜리와 바질 페스토만으로 맛을 냄 • 어떠한 소스와도 잘 어울리며 이탈리아 남부지방에서 많이 사용함 • 홈 사이로 소스가 잘 배어들어 더 맛있는 식감을 느낄 수 있음
버섯과 토마토소스로 맛을 낸 탈리아텔레	• 넓적한 면의 특징으로 독특한 맛과 질감이 있으며 진한 소스가 어울리고 치 즈로 풍미를 살려 줌 • 반죽 시 달걀이 적게 들어가 건조시키면 저장이 가능함
레몬으로 맛을 낸 탈리올리니	• 탈리올리니는 탈리아텔레보다 가는 면을 말함 • 특별한 소스가 없이 레몬, 버터, 향초, 치즈, 소금만으로 양념하는데 버터와 면을 삶은 전분이 녹아 있는 물과 부드럽게 유화되고, 향초를 넣어 독특한 생면 파스타의 풍미를 느낄 수 있음 • 완성된 파스타는 젓가락 등으로 말아서 보기 좋게 담음
화이트 크림소스로 맛을 낸 파르팔레	• 나비넥타이 모양이지만 다소 변형이 가능함 • 해산물 또는 채소를 곁들인 가벼운 소스로 사용하기도 하며, 크림과 치즈를 이용한 소스와 특히 잘 어울림 • 올리브유를 기본으로 한 소스가 사용되기도 함 • 파스타 샐러드의 재료로 이용됨
맑은 조개 수프로 맛을 낸 토르텔리니	• 토르텔리니는 속을 채운 후 끝을 접어 양 모서리를 감아 붙인 만두 같은 형 태로 주로 맑은 수프로 어울림 • 속까지 잘 익을 수 있도록 신경을 써야 함
볼로네제 소스로 맛을 낸 라비올리	• 라비올리는 가장 잘 알려진 소를 채운 파스타이며 크기를 다양하게 할 수 있음 • 고기와 채소를 넣은 진한 소스와 잘 어울림

01 다음 설명에 해당하는 밀의 종류는 무엇인가?

파스타 제조에 사용되며 제분하면 노란색을 띠고 세몰리나(semolina)라는 모래알 같은 가루가 만들어진다.

① 일반 밀을 제분한 가루
② 듀럼 밀을 제분한 가루
③ 일반 밀과 듀럼 밀을 혼합하여 제분한 가루
④ 연질 소맥을 제분한 가루

해설 밀은 특성에 따라 일반 밀과 듀럼밀로 분류한다.
• 일반 밀(연질 소맥) : 우리가 흔하게 접하는 밀 / 옅은 노란색을 띰 / 가루로 만들어져 빵과 케이크, 페이스트리 등 오븐요리에 사용함 / 빵을 굽기에 알맞은 성질을 가지고 있음
• 듀럼 밀(경질 소맥) : 제분하면 연질 밀가루보다 다소 거친 느낌이 드는 노란색을 띠고 세몰리나(semolina) 라는 모래알 같은 가루가 만들어짐 / 글루텐 함량이 연질밀보다 많아 점성과 탄성이 높아 파스타를 만들기에 적당함

02 다음 생면파스타의 종류에 대한 설명에 해당되는 것은?

'작은 귀'라는 의미로, 귀처럼 오목한 데서 유래되었으며, 원통으로 자른 반죽을 엄지손가락으로 눌러 모양을 내거나 날카롭지 않은 칼 같은 도구로 모양을 냄

① 탈리올리니(Tagliolini)
② 파르팔레(Farfalle)
③ 토르텔리니(tortellini)
④ 오레키에테(Orecchiette)

해설 • 탈리올리니(Tagliolini) : '자르다'라는 의미가 있으며 면 제조 시 달걀과 다양한 채소를 넣어 만듦
• 파르팔레(Farfalle) : 나비넥타이 모양 혹은 나비가 날개를 편 모양을 가지고 있음
• 토르텔리니(tortellini) : 각각의 도우(Dough)에 내용물을 넣고 반지모양으로 만든 것이 특징임

03 다음 중 나비넥타이 모양 혹은 나비가 날개를 편 모양을 가지고 있는 파스타의 종류는?

① 파르팔레(Farfalle)
② 오레키에테(Orecchiette)
③ 탈리아텔레(Tagliatelle)
④ 토르텔리니(tortellini)

해설 • 오레키에테(Orecchiette) : 귀처럼 오목한 모양
• 탈리아텔레(Tagliatelle) : 적당한 길이와 넓적한 형태
• 토르텔리니(tortellini) : 도우(Dough)에 내용물을 넣고 반지모양으로 만듦

04 파스타에 사용하는 조개육수 조리에 대한 설명으로 바르지 않은 것은?

① 바지락, 모시조개, 홍합 등을 사용한다.
② 깊은 맛을 주기 위해 1시간 이상 푹 끓여 준다.
③ 농축된 육수는 올리브유에 유화시켜 소스 대신 사용하기도 한다.
④ 갑각류의 풍미를 살리거나 기본적인 해산물 파스타 요리에 사용하는 육수이다.

해설 조개육수는 30분 이내로 끓여야 맛이 변하지 않는다.

정답 01 ② 02 ④ 03 ① 04 ②

05 파스타에 사용되는 토마토소스에 대한 설명으로 바르지 않은 것은?

① 최상의 토마토를 사용한다.

② 제철이 아닌 경우 가공한 토마토도 무방하다.

③ 믹서기에 갈아서 사용하는 것이 좋다.

④ 기호에 따라 여러 가지 다른 재료를 추가할 수 있다.

> **해설** 토마토소스는 믹서기에 갈아서 사용하는 것보다는 으깬 후 끓이는 방법을 사용하는 것이 좋다.

06 파스타 삶기에 대한 설명으로 틀린 것은?

① 소금의 첨가는 파스타의 풍미를 살려주고 밀 단백질에 영향을 주어 파스타면에 탄력을 준다.

② 일반적으로 1리터 내외의 물에 파스타의 양은 100g 정도가 알맞다.

③ 면은 삶은 후 바로 사용해야 하고 잠시 후 사용 할 경우에는 빠르게 열기와 습기를 빼주어야 한다.

④ 파스타면을 삶은 면수는 면을 삶은 후 버린다.

> **해설** 파스타면을 삶은 면수는 농도를 잡아주고 올리브유가 분리되지 않고 유화될 수 있도록 한다.

07 파스타 조리에 필요한 소스가 아닌 것은?

① 볼레네즈 소스(라구 소스)

② 토마토 소스

③ 홀랜다이즈 소스

④ 화이트크림 소스

> **해설** 파스타에 필요한 소스는 조개육수, 토마토 소스, 볼레네즈 소스(라구 소스), 화이트 크림 소스, 바질페스토 소스 등이다.

08 파스타의 형태와 소스와의 조화에 대한 설명으로 바르지 못한 것은?

① 길고 가는 파스타 : 무게감 있는 소스나 올리브유를 이용한 소스가 어울림

② 길고 넓적한 파스타 : 면의 표면적이 넓어서 면에 잘 달라붙는 진한 소스가 어울림

③ 짧은 파스타 : 가벼운 소스나 진한 소스 모두 잘 어울림

④ 짧고 작은 파스타 : 샐러드의 재료나 수프의 고명으로 많이 사용됨

> **해설** 길고 가는 파스타 : 가벼운 토마토소스나 올리브유를 이용한 소스가 어울린다.

09 파스타에 필요한 부재료에 대한 설명으로 바르지 않은 것은?

① 후추는 매운맛을 내는 피페린 성분이 음식의 대사 작용을 촉진시키고 적절히 사용하면 소금을 줄일 수 있다.

② 파르미지아노 레지아노 치즈는 팔마산 치즈 또는 파르미지아노 치즈라고도 하며 파스타의 풍미를 살리는 데 이용된다.

③ 파스타에 사용하는 올리브유는 어느 것을 사용하든 맛의 영향을 주지 않는다.

④ 신선한 허브와 말려서 사용하는 스파이스는 파스타의 풍미와 맛을 이끌어 내준다.

> **해설** 파스타에는 담백한 향미와 농도감을 위해 반드시 엑스트라 버진 오일을 사용하도록 한다.

05 ③   06 ④   07 ③   08 ①   09 ③

10 파스타 조리에 대한 설명으로 바르지 않은 것은?

① 파스타에 사용하는 버터와 치즈의 역할은 부드러운 질감을 준다.

② 탈리아텔레같은 넓적한 면은 치즈와 크림 등이 들어간 진한 소스가 어울린다.

③ 생면 파스타의 경우 부드러운 질감을 주기 위해 버터와 치즈를 많이 사용한다.

④ 소를 채운 파스타의 경우 무게감 있는 소스를 사용한다.

해설 소를 채운 파스타의 경우 소에 이미 일정한 수분과 맛이 결정되어 있으므로 수프 또는 가벼운 소스를 이용한다.

11 파스타에 사용되는 바질페스토 소스에 대한 설명으로 바르지 않은 것은?

① 바질페스토 소스의 경우 변색을 방지하기 위해 그대로 바로 사용한다.

② 이탈리아 리구리아를 대표하는 바질을 주재료로 사용한 소스이다.

③ 전통적인 소스는 양젖을 이용한 치즈를 주로 사용한다.

④ 전통적인 제노바 스타일의 소스는 대리석으로 된 절구를 사용하지만, 믹서기에 갈거나 도마 위에서 다져서 만들기도 한다.

해설 바질페스토 소스의 경우 변색을 방지하기 위해 소금물에 데쳐서 사용하거나 조리 과정에 너무 뜨거운 환경에 오래 방치하지 않도록 한다.

12 파스타에 자주 사용하는 허브와 스파이스에 대한 설명으로 바르지 않은 것은?

① 오레가노 : 상쾌한 맛을 살림

② 루꼴라 : 부드럽고 달콤한 향을 가짐

③ 타임 : 약간의 산미와 쌉쓸한 특유의 향을 지님

④ 페페론치노 : 매운맛을 냄

해설 루꼴라 : 부드러운 매운맛과 톡 쏘는 향을 가짐

양식 소스 조리

01 ▶ 소스재료 준비

1. 부케가르니(Bouquet Garni)

양식 스톡 조리 참조

2. 미르포아(mirepoix)

양식 스톡 조리 참조

3. 향신료의 종류와 특성

양식 수프 조리 참조

4. 농후제의 종류와 특성

소스나 수프를 걸쭉하게 하여 농도를 내며 풍미를 더해 주는 것을 농후제라 하며 여러 가지 방법이 있다.

[농후제의 종류와 특성]

종류	특성
루 (Roux)	• 루는 밀가루와 버터의 혼합물을 고소한 풍미가 나도록 볶아 놓은 것을 의미함 • 밀가루와 버터의 비율이 1 : 1이 이상적이라고 인식되어 왔으나 건강에 대한 인식으로 버터가 많이 들어간 루의 사용을 꺼리는 경향이 있음 • 대부분의 걸쭉한 수프(벨루테, Velute)는 루를 이용하여 만들지만 최근에는 버터가 많이 들어간 벨루테보다는 채소에 포함된 전분을 이용한 퓌레 수프를 더욱 선호하는 추세임 • 대용량으로 사용할 경우 밀가루 4kg에 버터 1kg를 넣고 비벼서 오븐에 구워내어 육수를 넣고 믹서기에 갈아 더운 소스나 수프에 넣어 사용함 • 루의 종류 – 화이트 루(White Roux) : 색이 나기 직전까지만 볶아낸 것. 베샤멜소스와 하얀색 소스를 만들 때 사용 – 브론드 루(Blond Roux) : 약간 갈색이 돌 때까지 볶은 것. 크림수프나 벨루테를 만들 때 사용 – 브라운 루(Brown Roux) : 색이 갈색이 날 때까지 볶아 낸 것. 색이 짙은 소스에 사용하며 예전에는 스테이크 소스에 주로 사용하였으나 요즘은 육수의 질이 높아져 가벼운 소스를 선호하는 경향이 있어 전분을 이용하여 소스의 농도를 맞추는 경우가 많음

뵈르 마니에 (Beurre Manie)	• 버터와 밀가루를 동량으로 섞어 만든 농후제로, 향이 강한 소스의 농도를 맞출 때 사용함 • 녹여 놓은 버터에 동량의 밀가루와 섞어 준비한 다음 일부를 소스의 일부와 먼저 섞어 농도가 나기 시작하면 나머지 소스를 넣고 완전히 녹을 때까지 저어 줌
전분 (Cornstarch)	• 감자전분, 옥수수전분 외에도 뿌리 채소에는 많은 전분을 함유하고 있음 • 전분은 더운물에 호화되므로 찬물이나 차가운 육수에 섞어 두었다가 육수가 끓기 시작하면 불을 줄이고 국자를 이용하여 자연스럽게 섞어 농도가 나기 시작하면 나머지 소스를 넣고 완전히 녹을 때까지 저어 줌 • 전분 외에도 채소 자체의 전분 질을 이용하여 농도를 낼 수도 있음
달걀 (Eggs)	• 달걀은 노른자를 이용하여 농도를 내주며 잉글레이즈라는 디저트 소스가 대표적인 소스이며, 홀란데이즈도 달걀노른자의 응고력을 이용한 소스임 • 마요네즈는 달걀노른자의 단백질 특성을 활용한 차가운 소스임 • 달걀노른자를 더운 요리에 이용할 때는 가열이 부족하면 비린내가 날 수 있으므로 비린내가 없어질 때까지 가열하는 것이 좋음
버터 (Butter)	• 수프를 끓인 후 버터의 풍미를 더하기 위해 불에서 내린 다음 포마드 상태의 버터를 넣고 잘 저어주면 약간의 농도를 더할 수 있음 • 버터를 높은 온도로 가열하면 물과 기름이 분리되어 농후제 역할을 할 수 없으나, 60도 정도의 따뜻한 소스, 예를 들어 블루블랑(Buerre Blanc)이라고 불리는 버터 소스는 버터의 농도를 이용한 소스라 할 수 있음

5. 스톡의 종류와 특성

양식 스톡 조리 참조

6. 루(Roux)

① 루(Roux) 만들기 : 팬에 버터를 두르고 열을 가해 버터를 녹인 후 동량의 밀가루를 넣고 고루 볶아 용도에 맞게 화이트 루, 브론드 루, 브라운 루를 만든다.

② 루(Roux) 사용하기

  ㉠ 차가운 루 사용 방법

    • 준비한 차가운 루는 더운 육수에 직접 넣고 저어주면 응어리가 생기지 않게 만들 수 있음

    • 차가운 육수를 넣고 서서히 거품기 저어도 되지만 시간이 오래 걸리므로 더운 육수에 섞는 방법을 많이 사용함

  ㉡ 더운 루 사용 방법

    • 루를 만들어 차가운 육수를 넣으면 뜨거운 루가 차가운 육수 사이로 골고루 분리됨. 그 다음에 서서히 열을 가하면서 주걱으로 저어 주면 응어리가 생기지 않음

    • 응어리를 방지하기 위해 주걱 대신 거품기를 사용해도 되지만, 많은 양의 육수에 농도를 낼 때는 위의 방법을 사용하면 손쉽게 응어리가 거의 없이 육수에 농도를 낼 수 있음

1. 육수 소스의 종류와 조리법

육수소스는 송아지, 닭, 생선, 토마토, 우유까지 모두 5가지로 분류된다. 송아지 육수는 갈색 육수와 화이트 육수로 나누어 파생되므로 6가지가 이에 해당한다.

① 갈색 육수 소스
- ㉠ 소스의 중요한 부분을 차지하는 갈색육수는 오븐에 뼈를 굽고 팬에 채소를 볶아 브라운 색(황갈색)을 내어 향신료와 함께 끓여 육수를 만듦
- ㉡ 색이 고운 소스를 만들려면 은근한 불에서 천천히 끓이면서 거품을 거둬내는 것이 중요함
- ㉢ 주방장에 따라 폰드보(fond de veau) 또는 에스파뇰(Espagnole)소스, 또는 반 이상 진하게 졸여서 사용한다고 하여 데미글라스(Demi glace)라는 용어로 사용되기도 함
- ㉣ 데미글라스의 데미는 1/2을 뜻하는 말이고 글라스는 졸이다는 뜻으로 반으로 졸인 것이 데미글라스라는 말이 있지만 어느 정도의 농축이 반이라 할 수 없는 만큼 데미글라스라고 해서 다른 주방의 폰드보보다 더욱 농축된 모체 소스라고 할 수는 없음
- ㉤ 폰드보는 육수를 뜻하는 Fond와 송아지를 뜻하는 Veau에서 나온 말로 송아지 육수라는 말이지만 한국에서는 송아지 고기가 유통되지 않아 대부분의 외식업체에서는 소고기 사골과 힘줄 등으로 만든 것을 용어만 폰드보(fond de veau)라고 사용하는 추세임
- ㉥ 엄밀하게 말해서 폰드보(fond de veau), 에스파뇰(Espagnole)소스, 데미글라스(Demi glace)라는 용어는 브라운 스톡(Brown Stock)이라고 하는 것이 맞음
- ㉦ 사용하는 재료가 좋아야 좋은 모체 소스가 만들어지며 모체 소스는 일반적으로 일정한 맛을 유지하는 것이 중요함
- ㉧ 원가 절감을 위해 돼지 뼈나 닭뼈를 이용하여 소스를 만들기도 함

② 흰색 육수 소스(Velute sauce)
- ㉠ 흰색 육수 소스에는 대표적으로 송아지 벨루테, 닭 벨루테, 생산 벨루테가 있음
- ㉡ 각각의 송아지 육수, 닭육수, 생선육수에 연갈색 루(Blond Roux)를 넣어 끓여서 만듦

2. 토마토 소스

① 토마토의 영양성분

㉠ 토마토는 100g당 22kcal 정도로 다이어트식에 적당하고 색을 만드는 '리코펜(lycopene)' 성분은 피부노화의 원인이 되는 활성산소를 배출시켜 피부노화를 방지하며 암 예방에 효과가 있음

　　㉡ 비타민 K가 풍부하여 칼슘이 빠져나가는 것을 막고 골다공증과 노인성 치매에 도움이 됨

　　㉢ 토마토 속에 함유된 칼륨은 체내 염분을 배출시켜 고혈압 예방에 도움이 되고 식이섬유가 많아 포만감을 줌

　　㉣ 날것으로 먹는 것 보다 익혀서 먹으면 영양성분의 흡수율이 8배 이상 차이가 나서 주스나 날것으로 먹는 것보다 토마토를 이용한 수프나 소스 등의 요리로 이용하는 것이 흡수율이 높다고 할 수 있겠음

　　㉤ 토마토소스는 볼로네이즈, 푸타네스카, 이탈리안 미트소스, 멕시칸 살사, 토마토 칠리소스 등이 있음

　② **토마토 통조림의 종류**

　　㉠ 토마토 퓌레 : 토마토를 파쇄하여 그대로 조미하지 않고 농축시킨 것

　　㉡ 토마토 쿨리 : 토마토 퓌레에 어느 정도 향신료를 가미한 것

　　㉢ 토마토 페이스트(반죽) : 토마토 퓌레를 더 강하게 농축하여 수분을 날린 것

　　㉣ 토마토 홀 : 토마토 껍질만 벗겨 통조림으로 만든 것

3. 우유 소스

　① 대표적으로 베샤멜 소스와 크림 소스가 있음

　② **베샤멜 소스**

　　㉠ 프랑스 황제 루이 14세 시절 그의 집사였던 루이스 베샤멜의 이름에서 유래한 소스로 우유와 루에 향신료를 가미한 소스로 프랑스 소스 중 가장 먼저 모체 소스로 사용됨

　　㉡ 버터를 두르고 밀가루를 넣어 볶다가 색이 나기 직전에 차가운 우유를 넣고 만든 소스로 양파, 밀가루, 버터, 우유의 비율은 1 : 1 : 1 : 20 정도가 좋음

　　㉢ 그라탱 소스로도 유용함

4. 유지 소스

유지 소스는 식용유 계통과 버터 계통으로 구분하며 식용유 계통의 대표적인 소스는 마요네즈와 비네그레트(Vinaigrette, 식초 소스)가 있고, 버터 계통의 대표적인 소스는 홀란데이즈와 베르블랑(Vert Blanc)이 있다.

　① **식용유 소스**

　　㉠ 식용유

　　　• 올리브유, 포도씨유, 현미유, 카놀라유 등 건강에 좋다는 다양한 식용유가 식탁에 오르는 추세임

- 조리사로서 용도에 따른 사용법은 익혀 둘 필요가 있음
- 옷을 입다라는 말에서 유래된 드레싱은 샐러드의 맛을 보다 향상시키고, 소화를 돕기 위한 소스를 말하며, 육류나 생선에 뿌려질 수 있는 소스를 의미함
- 드레싱은 신맛을 가지고 있어야 하고 맛과 풍미가 조화를 이루어야 함
- 올리브유
  - 올리브유는 100g당 853kcal를 내며 불포화 지방산이 많으며 우리나라는 최근에 와서 많이 사용하고 있음
  - 기름을 가열하면 연기가 피어오르는 지점을 발연점이라 하고 이 연기에는 아크롤레인이라는 몸에 좋지 않은 성분을 갖고 있는데 발연점이 낮은 압착 올리브유(엑스트라 버진)는 160~190도로 발연점이 낮아 튀김에는 적당하지 않고 샐러드 오일에 많이 사용함
  - 이탈리아 등지의 유럽에서는 신선한 샐러드를 올리브유와 소금과 후추만 뿌려서 먹는 스타일도 보편적이지만 약간의 설탕이 가미 되어야 한국 사람들의 입맛에 맞는 드레싱을 만들 수 있음
- 포도씨유
  - 포도씨유는 100g당 884kcal를 내며 불포화지방산이 풍부하여 최근 들어와 좋은 식용유로 인기가 있음
  - 포도씨에서 추출하며 발연점 250℃로 일반 식용유보다 높아 튀김요리에 적당하고 이미 사용한 기름을 5~6회 더 사용할 수 있어 폐유가 적게 나옴
  - 기름 특유의 느끼한 향과 냄새가 없어 재료 고유의 맛을 살릴 수 있음
  - 튀김, 구이, 부침뿐 아니라 샐러드 드레싱이나 소스로도 사용할 수 있음
  - 필수지방산인 리놀렌산, 항산화제 역할을 하는 토코페롤(Tocopherol), 베타씨토스테롤(β-Sitosterol) 등을 함유하고 있어 피부 미용과 노화 방지에 효과가 있고 동맥경화나 고혈압 등의 성인병을 예방함
  - 끈적임이 없어 천연비누를 만들거나 미용용 오일로 이용됨
  - 식품의약품안전청장이 고시한 건강기능식품으로 분류되었음
ⓒ 마요네즈 소스
- 프랑스 리첼리우 후작의 요리장이 마옹섬 점령 축하연 때 달걀과 식초, 기름을 섞어서 만든 소스를 제공하여 마오네즈라고 불렀다가 세월이 지남에 따라 마요네즈로 바뀜
- 달걀노른자에 식초와 겨자, 소금을 넣고 섞은 다음 기름을 첨가하여 응고시킨 반고체 상태의 소스임
- 엑스트라 버진 올리브유는 고급이지만 맛과 향이 독특하여 마요네즈로는 잘 만들지 않음
- 마요네즈에서 파생된 것은 사우전 아일랜드, 타르타르 소스, 시저 드레싱 등이 있음

- 마요네즈 제조 시 달걀은 냉장고에서 꺼내 실온 상태로 두었다가 사용해야 실패가 없음
- 달걀노른자를 두 알 이상 사용하는 것이 쉽고 용기는 넉넉한 크기를 사용하는 것이 좋음
- 겨자를 약간 넣으면 더 쉽게 엉키고 기름에 잘 녹지 않는 레몬, 식초, 후추, 소금을 먼저 넣으면 좋음

ⓒ 비네그레트 소스
- 일반적으로 기름과 식초의 비율이 3 : 1이며 경우에 따라 4 : 1이나 2 : 1로 사용할 수 있음
- 사용하는 식초의 산도에 따라 조절하며 천연 식초는 산도가 4~5%, 시판되는 식초는 6~7% 정도임
- 식초와 오일 외의 재료가 많이 들어가면 오일의 비율이 적어짐
- 생선 소스나 고기 소스로도 활용되지만 채소에 곁들여 먹을 때 더욱 잘 어울림
- 비네그레트 소스는 거품기로 젓거나 믹서기로 섞어 유상액을 형성함으로써 소스로 활용할 수 있음
- 요즘에는 마요네즈나 겨자를 약간 넣어 안정성을 향상시켜 사용하기도 하지만 소스가 탁해져 색감이 좋지 않으므로 용도에 맞게 만들어 사용해야 함

② 버터 소스
  ㉠ 대표적인 버터 소스로는 홀란데이즈와 베르블랑이라는 소스가 있음
  ㉡ 가염 버터의 평균 조성은 지방 81.4%, 수분 17%, 무기질 2%, 소금 1.5~1.8%이고, 나머지는 단백질을 주체로 커드분(curd分)으로 되어 있음
  ㉢ 버터는 100g당 721kcal로 프랑스 요리에서는 중요한 식재료 중의 하나임
  ㉣ 젖산균의 첨가 여부에 따라 발효 버터(발효를 거쳐 늘어난 유산균이 장에도 좋은 역할을 하고 특유의 풍미가 있음)와 천연 버터로 나누고 소금의 첨가 여부에 따라 무염 버터(영업장에서 사용하는 경향이 있음)와 가염 버터(가정에서 주로 사용)로 나눌 수 있음
  ㉤ 한국과 일본에서 만드는 대부분의 버터는 천연 버터이고, 미국과 유럽에서는 발효시킨 버터가 많음
  ㉥ 마가린, 야자경화유, 무지유고형분 같은 가공 버터를 섞어 판매하는 버터의 종류가 있는데 가격이 저렴하고 저장이 용이하나 트랜스 지방의 함량이 많을 수 있으므로 유지방 함량이 80% 이상인 것을 고르면 좋음
  ㉦ 버터는 지방이 대부분으로 산패하여 다른 음식물의 냄새나 변질된 듯한 냄새를 가지기 쉬우므로 냉동상태로 보관하는 것이 좋고 사용 시에는 냉장고에 해동해 두었다가 사용하는 것이 편리함
  ◎ 종류

- 홀란데이즈 소스 : 홀란데이즈는 더운 마요네즈라고 볼 수 있으며 식용유가 아닌 버터를 정제하여 사용하는 점이 다르며 소스를 끓여서는 안 되고 중탕시켜서 만들어야 하며 숙련되면 직화에서도 만들 수 있으나 불 조절의 기술이 필요함
- 베르 블랑(beurre blanc) : 베르는 버터를 뜻하는 프랑스어이고 블랑은 하얀이라 뜻으로 하얀 버터라는 뜻을 가진 소스를 뜻하며 부드럽고 더운 버터 소스임. 약한 불에서 만들어야 농도가 나고 첨가한 향신료의 맛을 최대한 끌어 올릴 수 있음. 완성된 소스를 너무 뜨겁거나 차갑게 방치하였다가 다시 데우면 수분과 유분이 분리되는 경우가 있는데 이때에 약간의 찬물이나 생크림을 냄비에 두르고 만들어 둔 버터 소스를 조금씩 넣어가며 다시 유화시켜 소스를 완성할 수 있음. 버터의 질이 좋은 소스를 만드는 가장 중요한 역할을 함

5. 디저트 소스

후식 소스를 말하며 크림 소스와 리큐르 소스로 구분된다. 크림 소스 계통의 대표적인 소스로 모체 소스는 앙글레이즈 소스로 크림 소스와 다르게 농도를 낼 때 달걀노른자를 리에종으로 사용한 소스로 홀란데이즈 소스와 만드는 법이 유사하나 세밀하게 비교하면 조금 다르다. 영국에서는 커스터드(Custard)라고 불리기도 한다.

리큐르는 알코올, 설탕, 향료를 혼합해서 만든 발효시키지 않은 알코올음료로 와인 퓌레를 졸여서 여기에 리큐르를 첨가하여 간단한 디저트 소스를 만들 수 있다. 근래에는 건강개념의 요리가 선호되면서 설탕을 넣어 달게 만드는 소스보다는 천연과일 자체의 단맛을 강조하는 소스를 선호하는 추세이다.

① 디저트 : 디저트는 프랑스어로 디저비흐(Desservir)에서 유래된 것으로 '치우다, 정리하다'라는 의미로 식사가 끝나고 식탁이 정리된 상태에서 내는 것이 보통이다.

　㉠ 디저트의 종류 : 온도와 만드는 방법에 따라 8가지로 분류할 수 있다.
- 파이류(Pie)
- 케이크류(Cake)
- 푸딩류(Pudding)
- 셔벗(Sherbet)
- 과일류(Fruit)
- 젤라틴류(Gelatine)
- 아이스크림류(Ice cream)
- 치즈류(Cheese)

　㉡ 위의 8가지 디저트를 제공 방법에 따라 3가지로 나눌 수 있다.
- 냉제 : 푸딩(Pudding), 바바로아, 무스, 과일, 젤리, 초콜릿류
- 온제 : 수플레(Soufflé), 그라탱(Gratine), 크레페(Crépe), 베이네(Beignet)

- 빙과제 : 아이스크림(Ice cream), 셔벗(Sherbet)
② **디저트 소스** : 디저트 소스는 크림 소스, 과일 소스, 초콜릿 소스로 구분한다. 크림소스의 모체 소스는 앙글레이즈 소스이고, 리큐르 소스의 모체 소스는 과일 소스가 있다. 그 외에 초콜릿을 주재료로 활용하여 소스로 이용할 수 있다. 디저트 소스는 식사를 끝내는 마지막인 만큼 음식을 먹는 사람의 마지막을 우아하고 향기롭게 마무리해 주어야 하는 절차이다.

ㄱ 크림 소스 : 대표 소스는 앙글레이즈로 프랑스어로 '잉글랜드의' 또는 '영국 풍의'라는 의미로 영국풍의 요리법이나 스타일을 의미한다. 미국에서는 커스터드 소스라고도 말한다. 프랑스에서는 크렘 앙글레즈라고 부르기도 한다.

ㄴ 리큐르 소스 : 과일즙이 주재료로 사용된 소스에 약간의 리큐르나 럼을 넣어 만드는 것을 기본으로 한다. 근래에 와서는 생과일을 사용하지 않고 냉동 상태로 과육만 포장되어 나오기 때문에 녹여서 시럽과 리큐르만 첨가하여 졸이거나 전분으로 농도를 맞추어 사용하면 된다. 디저트 소스는 색감의 화려함이 중요하므로 산딸기 소스나 키위소스, 살구 소스, 망고소스 등 뚜렷한 색감의 소스가 자주 쓰인다.

ㄷ 초콜릿 소스 : 디저트로 먹기 시작한 것은 19세기 초로 불과 200년도 되지 않았는데 초콜릿의 제조공정은 선별한 카카오 콩을 볶아서 외피를 분리하고 과실(카카오 니브 : 카카오 원두의 껍질과 배를 제거하고 남은 살)을 으깨어 페이스트(반죽)처럼 만든다, 이것을 카카오 매스라고 하는데 여기에 설탕, 밀크, 카카오 버터를 섞어 혼합기에서 교반하여 고온으로 일주일 이상 정련한 다음 적당한 온도로 조종하여 원료 초콜릿을 만든다. 코코아 가루를 만드는 방법은 카카오 매스를 짜서 카카오 버터를 분리한 다음 남은 것을 분쇄한다. 코코아 가루를 사용하여 초콜릿 소스를 만들기도하고 녹인 버터에 코코아 가루를 섞은 다음 설탕시럽을 조금씩 부어 섞어서 초콜릿 소스를 만들기도 한다. 바닐라 향 등의 향료를 첨가하여 주기도 한다.

6. 각종 소스 만들기

소스명	조리법 및 특징
레드와인 소스	• 와인에 따라 소스의 이름이 달라 진다. • 포트에 와인을 넣고 70%가량 증발하도록 조리는데 알코올이 충분히 날아가야 소스의 맛에 영향을 주지 않으므로 향만 남도록 졸여주고 브라운 스톡을 일부만 남기고 넣어 함께 끓여준다. 남겨둔 스톡에 전분을 풀어 농도를 맞추고 소금과 후추를 넣어 간을 하고 제공 직전에 버터로 몬테하여 제공한다. **참고 몬테** 소스나 수프의 풍미를 더하기 위해 버터나 올리브유를 둘러 코팅하는 것으로 소스나 수프의 표면에 막이 형성 되는 것을 막아 줌
토마토 소스	• 잘 익은 토마토의 꼭지를 따고 반대편은 십자로 칼집을 내어 끓는 물에 토마토를 넣고 데쳐 껍질을 제거하고 반으로 갈라 꼭 짜서 체에 받쳐 씨를 제거하여 주스는 따로 준비한다. • 팬에 버터를 두르고 곱게 다진 양파와 마늘을 볶고 토마토 페이스트를 넣어 신맛이 날아가도록 볶는다. 여기에 씨를 발라둔 토마토 과육을 넣고 푹 뭉그러질 수 있도록 끓인다. • 수분이 어느 정도 제거되면 따로 준비해둔 토마토 주스를 넣어가며 졸인 후 소금, 후추 간하고 굵은 체로 걸러 사용한다. • 스파게티, 피자 등의 소스에 빠질 수 없는 소스로 끓으면서 많이 튀므로 은근하게 오랜 시간 끓인다.
베샤멜 소스	• 양파는 적당한 크기로 썰어 정향을 박아 고정하고 분량의 우유를 소스팬에 붓고 양파를 넣고 20분 가량 끓인다. • 팬에 버터를 두르고 열을 서서히 가하여 버터가 녹으면 밀가루를 넣고 약한 불로 은근하게 볶아 루를 만들어 양파향을 우려낸 우유를 조금씩 넣어가며 거품기로 풀어 저어 준다. • 거품기를 이용하여 잘 저어도 되나, 우유를 식혔다가 한꺼번에 사용하면 주걱으로 저어도 응어리가 지지 않는다. • 루가 우유에 적절히 풀어지면 소금과 후추 간을 하고 걸러내어 마무리한다.
화이트 와인 비네그레트	• 양파는 곱게 다지고 살구는 살만 발라내어 다져서 준비한다. 살구가 꼭 들어가야 하는 것은 아니며 설탕으로 대치할 수 있다. • 믹싱볼에 식초를 담고 여기에 다진 양파와 소금, 살구(또는 설탕)를 믹서기에 넣어 잘 섞어 준다. • 소금과 식초가 완전히 녹으면 포도씨유를 조금씩 따라가며 섞어 준다. 분리되지 않는 견고한 드레싱을 완성하고 싶으면 믹서기를 사용하여 포도씨유와 함께 갈아 사용하면 좋다. • 비네그레트는 기본적으로 식초와 오일의 비율이 1 : 3이고 식초의 산도에 따라 1 : 2의 비율로 만들 수 있다.

홀란데이즈	• 더운물에 중탕으로 열을 가해 정제 버터를 만드는데 위에 뜨는 불순물과 바닥에 가라앉은 수분은 제거한다. • 바닥이 둥근 스테인리스 볼에 달걀노른자를 넣고 물을 한 스푼 넣고 중탕으로 거품기를 돌려가며 서서히 익힌다(완전히 익으면 안 된다). 달걀노른자가 서서히 익어가면 믹싱볼을 거꾸로 엎어도 떨어지지 않을 만큼 되면 정제 버터를 한 방울씩 넣어 가며 소스를 만들고 레몬즙을 짜서 넣고 소금과 후추로 간을 한 다음 골고루 섞이도록 젓는다. • 용기를 랩으로 감싸 40℃ 정도의 더운물에 담가 둔다. • 물을 넣어 주는 것은 달걀노른자가 쉽게 익는 것을 방지하기 위해서이며 노른자를 2개 이상으로 준비해야 골고루 저어 줄 수 있어서 좋다.
소고기 벨루테 소스 – 알망드소스	• 팬에 버터를 두르고 밀가루를 넣어 약간 갈색(Blond Roux)이 나도록 볶아 루를 만든 후 식힌 육수를 약간만 남겨 놓고 루에 부어 루가 골고루 퍼지도록 한다. • 열을 가하며 끓을 때까지 주걱으로 살살 저어준다(응어리가 지면 거품기로 풀어가며 저어준다). • 소금과 후추로 간을 하고 소창에 걸러 우유와 달걀노른자를 넣어가며 농도를 맞추고 레몬즙, 소금, 후추, 넛맥 등을 넣어 완성한다. • 달걀노른자는 농도를 내는 농후제이므로 벨루테가 되직해지면 소고기 육수를 참가하여 용도에 맞게 농도를 맞추어 사용한다. • 소고기 벨루테 소스에 여러 가지 버섯이나 와인을 넣어 파생 소스를 만들 수 있다.
닭고기 벨루테 소스 – 슈프림 소스	• 팬에 버터를 두르고 밀가루를 넣어 약간 갈색(Blond Roux)이 나도록 볶아 루를 만든 후 식힌 닭고기 육수를 약간만 남겨 놓고 루에 부어 루가 골고루 퍼지도록 한다. • 열을 가하며 끓을 때까지 주걱으로 살살 저어준다(응어리가 지면 거품기로 풀어가며 저어준다). • 소금과 후추로 간을 하고 소창에 걸러 생크림을 넣어가며 풍미를 더한 다음 농도를 맞추고 레몬주스, 소금, 후추 등을 넣어 완성한다.
생선 벨루테 소스	• 버터를 팬에 색이 나지 않도록 저온으로 녹여 동량의 밀가루를 넣고 저온으로 갈색이 나기 직전까지 볶는다. • 루에 차가운 생선육수를 조금씩 넣고 덩어리가 지지 않도록 거품기로 풀어서 끓인다. • 생선육수를 넣고 10분 이상 충분히 끓인 후 소금과 후추로 간을 하고 고운 체에 걸러 생선 소스로 사용한다.

03 ▶ 소스 완성

1. 소스 종류에 따른 좋은 품질 선별법

소스의 종류	품질 선별법
브라운 소스	• 좋은 재료를 사용하며 재료를 볶는 과정에서 탄내가 나지 않게 볶아야 한다. • 진한 고급소스를 뽑기 위해서는 일주일 또는 5일간의 시간이 소요된다. 대량으로 사용하는 경우 3~4일로 축소하여 만들어 내기도 하지만, 오래 끓인 소스의 맛을 따라올 수는 없다.
벨루테 소스	• 루를 타지 않게 약한 불로 잘 볶아야 밀가루 고유의 고소한 맛을 끌어낼 수 있다. • 생선 벨루테는 비린내가 나지 않도록 신선한 흰살생선을 사용한다.
토마토 소스	• 숙성이 잘된 토마토가 소스의 색감을 주는 역할을 하므로 잘 익은 토마토를 사용해야 하지만 구하기 힘들 경우에는 통조림을 사용하는 경우가 많다. • 먹음직스러운 붉은색을 띠어야 하며 스파이스향이 적당히 배합된 것이 좋다.
마요네즈	• 직접 만든 마요네즈는 산패에 주의하며 마요네즈에서 파생된 타르타르 소스, 다우젠 아일랜드 드레싱, 또는 시저 드레싱 등도 산패에 주의한다. • 시판되는 마요네즈를 사용하는 것도 나쁘지 않다.
비네그레트	• 엑스트라 버진 올리브유의 풍미가 소스의 중요한 역할을 한다. • 용도에 따라 파생되는 비네그레트는 향이 강한 올리브유보다 포도씨유나 일반 샐러드유를 사용하는 것이 좋을 수 있다.
버터소스	질 좋은 소스는 좋은 버터에서 나오며 60℃ 이상 가열하면 수분과 유분이 분리되어 사용할 수 없는 기름이 될 수 있으므로 만들어진 소스의 보관에 유의한다.
홀란데이즈	• 완성된 소스는 따뜻하게 보관해야 한다. • 잘못 보관하면 소스로서의 가치를 잃을 수 있다. 이 소스는 자체로서도 소스로 사용될 수 있으나, 다른 소스에 곁들여 색을 내는 용도로 사용하는 경우가 많으므로 농도에 주의한다.

2. 소스를 용도에 맞게 제공하는 방법

① 사용하는 음식의 맛을 끌어올려야 한다.

② 소스의 향으로 인해 원재료의 맛을 저하시켜서는 안 된다.

③ 많은 양의 접시를 제공해야 하는 연회장의 경우는 약간 되직한 게 좋다.

④ 색감을 자극하여 모양을 내기 위해서 곁들여 주는 소스는 색이 변질되지 않아야 한다.

⑤ 튀김류에 사용되는 소스는 제공 직전에 뿌려서 튀김이 바삭함을 유지하도록 한다.

⑥ 질 좋은 스테이크에 고기의 맛을 즐기기 위해서는 많은 양의 소스를 제공하지 않는다.

⑦ 주재료의 맛이 특징과 개성이 없을 때는 개성이 강한 소스를 사용하고, 주재료의 맛에 개성이 충분할 때에는 그 맛을 상승시킬 수 있는 소스가 필요하다.

3. 스톡 종류에 따른 질감, 향미, 색채의 특징

스톡은 소고기를 기본으로 하는 브라운 스톡(Brown stock)과 화이트 스톡(White stock)으로 구분되며 화이트 스톡(White stock)은 치킨 스톡(Chicken stock)과 비프 스톡(Beef stock), 피시 스톡(Fish stock)으로 다시 구분된다. 스톡은 맑게 끓이는 것이 기본이며 소고기는 소고기 사골 등을 기초로 만들어 내는데 원가 절감의 차원에서 닭뼈나 돼지뼈를 이용하기도 한다. 스톡은 함께 잘 사용되는 말이 부용(Bouillon), 브로스(Broth), 폰(Fond)이라는 말로 구분되기도 하는데, 그 말뜻을 여러 가지로 정의하고 있다.

① 스톡(Stock) : 서양요리의 수프나 소스에 기본으로 살코기, 뼈, 생선, 채소 등에 물을 붓고 끓여서 우려낸 국물이다.

② 브로스(Broth) : 물이나 스톡(stock)에 육류나 생선 또는 채소 등을 넣고 약한 불에서 끓인 육수의 일종으로 향신료나 허브를 사용하거나 사용하지 않기도 한다. 현업에서는 구분이 거의 없고 스톡이나 부용이란 말이 가장 많이 쓰이고, 수프나 소스의 기본이 되는 육수이다.

스톡은 국물이 탁해지지 않게 약한 불에 서서히 끓여 맑게 얻어내며 육류와 생선류, 야채류의 향미를 기본으로 하고 월계수잎, 후추 등의 기본적인 향신료만을 사용하는 것이 보편적이나 종류에 따라 스파이스를 첨가할 수도 있다.

4. 완성된 소스를 요리와 어울리게 담는 푸드 스타일 방법

소스를 요리와 어울리게 담는 법은 크게 4가지가 있다.

① 버무리는 소스 : 재료와 소스를 버무려서 담는 법

② 곁들이는 소스 : 소스 그릇을 따로하여 곁들이거나 음식과 곁들여서 담는 법

③ 접시 바닥에 사용하는 소스 : 완성 그릇에 소스를 깔고 음식을 소스 위에 올리는 법

④ 디자인용 소스 : 완성접시에 디자인을 하듯 소스로 연출하는 방법

01 소스에 사용되는 농후제의 종류와 특성으로 맞지 않는 것은?

① 달걀의 흰자를 이용하여 농도를 내준다.
② 루(Roux)는 밀가루와 버터의 혼합물을 고소한 풍미가 나도록 볶아 사용한다.
③ 뵈르 마니에(Beurre Manie)는 버터와 밀가루를 동량으로 섞어 만든 농후제이다.
④ 전분(Cornstarch)은 감자전분, 옥수수 전분 외에도 뿌리 채소에는 많은 전분을 함유하고 있다.

해설 달걀은 노른자를 이용하여 농도를 내준다. 잉글레이즈라는 디저트 소스가 대표적인 소스이며, 홀란데이즈도 달걀노른자의 응고력을 이용한 소스이다.

02 토마토 통조림의 종류에 대한 설명으로 바르지 않은 것은?

① 토마토 홀 : 토마토 껍질째 통조림으로 만든 것
② 토마토 퓌레 : 토마토를 파쇄하여 그대로 조미하지 않고 농축시킨 것
③ 토마토 페이스트(반죽) : 토마토 퓌레를 더 강하게 농축하여 수분을 날린 것
④ 토마토 쿨리 : 토마토 퓌레에 어느 정도 향신료를 가미한 것

해설 토마토 홀 : 토마토 껍질만 벗겨 통조림으로 만든 것

03 다음 식용유에 대한 설명에 해당하는 것은?

발연점 250℃로 일반 식용유보다 높아 튀김요리에 적당하고 이미 사용한 기름을 5~6회 더 사용할 수 있어 폐유가 적게 나옴

① 올리브 유
② 포도씨 유
③ 현미 유
④ 카놀라 유

해설 포도씨 유
• 포도씨 유는 100g당 884kcal를 내며 불포화지방산이 풍부하여 최근 들어와 좋은 식용유로 인기가 있음
• 포도씨에서 추출하며 발연점 250℃로 일반 식용유보다 높아 튀김요리에 적당하고 이미 사용한 기름을 5~6회 더 사용할 수 있어 폐유가 적게 나옴
• 기름 특유의 느끼한 향과 냄새가 없어 재료 고유의 맛을 살릴 수 있음

04 프랑스 리첼리우 후작의 요리장이 마옹섬 점령 축하연 때 달걀과 식초, 기름을 섞어서 만든 소스에서 유래된 소스는?

① 비네그레트 소스
② 버터 소스
③ 홀란데이즈 소스
④ 마요네즈 소스

해설 마요네즈 소스
• 프랑스 리첼리우 후작의 요리장이 마옹섬 점령 축하연 때 달걀과 식초, 기름을 섞어서 만든 소스를 제공하여 마오네즈라고 불렀다가 세월이 지남에 따라 마요네즈로 바뀜
• 달걀노른자에 식초와 겨자, 소금을 넣고 섞은 다음 기름을 첨가하여 응고시킨 반고체 상태의 소스임

정답 01 ① 02 ① 03 ② 04 ④

05 다음 설명은 농후제 중 무엇에 대한 설명인가?

> 버터와 밀가루를 동량으로 섞어 만든 농후제로 녹여 놓은 버터에 동량의 밀가루와 섞어 준비한 다음 일부를 소스의 일부와 먼저 섞어 농도가 나기 시작하면 나머지 소스를 넣고 완전히 녹을 때까지 저어 준다.

① 루(Roux)
② 전분(Cornstarch)
③ 뵈르 마니에(Beurre Manie)
④ 버터(Butter)

> 해설 뵈르 마니에(Beurre Manie)
> • 버터와 밀가루를 동량으로 섞어 만든 농후제로, 향이 강한 소스의 농도를 맞출 때 사용함
> • 녹여 놓은 버터에 동량의 밀가루와 섞어 준비한 다음 일부를 소스의 일부와 먼저 섞어 농도가 나기 시작하면 나머지 소스를 넣고 완전히 녹을 때까지 저어 줌

06 소스 종류에 따른 좋은 품질 선별법으로 옳지 않은 것은?

① 홀란데이즈 – 완성된 소스는 따뜻하게 보관해야 한다.
② 벨루테 소스 – 루를 타지 않게 약한 불로 잘 볶아야 밀가루 고유의 고소한 맛을 끌어낼 수 있다.
③ 토마토 소스 – 숙성이 잘된 토마토가 소스의 색감을 주는 역할을 하므로 잘 익은 토마토를 사용해야 하지만 구하기 힘들 경우에는 통조림을 사용하는 경우가 많다.
④ 브라운 소스 – 좋은 재료를 사용하며 탄내가 살짝 나더라도 갈색으로 충분히 볶아야 한다.

> 해설 브라운소스는 좋은 재료를 사용하며 재료를 볶는 과정에서 탄내가 나지 않게 볶아야 한다.

07 소스를 용도에 맞게 제공하는 방법으로 바르지 않은 것은?

① 소스의 향으로 인해 원재료의 맛을 저하시켜서는 안 된다.
② 많은 양의 접시를 제공해야 하는 연회장의 경우는 약간 묽게 하는 게 좋다.
③ 튀김류에 사용되는 소스는 제공 직전에 뿌려서 튀김이 바삭함을 유지하도록 한다.
④ 질 좋은 스테이크에 고기의 맛을 즐기기 위해서는 많은 양의 소스를 제공하지 않는다.

> 해설 많은 양의 접시를 제공해야 하는 연회장의 경우는 소스가 약간 되직한 게 좋다.

정답 05 ③   06 ④   07 ②

PART

7

양식 모의고사

01 식품에 존재하는 유기물질을 고온으로 가열할 때 지방이 분해되어 생기는 유해물질은?

① 에틸카바메이트(Ethylcarbamate)

② 다환방향족탄화수소(Polycyclic aromatic hydrocarbon)

③ 앤-니트로소아민(N-nitrosoamine)

④ 메탄올(Methanol)

해설 고기를 구울 때 생기는 벤조피렌 등 다환방향족탄화수소와 같은 발암물질은 식품 등의 유기물의 불완전연소과정에서 생성되는 물질로 식품의 조리, 가공 시 식품의 주성분인 탄수화물, 단백질, 지방 등이 분해되어 생성되기도 한다.

02 식품의 위생과 관련된 곰팡이의 특징이 아닌 것은?

① 건조식품을 잘 변질시킨다.

② 대부분 생육에 산소를 요구하는 절대 호기성미생물이다.

③ 곰팡이 독을 생성하는 것도 있다.

④ 일반적으로 생육속도가 세균에 비하여 빠르다.

해설 세균의 번식력은 이분법으로 한 개체가 두 마리로 분할하여 두 개체가 되는 번식력을 가지고 있으나 곰팡이는 포자로 번식을 하는데 세균보다 강하진 않지만 질긴 성질을 가지고 있다.

03 다음 중 대장균의 최적 증식온도 범위는?

① 0~5℃

② 5~10℃

③ 30~40℃

④ 55~75℃

해설 대장균의 최적 증식온도는 37℃ 전후이다.

04 식품을 취급하는 종사자의 손 씻기로 바르지 않은 것은?

① 보통비누로 먼저 손을 씻어 낸 후 역성비누를 사용한다.

② 살균효과를 높이기 위해 보통비누와 역성 비누액을 섞어 사용한다.

③ 팔에서 손으로 씻어 내려온다.

④ 핸드타월이나 자동손 건조기를 사용하는 것이 바람직하다.

해설 보통비누는 더러운 먼지 등을 제거하는 작용이 있고, 역성비누는 세척력은 약하나 살균력이 강하여 보통비누로 먼저 먼지를 제거한 후 역성비누를 사용하는 것이 바람직한다.

05 60℃에서 30분간 가열하면 식품 안전에 위해가 되지 않는 세균은?

① 살모넬라균

② 클로스트리디움 보툴리눔균

③ 황색 포도상구균

④ 장구균

해설 살모넬라균은 60℃에서 30분간 가열하면 사멸되므로 가열 섭취하면 예방할 수 있다.

06 도마와 식칼에 대한 위생관리로 잘못 된 것은?

① 뜨거운 물로 씻고 세제를 묻힌 스펀지로 더러움을 제거한다.

② 흐르는 물로 세제를 씻는다.

③ 80℃의 뜨거운 물에 5분간 담근 후 세척하거나 차아염소산 나트륨 용액에 담갔다가 세척한다.

④ 세척, 소독 후에는 건조할 필요 없다.

해설 도마와 식칼은 세척과정을 끝내면 완전히 건조시킨 후 사용한다.

07 식품안전관리 인증기준(HACCP)에 대한 설명으로 틀린 것은?

① 식품의 원료, 관리, 제조, 조리, 유통의 모든과정을 포함한다.

② 위해한 물질이 식품에 섞이거나 식품이 오염되는 것을 방지하기 위하여 실시한다.

③ HACCP 수행의 7원칙 중 원칙1은 중요 관리점에 대한 감시절차 확립이다.

④ 각 과정을 중점적으로 관리하는 기준이다.

해설 HACCP 수행의 7원칙 중 원칙1은 위해요소를 분석하는 것이다.
HACCP 수행의 7원칙
HACCP관리의 기본단계인 7개의 원칙에 따라 관리체계를 구축한다.
1. 원칙1 : 위해요소분석(Hazard Analysis)
2. 원칙2 : 중요관리점(Critical Control Point, CCP) 결정
3. 원칙3 : 중요관리점에 대한 한계기준(Critical Limits, CL) 설정
4. 원칙4 : 중요관리점에 대한 감시(Monitoring)절차 확립
5. 원칙5 : 한계기준 이탈 시 개선조치 (Corrective Action)절차 확립
6. 원칙6 : HACCP 시스템의 검증(Verification)절차 확립
7. 원칙7 : HACCP 체계를 문서화하는 기록(Record) 유지방법 설정

08 식품과 자연독의 연결이 맞는 것은?

① 독버섯 – 솔라닌(Solanine)

② 감자 – 무스카린(Muscarine)

③ 살구씨 – 파세오루나틴(Phaceolunatin)

④ 목화씨 – 고시폴(Gossypol)

해설 식품 중의 유독성분 : 독버섯–무스카린 / 감자–솔라닌 / 살구씨, 청매, 복숭아씨–아미그달린 / 목화씨–고시폴

09 식품 첨가물 중 보존료의 목적을 가장 잘 표현한 것은?

① 산도 조절

② 미생물에 의한 부패방지

③ 산화에 의한 변패방지

④ 가공과정에서 파괴되는 영양소 보충

해설 • 산미료 : 산도 조절
• 보존료 : 미생물에 의한 부패방지
• 산화방지제 : 산화에 의한 산패방지
• 강화제 : 부족한 영양소를 식품에 첨가하여 영양소를 보충

10 알레르기성 식중독을 유발하는 세균은?

① 병원성 대장균(E.coli O157:H7)

② 모르가넬라 모르가니(Morganella morganii)

③ 엔테로박터 사카자키(Enterobacter sakazakii)

④ 비브리오 콜레라(Vibrio cholerae)

해설 모르가넬라 모르가니균은 장내세균과 Morganella 속에 속하는 균으로 꽁치나 고등어 같은 붉은살 어류의 가공품을 섭취했을 때 몸에 두드러기가 나고, 열이 나는 증상을 일으킨다. 이와 같은 식중독을 알레르기성 식중독이라 한다.

11 식품위생법상 식품위생 수준의 향상을 위하여 필요한 경우 조리사에게 교육을 받을 것을 명할 수 있는 자는?

① 관할시장

② 보건복지부장관

③ 식품의약품안전처장

④ 관할 경찰서장

해설 식품의약품안전처장은 식품위생 수준 및 자질의 향상을 위하여 필요한 경우 조리사와 영양사에게 교육받을 것을 명할 수 있다.

12 식품위생법의 정의에 따른 "기구"에 해당하지 않는 것은?

① 식품 섭취에 사용되는 기구

② 식품 또는 식품첨가물에 직접 닿는 기구

③ 농산품 채취에 사용되는 기구

④ 식품 운반에 사용되는 기구

> 해설 식품위생법의 정의에 따른 "기구"란 음식물을 먹을 때 사용하거나 담는 것. 식품 또는 식품 첨가물을 채취 · 제조 · 가공 · 조리 · 저장 · 소분 · 운반 · 진열할 때 사용하는 것으로서 식품 또는 식품첨가물에 직접 닿는 기계 · 기구나 그 밖의 물건을 말한다. 단 농업과 수산업에서 식품을 채취하는 데에 쓰이는 기계 · 기구나 그 밖의 물건은 제외한다.

13 즉석판매제조 · 가공업소 내에서 소비자에게 원하는 만큼 덜어서 직접 최종 소비자에게 판매하는 대상 식품이 아닌 것은?

① 벌꿀

② 식빵

③ 우동

④ 어육제품

> 해설 어육제품, 특수용도식품(체중조절용 조제식품은 제외), 통 · 병조림 제품, 레토르트식품, 전분, 장류 및 식초는 소분 · 판매하여서는 아니 된다.

14 식품위생법상 조리사가 식중독이나 그밖에 위생과 관련한 중대한 사고 발생의 직무상 책임에 대한 1차 위반 시 행정처분기준은?

① 시정명령

② 업무정지 1개월

③ 업무정지 2개월

④ 면허취소

> 해설 조리사
>
> | 위반사항 | 행정처분기준 | | |
> |---|---|---|---|
> | | 1차 위반 | 2차 위반 | 3차 위반 |
> | 식중독이나 그밖에 위생과 관련하여 중대한 사고발생에 직무상의 책임이 있는 경우 | 업무 정지 1개월 | 업무 정지 2개월 | 면허 취소 |

15 위험도 경감을 위한 3가지 시스템 구성요소가 아닌 것은?

① 사람

② 조직

③ 절차

④ 장비

> 해설 위험도 경감의 원칙 중 위험도 경감은 사람, 절차, 장비의 3가지 시스템 구성요소를 고려하여 다양한 위험도 경감 접근법을 검토한다.

16 카제인(Casein)은 어떤 단백질에 속하는가?

① 당단백질

② 지단백질

③ 유도단백질

④ 인단백질

> 해설 인단백질이란 단백질에 인산이 공유결합을 한 복합단백질을 통틀어 일컫는 말로 젖에 함유된 카제인과 달걀 노른자에 있는 비텔린 등이 대표적이다.

17 전분 식품의 노화를 억제하는 방법으로 적합하지 않은 것은?

① 설탕을 첨가한다.

② 식품을 냉장 보관한다.

③ 식품의 수분함량을 15% 이하로 한다.

④ 유화제를 사용한다.

> 해설 식품을 냉장 보관하면 전분의 노화가 쉽게 온다. 전분을 80℃ 이상에서 급속히 건조시키거나 0℃ 이하에서 급속냉동하여 수분함량을 15% 이하로 하면 노화를 억제할 수 있다.

18 과실 저장고의 온도, 습도, 기체 조성 등을 조절하여 장기간 동안 과실을 저장하는 방법은?

① 산 저장

② 자외선 저장

③ 무균포장 저장

④ CA 저장

> 해설 CA 저장은 저장고 속의 대기가스를 인공적으로 조절해 과일 등을 원형 가깝게 저장하는 방법으로 이산화탄소와 질소를 증가시키고 산소를 줄여 최적의 환경을 만들어 저장하는 방법이다.

19 유지를 가열할 때 생기는 변화에 대한 설명으로 틀린 것은?

① 유리지방산의 함량이 높아지므로 발연점이 낮아진다.

② 연기성분으로 알데히드(Aldehyde), 케톤(Ketone) 등이 생성된다.

③ 요오드 값이 높아진다.

④ 중합반응에 의해 점도가 증가된다.

해설 요오드 값(Iodine value)은 유지 100g 중에 흡수되는 요오드의 g수로 지방산 중에 이중결합이 많을수록 요오드가가 높아지며 유지의 불포화도를 나타내는 척도가 되는데 유지를 오래 가열하면 이중결합이 중합되어 요오드가가 감소된다.

20 조리작업 시 유해. 위험요인과 원인의 연결로 바르지 않은 것은?

① 화상, 데임 – 뜨거운 기름이나 스팀, 오븐 등의 기구와 접촉 시

② 근골격계 질환 – 장시간 한자리에서 작업 시

③ 미끄러짐, 넘어짐 – 정리정돈 미흡과 부적절한 조명 사용 시

④ 전기감전과 누전 – 연결코드 제거 후 전자제품 청소 시

해설 조리실은 물을 많이 사용하는 장소로 감전의 위험이 높으므로 전기제품 청소 시에는 전원 연결코드를 빼고 청소를 하도록 한다.

21 신맛성분과 주요 소재식품의 연결이 틀린 것은?

① 구연산(Citric Acid) – 감귤류

② 젖산(Lactic Acid) – 김치류

③ 호박산(Succinic Acid) – 늙은 호박

④ 주석산(Tartaric Acid) – 포도

해설 호박산은 양조식품. 패류, 사과, 딸기 등에 있고 감칠맛이 있다.

22 소화기 설치 및 관리요령으로 바르지 않은 것은?

① 소화기는 습기가 적고 건조하며 서늘한 곳에 설치한다.

② 분말 소화기는 흔들거나 움직이지 않고 계속 비치한다.

③ 사용한 소화기는 다시 사용할 수 있도록 재충전하여 보관한다.

④ 유사시에 대비하여 수시로 점검한다.

해설 분말 소화기는 소화약제가 굳거나 가라앉지 않도록 한 달에 한 번 정도 위아래로 흔들어 주는 것이 좋다.

23 달걀 100g 중에 당질 5g, 단백질 8g, 지질 4.4g이 함유되어 있다면 달걀 5개의 열량은 얼마인가? (단, 달걀 1개의 무게는 50g이다)

① 91.6kcal

② 229kcal

③ 274kcal

④ 458kcal

해설 식품은 당질 1g당 4kcal, 단백질 1g당 4kcal, 지방 1g당 9kcal의 열량이 발생한다.

$(5 \times 4) + (8 \times 4) + (4.4 \times 9)$

$= 20 + 32 + 39.6$

$= 91.6$

그러므로 달걀 100g 중 식품의 열량은 91.6kcal이다.

달걀 1개의 무게가 50g이고 달걀 5개의 열량을 구하라고 했으므로 총 250g(50g × 5개)의 열량을 구하면 된다.

$100 : 91.6 = 250 : x$

$100x = 91.6 \times 250$

$x = \dfrac{91.6 \times 250}{100} = \dfrac{22,900}{100} = 229$

그러므로 달걀 5개의 열량은 229kcal이다.

24 근채류 중 생식하는 것보다 기름에 볶는 조리법을 적용하는 것이 좋은 식품은?

① 무　　　　　　② 고구마
③ 토란　　　　　④ 당근

해설 지용성 비타민에는 비타민 A, D, E, K, F 등이 있다. 식물(당근, 파프리카, 노란 호박 등)에는 비타민 A의 전구물질인 카로틴이 존재하는데 인체 내에 들어왔을 때 비타민 A로의 효력을 갖게 된다. 지용성 비타민은 기름에 용해되나 물에는 용해되지 않으므로 생식하는 것보다 기름을 활용한 요리법을 쓰는 것이 좋다.

25 다음 중 단백가가 가장 높은 것은?

① 소고기　　　　② 달걀
③ 대두　　　　　④ 버터

해설 단백가란 식품에 함유된 필수 아미노산의 양을 표준 단백질의 필수 아미노산 조성과 비교한 수치로 단백질을 점수로 환산한 수치를 의미하는데 달걀에 함유된 아미노산조성은 체조직 합성에 가장 효율성이 높다.

26 구매를 위한 시장조사의 원칙으로 바르지 않은 것은?

① 조사 적시성의 원칙
② 조사 계획성의 원칙
③ 조사 정확성의 원칙
④ 비용 소비성의 원칙

해설 시장조사의 원칙
- 비용 경제성의 원칙 : 최소의 비용으로 시장조사를 한다.
- 조사 적시성의 원칙 : 시장조사는 본 구매를 해야 하는 기간 내에 끝낸다.
- 조사 탄력성의 원칙 : 시장의 가격변동이나 수급상황 변동에 대한 탄력적으로 대응하는 조사여야 한다.
- 조사 계획성의 원칙 : 사전에 시장조사 계획을 철저하게 세워서 실시한다.
- 조사 정확성의 원칙 : 세운 계획의 내용을 정확하게 조사한다.

27 산성식품에 해당하는 것은?

① 곡류　　　　　② 사과
③ 감자　　　　　④ 시금치

해설

산성 식품	알칼리성 식품
• 인(P), 황(S), 염소(Cl) 등을 함유하고 있는 식품 • 곡류, 어류, 육류 등	• 나트륨(Na), 칼륨(K), 칼슘(Ca), 철분(Fe) 등을 함유하고 있는 식품 • 해조류, 과일, 채소류, 고구마, 감자, 우유 등

28 아미노산, 단백질 등이 당류와 반응하여 갈색물질을 생성하는 반응은?

① 폴리페놀옥시다아제(Polyphenol oxidase) 반응
② 마이얄(Maillard) 반응
③ 캐러맬화(Caramelization) 반응
④ 티로시나아제(Tyrosinase) 반응

해설 마이얄 반응은 비효소적 갈변의 하나로 아미노산, 단백질 등이 당류와 반응하여 갈색 채소인 멜라노이딘(Melanoidin) 색소를 형성한다.

29 제조 과정 중 단백질 변성에 의한 응고작용이 일어나지 않는 것은?

① 치즈 가공
② 두부 제조
③ 달걀 삶기
④ 딸기잼 제조

해설 치즈 가공, 두부 제조, 달걀 삶기는 단백질 변성에 의한 응고작용이 일어난 것이며 딸기잼은 펙틴, 설탕, 산에 의해 겔화가 일어나는 원리에 의한 제조이다.

30 검수업무를 위한 구비요건으로 바르지 않은 것은?

① 검수지식이 풍부한 검수담당자가 진행한다.
② 검수구역은 배달구역과 가까워야 한다.
③ 물품저장소와의 거리는 가까울 필요는 없다.
④ 물품의 저장관리 및 특성을 숙지한다.

해설 노동력 절감을 위해서 검수구역은 배달구역입구, 물품저장소와 가까운 거리여야 한다.

31 튀김옷의 재료에 관한 설명으로 틀린 것은?

① 중조를 넣으면 탄산가스가 발생하면서 수분도 증발되어 바삭하게 된다.
② 달걀을 넣으면 달걀 단백질의 응고로 수분흡수가 방해되어 바삭하게 된다.
③ 글루텐 함량이 높은 밀가루가 오랫동안 바삭한 상태를 유지한다.
④ 얼음물에 반죽을 하면 점도를 낮게 유지하여 바삭하게 된다.

해설 튀김옷에 사용하는 밀가루로 글루텐 함량이 낮은 박력분을 사용해야 바삭한 튀김을 만들 수 있다.

32 식품 구매 시 폐기율을 고려한 총발주량을 구하는 식은?

① 총발주량 $= (100 - 폐기율) \times 100 \times 인원수$
② 총발주량 $= \dfrac{정미중량 - 폐기율}{100 - 가식률} \times 100$
③ 총발주량 $= (1인당\ 사용량\ -\ 폐기율) \times 인원수$
④ 총발주량 $= \dfrac{정미중량 \times 100}{100 - 폐기율} \times 100$

해설 총발주량 $= \dfrac{정미중량 \times 100}{100 - 폐기율} \times 인원수$

33 달걀의 기능을 이용한 음식의 연결이 잘못된 것은?

① 응고성 – 달걀찜
② 팽창제 – 시폰케이크
③ 간섭제 – 맑은장국
④ 유화성 – 마요네즈

해설 간섭제는 식품조리에서 달걀의 기능 중 하나로, 거품을 낸 난백은 결정체 형성을 방해하여 매끈하고 부드러운 질감을 준다.

예 셔벳이나 캔디 제조 시 거품을 낸 난백을 넣어주면 용질 부착방지로 작은 미세결정이 생겨 매끈하고 부드러운 질감을 준다.

34 냉장고 사용방법으로 틀린 것은?

① 뜨거운 음식은 식혀서 냉장고에 보관한다.
② 문을 여닫는 횟수를 가능한 한 줄인다.
③ 온도가 낮으므로 식품을 장기간 보관해도 안전하다.
④ 식품의 수분이 건조되므로 밀봉하여 보관한다.

해설 냉장고에 보관 가능한 식품의 시간은 다음과 같은데 달걀 3~5주, 마요네즈 개봉 후 2개월 내, 조리된 식육 및 어패류 3~5일, 익히지 않은 식육 및 어패류 1~2일로 냉장고 온도가 낮다고 해서 식품을 장기간 보관하는 것은 안전하지 못하다.

35 식품을 고를 때 채소류의 감별법으로 틀린 것은?

① 오이는 굵기가 고르며 만졌을 때 가시가 있고 무거운 느낌이 나는 것이 좋다.
② 당근은 일정한 굵기로 통통하고 마디나 뿔이 없는 것이 좋다.
③ 양배추는 가볍고 잎이 얇으며 신선하고 광택이 있는 것이 좋다.
④ 우엉은 껍질이 매끈하고 수염뿌리가 없는 것으로 굵기가 일정한 것이 좋다.

해설 양배추는 단단하고 묵직하며 바깥쪽 잎이 신선한 녹색인 것을 고르는 것이 좋다.

36 조리장 설비에 대한 설명 중 부적합한 것은?

① 조리장의 내벽은 바닥으로부터 5cm까지 수성자재로 한다.

② 충분한 내구력이 있는 구조이어야 한다.

③ 조리장에는 식품 및 식기류의 세척을 위한 위생적인 세척시설을 갖춘다.

④ 조리원 전용의 위생적 수세시설을 갖춘다.

해설 조리장의 내벽은 바닥으로부터 1m까지 타일 등의 내수성 자재를 사용한 구조이어야 한다.

37 달걀 프라이(Fried egg) 중 다음 설명에 해당하는 명칭은 무엇인가?

> 달걀의 양쪽 면을 살짝 익히는 조리법으로 흰자가 반쯤 익었을 때 뒤집어 흰자를 익히며 노른자가 터지지 않도록 한다.

① 오버 하드(Over hard egg)

② 오버 미디엄(Over medium egg)

③ 오버 이지(Over easy egg)

④ 서니 사이드 업(Sunny side up)

해설 달걀 프라이 : 프라이팬을 이용해 달걀을 조리하는 방법으로 뒤집기와 노른자의 익은 상태에 따라서 분류함

종류	특징
서니 사이드 업 (Sunny side up)	팬에 버터나 식용유를 두르고 달걀의 한쪽 면만 익히는 조리법으로 노른자 위가 떠오르는 태양과 같다고 해서 붙여진 이름이다.
오버 이지 (Over easy egg)	팬에 버터나 식용유를 두르고 달걀의 양쪽 면을 살짝 익히는 조리법으로 흰자가 반쯤 익었을 때 뒤집어 흰자를 익히며 노른자가 터지지 않도록 한다.
오버 미디엄 (Over medium egg)	팬에 버터나 식용유를 두르고 오버 이지와 같은 방법으로 조리하며, 달걀노른자가 반 정도 익도록 조리하는 방법이다.
오버 하드 (Over hard egg)	팬에 버터나 식용유를 두르고 달걀을 넣어 양쪽으로 완전히 익히는 조리법이다.

38 다음 원가의 구성에 해당하는 것은?

> 직접원가 + 제조간접비

① 판매가격

② 간접원가

③ 제조원가

④ 총원가

해설 원가구성도

			이익
		판매비와 관리비	총원가 (판매원가)
	제조 간접비	제조원가 (공장원가)	
직접 재료비	직접원가 (기초원가)		
직접 노무비			
직접경비			
직접원가	제조원가	총원가	판매가격

39 복합 조리 방법 중 재료를 비닐봉지(진공상태)에 담아 고기류는 55~60℃ 정도의 온도의 물 속에서 익히는 조리법은?

① 수비드(Sous vide)

② 브레이징(Braising)

③ 스튜잉(Stewing)

④ 도자기 구이 (Pot roasting)

해설
- 브레이징(Braising) : 복합조리의 대표적인 조리 방법으로 재료는 덩어리가 큰 것을 건식열로 먼저 갈색으로 구워 육즙이 나오는 것을 막고 그 이후에 소스나 채소 등을 곁들여 적당한 열로 조리하는데 재료 주변으로 오일을 감싸서 조리되는 동안 건조되는 것을 막아 주며 이때 생기는 육즙은 소스로 사용함
- 스튜잉(Stewing) : 브레이징이 육류를 큰 덩어리로 조리하기 위해 사용한다면 스튜잉은 작은 덩어리로 썰어서 표면을 색을 낸 다음 습식열로 조리하는 것이 특징임. 브레이징보다는 재료의 크기가 작아서 조리시간이 짧고 소스를 충분히 넣어 재료가 잠길 정도로 하고 조리 완료 시까지 재료들이 건조되는 일이 없도록 함
- 도자기 구이(Pot roasting) : 주로 감자, 고구마, 통닭, 통오리 등을 종이(한지)나 포일(Foil)로 싸고 그 위에 진흙을 발라 600~1,200℃ 오븐이나 가마에 굽는 방법

40 다음은 식재료 써는 방법 중 어떤 방법에 대한 설명인가?

> 한손으로 재료를 잡고 칼을 잡은 손을 밀면서 썰고, 안쪽 옆에서 작업 시 보면 칼 잡은 손이 시계 방향으로 원 형태를 그리며 밀어서 작업한다.

① 밀어서 썰기
② 내려 썰기
③ 당겨서 썰기
④ 터널식 썰기

해설 식재료 써는 방법
- 밀어서 썰기 : 한손으로 재료를 잡고 칼을 잡은 손을 밀면서 썰고, 안쪽 옆에서 작업 시 보면 칼 잡은 손이 시계 방향으로 원 형태를 그리며 밀어서 작업한다.
- 당겨서 썰기 : 한손으로 재료를 잡고 칼을 잡은 손으로 당기면서 썰고, 안쪽 옆에서 작업 시 보면 칼 잡은 손이 시계 반대방향으로 원 형태를 그리며 당겨서 작업한다.
- 내려 썰기 : 식재료의 양이 적거나 간단한 작업을 할 때 사용하는 방법이다.
- 터널식 썰기 : 한손으로 재료를 터널 모양으로 잡고 써는 방법으로 식재료를 길게 썰 때 사용하는 방법이다.

41 탈수가 일어나지 않으면서 간이 맞도록 생선을 구우려면 일반적으로 생선 중량 대비 소금의 양은 얼마가 가장 적당한가?

① 0.1% ② 2%
③ 16% ④ 20%

해설 생선 구이 시 소금구이의 경우 소금을 생선 중량의 2~3% 뿌리면 탈수도 일어나지 않고 간도 적절하다.

42 소고기 40g을 두부로 대체하고자 할 때 필요한 두부의 양은 약 얼마인가? (단 100g당 소고기 단백질양은 20.1g, 두부 단백질양은 8.6g으로 계산한다)

① 70g ② 74g
③ 90g ④ 94g

해설 대치식품량 =
$$\frac{원래식품의 양 \times 원래식품의 해당성분수치}{대치하고자 하는 식품의 해당성분수치}$$ 의
공식에 대입하면 다음과 같다.
$$\frac{40 \times 20.1}{8.6} = \frac{804}{8.6} = 약 94$$
따라서 소고기 40g을 두부로 대치하려면 94g의 두부가 필요하다.

43 스톡(stock)에 사용하는 재료가 아닌 것은?

① 우유(milk)
② 미르포아(Mirepoix)
③ 부케가르니(Bouquet garni)
④ 뼈(bone)

해설 스톡의 재료로는 부케가르니, 미르포아, 뼈가 사용된다.

44 육류의 마리네이드(Marinade)에 대한 설명으로 바르지 않은 것은?

① 질긴 고기를 부드럽게 해 준다.
② 누린내를 제거하며 간이 배도록 한다.
③ 식용유, 올리브유, 레몬주스, 식초, 와인, 과일 간 것, 향신료 등을 섞어서 만든다.
④ 식초와 레몬주스는 고기에 향을 주기 위해서 사용한다.

해설 육류의 마리네이드(Marinade)에 사용하는 식초와 레몬주스는 질긴 고기를 연하게 만드는 작용을 한다.

45 단체 급식에서 식품의 재고관리에 대한 설명으로 틀린 것은?

① 각 식품에 적당한 재고기간을 파악하여 이용하도록 한다.

② 식품의 특성이나 사용빈도 등을 고려하여 저장 장소를 정한다.

③ 비상시를 대비하여 가능한 많은 재고량을 확보할 필요가 있다.

④ 먼저 구입한 것은 먼저 소비한다.

해설 계절별 구매단가가 폭등하거나 상황에 따라 구매 제품을 찾을 수 없을 때 전략적으로 재고들 일정부분 가져가거나 대체품목을 고려해본다.

46 식빵에서의 스프레드(Spread)의 역할로 거리가 먼 것은?

① 코팅제

② 접착제

③ 팽창제

④ 맛의 향상

해설 스프레드의 역할
- 코팅제 : 빵이 눅눅해지는 것을 방지
- 접착제 : 빵과 속 재료가 흐트러지는 것을 방지
- 맛의 향상 : 개성 있는 맛을 내며, 전체적으로 맛이 어우러지게 함
- 감촉 : 촉촉한 감촉을 위해 사용함

47 중조를 넣어 콩을 삶을 때 가장 문제가 되는 것은?

① 비타민 B_1의 파괴가 촉진됨

② 콩이 잘 무르지 않음

③ 조리수가 많이 필요함

④ 조리시간이 길어짐

해설 콩을 삶을 때 중조를 넣으면 콩이 잘 무르고 조리 시간이 단축되지만 비타민 B_1의 파괴가 촉진된다.

48 고기를 연하게 하기 위해 사용하는 과일에 들어있는 단백질 분해 효소가 아닌 것은?

① 피신(Ficin)

② 브로멜린(Bromelin)

③ 파파인(Papain)

④ 아밀라아제(Amylase)

해설 과일의 단백질 분해효소는 무화과 – 피신, 파인애플 – 브로멜린, 파파야 – 파파인이며, 아밀라아제는 침에 들어있는 탄수화물을 분해하는 효소이다.

49 찹쌀떡이 멥쌀떡보다 더 늦게 굳는 이유는?

① pH가 낮기 때문에

② 수분함량이 적기 때문에

③ 아밀로오스의 함량이 많기 때문에

④ 아밀로펙틴의 함량이 많기 때문에

해설 멥쌀은 아밀로오스와 아밀로펙틴의 함량 비율이 20 : 80인데 찹쌀은 대부분 아밀로펙틴으로 이루어져 있다. 아밀로오스의 함량 비율이 높을수록 전분의 노화가 빠르다.

50 다음 중 일반적으로 폐기율이 가장 높은 식품은?

① 소살코기

② 달걀

③ 생선

④ 곡류

해설 폐기율이란 조리 시 버려지는 부분으로 소살코기는 폐기율이 0%, 달걀은 14%, 곡류는 0%이며 생선은 종류마다 다양하지만 동태 20%, 대구 34%, 꽁치 24%, 꽃게 68% 등으로 폐기율이 높은 편에 속한다.

51 하수오염 조사 방법과 관련이 없는 것은?

① THM의 측정

② COD의 측정

③ DO의 측정

④ BOD의 측정

해설 THM : 트리할로메탄으로 주로 Humic물질인 유기물을 함유한 원소를 염소 소독하는 경우에 생성되며 하수오염 조사방법과 관련이 없다. COD(화학적 산소요구량), DO(용존산소량), BOD(생물화학적 산소요구량)는 하수오염조사에 사용된다.

52 다음 중 가장 강한 살균력을 갖는 것은?

① 적외선
② 자외선
③ 가시광선
④ 근적외선

> 해설 일광의 살균력은 대체로 자외선 때문이며 2,500
> ~2,800Å(옴스트롱) 범위의 것이 살균력이 가장 강
> 하다.

53 호흡기계 감염병이 아닌 것은?

① 폴리오
② 홍역
③ 백일해
④ 디프테리아

> 해설 • 호흡기계 침입 : 디프테리아, 백일해, 결핵, 폐렴
> 인플루엔자, 두창, 홍역, 풍진, 성홍열 등
> • 소화기계 침입 : 소아마비(폴리오), 장티푸스, 파
> 라티푸스, 세균성이질, 콜레라, 아메바성이질, 유
> 행성 간염

54 조리에 사용하는 소스의 준비로 바르지 않은 것
은?

① 싱거운 요리에는 싱거운 소스 사용
② 단순한 요리에는 단순한 소스 사용
③ 팍팍한 요리에는 수분이 많고 부드러운
소스 사용
④ 색이 안 좋은 요리에는 화려한 소스 사
용

> 해설 소스 준비 시 싱거운 요리에는 강한 소스를 사용한
> 다.

55 채소로부터 감염되는 기생충으로 짝지어진 것
은?

① 편충, 동양모양선충
② 폐흡충, 회충
③ 구충, 선모충
④ 회충, 무구조충

> 해설 • 폐흡충 : 다슬기, 가재, 게

> • 선모충 : 돼지고기
> • 무구조충 : 소
> • 회충, 구충, 편충, 동양모양선충 : 채소

56 감각온도의 3요소가 아닌 것은?

① 기온
② 기습
③ 기류
④ 기압

> 해설 감각온도의 3요소 : 기온, 기습, 기류

57 인수공통감염병에 속하지 않는 것은?

① 광견병
② 탄저
③ 고병원성조류인플루엔자
④ 백일해

> 해설 백일해는 호흡기계 감염병에 속한다.

58 다음 중 채소 썰기에 대한 설명으로 바르지 않
은 것은?

① 콩카세(Concassere) : 0.5㎝의 정육면
체 모양으로 써는 방법
② 큐브(Cube) : 가로와 세로 1.5㎝ 정육면
체 모양으로 써는 방법
③ 올리베트(Olivette) : 올리브 모양으로
써는 방법
④ 디아고날(Diagonals) : 둥글고 얇게 써
는 방법

> 해설 • 디아고날(Diagonals) : 어슷하게 써는 방법
> • 론델(Rodelles) : 둥글고 얇게 써는 방법

59 조리도구 중 자르거나, 가는 용도로 쓰이는 기
물이 아닌 것은?

① 에그 커터(Egg cutter)
② 그레이터(Grater)
③ 제스터(Zester)
④ 스키머(Skimmer)

해설 스키머(Skimmer) : 뜨거운 것을 조리할 시 스톡이나 소스 안의 식재료를 건져낼 때 사용하는 도구

[자르거나 가는 용도로 쓰이는 조리 기물]

종류	용도
에그 커터 (Egg cutter)	삶은 계란을 자르는 도구로 반으로 자르는 것, 슬라이스로 여러 조각을 내는 것, 반달 모양의 6등분으로 자르는 데 사용하는 도구
제스터 (Zester)	오렌지나 레몬의 색깔 있는 부분만 길게 실처럼 벗기는 도구
베지터블 필러 (Vegetable peeler)	오이 당근 등의 채소류 껍질을 벗기는 도구
스쿱(Scoop)	멜론이나 수박 또는 당근 등의 모양을 원형이나 반원형의 형태로 만드는 도구(볼 커터(Ball Cutter)라고도 함)
롤 커터 (Roll cutter)	얇은 반죽을 자르거나 피자 등을 자를 때 사용하는 도구
자몽 나이프 (Grafefruit knife)	반으로 자른 자몽을 통째로 돌려가며 과육만 발라내는 도구
그레이터 (Grater)	채소나 치즈 등을 원하는 형태로 가는 도구
여러 종류의 커터 (Assorted cutter)	원하는 커터의 모양대로 식재료를 자르거나 안에 식재료를 채워 형태를 유지하기 위한 도구
만돌린 (Mandoline)	과일이나 채소를 채나 다용도로 썰 때 사용되고, 와플 형태로도 감자 등을 썰 수 있는 도구
푸드 밀 (Food mill)	완전히 익힌 감자나 고구마 등을 잘게 분쇄하기 위한 도구

60 수프의 구성 요소 중 수프의 농도를 조절하는 농후제는 무엇인가?

① 휘핑크림(Whipping cream)
② 향신료(Herb)
③ 크루통(Crouton)
④ 리에종(Liaison)

해설 수프의 농도를 조절하는 농후제를 리에종(Liaison)이라고도 하며 가장 일반적으로 사용하는 것이 루(Roux)이다. 밀가루를 색이 나지 않게 볶은 화이트 루(White Roux)를 기본으로 사용하며 그 외에 농후제의 일종으로는 전분 성분을 지닌 야채를 비롯하여 버터, 뵈르 마니에(Beurre manie), 달걀노른자, 크림, 쌀 등이 있다.

01	②	02	④	03	③	04	②	05	①
06	④	07	③	08	④	09	②	10	②
11	③	12	③	13	④	14	②	15	②
16	④	17	②	18	④	19	③	20	④
21	③	22	②	23	②	24	④	25	②
26	④	27	①	28	②	29	④	30	③
31	③	32	③	33	③	34	③	35	③
36	①	37	③	38	③	39	①	40	①
41	②	42	④	43	①	44	④	45	③
46	③	47	①	48	④	49	④	50	③
51	①	52	②	53	①	54	①	55	①
56	④	57	④	58	④	59	④	60	④

01 황색 포도상구균의 특징이 아닌 것은?

① 균체가 열에 강함

② 독소형 식중독 유발

③ 화농성 질환의 원인균

④ 엔테로톡신(Enterotoxin) 생성

해설 황색 포도상구균은 독소형 식중독으로 균체와 달리 원인독소인 엔테로톡신은 내열성을 갖기 때문에 120℃에서 20분간의 가열에서도 완전히 파괴되지 않는다.

02 섭조개 섭취 시 문제를 일으킬 수 있는 독소성분은?

① 테트로도톡신(Tetrodotoxin)

② 셉신(Sepsine)

③ 베네루핀(Venerupin)

④ 삭시톡신(Saxitoxin)

해설 식중독과 원인식품 : 테트로도톡신-복어 / 셉신-부패한 감자 / 베네루핀-모시조개, 굴, 바지락, 고동 등 / 삭시톡신-섭조개(홍합), 대합

03 위생복 착용 시 다음의 목적으로 반드시 착용해야 하는 것은?

> 머리카락과 머리의 분비물들로 인한 음식오염을 방지하고 위생적인 작업을 진행할 수 있도록 하기 위해 착용한다.

① 머플러

② 위생모

③ 위생화(작업화)

④ 위생복

해설 위생복 착용 시 다음의 목적으로 착용한다.
- 머플러 : 주방에서 발생할 수 있는 상해의 응급조치 등
- 위생모 : 머리카락과 머리의 분비물로 인한 음식

오염 방지
- 위생화 : 미끄러운 주방바닥에서의 미끄러짐 방지 등
- 위생복 : 열, 가스 전기, 설비 등으로부터 보호 등

04 식품에서 자연적으로 발생하는 유독물질을 통해 식중독을 일으킬 수 있는 식품과 가장 거리가 먼 것은?

① 피마자

② 표고버섯

③ 미숙한 매실

④ 모시조개

해설 식품과 독소명 : 피마자-리신(Ricin) / 미숙한 매실-아미그달린(Amygdalin) / 모시조개-베네루핀(Venerupin)

05 과거 일본 미나마타병의 집단발병 원인이 된 중금속은?

① 카드뮴　　　　② 납

③ 수은　　　　　④ 비소

해설 1953년 일본의 미나마타현 공장에서 사용한 유기수은(건전지, 제지공업 및 농약 등에 사용됨)의 일부가 폐수와 함께 흘러나와 하천, 해수, 해산물 순서로 더욱 높은 농도로 농축되어 이것을 다량 섭취한 어민들에게서 미나마타병을 일으켰다.

06 소시지 등 가공육 제품의 육색을 고정하기 위해 사용하는 식품첨가물은?

① 발색제　　　　② 착색제

③ 강화제　　　　④ 보존제

해설 발색제는 그 자체에는 색이 없으나 식품 중의 색소와 작용해서 색을 안정시키거나 발색을 촉진시키는 식품첨가물로 소시지 등 가공육의 육류발색제로 사용한다.

07 소독의 지표가 되는 소독제는?

① 석탄산 　　　　② 크레졸

③ 과산화수소 　　④ 포르말린

> **해설** 석탄산은 화장실, 하수도, 진개 등의 오물 소독에 사용하며 각종 소독약의 소독력을 나타내는 기준이 된다.

08 식품의 변화현상에 대한 설명으로 틀린 것은?

① 산패 : 유지식품의 지방질 산화

② 발효 : 화학물질에 의한 유기화합물의 분해

③ 변질 : 식품의 품질 저하

④ 부패 : 단백질과 유기물이 부패미생물에 의해 분해

> **해설** 발효란 탄수화물이 미생물의 작용을 받아 유기산, 알코올 등을 생성하게 되는 현상이다.

09 교차오염예방을 위한 주방의 작업구역 중 청결작업구역이 아닌 것은?

① 세정구역

② 조리구역

③ 배선구역

④ 식기보관구역

> **해설** 교차오염 예방을 위해 주방의 작업구역을 일반작업구역(검수구역, 전처리구역, 식재료 저장구역, 세정구역)과 청결작업구역(조리구역, 배선구역, 식기보관구역)으로 설정하여 전처리와 조리, 기구세척 등을 나누어 이행한다.

10 식품첨가물의 주요 용도 연결이 옳은 것은?

① 삼이산화철 – 표백제

② 이산화티타늄 – 발색제

③ 명반 – 보존료

④ 호박산 – 산도 조절제

> **해설** 삼이산화철과 이산화티타늄은 착색료이며, 명반은 팽창제로 사용된다.

11 식품위생법상 식중독 환자를 진단한 의사는 누구에게 이 사실을 제일 먼저 보고하여야 하는가?

① 보건복지부장관

② 경찰서장

③ 보건소장

④ 관할 시장, 군수, 구청장

> **해설** 식중독 발생 시 보고순서
> (한)의사 → 관할 시장·군수·구청장 → 식품의약품안전처장 및 시·도지사

12 조리사 면허 취소에 해당되지 않는 것은?

① 식중독이나 그밖에 위생과 관련한 중대한 사고 발생에 직무상의 책임이 있는 경우

② 면허를 타인에게 대여하여 사용하게 한 경우

③ 조리사가 마약이나 그 밖의 약물에 중독이 된 경우

④ 조리사 면허의 취소처분을 받고 그 취소된 날부터 2년이 지나지 아니한 경우

> **해설** 조리사 면허의 취소처분을 받고 그 취소된 날부터 1년이 지나지 아니한 자는 조리사 면허를 받을 수 없다.

13 식품위생법상 식품 등의 위생적인 취급에 관한 기준이 아닌 것은?

① 식품 등을 취급하는 원료보관실, 제조가공실, 조리실, 포장실 등의 내부는 항상 청결하게 관리하여야 한다.

② 식품 등의 원료 및 제품 중 부패, 변질되기 쉬운 것은 냉동·냉장시설에 보관·관리하여야 한다.

③ 유통기한이 경과된 식품 등을 판매하거나 판매의 목적으로 진열 보관하여서는 아니 된다

④ 모든 식품 및 원료는 냉장·냉동시설에 보관·관리하여야 한다.

해설 식품 등의 보관, 운반, 진열 시에는 식품 등의 기준 및 규격이 정하고 있는 보존 및 유통기준에 적합하도록 관리하여야 한다.

14 식품위생법상 허위표시, 과대광고, 비방광고 및 과대포장의 범위에 해당하지 않는 것은?

① 허가 · 신고 또는 보고한 사항이나 수입 신고한 사항과 다른 내용의 표시 · 광고

② 제조방법에 관하여 연구하거나 발견한 사실로서 식품학, 영양학 등의 분야에서 공인된 사항의 표시

③ 제품의 원재료 또는 성분과 다른 내용의 표시 · 광고

④ 제조연월일 또는 유통기한을 표시함에 있어서 사실과 다른 내용의 표시 · 광고

해설 식품영양학적으로 공인된 사항은 위 범위에 해당되지 않는다.

15 개인 안전사고 예방을 위한 안전교육의 목적으로 바르지 않은 것은 ?

① 안전한 생활을 할 수 있는 습관을 형성시킨다.

② 인간생명의 존엄성을 인식시킨다.

③ 개인과 집단의 안정성을 최고로 발달시킨다.

④ 불의의 사고를 완전히 제거할 수있다.

해설 안전교육은 불의의 사고로 인한 상해, 사망 등으로부터 재해를 사전에 예방하기 위한 방법이다.

16 β−전분이 가열에 의해 α−전분으로 되는 현상은?

① 호화   ② 호정화

③ 산화   ④ 노화

해설 날전분(β−전분)에 물을 넣고 가열하면 익은 전분(α−전분)이 되는데 이 현상을 호화(알파화)라 한다.

17 중성지방의 구성성분은?

① 탄소와 질소

② 아미노산

③ 지방산과 글리세롤

④ 포도당과 지방산

해설 중성지방은 지방산과 글리세롤의 에스테르결합이다.

18 다음 중 나비넥타이 모양 혹은 나비가 날개를 편 모양을 가지고 있는 파스타의 종류는?

① 오레키에테(Orecchiette)

② 파르팔레(Farfalle)

③ 탈리아텔레(Tagliatelle)

④ 토르텔리니(tortellini)

해설 • 오레키에테(Orecchiette) : 귀처럼 오목한 모양
• 탈리아텔레(Tagliatelle) : 적당한 길이와 넓적한 형태
• 토르텔리니(tortellini) : 도우(Dough)에 내용물을 넣고 반지 모양으로 만듦

19 결합수의 특징이 아닌 것은?

① 전해질을 잘 녹여 용매로 작용한다.

② 자유수보다 밀도가 크다.

③ 식품에서 미생물의 번식과 발아에 이용되지 못한다.

④ 동 · 식물의 조직에 존재할 때 그 조직에 큰 압력을 가하여 압착해도 제거되지 않는다.

해설 자유수(유리수)는 식품 중에 유리상태로 존재하는 물(보통물)을 말하며 결합수는 식품 중의 탄수화물이나 단백질 분자의 일부분을 형성하는 물을 말한다. 결합수는 당류와 같은 용질(Solutes)에 대해서 용매로서 작용하지 않는다.

20 주방 내 미끄럼 사고의 원인이 아닌 것은?

① 노출된 전선
② 매트가 주름진 경우
③ 바닥에 기름이 있는 경우
④ 적당한 조도보다 높을 경우

해설 조리실의 조도는 220Lux 이상으로 관리가 되어야 하며 낮은 조도로 인해 어두운 경우에는 미끄럼사고의 원인이 될 수 있다.

21 알칼리성 식품에 대한 설명으로 옳은 것은?

① Na, K, Ca, Mg이 많이 함유되어 있는 식품
② S, P, Cl이 많이 함유되어 있는 식품
③ 당질, 지질, 단백질 등이 많이 함유되어 있는 식품
④ 곡류, 육류, 치즈 등의 식품

해설 무기질의 종류에 따라 알칼리성 식품과 산성 식품으로 나뉘는데 알칼리성 식품은 Na(나트륨), K(칼륨), Ca(칼슘), Mg(마그네슘) 등을 함유하고 있는 식품으로 해조류, 과일류, 채소류이고, 산성 식품은 S(황) P(인), Cl(염소) 등을 함유하고 있는 식품으로 곡류, 어류, 육류 등이다.

22 우유의 균질화(Homogenization)에 대한 설명이 아닌 것은?

① 지방구의 크기를 0.1~2.2㎛ 정도로 균일하게 만들 수 있다.
② 탈지유를 첨가하여 지방의 함량을 맞춘다.
③ 큰 지방구의 크림층 형성을 방지한다.
④ 지방의 소화를 용이하게 한다.

해설 우유 균질처리의 목적은 지방구가 시간이 지남에 따라 뭉쳐서 크림층을 형성히는 것을 방지하기 위함이며 균질화에 의해서 우유의 색은 더욱 희게 되고 부드러운 맛이 증진된다. 지방구의 크기를 0.1~2.44㎛(마이크로미터) 정도로 작고 균일하게 만들어 지방의 소화 흡수가 좋아진다.

23 한국인 영양섭취기준의 구성요소로 틀린 것은?

① 평균필요량
② 권장섭취량
③ 충분섭취량
④ 하한섭취량

해설 한국인 영양섭취기준은 건강을 최적의 상태로 유지할 수 있는 영양소 섭취기준으로 평균필요량, 권장섭취량, 충분섭취량, 상한섭취량(인체 건강에 유해한 현상이 나타나지 않는 최대 영양소 섭취기준)이 있다.

24 섬유소와 한천에 대한 설명 중 틀린 것은?

① 산을 첨가하여 가열하면 분해되지 않는다.
② 체내에서 소화되지 않는다.
③ 변비를 예방한다.
④ 모두 다당류이다.

해설 채소에 포함되어 있는 섬유소는 알칼리와 산에 영향을 받는데 조리수에 중탄산소다와 같은 알칼리를 첨가하면 섬유소가 연해지지만 산을 첨가하면 섬유소는 질기게 되며, 한천에 산을 첨가하면 한천을 소분자 물질로 분해하여서 망상구조를 만드는 힘이 약해지므로 겔의 형성능력이 저하된다.

25 과실의 젤리화 3요소와 관계없는 것은?

① 젤라틴　　　② 당
③ 펙틴　　　　④ 산

해설 과일을 이용한 젤리, 잼이나 마말레이드를 만들 때 펙틴의 농도가 0.5~1.5%, pH가 3~3.4, 설탕의 농도가 60~65%일 때 적당한 강도를 지닌 제품을 만들 수 있다.

26 탄수화물의 분류 중 5탄당이 아닌 것은?

① 갈락토오스(Galactose)
② 자일로스(Xylose)
③ 아라비노스(Arabinose)
④ 리보오스(Ribose)

해설 탄수화물의 분류와 종류

단당류	더이상 가수 분해되지 않는 당류	• 1탄당(글리세르알데히드, 디히드 록시아세톤) • 4탄당(에리트로오스, 트레오스) • 5탄당(리보오스, 데옥시리보오스, 자일로스, 아라비노스) • 6탄당(포도당, 과당, 갈락토오스, 만노오스)
소당류	단당류가 2~8개 결합된 것	• 2당류(자당, 맥아당, 유당, 겐티오 비오스, 셀로비오스, 루티노오스, 트레할로오스, 멜리비오스) • 3당류(라피노오스, 멜레아토오스, 겐티아노오스) • 4당류(스타키오스)
다당류	단당류가 수백 또는 수천 개 축합된 것	• 단순다당류(전분, 텍스트린, 셀루 로오스, 이눌린, 글리코겐) • 복합다당류(펙틴, 헤미셀룰로오 스, 콘드로이틴황산염)

아미 노산의 종류	중성 아미노산	글리신, 알라닌, 발린, 루신, 이소루신, 세린, 트레오닌
	산성 아미노산	아스파라긴, 아스파르트산, 글루탐산, 글루타민
	염기성 아미노산	아르기닌, 히스티딘, 리신
	함황 아미노산	시스테인, 시스틴, 메티오닌
	방향족 아미노산	페닐알라닌, 티로신
아미 노산의 종류	기타 아미노산	히드록시프롤린, 프롤린, 트 립토판
	필수 아미노산	발린, 루신, 이소루신, 트레오 닌, 메티오닌, 리신, 페닐알라 닌, 트립토판

27 CA저장에 가장 적합한 식품은?

① 육류　　　　　② 과일류
③ 우유　　　　　④ 생선류

해설 CA저장(Controlled atmosphere storage)에 적합한
식품은 과일이다. CA저장은 저장실 내부 온도를
0~4℃로 낮추고, 산소는 2~3%로 줄이고, 이산화
탄소의 비율은 2~5% 높여 숙성을 지연시키고 부
패와 손상을 방지하는 기술이다. 사과, 배, 바나나,
망고, 토마토, 감귤류, 아보카도 등과 같이 수확 후
호흡이 급상승하는 과일을 호흡상승기 이전에 수
확하여 CA저장에 의해 숙성시킨 후 판매하는 데
사용하면 과일의 저장기간이 연장된다.

28 항함유 아미노산이 아닌 것은?

① 트레오닌(Threonine)
② 시스틴(Cystine)
③ 메티오닌(Methionine)
④ 시스터테인(Cysteine)

해설 식품 중의 단백질은 체내에서 가수분해되어 아미
노산으로 흡수되어 체조직 형성에 필요한 단백질
로 다시 합성된다.

29 하루 필요열량이 2,500kcal일 경우 이중의 18%
에 해당하는 열량을 단백질에서 얻으려 한다면
필요한 단백질의 양은 무엇인가?

① 50.0g　　　　② 112.5g
③ 121.5g　　　　④ 171.3g

해설 하루 필요열량 2,500kcal 중 18%(2,500 × 0.18 =
450)에 해당하는 열량은 450kcal이며 이를 단백질
로 얻으려 한다고 했다. 단백질은 1g당 4kcal의 열
량을 내므로 450÷4 = 112.5로 112.5g의 단백질이
필요하다.
즉, 단백질 112.5g은 450kcal(112.5 × 4 = 450)로 하
루 필요열량 2,500kcal 중 18%에 해당한다.

30 조리와 가공 중 천연색소의 변색요인과 거리가
먼 것은?

① 산소　　　　　② 효소
③ 질소　　　　　④ 금속

해설 천연색소는 조리와 가공 중 pH, 금속이온, 산소, 효
소 등에 의해 변색된다.

31 조리에 사용하는 냉동식품의 특성이 아닌 것은?

① 완만 동결하여 조직이 좋다.

② 미생물 발육을 저지하여 장기간 보존이 가능하다.

③ 저장 중 영양가 손실이 적다.

④ 산화를 억제하여 품질저하를 막는다.

해설 식품은 완만 냉동이 아닌 급속 냉동을 시키는 것이 바람직하다. 급속 냉동은 얼음을 미세하게 결정시키기 때문으로 단백질의 변패가 적고 식품 조직의 파괴가 적어 식품 자체의 상태를 유지할 수 있기 때문이다.

32 조리기구의 재질 중 열전도율이 커서 열을 전달하기 쉬운 것은?

① 유리 　　　　② 도자기

③ 알루미늄 　　④ 석면

해설 알루미늄은 금속 중에서도 열전도율이 높고 냄비류 등 조리기구의 소재로 가장 많이 사용되는 금속이다.

33 식품재고관리의 중요성에 들지 않는것은?

① 물품의 갑작스러운 부족에 대처할 수 있다.

② 부주의로 인한 손실을 최소화할 수 있다.

③ 원가절감의 효과를 볼 수 있다.

④ 구매비용의 절감은 기대할 수 없다.

해설 식품재고를 파악하고 관리함으로써 적정주문량 결정을 통해 구매비용이 절감된다.

34 소금 절임 시 저장성이 좋아지는 이유는?

① pH가 낮아져 미생물이 살아갈 수 없는 환경이 조성된다.

② pH가 높아져 미생물이 살아갈 수 없는 환경이 조성된다.

③ 고삼투성에 의한 탈수효과로 미생물의 생육이 억제된다.

④ 저삼투성에 의한 탈수효과로 미생물의 생육이 억제된다.

해설 삼투압 현상이란 농도가 다른 두 용액 사이에 서로 균형을 맞추기 위해 농도가 낮은 곳에서 높은 곳으로(고삼투성) 물 따위의 용매가 이동하는 현상을 말한다. 예를 들어 김치를 만들기 위해 배추를 소금에 절일 때 배추에 소금을 뿌려 절이면 배추 안의 수분보다 배추 바깥의 농도가 높아져서 배추 안쪽의 물이 배추 바깥으로 빨려 나가는 현상이 일어나는데 이것이 삼투압 현상이다. 삼투압 현상이 일어난 절인 배추 속의 수분은 줄어들게 되어 많은 유해한 미생물이 억제된다.

35 밀가루의 용도별 분류는 어느 성분을 기준으로 하는가?

① 글리아딘 　　② 글로불린

③ 글루타민 　　④ 글루텐

해설 밀가루는 글루텐의 함량에 따라 13% 이상은 강력분(용도 : 식빵, 마카로니, 스파게티 등), 10~13%는 중력분(용도 : 국수, 만두피 등), 10% 이하는 박력분(용도 : 케이크, 튀김옷, 카스테라 등)으로 구분한다.

36 소고기의 부위별 용도와 조리법 연결이 틀린 것은?

① 앞다리 : 불고기, 육회, 장조림

② 설도 : 탕, 샤브샤브, 육회

③ 목심 : 불고기, 국거리

④ 우둔 : 산적, 장조림, 육포

해설 설도는 엉덩이살 아래쪽 넓적다리 살로 엉덩이 부분 중 바깥쪽 부분으로 결이 다소 거칠고 질긴 편이며 식육은 우둔과 비슷하다. 조리법은 산적, 편육, 불고기, 육회, 구이, 전골, 스테이크 등이다.

37 젤라틴의 응고에 관한 설명으로 틀린 것은?

① 젤라틴의 농도가 높을수록 빨리 응고된다.

② 설탕의 농도가 높을수록 응고가 방해된다.

③ 염류는 젤라틴의 응고를 방해한다.

④ 단백질 분해효소를 사용하면 응고력이 약해진다.

해설 염류는 젤라틴의 단단한 응고물을 형성하는데 NaCl(염화나트륨, 소금)은 물의 흡수를 막아 젤의 강도를 높인다. 단백질 분해효소인 파인애플의 브로멜린은 젤라틴을 분해하여 응고를 방해하므로 2분 가량 가열하여 사용한다.

38 과일의 일반적인 특성과는 다르게 지방함량이 가장 높은 과일은?

① 아보카도　　　② 수박

③ 바나나　　　　④ 감

해설 과일의 지방함량

과일명	지방함량(가식부 100g당)
아보카도	18.7
수박	0.4
바나나	0.2
감	0.0

39 전자레인지의 주된 조리 원리는?

① 복사　　　　　② 전도

③ 대류　　　　　④ 초단파

해설 전자레인지는 초단파(전자파)가 식품에 투과될 때 식품 등의 수분이 진동에 의한 마찰열을 발생시켜 가열되도록 하는 조리기구이다.

40 닭고기 20kg으로 닭강정 100인분을 판매한 매출액이 1,000,000원이다. 닭고기의 1kg당 단가를 12,000원에 구입하였고 총 양념 비용으로 80,000원이 들었다면 식재료의 원가비율은?

① 24%　　　　　② 28%

③ 32%　　　　　④ 40%

해설 식재료 원가율(%) = (식재료 사용금액 ÷ 총매출액) ×100

= (32,000 ÷ 1,000,000) × 100

= 0.32 × 100

= 32

그러므로 식재료 원가율은 32%이다.

(식재료 사용금액은 1kg당 단가 12,000원인 닭고기를 20kg 구입하였으므로 240,000원이며 총 양념 비용인 80,000원을 더하여 320,000원이다)

41 생선에 레몬즙을 뿌렸을 때 나타나는 현상이 아닌 것은?

① 신맛이 가해져서 생선이 부드러워진다.

② 생선의 비린내가 감소한다.

③ pH가 산성이 되어 미생물의 증식이 억제된다.

④ 단백질이 응고된다.

해설 생선에 레몬즙을 뿌리게 되면 생선살의 pH가 단백질의 등전점에 가까워지며 살이 단단해진다. 그러나 오래 뿌려 놓으면 조직이 변화되므로 먹기 직전에 뿌리는 것이 좋다.

42 튀김의 특징이 아닌 것은?

① 고온단시간 가열로 영양소의 손실이 적다.

② 기름의 맛이 더해져 맛이 좋아진다.

③ 표면이 바삭바삭해 입안에서의 촉감이 좋아진다.

④ 불미성분이 제거된다.

해설 데치기나 삶기와 같은 습열조리는 채소 특유의 불쾌한 냄새나 불순물 등을 제거할 수 있으며(시금치나 무청 데치기, 토마토껍질 벗기기 등) 불필요한 지방 및 맛 성분 제거 등에도 효과적인 조리법이다.

43 전채요리에 사용되는 콩디망(Condiments)은 무엇을 말하는가?

① 전채요리의 조리방법의 한 종류이다.
② 전채요리에 어울리는 양념이나 조미료, 향신료 등을 말한다
③ 전채요리 중의 하나이다.
④ 오르되브르(Hors d'oeuvre)와 같은 말이다.

[해설] 콩디망은 전채요리에 어울리는 양념이나 조미료, 향신료 등을 말하며 발사믹 소스, 토마토 살사, 베지터블 비네그레트, 오일 앤 비네그레트, 마요네즈와 같은 소스류 등을 사용한다.

44 설비에 대한 설명으로 바르지 않은 것은?

① 검수공간 : 들어오는 식재료를 신속하고 용이하게 취급할 수 있도록 설계한다.
② 저장공간 : 노동력 절감을 위해 검수공간과 가깝게 둔다.
③ 전처리공간 : 교차오염이 일어나지 않도록 육류와 어패류, 채소의 전처리 공간을 구분하여 사용한다.
④ 전처리공간 : 물은 많이 사용하지 않으므로 배수는 크게 신경을 쓰지 않아도 괜찮다.

[해설] 전처리 공간은 물을 많이 사용하므로 청소가 쉽고 배수가 잘되며 건조가 쉬운 바닥으로 한다.

45 총원가에 대한 설명으로 맞는 것은?

① 제조간접비와 직접원가의 합이다.
② 판매관리비와 제조원가의 합이다.
③ 판매관리비, 제조간접비, 이익의 합이다.
④ 직접재료비, 직접노무비, 직접경비, 직접원가, 판매관리비의 합이다.

[해설] 원가구성도

			이익
		판매비와 관리비	총원가 (판매원가)
	제조 간접비	제조원가 (공장원가)	
직접 재료비	직접원가 (기초원가)		
직접 노무비			
직접경비			
직접원가	제조원가	총원가	판매가격

46 대상집단의 조직체가 급식운영을 직접하는 형태는?

① 준위탁급식　　② 위탁급식
③ 직영급식　　④ 협동조합급식

[해설] 직영급식이란 대상집단이 자체적으로 구내식당을 직접 운영하는 방법을 말한다.

47 소스를 용도에 맞게 제공하는 방법으로 바르지 않은 것은?

① 소스의 향으로 인해 원재료의 맛을 저하시켜서는 안 된다.
② 질 좋은 스테이크에 고기의 맛을 즐기기 위해서는 많은 양의 소스를 제공하지 않는다.
③ 튀김류에 사용되는 소스는 제공 직전에 뿌려서 튀김이 바삭함을 유지하도록 한다.
④ 많은 양의 접시를 제공해야 하는 연회장의 경우는 약간 묽게 하는 게 좋다.

[해설] 많은 양의 접시를 제공해야 하는 연회장의 경우는 소스가 약간 되직한 게 좋다.

48 다음 중 습식열 조리방법에 해당되지 않는 것은?

① 볶음(Sauteing)
② 삶기(Poaching)
③ 은근히 끓이기(Simmering)
④ 글레이징(Glazing)

해설 · 건식열 조리방법 : 철판구이(Broiling), 석쇠구이(Griling), 로스팅(Roasting), 굽기(Baking), 그레티네이팅(Gratinating), 볶음(Sauteing), 팬프라잉(Pan-frying), 튀김(Deep-frying), 시어링(Searing)
· 습식열 조리방법 : 삶기(Poaching), 은근히 끓이기(Simmering), 끓이기(Boiling), 데침(Blanching), 증기찜(Steaming), 글레이징(Glazing)
· 복합 조리방법 : 브레이징(Braising), 스튜잉(Stewing), 프왈레(Poeler), 수비드(Sous vide), 도자기 구이(Pot roasting), 압력조리(Pressure cooking), 피치먼트(Parchment), 종이에 싸서 굽기(en papillote)

49 식품검수방법의 연결로 틀린 것은?

① 화학적 방법 : 영양소의 분석, 첨가물, 유해성분 등을 검출하는 방법
② 검경적 방법 : 식품의 중량, 부피, 크기 등을 측정하는 방법
③ 물리학적 방법 : 식품의 비중, 경도, 점도, 빙점 등을 측정하는 방법
④ 생화학적 방법 : 효소반응, 효소 활성도, 수소이온농도 등을 측정하는 방법

해설 검경적(檢境的) 방법이란 검경에 의해 식품의 세포나 조직의 모양, 협잡물, 미생물의 존재를 확인하는 방법이다.

50 한천젤리를 만든 후 시간이 지나면 내부에서 표면으로 수분이 빠져나오는 현상은?

① 삼투현상(Osmosis)
② 이장현상(Sysnersis)
③ 님비현상(NIMBY)
④ 노화현상(Retrogradation)

해설 이장현상이란 겔에 함유되어 있는 분산매가 겔 밖으로 분리되어 나오는 현상으로 이수현상이라고도 한다. 이것은 팽윤과 반대의 현상으로 겔을 구성하고 있는 3차원적인 그물구조가 수축하여 분산매가 방출되는 것으로 생각되고 있다.

51 양식재료 썰기에 대한 설명으로 맞지 않는 것은?

① 다이스(Dice) : 큐브보다는 작은 정육면체 크기로 사방 1.2cm의 크기
② 바토네(Batonnet) : 감자튀김(프렌치프라이)의 형태로 써는 방법
③ 올리베트(Olivette) : 샤또보다는 길이가 길고 끝이 뾰쪽하며 올리브 형태
④ 쥘리엔(Julienne) : 재료를 엷게 자른 뒤 포개어 놓고 엷고 길게 써는 형태를 말하며 0.3cm 정도 두께로 썲

해설 · 올리베트(Olivette) : 샤또보다는 길이가 짧고(4cm 정도) 끝이 뾰쪽하며 올리브 형태로 깎는다.
· 샤또(Chateau) : 길이 5~6cm 정도의 끝은 몽뚝하고 배가 나온 원통 형태의 모양으로 깎는다.

52 무구조충(민촌충) 감염의 올바른 예방대책은?

① 게나 가재의 가열섭취
② 음료수의 소독
③ 채소류의 가열섭취
④ 소고기의 가열섭취

해설 무구초충은 소고기를 생식하는 지역에 보다 높게 분포하는데 예방대책으로는 날로 먹지 않고 충분히 익혀 먹는 것이다.

53 사람이 예방접종을 통하여 얻는 면역은?

① 선천면역
② 자연수동면역
③ 자연능동면역
④ 인공능동면역

해설 · 선천면역 : 종속면역, 인종면역, 개개인의 특성
· 자연수동면역 : 모체로부터 얻은 면역
· 자연능동면역 : 질병 감염 후 획득한 면역
· 인공능동면역 : 예방접종으로 획득한 면역

54 쥐에 의하여 옮겨지는 감염병은?

① 유행성이하선염

② 페스트

③ 파상풍

④ 일본뇌염

해설 페스트는 쥐벼룩에 의해 쥐에서 쥐로 전파된다.

55 눈 보호를 위해 가장 좋은 인공조명 방식은?

① 직접조명

② 간접조명

③ 반직접조명

④ 전반확산조명

해설 간접조명은 눈을 보호할 수 있는 가장 좋은 인공조명 방식이다.

56 중금속과 중독 증상의 연결이 잘못된 것은?

① 카드뮴 – 신장기능장애

② 크롬 – 비중격천공

③ 수은 – 홍독성 성분

④ 납 – 섬유화 현상

해설 납 중독 : 연연(鉛綠), 뇨 중에 코프로포피린 검출, 권태, 체중감소 등

57 다음 중 갑각류 껍질을 으깨어 채소와 함께 충분히 우러나도록 끓인 수프는 무엇인가?

① 크림과 퓌레 수프(Cream and pureed soups)

② 비스크 수프(Bisque soups)

③ 맑은 수프(Clear soups)

④ 가스파쵸(Gazpacho Soup)

해설 비스크 수프(Bisque soups) : 새우나 바닷가재 등의 갑각류 껍질을 으깨어 채소와 함께 충분히 우러나도록 끓인 수프로 마지막에 크림을 넣어 주는데 재료를 과하게 첨가하면 맛이 변하므로 주의한다.

58 시리얼의 분류 중 더운 시리얼에 해당되는 것은?

① 오트밀(Oatmeal)

② 콘플레이크(Cornflakes)

③ 라이스 크리스피(Rice crispy)

④ 버처 뮤즐리(Bircher muesli)

해설 시리얼의 분류

차가운 시리얼 (Cold cereals)	콘플레이크(Cornflakes)
	올 브랜(All bran)
	라이스 크리스피(Rice crispy)
	레이진 브렌(Raisin bran)
	쉬레디드 휘트 (Shredded wheat)
	버처 뮤즐리(Bircher muesli)
더운 시리얼 (Hot cereals)	오트밀(Oatmeal)

59 올리브오일 중 엑스트라 버진 올리브유에 대한 설명으로 맞는 것은?

① 올리브 열매로부터 3~4번째 나오는 오일로 혼합되어 사용한다.

② 압착과정을 한 번 거친 것으로 최상급으로 친다.

③ 산도의 조건이 2% 이상 이다.

④ 맛과 향이 다소 떨어지지만 가격이 저렴해서 많이 사용된다.

해설 올리브오일 : 올리브나무 열매를 압착과정을 거쳐 추출한 것으로 식용유 중에 최고급품으로 사용되고 있으며 다음과 같이 분류한다.

• 엑스트라 버진 올리브유(Extra virgin olive oil) : 압착과정을 한번 거친 것으로 최상급으로 치며 산도의 조건(1%), 질, 향, 맛이 제일 우수하여 음식의 향을 내거나 조미료로 사용한다.

• 버진 올리브유(Virgin olive oil) : 엑스트라 버진 올리브유와 같이 압착 과정을 거쳐 추출한 것으로 엑스트라 버진 등급을 받지 못한 것으로 맛과 향이 다소 떨어지는 차이가 있다. 엑스트라 버진 올리브보다 산도(1~1.5%)가 높다.

• 퓨어 올리브유(Pure virgin olive oil) : 올리브 열매

로부터 3~4번째 나오는 오일로 혼합하여 사용
하기도 하며 산도가 2% 이상이고 가격이 저렴해
서 많이 사용되고 있다.

60 완성된 스톡의 품질 평가 시 색상이 맑지 못한
원인으로 맞는 것은?

① 뼈를 갈색으로 태우지 않았음
② 뼈와 물과의 불균형
③ 뼈와 미르포아가 충분히 태워지지 않음
④ 스톡 조리 시 불조절의 실패와 이물질

해설 스톡의 질은 본체(body), 향(flavor), 투명도(clarity),
색(color) 등 4가지 특성으로 판단한다.

문제점	원인	개선 방법
맑지 못함	조리 시 불조절의 실패와 이물질	찬물에서 스톡조리 시 작(시머링), 소창을 사용하여 걸러냄
향이 적음	충분히 조리되지 않고 뼈와 물과의 불균형	뼈를 추가로 넣음, 조리 시간을 늘림
색상이 옅음	뼈와 미르포아가 충분히 태워지지 않음	뼈와 미르포아를 짙은 갈색으로 태움
무게감이 없음	뼈와 물과의 불균형	뼈를 추가로 넣음
짜다	조리하는 동안 소금을 넣음	스톡을 다시 조리하기 (소금 사용금지)

01	①	02	④	03	②	04	②	05	③
06	①	07	①	08	②	09	①	10	④
11	④	12	④	13	④	14	②	15	④
16	①	17	③	18	②	19	①	20	④
21	①	22	②	23	④	24	①	25	①
26	①	27	②	28	①	29	②	30	③
31	①	32	③	33	④	34	③	35	④
36	②	37	③	38	①	39	④	40	③
41	①	42	④	43	②	44	④	45	②
46	③	47	④	48	①	49	②	50	②
51	③	52	④	53	④	54	②	55	②
56	④	57	②	58	①	59	②	60	④

01 경구감염병과 세균성 식중독의 주요 차이점에 대한 설명으로 옳은 것은?

① 경구감염병은 다량의 균으로, 세균성식중독은 소량의 균으로 발병한다.

② 세균성 식중독은 2차 감염이 많고, 경구감염병은 거의 없다.

③ 경구감염병은 면역성이 없고, 세균성식중독은 있는 경우가 많다.

④ 세균성 식중독은 잠복기가 짧고, 경구감염병은 일반적으로 길다.

해설 경구감염병과 세균성 식중독의 차이

경구감염병	세균성 식중독
소량의 균으로도 발병한다.	대량의 균 또는 독소에 의해 발병된다.
2차 감염이 된다.	살모넬라 외에는 2차 감염이 없다.
면역이 된다.	면역이 되지 않는다.
잠복기가 비교적 길다.	잠복기가 비교적 짧다.

02 중온세균의 최적발육온도는?

① 0~10℃
② 17~25℃
③ 25~37℃
④ 50~60℃

해설 균의 종류에 따라 각각 증식최적온도가 있는데 저온균은 15~20℃, 중온균은 25~37℃, 고온균은 55~60℃이다.

03 살모넬라균의 식품 오염원으로 가장 중요시되는 것은?

① 사상충
② 곰팡이
③ 오염된 가금류
④ 선모충

해설 살모넬라 식중독에 연루되었던 식품은 가금류, 닭고기 샐러드, 육류와 육류제품, 유제품, 달걀 등으로 동물성 식품(육류, 가금류, 달걀 등)이 살모넬라 식중독의 위험성이 높다.

04 인공감미료에 대한 설명으로 틀린 것은?

① 사카린나트륨은 사용이 금지되었다.

② 식품에 감미를 부여할 목적으로 첨가된다.

③ 화학적 합성품에 해당된다.

④ 천연물유도체도 포함되어 있다.

해설 사카린나트륨은 사용이 허가된 감미료이며 사용이 금지된 감미료는 둘신, 에틸렌글리콜, 니트로아닐린, 페릴라틴, 사이클라메이트 등이 있다.

05 다음 식품첨가물 중 유지의 산화방지제는?

① 소르빈산칼륨

② 차아염소산나트륨

③ 비타민 E

④ 아질산나트륨

해설 식품첨가물의 사용용도는 다음과 같다.
- 소르빈산칼륨 : 보존료
- 차아염소산나트륨 : 살균제
- 비타민 E : 산화방지제
- 아질산나트륨 : 발색제

06 식품과 그 식품에서 유래될 수 있는 독성물질의 연결이 틀린 것은?

① 복어 – 테트로도톡신

② 모시조개 – 베네루핀

③ 맥각 – 에르고톡신

④ 은행 – 말토리진

해설 청산배당체인 아미그달린(Amygdalin)은 효소에 의하여 분해되어 청산이 나옴으로써 중독을 일으키는데 식물로는 청매, 살구씨, 복숭아씨, 은행 등이 알려져 있다.

07 육류의 직화구이나 훈연 중에 발생하는 발암물질은?

① 아크릴아마이드(Acrylamide)

② 니트로사민 (N-nitrosamine)

③ 에틸카바메이트(Ethylcarbamate)

④ 벤조피렌(Benzopyrene)

해설 벤조피렌은 화석연료 등의 불완전연소 과정에서 발생하는 다환방향족탄화수소의 한 종류로 인체에 축적될 경우 각종 암을 유발하고 돌연변이를 일으키는 환경호르몬이다. 숯불에 구운 소고기 등 가열로 검게 탄 식품, 담배연기, 자동차 배기가스 쓰레기 소각장 연기 등에 벤조피렌이 포함되어 있다.

08 식중독을 일으킬 수 있는 화학물질로 보기 어려운 것은?

① 포르말린(Formalin)

② 만니톨(Mannitol)

③ 붕산(Boric acid)

④ 승홍

해설 · 포르말린 : 포름알데히드(HCHO)를 37%(±0.5%) 함유한 수용액의 상품명으로 무색 투명하고 강한 자극적인 냄새가 있다. 용도는 살균, 소독제, 페놀수지, 요소수지 등의 원료가 된다. 유독하며 발암성이 지적되고 있다
· 만니톨 : 널리 식물계에 분포하며 자연계에 가장 많은 당알코올로 만나나무(물푸레나무과)를 비롯해 각종 식물의 만나의 주성분을 이룬다.
· 붕산 : 붕규산유리, 도자기의 유약, 법랑(琺瑯) 등의 원료가 되며, 비타민 B_2나 루틴 등의 주사제에 가하여 용해를 촉진시키기도 한다. 많이 마시면 위험하며, 치사량은 성인 약 20g, 어린이 약 5g이다.
· 승홍 : 염화수은(Ⅱ)의 의약품명이다. 맹독성이며 분석시약 또는 촉매로 사용된다.

09 과실류나 채소류 등 식품의 살균목적 이외에 사용하여서는 아니 되는 살균소독제는? (단, 참깨에는 사용금지)

① 차아염소산나트륨

② 양성비누

③ 과산화수소수

④ 에틸알코올

해설 차아염소산나트륨은 주로 소독, 방취, 표백 등의 목적으로 사용되며, 음료수, 채소 및 과일, 용기·기구·식기 등에 사용한다. 차아염소산나트륨 및 이를 함유하는 제재는 참깨에 절대로 사용하지 않는다.

10 단백질 식품이 부패할 때 생성되는 물질이 아닌 것은?

① 레시틴

② 암모니아

③ 아민류

④ 황화수소(H_2S)

해설 레시틴은 글리세린, 인산을 포함하고 있는 인지질의 하나로서 생체막을 구성하는 주요 성분이며 난황·콩기름·간·뇌 등에 많이 함유되어 있다.

11 공급처의 선정 중 급식소에서 원하는 품질의 물품 입찰가격을 가장 합당하게 제시한 업체와 계약을 체결하는 방법은?

① 공동구매

② 수의계약

③ 경쟁입찰

④ 계약구입

해설 공급업체 선정방법은 경쟁입찰계약과 수의계약으로 나뉜다.

구분	내용
경쟁 입찰 계약	· 공식적 구매방법 · 공급업체 중 급식소에서 원하는 품질의 물품 입찰가격을 가장 합당하게 제시한 업체와 계약을 체결하는 방법 · 일반경쟁입찰과 지명경쟁입찰로 나뉨 · 저장성이 높은 식품(쌀, 조미료, 건어물 등) 구매 시 적합 · 공평하고 경제적임

수의 계약	• 비공식적 구매방법 • 공급업자들을 경쟁에 붙이지 않고 계약을 이행할 자격을 가진 특정업체와 계약을 체결하는 방법 • 복수견적과 단일견적으로 나뉨 • 소규모 급식시설에 적합 • 채소, 생선, 육류 등의 저장성이 낮고 가격변동이 있는 식품 구매에 적합 • 절차가 간편하고 경비와 인원 감소 가능 • 구매자의 구매력이 제한될 수 있고 불리한 가격으로 계약하기 쉬움

12 개인위생관리 중 바르지 않은 것은?

① 화장은 진하게 하지 않지만 향이 강한 향수는 사용하여도 좋다.

② 인조 속눈썹을 착용해서는 안 된다.

③ 손톱에 매니큐어나 광택제를 칠해서는 안 된다.

④ 조리실(주방) 종사자는 시계, 반지, 목걸이, 귀걸이, 팔찌 등 장신구를 착용해서는 안 된다.

해설 화장은 진하게 하지 않으며, 향이 강한 향수는 사용하지 않는다.

13 식품 등의 표시기준에 명시된 표시사항이 아닌 것은?

① 업소명 및 소재지

② 판매자 성명

③ 성분명 및 함량

④ 유통기한

해설 식품 등의 표시사항 : 제품명, 식품의 유형, 업소명 및 소재지, 제조연월일, 유통기한 또는 품질유지기한, 내용량, 원재료명 및 함량, 성분명 및 함량, 영양성분, 기타 식품 등의 세부 표시기준에서 정하는 사항

14 식품위생법상 집단급식소 운영자의 준수사항으로 틀린 것은?

① 실험 등의 용도로 사용하고 남은 동물을 처리하여 조리해서는 안 된다.

② 지하수를 먹는 물로 사용하는 경우 수질 검사의 모든 항목 검사는 1년마다 하여야 한다.

③ 식중독이 발생한 경우 원인규명을 위한 행위를 방해하여서는 아니 된다.

④ 동일 건물에서 동일 수원을 사용하는 경우 타 업소의 수질검사결과로 갈음할 수 있다.

해설 집단급식소의 설치, 운영자의 준수사항 중 지하수를 먹는 물로 사용하는 경우 일부항목검사는 1년마다 하며 모든 항목검사는 2년마다 하여야 한다.

15 교차오염을 예방하는 방법으로 바르지 못한 것은?

① 도마와 칼은 용도별로 색을 구분하여 사용한다.

② 날음식과 익은 음식은 함께 보관하여도 무방하다.

③ 식품을 조리하다가 식품에 기침을 하지 않는다.

④ 육류 해동은 냉장고의 아래 칸에서 한다.

해설 교차오염을 막기 위해 용도별 도마와 칼을 사용하고 날음식과 익은 음식은 분리하여 보관하며 육류는 해동 시 핏물이 떨어질 수 있기 때문에 냉장고 하단에 보관한다.

16 훈연 시 발생하는 연기성분에 해당되지 않는 것은?

① 페놀(Phenol)

② 포름알데히드(Formaldehyd)

③ 개미산(Formic acid)

④ 사포닌(Saponin)

해설 훈연성분의 기능적인 작용은 살균작용, 항산화 작용, 훈연취부여 등인데 훈연 중의 성분에는 포름알데히드, 페놀, 개미산, 고급유기산, 케톤류 등이 연기성분에 함유되어 있다.

17 알칼리성 식품에 해당하는 것은?

① 송이버섯   ② 달걀

③ 보리   ④ 소고기

해설 산성식품과 알칼리성 식품의 구별은 그 식품을 연소시켰을 때 최종적으로 남는 무기질에 따라 결정된다. 산성식품(곡류, 육류, 어류, 난 등)은 P(인), S(황), Cl(염소)가, 알칼리성식품(채소, 과일류, 해조류, 우유 등)은 Na(나트륨), K(칼륨), Mg(마그네슘), Fe(철분), Ca(칼슘)이 함유되어 있는 식품을 말한다.

18 수확 후 호흡작용이 상승되어 미리 수확하여 저장하면서 호흡작용을 인공적으로 조절할 수 있는 과일류와 가장 거리가 먼 것은?

① 아보카도   ② 망고

③ 바나나   ④ 레몬

해설 수확 후 호흡이 급상승하는 과일은 호흡상승기 이전에 미리 수확하여 CA저장에 의해 숙성시킨 후 판매하면 좋은데 사과, 배, 망고, 바나나, 감귤류, 아보카도, 토마토 등이 이에 속한다. 호흡상승률이 낮은 과일은 숙성 후 수확하여 판매하는 것이 좋은데 레몬, 파인애플, 딸기, 포도가 이에 속한다.

19 작업 시 근골격계 질환을 예방하기 위한 방법으로 맞는 것은?

① 안전장갑을 착용한다.

② 안전화를 신는다.

③ 조리기구의 올바른 사용방법을 숙지한다.

④ 작업 전과 후에 간단한 스트레칭을 적절히 실시한다.

해설 근골격계 질환(목, 어깨, 허리, 손목 등) 예방
부적절한 자세는 중립자세를 유지하고, 정적인 동작을 없애며, 반복적인 작업을 줄이고, 무리한 힘을 가하지 않는다. 전동기구사용 시에는 진동강도가 낮은 것을 사용하고 근골격계 부담을 줄이기 위해 작업 전과 후에 스트레칭을 적절하게 해준다.

20 단백질의 열변성에 대한 설명으로 옳은 것은?

① 보통 30℃에서 일어난다.

② 수분이 적게 존재할수록 잘 일어난다.

③ 전해질이 존재하면 변성속도가 늦어진다

④ 단백질에 설탕을 넣으면 응고온도가 높아진다.

해설 단백질의 열에 의한 변성은 응고형태로 나타난다.
열변성에 영향를 주는 요인
- 온도 : 일반적으로 60~70℃ 부근에서 일어나며 온도가 높아지면 속도가 빨라진다.
- 수분 : 단백질에 수분이 많으면 비교적 낮은 온도, 수분이 적으면 높은 온도에서 변성이 일어난다.
- 전해질 : 단백질에 소량의 전해질(염화물, 황산염, 젓산염 등)을 가해주면 열변성이 촉진된다.
- 기타 : 당, 지방산염은 열 응고를 방해한다.

21 다음 중 조리장비와 도구의 위험요소로부터의 예방법으로 바르지 않은 것은?

① 채소절단기는 재료투입 시 손으로 재료를 눌러 이용한다.

② 조리용 칼의 방향은 몸 반대쪽으로 한다.

③ 가스레인지는 사용 후 즉시 밸브를 잠근다.

④ 튀김기 세척 시 물기를 완전히 제거한다.

해설 채소절단기의 재료 투입 시 누름봉을 이용하여 안전하게 사용한다.

22 지방에 대한 설명으로 틀린 것은?

① 동, 식물에 널리 분포되어 있으며 일반적으로 물에 잘 녹지 않고 유기용매에 녹는다.

② 에너지원으로서 1g당 9kcal의 열량을 공급한다.

③ 포화지방산은 이중결합을 가지고 있는 지방산이다.

④ 포화정도에 따라 융점이 달라진다.

해설 지방산은 분자 내에 이중결합을 가지지 않는 지방산을 포화지방산이라 하고 이중결합을 가지고 있는 지방산을 불포화지방산이라 한다.

23 탄수화물 식품의 노화를 억제하는 방법과 가장 거리가 먼 것은?

① 항산화제의 사용
② 수분함량 조절
③ 설탕의 첨가
④ 유화제의 사용

해설 노화억제 방법
• 호화(=알파화)한 전분을 80℃ 이상에서 급속히 건조시키거나 0℃ 이하에서 급속 냉동하여 수분함량을 15% 이하로 하면 노화를 방지할 수 있다.
• 설탕을 다량 함유(첨가)한다.
• 환원제나 유화제를 첨가하면 막을 수 있다.

24 카로티노이드(Carotenoid) 색소와 소재식품의 연결이 틀린 것은?

① 베타카로틴(β-carotene) – 당근, 녹황색채소
② 라이코펜(Lycopene) – 토마토, 수박
③ 아스타잔틴(Astaxanthin) – 감, 옥수수, 난황
④ 푸코크잔틴 (Fucoxanthin) – 다시마, 미역

해설 아스타잔틴 – 새우, 게 등의 갑각류

25 육류 조리 시 향미성분과 관계가 먼 것은?

① 질소함유물
② 유기산
③ 유리아미노산
④ 아밀로오스

해설 육류는 조리 시 특유한 향기를 가지는데 주로 아미노산 및 질소화합물들이 당과 반응하는 마이얄 갈색화 반응의 결과로 형성된 휘발성 카아보닐 화합물과 유기산, 알코올류 등이 육류의 냄새 성분으로 알려져 있다.

26 다음 중 구매를 위한 시장조사에서 행해지는 조사내용이 아닌 것은?

① 품목
② 수량
③ 가격
④ 판매처

해설 시장조사의 내용 : 품목, 품질, 수량, 가격, 시기, 구매처, 거래조건(인수, 지불조건)

27 우유의 가공에 관한 설명으로 틀린 것은?

① 크림의 주성분은 우유의 지방성분이다.
② 분유는 전지유, 탈지유 등을 건조시켜 분말화한 것이다.
③ 저온 살균법은 63~65℃에서 30분간 가열하는 것이다.
④ 무당연유는 살균과정을 거치지 않고, 가당연유만 살균과정을 거친다.

해설 연유는 우유의 성분 중 수분을 증발시켜 농축시킨 것으로 무당연유와 설탕을 첨가한 가당연유가 있다. 무당의 경우에는 고열(115℃에서 15~20분)로 가열, 살균했으므로 신선한 영양분을 기대하기 어렵고 영양소가 파괴되어 비타민 D를 강화한다. 가당연유는 우유에 당을 첨가하여 원액의 1/3 정도로 농축시킨 것으로 당의 함량이 많아 저장성이 높다.

28 설탕을 포도당과 과당으로 분해하여 전화당을 만드는 효소는?

① 아밀라아제(Amylase)
② 인버타아제(Invertase)
③ 리파아제(Lipase)
④ 피티아제(Phytase)

해설 설탕은 인버타아제의 작용에 의해 포도당과 과당으로 가수분해된다. 설탕은 가수분해되어 포도당과 과당(포도당 : 과당이 1 : 1인 당)의 등량 혼합물이 되며 이를 전화당이라고 한다. 그 대표적인 예는 벌꿀로 벌의 타액효소 인버타아제에 의해 설탕이 분해되어 전화당을 이루고 있다.

29 체내에서 열량원보다 여러 가지 생리적 기능에 관여하는 것은?

① 탄수화물, 단백질

② 지방, 비타민

③ 비타민, 무기질

④ 탄수화물, 무기질

해설 영양소의 역할에 따른 분류

분류	역할	영양소
열량소	인체활동에 필요한 에너지를 공급	탄수화물, 단백질, 지방
구성소	몸의 발육을 위하여 몸의 조직을 만드는 성분을 공급	단백질, 무기질
조절소	체내 각 기관이 순조롭게 활동하고 섭취된 것이 몸에 유효하게 사용되기 위해 보조적 역할	비타민, 무기질

30 단맛을 가지고 있어 감미료로도 사용되며, 포도당과 이성체(Isomer) 관계인 것은?

① 한천   ② 펙틴

③ 과당   ④ 전분

해설 포도당과 과당은 단당류로 α형과 β형의 두 이성체(다른 성질체)로 존재하는 환원당이다.

31 전분의 호정화에 대한 설명으로 틀린 것은?

① 색과 풍미가 바뀌어 비효소적 갈변이 일어난다.

② 호화된 전분보다 물에 녹기 쉽다.

③ 전분을 150~190℃에서 물을 붓고 가열할 때 나타나는 변화이다.

④ 호정화되면 덱스트린이 생성된다.

해설 전분에 물을 가하지 않고 160℃ 이상으로 가열하면 여러 단계의 가용성 전분을 거쳐 덱스트린(호정)으로 분해되는데, 이것을 전분의 호정화라 한다. 호화된 전분보다 물에 녹기 쉽고, 효소작용도 받기 쉽다. 예 미숫가루, 튀밥(뻥튀기)

32 다음 중 단체급식 식단에서 가장 우선적으로 고려해야 할 사항은?

① 영양성, 위생성

② 기호도 충족

③ 경비 절감

④ 합리적인 작업관리

해설 급식을 받는 사람들의 건강을 유지, 증진하기 위해서 영양관리, 위생관리 등을 가장 우선적으로 고려해야 한다.

33 육류의 가열 조리 시 나타나는 현상이 아닌 것은?

① 색의 변화

② 수축 및 중량 감소

③ 풍미의 증진

④ 부피의 증가

해설 육류 가열 시 고기단백질의 응고로 고기가 수축하여 부피가 감소한다.

34 조리작업 별 주요 작업기기로 틀린 것은?

① 검수 : 계량기, 검수대

② 저장공간 : 냉장고, 일반저장고

③ 전처리 : 탈피기, 절단기

④ 세척 : 식기세척기, 혼합기

해설 조리작업별 작업기기
- 검수공간 : 검수대, 손소독기, 계량기, 운반차, 온도계 등
- 저장공간 : 쌀저장고, 냉장고, 냉동고, 일반저장고(조미료, 마른 식품) 등
- 전처리공간 : 싱크, 탈피기, 혼합기, 절단기 등
- 조리공간 : 저울, 세미기, 취반기, 레인지, 오븐, 튀김기, 번철, 브로일러, 증기솥 등
- 배식 : 보온고, 냉장고, 이동운반차, 제빙기, 온·냉 식수기 등
- 세척공간 : 세척용 선반, 식기세척기, 식기소독고, 칼·도마 소독기, 손소독기, 잔반처리기 등
- 보관 : 선반, 식기소독 보관고 등

35 연화작용이 가장 적은 것은?

① 버터   ② 마가린

③ 쇼트닝   ④ 라드

해설 버터, 라드, 쇼트닝 등의 고체 지방은 외부에서 가해지는 힘에 의해서 어느 한도 내에서 자유롭게 변하는 가소성이 있어 제과 반죽에서 다채로운 모양을 만들 수 있다. 마가린도 같은 작용을 하나 위에 3가지보다는 연화작용이 적다.

36 다음 중 육류에 사용되는 조리법 중 복합조리방법에 해당하는 것은?

① 스튜(Stewing), 소테(Sauteing)

② 브레이징(Braising), 스튜(Stewing)

③ 소테(Sauteing), Simmering(시머링)

④ Blanching(브렌칭), Poaching(포칭)

해설 복합조리방법
- 브레이징(Braising) : 팬에서 색을 낸 고기에 볶은 채소, 소스, 굽는 과정에서 흘러나온 육즙 등을 브레이징 팬에 넣은 다음 뚜껑을 덮고 천천히 조리하는 방법
- 스튜(Stewing) : 육류, 가금류, 미르포아, 감자 등을 약 2~3cm 크기로 썰어, 달군 팬에 기름을 넣고 색을 내어 볶은 후 그래비소스(Gravy sauce)나 브라운 스톡(Brown Stock)을 넣어 110~140℃의 온도에 끓여서 조리하는 방법

건열식 조리방법 : 소테(Sauteing)
습열식 조리방법 : Simmering(시머링), Blanching(브렌칭), Poaching(포칭)

37 조미료는 분자량이 큰 것부터 넣어야 침투가 잘되어 맛이 좋아지는데 분자량이 큰 순서대로 넣는 순서가 맞는 것은?

① 소금 → 설탕 → 식초

② 소금 → 식초 → 설탕

③ 설탕 → 소금 → 식초

④ 설탕 → 식초 → 소금

해설 조미료는 분자량이 적을수록 빨리 침투하므로 분자량이 큰 것을 먼저 넣어야 제대로 조미료가 침투된다. 설탕 → 소금(간장) → 식초 순으로 분자량이 큰 것부터 넣어준다.

38 육류의 연화방법으로 바람직하지 않은 것은?

① 근섬유와 결합조직을 두들겨 주거나 잘라준다.

② 배즙음료, 파인애플 통조림으로 고기를 재워 놓는다.

③ 간장이나 소금(1.3~1.5%)을 적당량 사용하여 단백질의 수화를 증가시킨다.

④ 토마토, 식초, 포도주 등으로 수분 보유율을 높인다.

해설 고기에 단백질분해 효소를 가해 주어 고기의 연화를 증가시키는 것에는 파파야의 파파인, 파인애플의 브로멜린, 무화과의 피신, 배의 프로타아제, 키위의 액티니딘 등이 있다. 그러나 배즙음료는 단백질 분해효소의 연화능력이 매우 낮다.

39 영양소의 손실이 가장 큰 조리법은?

① 바삭바삭한 튀김을 위해 튀김옷에 중조를 첨가한다.

② 푸른색 채소를 데칠 때 약간의 소금을 첨가한다.

③ 감자를 껍질째 삶은 후 절단한다.

④ 쌀을 담가놓았던 물을 밥물로 사용한다.

해설 밀가루 무게의 0.01~0.2% 정도의 중조(식소다)를 넣으면 가열 중 이산화탄소가 발생하면서 수분이 증발하여 습기가 차지 않고 가볍게 튀겨지지만 비타민 B_1, B_2의 손실을 가져온다.

40 생선비린내를 제거하는 방법으로 틀린 것은?

① 우유에 담가두거나 물로 씻는다.

② 식초로 씻거나 술을 넣는다.

③ 소다를 넣는다.

④ 간장, 된장을 사용한다.

해설 생선비린내 제거방법
- 우유에 담가두었다가 조리한다.
- 식초, 레몬즙 등의 산을 첨가한다.
- 간장, 된장, 고추장 등의 장류를 첨가한다.
- 생강, 파, 마늘, 겨자, 고추냉이, 술 등의 향신료를 사용한다.

• 물에 여러 번 씻어 낸 후 조리한다.
• 뚜껑을 열어 비린내를 휘발시킨다.

41 식품계량에 대한 설명 중 맞는 방법으로만 묶인 것은?

> ㉠ 밀가루는 계량컵으로 직접 떠서 계량한다.
> ㉡ 꿀 등 점성이 높은 것은 할편 계량컵을 사용한다.
> ㉢ 흑설탕은 가볍게 흔들어 담아 계량한다.
> ㉣ 마가린은 실온일 때 꼭꼭 눌러 담아 계량한다.

① ㉠, ㉡   ② ㉠, ㉢
③ ㉡, ㉣   ④ ㉢, ㉣

해설 밀가루는 측정 직전에 체로 쳐서 누르지 않고 수저를 이용해 가만히 수북하게 담아 직선주걱으로 깎아 측정하고 흑설탕은 꼭꼭 눌러잰다.

42 전분 호화에 영향을 미치는 인자와 가장 거리가 먼 것은?

① 전분의 종류
② 가열온도
③ 수분
④ 회분

해설 전분의 호화에 영향을 미치는 인자
• 아밀로펙틴이 아밀로오스보다 호화되기 어려운데 일반적으로 찹쌀을 이용한 음식이 조리시간이 길다.
• 가열온도가 높을수록 호화속도가 빨라진다.
• 전분에 첨가하는 물의 양이 많으면 호화되기 쉽다.
• 산이나 설탕은 호화가 방해되므로 전분을 먼저 호화시킨 다음에 첨가한다.

43 가열조리를 위한 기기가 아닌 것은?

① 프라이어 (Fryer)
② 로스터(Roaster)
③ 브로일러(Broiler)
④ 미트초퍼(Meat chopper)

해설 미트초퍼는 Meat grinder와 같은 말로 고기를 다지는 기계 이다.

44 달걀후라이를 하기 위해 후라이팬에 달걀을 깨뜨려 놓았을 때 다음 중 가장 신선한 것은?

① 난황이 터져 나왔다.
② 난백이 넓게 퍼졌다.
③ 난황은 둥글고 주위에 농후난백이 많았다.
④ 작은 혈액 덩어리가 있었다.

해설 신선한 달걀은 농후난백이 많은데 저장기간이 길어지면 수양난백으로 변화된다.

45 식초를 첨가하였을 때 얻어지는 효과가 아닌 것은?

① 방부성
② 콩의 연화
③ 생선가시연화
④ 생선의 비린내 제거

해설 식초의 효과는 방부성과 함께 생선의 비린내 제거와 뼈의 칼슘까지도 가용성 물질로 만들어 뼈를 연하게 만드는 것이다.

46 두부에 대한 설명으로 틀린 것은?

① 두부는 두유를 만들어 80~90℃에서 응고제를 조금씩 넣으면서 저어 단백질을 응고시킨 것이다.

② 응고된 두유를 굳히기 전은 순두부라 하고 일반두부와 순두부 사이의 정도를 갖는 것은 연두부라 한다.

③ 두부를 데칠 경우는 가열하는 물에 식염을 조금 넣으면 더 부드러운 두부가 된다.

④ 응고제의 양이 적거나 가열시간이 짧으면 두부가 딱딱해진다.

> **해설** 두부제조 시 응고제의 양은 대두의 1~2%이며 응고제의 종류에 따라 두부의 질감이 달라진다. 두유의 가열 온도가 높고 응고제의 첨가량이 많을수록 단단하고 완전하게 두부가 응고된다.

47 다음 설명에 해당하는 밀의 종류는 무엇인가?

> 파스타 제조에 사용되며 제분하면 노란색을 띠고 세몰리나(semolina) 라는 모래알 같은 가루가 만들어진다.

① 일반 밀을 제분한 가루

② 일반 밀과 듀럼 밀을 혼합하여 제분한 가루

③ 듀럼 밀을 제분한 가루

④ 연질 소맥을 제분한 가루

> **해설** 밀은 특성에 따라 일반 밀과 듀럼 밀로 분류한다.
> • 일반 밀(연질 소맥) : 우리가 흔히 접하는 밀 / 옅은 노란색을 띰 / 가루로 만들어져 빵과 케이크, 페이스트리 등 오븐요리에 사용함 / 빵을 굽기에 알맞은 성질을 가지고 있음
> • 듀럼 밀(경질 소맥) : 제분하면 연질 밀가루보다 다소 거친 느낌이 드는 노란색을 띠고 세몰리나(semolina)라는 모래알 같은 가루가 만들어짐 / 글루텐 함량이 연질 밀보다 많아 점성과 탄성 높아 파스타를 만들기에 적당함

48 튀김 시 기름에 일어나는 변화를 설명한 것 중 틀린 것은?

① 기름은 비열이 낮기 때문에 온도가 쉽게 상승하고 쉽게 저하된다.

② 튀김재료의 당, 지방 함량이 많거나 표면적이 넓을 때 흡유량이 많아진다.

③ 기름의 열용량에 비하여 재료의 열용량이 클 경우 온도의 회복이 빠르다.

④ 튀김옷으로 사용하는 밀가루는 글루텐의 양이 적은 것이 좋다.

> **해설** 기름의 열용량(열량/온도변화)에 비하여 재료의 열용량이 크면 튀김기름온도의 회복이 느리다.

49 과일의 과육 전부를 이용하여 점성을 띠게 농축한 잼(Jam) 제조 조건과 관계 없는 것은?

① 펙틴과 산이 적당량 함유된 과일이 좋다.

② 펙틴의 함량이 0.1%일 때 잘 형성된다.

③ 최적의 산(pH)은 3.0~3.3 정도이다.

④ 60~65%의 설탕이 필요하다.

> **해설** 펙틴은 1~1.5%일 때 잘 형성된다.

50 식품감별법 중 옳은 것은?

① 오이는 가시가 있고 가벼운 느낌이 나며, 절단했을 때 성숙한 씨가 있는 것이 좋다.

② 양배추는 무겁고 광택이 있는 것이 좋다.

③ 우엉은 굽고 수염뿌리가 있는 것으로 외피가 딱딱한 것이 좋다.

④ 토란은 겉이 마르지 않고 잘랐을 때 점액질이 없는 것이 좋다.

> **해설** 오이는 묵직한 느낌이 나며 절단했을 때 성숙한 씨가 없는 것이 좋으며, 우엉은 굽지 않고 수염뿌리가 없는 것이, 토란은 잘랐을 때 점액질이 있는 것이 좋다.

51 자외선이 인체에 주는 작용이 아닌 것은?

① 살균 작용

② 구루병 예방

③ 열사병 예방

④ 피부색소 침착

해설 자외선의 인체에 대한 작용
- 살균작용
- 비타민 D의 형성을 촉진하여 구루병의 예방
- 피부의 홍반 및 색소 침착
- 신진대사촉진, 적혈구 생성 촉진

52 기생충과 중간숙주와의 연결이 틀린 것은?

① 구충 – 오리

② 간디스토마 – 민물고기

③ 무구조충 – 소

④ 유구조충 – 돼지

해설 구충은 중간숙주가 없이 채소에 묻어 있던 감염형 유충의 구강점막 침입으로 경구감염이 되며 유충이 부착된 채소 취급과 맨발 또는 흙 묻은 손에 의해 피부로 침입, 폐를 거쳐 소장에서 성장하여 산란하는 경피감염을 일으킨다.

53 하수의 생물학적 처리방법 중 호기성 처리에 속하지 않는 것은?

① 부패조 처리

② 살수여과법

③ 활성오니법

④ 산화지법

해설 하수처리과정 중 본처리 과정
- 호기성 처리 : 활성오니법, 살수여과법, 산화지법, 회전원판법
- 혐기성 처리 : 부패조처리법, 임호프탱크법, 혐기성소화

54 다음 식용유에 대한 설명에 해당하는 것은?

발연점 250℃로 일반 식용유보다 높아 튀김요리에 적당하고 이미 사용한 기름을 5~6회 더 사용할 수 있어 폐유가 적게 나옴

① 올리브유　　　② 카놀라유

③ 현미유　　　　④ 포도씨유

해설 포도씨유
- 포도씨유는 100g당 884kcal를 내며 불포화지방산이 풍부하여 최근 들어와 좋은 식용유로 인기가 있음
- 포도씨에서 추출하며 발연점 250℃로 일반 식용유보다 높아 튀김요리에 적당하고 이미 사용한 기름을 5~6회 더 사용할 수 있어 폐유가 적게 나옴
- 기름 특유의 느끼한 향과 냄새가 없어 재료 고유의 맛을 살릴 수 있음

55 환기효과를 높이기 위한 중성대(Neutral zone)의 위치로 가장 적합한 것은?

① 방바닥 가까이

② 방바닥과 천장의 중간

③ 방바닥과 천장 사이의 1/3 정도의 높이

④ 천장 가까이

해설 실내공기는 실내외의 온도차, 기체의 확산력, 외기의 풍력에 의해 이루어져서 중성대가 천장 가까이에 형성되도록 하는 것이 환기효과가 크다.

56 소음에 의하여 나타나는 피해로 적절하지 않은 것은?

① 불쾌감

② 대화방해

③ 중이염

④ 소음성 난청

해설 소음으로 인해 불쾌감과 대화방해, 직업성 난청이나 청력장애 등이 유발될 수 있다.

57 부케가르니보다 좀 더 작은 조각의 향신료들을 소창에 싸서 사용하고 대량 조리 시는 스테인 다시 통을 사용하기도 하는 것은?

① 미르포아(Mirepoix)
② 스파이스(Spice)
③ 허브(Herb)
④ 샤세 데피스(Sachet d'epices)

해설 샤세 데피스(Sachet d'epices)는 부케가르니와 재료가 비슷하지만, 부케가르니보다 좀 더 작은 조각의 향신료들을 소창에 싸서 사용하고 대량 조리 시는 스테인 다시 통을 사용하기도 한다.

58 전채요리 중 샐러리나 무 등을 스틱형으로 다듬어서 마요네즈 소스를 곁들이는 요리는 무엇인가?

① 칵테일(Cocktail)
② 렐리시(Relishes)
③ 카나페(Canape)
④ 콩디망(Condiments)

해설 • 렐리시(Relishes) : 샐러리, 무, 등을 스틱형으로 예쁘게 다듬어 마요네즈 등과 같은 소스를 곁들여 준다.
• 칵테일(Cocktail) : 보통 해산물을 주재료로 사용하거나 과일을 많이 이용하며 크기를 작게 만들어 모양도 예쁘고 맛도 좋으며 차갑게 제공한다.
• 카나페(Canape) : 빵을 작게 자르거나 크래커 등을 이용하여 한입 크기로 다양하게 만들 수 있다.
• 콩디망 (Condiments) : 콩디망은 전채요리에 어울리는 양념이나 조미료, 향신료 등을 말한다.

59 소스에 사용되는 루(Roux)의 설명으로 바르지 않은 것은?

① 브론드 루(Brond Roux) : 색이 나기 직전까지만 볶아낸 것으로 크림수프나 벨루테를 만들 때 사용된다.
② 차가운 루는 더운 육수에 직접 넣고 저어주면 응어리가 생기지 않게 만들 수 있다.
③ 루(Roux)의 종류에는 화이트 루, 브론드 루, 브라운 루가 있다.

④ 루를 만들어 차가운 육수를 넣으면 뜨거운 루가 차가운 육수 사이로 골고루 분리된다.

해설 브론드 루(Blond Roux) : 약간 갈색이 돌 때까지 볶은 것-크림수프나 벨루테를 만들 때 사용한다.

60 조리용 온도계 중 비접촉식으로 표면의 온도를 잴 수 있는 온도계는 무엇인가?

① 알코올 온도계
② 봉상 액체 온도계
③ 적외선 온도계
④ 육류용 온도계

해설 조리용 온도계의 용도
• 적외선 온도계 : 비접촉식으로 표면의 온도를 잴 수 있음
• 봉상 액체용 온도계 : 튀김용 온도계로 액체의 온도를 잴 수 있음
• 육류용 온도계 : 탐침하여 육류의 내부온도를 측정할 수 있음

01	④	02	③	03	③	04	①	05	③
06	④	07	④	08	②	09	①	10	①
11	③	12	①	13	②	14	②	15	②
16	④	17	①	18	④	19	④	20	④
21	①	22	③	23	①	24	②	25	④
26	④	27	④	28	②	29	③	30	③
31	③	32	①	33	④	34	④	35	②
36	②	37	③	38	②	39	①	40	③
41	③	42	④	43	④	44	③	45	②
46	④	47	③	48	④	49	②	50	②
51	③	52	①	53	①	54	④	55	④
56	③	57	④	58	②	59	①	60	③

양식조리기능사 참고자료

1. NCS 학습모듈. 한국직업능률개발원. 교육부
2. 정문숙, 신미혜(2000). 생활조리. 신광출판사
3. 이주희, 김미리, 민혜선, 이영은, 송은승, 권순자, 김지정, 송효남(2016). 식품과 조리원리. 교문사
4. 이효지(2006). 한국의 음식문화. 신광출판사
5. 김나영, 윤덕인, 이준열(2015). 식품학. 지식인
6. 김이수(2014). 조리영양학. 대왕사
7. 조미자 외 4인(2015). 조리원리. 교문사
8. 김숙희(2013). 기초영양학. 대왕사
9. 신말식, 이경애, 김미정, 김재국, 황자영(2016). 조리과학. 파워북
10. 송태희, 우인애, 손저우, 오세인, 신승미(2016). 조리과학. 교문사
11. 황춘기 외 8인(2008). 주방관리론. 지구문화사
12. 이경애, 구난숙, 김미정, 윤혜현, 고은미(2018). 이해하기 쉬운 식품학. 파워북
13. 조신호, 조경련, 강명수, 송미란, 주난영(2015). 식품학. 교문사
14. 이수정 외 6인(2016). 식품학. 파워북
15. 김혜영(1998). 단체급식. 효일문화사
16. 양일선, 이보숙, 차진아, 한경수, 채인숙, 이진미(2004). 단체급식. 교문사
17. 하대중, 이종호, 정진우(2001). 조리원리. 대왕사
18. 조용범, 강병남, 김형준(2003). 메뉴관리론. 대왕사
19. 김태형, 김보성, 김희기, 안호기, 최용석(2010). 주방관리론
20. 안대희, 이원갑, 고종원, 김성훈(2018). 외식산업 창업 및 경영. 신화
21. 안대희, 박상민, 김상호, 임영수(2015). 외식사업론. 대왕사
22. 조미자 외 14인(2015). 조리원리. 교문사
23. 나상명, 김성옥, 김세경, 오명석, 윤인자, 조윤준(2019). 조리원리. 지식인
24. 최영진, 강윤구, 천성진(2008). 기초조리실무. 백산출판사
25. 안선정, 김은미, 이은정(2013). 조리원리. 백산출판사
26. 김숙희, 김이수(2010). 조리영양학. 대왕사
27. 한혜영, 김경은, 김경자, 김현덕, 김호경, 이정기(2017). 한식기초조리실무. 백산출판사
28. 이현경, 김정여(2019). 패스 한식필기조리기능사. 다락원
29. 국가자격시험연구회(2019). 양식조리기능사. 책과 상상
30. 나영아(1996). 서양요리. 효일문화사
31. 오석태, 염진철(1998). 서양조리학 개론. 신광출판사
32. 정혜정(2001). 조리용어 사전. 효일출판사
33. 임성빈, 심재호, 박헌진(2004). 서양조리. 효일출판사

NCS 양식조리기능사
필기시험문제

발 행 일	2025년 1월 5일 개정5판 1쇄 인쇄
	2025년 1월 10일 개정5판 1쇄 발행
저 자	조리기능장/조리학 박사 노수정
발 행 처	크라운출판사 http://www.crownbook.com
발 행 인	李尙原
신고번호	제 300–2007–143호
주 소	서울시 종로구 율곡로13길 21
공 급 처	(02) 765–4787, 1566–5937
전 화	(02) 745–0311~3
팩 스	(02) 743–2688, 02) 741–3231
홈페이지	www.crownbook.co.kr
I S B N	978–89–406–4868–1 / 13590

특별판매정가 25,000원

이 도서의 판권은 크라운출판사에 있으며, 수록된 내용은
무단으로 복제, 변형하여 사용할 수 없습니다.
Copyright CROWN, ⓒ 2025 Printed in Korea

이 도서의 문의를 저자(010–5494–0990)에게 연락주시면
친절하게 응답해 드립니다.